物联网工程实战丛书

物联网之智

魂 雾 源

芯 云

智能硬件开发与智慧城市建设

曾凡太　刘美丽　陶翠霞
编著

机械工业出版社
China Machine Press

图书在版编目（CIP）数据

物联网之智：智能硬件开发与智慧城市建设/曾凡太，刘美丽，陶翠霞编著． —北京：机械工业出版社，2020.8

（物联网工程实战丛书）

ISBN 978-7-111-66134-4

Ⅰ．物… Ⅱ．①曾… ②刘… ③陶… Ⅲ．①智能技术–应用 ②互联网络–应用 Ⅳ．①TP18 ②TP393.4

中国版本图书馆CIP数据核字（2020）第128845号

物联网之智：智能硬件开发与智慧城市建设

出版发行：机械工业出版社（北京市西城区百万庄大街22号　邮政编码：100037）

责任编辑：李华君	责任校对：姚志娟
印　　刷：中国电影出版社印刷厂	版　　次：2020年8月第1版第1次印刷
开　　本：186mm×240mm　1/16	印　　张：25
书　　号：ISBN 978-7-111-66134-4	定　　价：119.00元

客服电话：（010）88361066　88379833　68326294	投稿热线：（010）88379604
华章网站：www.hzbook.com	读者信箱：hzit@hzbook.com

信息物理学是物联网工程的理论基础

物联网是近年发展起来的一种网络通信方式。它来源于互联网，但又不同于互联网。它不仅和软件相关，还涉及硬件。互联网在网上创造一个全新世界时所遇到的"摩擦系数"很小，因为互联网主要和软件打交道。而物联网却涉及很多硬件，硬件研发又有其物理客体所必须要遵循的自然规律。

物联网和互联网是能够连接的。它能将物品的信息通过各种传感器采集过来，并汇集到网上。因此，物联网本质上是物和物之间或物和人之间的一种交互。如何揭示物联网的信息获取、信息传输和信息处理的特殊规律，如何深入探讨信息物理学的前沿课题，以及如何系统、完整地建立物联网学科的知识体系和学科结构，这些问题无论是对高校物联网相关专业的开设来说，还是对物联网在实际工程领域中的应用来说，都是亟待解决的。

物联网领域千帆竞渡，百舸争流

物联网工程在专家、学者和政府官员提出的"感知地球，万物互联"口号的推动下，呈现出空前繁荣的景象。物联网企业的新产品和新技术层出不穷。大大小小的物联网公司纷纷推出了众多连接物联网的设备，包括智能门锁、牙刷、腕表、健身记录仪、烟雾探测器、监控摄像头、炉具、玩具和机器人等。

1. 行业巨头跑马圈地，产业资本强势加入

物联网时代，大型公共科技和电信公司已遍布物联网，它们无处不在，几乎已经活跃于物联网的每个细分类别中。这意味着一个物联网生态系统正在形成。

芯片制造商（英特尔、高通和 ARM 等）都在竞相争夺物联网的芯片市场；思科也直言不讳地宣扬自己的"万物互联"概念，并以 14 亿美元的价格收购了 Jasper；IBM 则宣布在物联网业务中投资 30 亿美元；AT&T 在汽车互联领域非常激进，已经与美国十大汽车制造商中的 8 家展开合作；苹果、三星和微软也非常活跃，分别推出了苹果 Homekit、三星 SmartThings 和新操作系统；微软还推出了 Azure 物联网；谷歌公司从智能家庭、智慧城市、

无人驾驶汽车到谷歌云，其业务已经涵盖了物联网生态系统中的绝大部分，并在这个领域投资了数十亿美元；亚马逊的 AWS 云服务则不断发展和创新，并推出了新产品……

在物联网领域中，企业投资机构携带大量资金强势进入，大批初创企业成功地从风险投资机构筹集到了可观的资金。其中最有名的就是 Nest Labs 公司，该公司主要生产配备 Wi-Fi 的恒温器和烟雾探测器；而生产智能门锁的 August 公司，也筹资到了 1000 万美元……

2．物联网创业公司已呈星火燎原之势

物联网创业公司的生态系统正在逐步形成。它们特别专注于"消费级"这一领域的物联网应用，很多创业孵化器都在扶植这个领域的创业军团。众筹提供了早期资金，中国的一些大型制造商也乐意与它们合作，甚至直接投资。一些咨询公司和服务提供商，也做了很多手把手的指导。物联网创业已经红红火火地启动，成为一种全球性现象。

3．高等院校开设物联网专业的热潮方兴未艾

近年来，我国理工类高等院校普遍开设了物联网专业。数百所高等院校物联网专业的学生也已经毕业。可以预见，高等院校开设物联网专业的热潮还将持续下去。但是在这个过程中普遍存在一些问题：有的物联网专业更像电子技术专业；有的则把物联网专业办成了网络专业，普遍缺乏物联网专业应有的特色。之所以如此，是因为物联网专业的理论基础还没有建立起来，物联网工程的学术体系也不完善。

物联网工程引领潮流，改变世界

1．智慧生活，更加舒适

科学家们已经为我们勾勒出了一个奇妙的物联网时代的智慧生活。

新的一天，当你吃完早餐，汽车已经等在门口了，它能自动了解道路的拥堵情况，为你设定合理的出行路线。

当你到了办公室后，计算机、空调和台灯都会自动为你打开。

当你快要下班的时候，敲击几下键盘就能让家里的电饭锅提前煮饭，还可以打开环境自动调节系统，调节室内温度和湿度，净化空气。

当你在超市推着一车购物品走向收款台时，不用把它们逐个拿出来刷条形码，收款台边上的解读器会瞬间识别所有物品的电子标签，账单会马上清楚地显示在屏幕上。

……

2．智慧城市，更加安全

物联网可以通过视频监控和传感器技术，对城市的水、电、气等重点设施和地下管网进行监控，从而提高城市生命线的管理水平，加强对事故的预防能力。物联网也可以通过通信系统和 GPS 定位导航系统掌握各类作业车辆和人员的状况，对日常环卫作业和垃圾处理等工作进行有效的监管。物联网还可以通过射频识别技术，建立户外广告牌匾、城市公园和城市地井的数据库系统，进行城市规划管理、信息查询和行政监管。

3．工业物联网让生产更加高效

物联网技术可以完成生产线的设备检测、生产过程监控、实时数据采集和材料消耗监测，从而不断提高生产过程的智能化水平。人们通过各种传感器和通信网络实时监控生产过程中加工产品的各种参数，从而优化生产流程，提高产品质量。企业原材料采购、库存和销售等领域，则可以通过物联网完善和优化供应链管理体系，提高供应链的效率，从而降低成本。物联网技术不断地融入工业生产的各个环节，可以大幅度提高生产效率，改善产品质量，降低生产成本和资源消耗。

4．农业物联网改善农作物的品质，提升产量

农业物联网通过建立无线网络监测平台，可以实时检测农作物生长环境中的温度、湿度、pH 值、光照强度、土壤养分和 CO_2 浓度等参数，自动开启或关闭指定设备来调节各种物理参数值，从而保证农作物有一个良好和适宜的生长环境。构建智能农业大棚物联网信息系统，可以全程监控农产品的生长过程，为温室精准调控提供科学依据，从而改善农作物的生长条件，最终达到增加产量、改善品质、调节生长周期、提高经济效益的目的。

5．智能交通调节拥堵，减少事故的发生

物联网在智能交通领域可以辅助或者代替驾驶员驾驶汽车。物联网车辆控制系统通过雷达或红外探测仪判断车与障碍物之间的距离，从而在遇到紧急情况时能发出警报或自动刹车避让。物联网在道路、车辆和驾驶员之间建立起快速通信联系，给驾驶员提供路面交通运行情况，让驾驶员可以根据交通情况选择行驶路线，调节车速，从而避免拥堵。运营车辆管理系统通过车载电脑和管理中心计算机与全球卫星定位系统联网，可以实现驾驶员与调度管理中心之间的双向通信，从而提高商业运营车辆、公共汽车和出租车的运营效率。

6．智能电网让信息和电能双向流动

智能电力传输网络（智能电网）能够监视和控制每个用户及电网节点，从而保证从电厂到终端用户的整个输配电过程中，所有节点之间的信息和电能可以双向流动。智能电网

由多个部分组成，包括智能变电站、智能配电网、智能电能表、智能交互终端、智能调度、智能家电、智能用电楼宇、智能城市用电网、智能发电系统和新型储能系统。

智能电网是以物理电网为基础，采用现代先进的传感测量技术、通信技术、信息技术、计算机技术和控制技术，把物理电网高度集成而形成的新型电网。它的目的是满足用户对电力的需求，优化资源配置，确保电力供应的安全性、可靠性和经济性，满足环保约束，保证电能质量，适应电力市场化发展，从而为用户提供可靠、经济、清洁和互动的电力供应与增值服务。智能电网允许接入不同的发电形式，从而启动电力市场及资产的优化和高效运行，使电网的资源配置能力、经济运行效率和安全水平得到全面提升。

7．智慧医疗改善医疗条件

智慧医疗由智慧医院系统、区域卫生系统和家庭健康系统组成。物联网技术在医疗领域的应用潜力巨大，能够帮助医院实现对人的智能化医疗和对物的智能化管理工作，支持医院内部医疗信息、设备信息、药品信息、人员信息、管理信息的数字化采集、处理、存储、传输和共享，实现物资管理可视化、医疗信息数字化、医疗过程数字化、医疗流程科学化和服务沟通人性化，满足医疗健康信息、医疗设备与用品、公共卫生安全的智能化管理与监控，从而解决医疗平台支撑薄弱、医疗服务水平整体较低、医疗安全生产隐患较大等问题。

8．环境智能测控提高生活质量

环境智能监测系统包括室内温度、湿度及空气质量的检测，以及室外气温和噪声的检测等。完整的家庭环境智能监测系统由环境信息采集、环境信息分析和环境调节控制三部分组成。

本丛书创作团队研发了一款环境参数检测仪，用于检测室内空气质量。产品内置温度、湿度、噪声、光敏、气敏、甲醛和 PM2.5 等多个工业级传感器，当室内空气被污染时，会及时预警。该设备通过 Wi-Fi 与手机的 App 进行连接，能与空调、加湿器和门窗等设备形成智能联动，改善家中的空气质量。

信息物理学是物联网工程的理论基础

把物理学研究的力、热、光、电、声和运动等内容，用信息学的感知方法、处理方法及传输方法，映射、转换在电子信息领域进行处理，从而形成了一门交叉学科——信息物理学。

从物理世界感知的信息，通过网络传输到电子计算机中进行信息处理和数据计算，所产生的控制指令又反作用于物理世界。国外学者把这种系统称为信息物理系统（Cyber-Physical Systems，CPS）。

物理学是一门自然科学，其研究对象是物质、能量、空间和时间，揭示它们各自的性质与彼此之间的相互关系，是关于大自然规律的一门学科。

由物理学衍生出的电子科学与技术学科，其研究对象是电子、光子与量子的运动规律和属性，研究各种电子材料、元器件、集成电路，以及集成电子系统和光电子系统的设计与制造。

由物理学衍生出的计算机、通信工程和网络工程等学科，除了专业基础课外，其物理学中的电磁场理论、半导体物理、量子力学和量子光学仍然是核心课程。

物联网工程学科的设立，要从物理学中发掘其理论基础和技术源泉。构建物联网工程学科的知识体系，是高等教育工作者和物联网工程学科建设工作者的重要使命。

物联网的重要组成部分是信息感知。丰富的半导体物理效应是研制信息感知元件和传感芯片的重要载体。物联网工程中信息感知的理论基础之一是半导体物理学。

物理学的运动学和力学是运动物体（车辆、飞行器和工程机械等）控制技术的基础，而自动控制理论是该技术的核心。

物理学是科学发展的基础、技术进步的源泉、人类智慧的结晶、社会文明的瑰宝。物理学思想与方法对整个自然科学的发展都有着重要的贡献。而信息物理学对于物联网工程的指导意义也是清晰明确的。

对于构建物联网知识体系和理论架构，我们要思考学科内涵、核心概念、科学符号和描述模型，以及物联网的数学基础。我们把半导体物理和微电子学的相关理论作为物联网感知层的理论基础；把信息论和网络通信理论作为物联网传输层的参考坐标；把数理统计和数学归纳法作为物联网大数据处理的数学依据；把现代控制理论作为智能硬件研发的理论指导。只有归纳和提炼出物联网学科的学科内涵、数理结构和知识体系，才能达到"厚基础，重实践，求创新"的人才培养目标。

丛书介绍

《国务院关于印发新一代人工智能发展规划的通知》（国发〔2017〕35 号）（以下简称《规划》）指出，新一代人工智能相关学科发展、理论建模、技术创新、软硬件升级等整体推进，正在引发链式突破，推动经济社会各领域从数字化、网络化向智能化加速跃升。《规划》中提到，要构建安全高效的智能化基础设施体系，大力推动智能化信息基础设施建设，提升传统基础设施的智能化水平，形成适应智能经济、智能社会和国防建设需要的基础设施体系。加快推动以信息传输为核心的数字化、网络化信息基础设施，向集感知、传输、存储、计算、处理于一体的智能化信息基础设施转变。优化升级网络基础设施，研发布局第五代移动通信（5G）系统，完善物联网基础设施，加快天地一体化信息网络建设，提高低时延、高通量的传输能力……由此可见，物联网的发展与建设将是未来几年乃至十几年的一个重点方向，需要我们高度重视。

在理工类高校普遍开设物联网专业的情况下，国内教育界的学者和出版界的专家，以及社会上的有识之士呼吁开展下列工作：

梳理物联网工程的体系结构；归纳物联网工程的一般规律；构建物联网工程的数理基础；总结物联网信息感知和信息传输的特有规律；研究物联网电路低功耗和高可靠性的需求；制定具有信源多、信息量小、持续重复而不间断特点的区别于互联网的物联网协议；研发针对万物互联的物联网操作系统；搭建小型分布式私有云服务平台。这些都是物联网工程的奠基性工作。

基于此，我们组织了一批工作于科研前沿的物联网产品研发工程师和高校教师作为创作团队，编写了这套"物联网工程实战丛书"。丛书先推出以下6卷：

《物联网之源：信息物理与信息感知基础》

《物联网之芯：传感器件与通信芯片设计》

《物联网之魂：物联网协议与物联网操作系统》

《物联网之云：云平台搭建与大数据处理》

《物联网之智：智能硬件开发与智慧城市建设》

《物联网之雾：基于雾计算的智能硬件快速反应与安全控制》

丛书创作团队精心地梳理出了他们对物联网的理解，归纳出了物联网的特有规律，总结出了智能硬件研发的流程，贡献出了云服务平台构建的成果。工作在研发一线的资深工程师和物联网研究领域的青年才俊们贡献了他们丰富的**项目研发经验、工程实践心得和项目管理流程**，为"百花齐放，百家争鸣"的物联网世界增加了一抹靓丽景色。

丛书全面、系统地阐述了物联网理论基础、电路设计、专用芯片设计、物联网协议、物联网操作系统、云服务平台构建、大数据处理、智能硬件快速反应与安全控制、智能硬件设计、物联网工程实践和智慧城市建设等内容，勾勒出了物联网工程的学科结构及其专业必修课的范畴，并为物联网在工程领域中的应用指明了方向。

丛书从硬件电路、芯片设计、软件开发、协议转换，到智能硬件研发（小项目）和智慧城市建设（大工程），都用了很多篇幅进行阐述；系统地介绍了各种开发工具、设计语言、研发平台和工程案例等内容；充分体现了工程专业"理论扎实，操作见长"的学科特色。

丛书理论体系完整、结构严谨，可以提高读者的学术素养和创新能力。通过系统的理论学习和技术实践，让读者学有所成：在信息感知研究方向，因为具备丰富的敏感元件理论基础，所以会不断地发现新的敏感效应和敏感材料；在信息传输研究方向，因为具备通信理论的涵养，所以会不断地制定出新的传输协议和编码方法；在信息处理研究领域，因为具有数理统计方法学的指导，所以会从特殊事件中发现事物的必然规律，从而从大量无序的事件中归纳出一般规律。

本丛书可以为政府相关部门的管理者在决策物联网的相关项目时提供参考和依据，也可以作为物联网企业中相关工程技术人员的培训教材，还可以作为相关物联网项目的参考资料和研发指南。另外，对于高等院校的物联网工程、电子工程、电气工程、通信工程和自动化等专业的研究生和高年级本科生教学，本丛书更是一套不可多得的教学参考用书。

相信这套丛书的"基础理论部分"对物联网专业的建设和物联网学科理论的构建能起到奠基作用，对相关领域和高校的物联网教学提供帮助；其"工程实践部分"对物联网工程的建设和智能硬件等产品的设计与开发起到引领作用。

丛书创作团队

本丛书创作团队的所有成员都来自一线的研发工程师和高校教学与研发人员。他们都曾经在各自的工作岗位上做出了出色的业绩。下面对丛书的主要创作成员做一个简单的介绍。

曾凡太，山东大学信息科学与工程学院高级工程师。已经出版"EDA 工程丛书"（共 5 卷，清华大学出版社出版）、《现代电子设计教程》（高等教育出版社出版）、《PCI 总线与多媒体计算机》（电子工业出版社出版）等，发表论文数十篇，申请发明专利 4 项。

边栋，毕业于大连理工大学，获硕士学位。曾执教于山东大学微电子学院，指导过本科生参加全国电子设计大赛，屡创佳绩。在物联网设计、FPGA 设计和 IC 设计实验教学方面颇有建树。目前在山东大学微电子学院攻读博士学位，研究方向为电路与系统。

曾鸣，毕业于山东大学信息学院，获硕士学位。资深网络软件开发工程师，精通多种网络编程语言。曾就职于山东大学微电子学院，从事教学科研管理工作。目前在山东大学微电子学院攻读博士学位，研究方向为电路与系统。

孙昊，毕业于山东大学控制工程学院，获工学硕士学位。网络设备资深研发工程师。曾就职于华为技术公司，负责操作系统软件的架构设计，并担任 C 语言和 Lua 语言讲师。申请多项 ISSU 技术专利。现就职于浪潮电子信息产业股份有限公司，负责软件架构设计工作。

王见，毕业于山东大学。物联网项目经理、资深研发工程师。曾就职于华为技术公司，有 9 年的底层软件开发经验和系统架构经验，并在项目经理岗位上积累了丰富的团队建设经验。现就职于浪潮电子信息产业股份有限公司。

张士辉，毕业于青岛科技大学。资深 App 软件研发工程师，在项目开发方面成绩斐然。曾经负责过复杂的音视频解码项目，并在互联网万兆交换机开发项目中负责过核心模块的开发。

赵帅，毕业于沈阳航空航天大学。资深网络设备研发工程师，从事 Android 平板电脑系统嵌入式驱动层和应用层的开发工作。曾经在语音网关研发中改进了 DSP 中的语音编解码及回声抵消算法。现就职于浪潮电子信息产业股份有限公司。

李同滨，毕业于电子科技大学自动化工程学院，获工学硕士学位。嵌入式研发工程师，主要从事嵌入式硬件电路的研发，主导并完成了多个嵌入式控制项目。

徐胜朋，毕业于山东工业大学电力系统及其自动化专业。电力通信资深专家、高级工程师。现就职于国网山东省电力公司淄博供电公司，从事信息通信管理工作。曾经在中文核心期刊发表了多篇论文。荣获国家优秀质量管理成果奖和技术创新奖。申请发明专利和实用新型专利授权多项。

刘美丽，毕业于中国石油大学（北京）自动化研究所，获工学硕士学位。现为山东交通学院副教授、高级技师，从事智能控制、物联网和嵌入式领域的研究工作。已出版专著4册，独立发表国家级科技核心论文7篇，以第一作者发表EI论文2篇，主持省部级科研和教改项目3项，获省部级奖励5项。

杜秀芳，毕业于山东大学控制科学与工程学院，获工学硕士学位。曾就职于群硕软件开发（北京）有限公司，任高级软件工程师，从事资源配置、软件测试和QA等工作。现为山东劳动职业技术学院机械工程系教师。

王洋，毕业于辽宁工程技术大学，获硕士学位。现就职于浪潮集团，任软件工程师。曾经发表多篇智能控制和设备驱动方面的论文。

陶翠霞，毕业于山东师范大学，获工学硕士学位。现为山东劳动职业技术学院副教授，从事计算机、物联网和智能控制等领域的教学与科研工作。主持省级教科研项目5项，出版教材7部，发表论文8篇，获省级教科研成果一等奖1项、二等奖3项。

本丛书涉及面广，内容繁杂，既要兼顾理论基础，还要突出工程实践，这对于整个创作团队来说是一个严峻的挑战。令人欣慰的是，创作团队的所有成员都在做好本职工作的同时坚持写作，付出了辛勤的劳动。天道酬勤，最终成就了这套丛书的出版。在此，祝福他们事业有成！

丛书服务与支持

本丛书开通了服务网站 www.iotengineer.cn，读者可以通过访问服务网站与作者共同交流书中的相关问题，探讨物联网工程的有关话题。另外，读者还可以发送电子邮件到 hzbook2017@163.com，以获得帮助。

曾凡太

于山东大学

物联网的智能

生物颅骨内的大脑通过视觉、听觉、嗅觉、味觉和触觉等感知通道获得对世界的统一感知,这是生物(人类)智能的源头,涉及意识、自我、心灵和精神等方面。

自然界中有一些奇妙的群体行为现象,如大雁在飞行时自动排成人字形,蝙蝠在洞穴中快速飞行却可以互不碰撞。对于这些现象的一种解释是,群体中的每个个体都遵守一定的行为准则,当它们按照这些准则相互作用时就会表现出复杂的群体智能行为。

物联网的智能表现为网络的决策判断类人脑思维,而网络的控制调节类人体行为。物联网的智能包括但不限于以下几个方面:

- 大数据智能:研究数据驱动与知识引导相结合的人工智能新方法,包括以自然语言理解、图形图像识别为核心的认知计算理论和方法,以及以深度学习与推理、数据驱动与检索为基础的人工智能数学模型与理论。
- 跨媒体智能:借鉴生物感知背后的信号及信息表达和处理机理,对外部世界蕴含的复杂结构进行高效表达和理解,通过跨媒体分析和推理,把数据转换为智能,构造模拟和超越生物感知的智能芯片和系统。
- 群体智能:群居性生物表现出来的智能行为。群居生物能够在环境中表现出自主性、反应性、学习性和自适应性等智能特性。由众多简单个体组成的群体,通过相互之间的简单合作表现出复杂的智能行为。简单个体是指单个个体只具有简单的能力或智能,简单合作是指个体与其邻近的个体进行简单的直接通信或间接通信,从而可以相互影响,协同动作。
- 类脑智能:使机器具有人类的认知能力,让机器能像人类一样思考。类脑智能就是以计算建模为手段,受脑神经机理和认知行为机理启发,并通过软硬件协同实现的机器智能。

智能的物联网

- 物联网:把所有物品通过信息传感设备与互联网连接起来,进行信息交换,即物物相连，以实现智能化识别和管理。

- 智能物联网：由智能硬件把所有物品连接起来，以类人的方式与其交互，形成种类繁多的智能物联网。
- 智能硬件：使用者与产品的交互方式近似于人与人之间的交互方式的硬件产品。
- 人工智能：对人的意识、思维过程进行模拟，研发用于模拟和扩展人类智能的理论、方法及其应用技术。
- 智能物联网技术：从知识管理、知识表达、知识推理、智能计算和机器学习等方面形成系统的、综合的物联网智能技术体系。

智能物联网用于但不限于以下领域：

- 智能家居：运用智能硬件和物联网技术将家居生活中的各种子系统有机结合起来，并通过统筹管理让家居生活更舒适、方便、有效与安全。
- 智慧交通：以智慧路网、智慧出行、智慧装备、智慧物流和智慧管理为重要内容，以信息技术高度集成、信息资源综合运用为主要特征的大交通发展新模式，是在云计算、物联网、大数据、金融科技和区块链等领域的融合中倾力打造的高端智慧交通整体解决方案。
- 智能电网：集传感、通信、计算、决策与控制为一体，通过获取电网节点资源和设备的运行状态进行控制管理和电力调配，实现能量流、信息流和业务流的高度一体化，从而提高系统运行的稳定性、安全性和可靠性，并提高用户供电质量和可再生能源的利用效率。
- 智慧城市：运用信息技术手段感测、分析和整合城市运行核心系统的各项关键信息，对包括民生、环保、公共安全、城市服务和工商业活动在内的各种需求做出智能响应，实现城市智慧式管理和运行，从而为人们创造更加美好的生活提供支持。

智能物联网还应用于智能医疗、智能农业、智能安防、智能建筑、智能水务、智能商业和智能工业等领域。

物联网的春天

物联网的智能提出了物联网建设和运营的网络性能新要求。智能的物联网提出了网络拓扑、部件优化和通信协议升级的网络部署新架构。当年，互联网的普及如春风一般迅速吹绿了大地。如今，物联网还未普及，其离"百花盛开"的春天还有些时日。对于物联网建设、推广和普及的科研单位、研发机构和运营企业来说任重道远，路阻且长。这让我想起了那句妇孺皆知的名言："冬天到了，春天还会远吗？"

关于本书

本书是"物联网工程实战丛书"的第 5 卷——《物联网之智：智能硬件开发与智慧城市建设》。书中系统介绍了智能硬件的理论知识及相关技术与应用，并对智慧校园、智慧工厂、智慧农业和智慧城市等相关内容做了介绍。

曾凡太

于山东大学

第1章　智能硬件概述

随着计算机技术的发展，人工智能经过几十年的缓慢研究，在物联网技术逐步普及的当下，终于迎来了它的春天。人工智能理论找到了依附载体，我们称之为智能硬件。

1.1　智能硬件定义

什么才是智能？要讨论智能硬件，这是首先要明确的问题。

智能，或者说人工智能的定义到底是什么？这个问题其实到目前为止尚未有明确答案。维基百科的定义是：智能涉及诸如意识、自我、心灵，包括无意识的精神等问题。人唯一了解的智能是人本身的智能，这是普遍认同的观点。但是我们对自身智能的理解都非常有限，对构成人的智能的必要元素也了解有限，所以就很难定义什么是"人工"制造的"智能"了。因此人工智能的研究往往涉及对人的智能本身的研究。其他关于动物或人造系统的智能也普遍被认为是人工智能相关的研究课题。

人工智能是对人的意识、思维的信息过程的模拟。虽然关于人工智能的准确定义还不明确，但是已经形成了一个普遍共识，那就是通过技术手段使人与非人物体之间进行交互，这与人之间的交流类似。

目前，智能硬件的"智能"还比较低级。如果依据上面提到的共识来定义，那么智能硬件指的就是使用者与产品的交互性能近似于人与人之间交互的硬件产品。如果以此来审视目前市场上的各类智能硬件的话，绝大部分都是不合格的。

例如，目前所谓的智能电视，其实只是个多了能通过网络播放视频的功能。而这个功能其实并不"新鲜"，在智能电视出现之前，将计算机连接至电视，也能实现网络视频的播放，智能电视其实就是简化了播放流程。

理想中的智能电视是怎样的呢？智能电视可以通过了解用户的收视偏好，做出精准的内容推送。比如，用户在每周的特定时间有观看某个电视节目的习惯，当用户在那个时间段打开电视的时候，智能电视应该直接切换到用户要看的电视节目。再比如，当用户想看电影但没有明确目标的时候，智能电视能够准确地向用户推荐电影信息，并且自动排除已看过的影片。

理想中的智能空调应该是什么样的呢？每个人感到舒适的温度是不一样的，智能空调需要做到的是识别处于房间内的人，并调节至令其感到最舒适的温度。另外，智能空调还应具备了解常住使用者的作息时间并提前调节温度的功能。

当然，由于受技术所限，目前还没有办法实现这种理想中的智能化。反观目前市场上的智能硬件，大多数产品是在传统产品的功能中增加了一个 Wi-Fi 功能，然后就打着智能的名义推入市场。

比如某家电厂商推出的"智能电扇"，能用手机 App 控制，用附赠的传统遥控器就能完成所有操作。但有时由于网络延迟，手机 App 的操作还不如传统的遥控器方便。不过其价格与传统风扇价格接近，也可以当普通风扇使用。对于这种毫无新意的"智能产品"，用户对厂商是不满意的。由于智能本身的定义比较含糊，因此导致了智能硬件领域的乱象——只要能联网的硬件都自称智能硬件。

智能硬件通过软硬件结合的方式，加载、运行移动应用软件，对传统设备进行改造，通过移动网络控制智能硬件，从而让其拥有智能化的功能，操作简单，使用方便。智能硬件具备联网能力，实现互联网服务的加载，形成"云＋端"的典型架构，具备了大数据的附加价值。

智能硬件改造对象可以是电子设备，如手表、电视和其他电器；也可以是以前没有电子化的设备，如工业自动生产线上的加工设备、工业自动化设备等；也可以是民用品，如门锁、茶杯、汽车、房子和微波炉等。就目前的认知水平，智能硬件的定义如下：

智能家居是以住宅为基础平台，综合建筑装潢、网络通信、信息家电、设备自动化等技术，将系统、结构、服务、管理集成为一体的高效、安全、便利、环保的居住环境。

智能电视是具有智能操作系统的开放式平台，通过互联网连接，不仅可实现普通电视的播放功能，还可以在智能应用程序 App 上自行下载、安装、卸载各类应用软件，持续对功能进行升级和扩充的电视机的统称。

智能汽车是在普通汽车的基础上增加了传感器、控制器、执行器等装置，通过车载传感系统和信息终端实现与人、车、路的智能信息交换，使汽车具备环境感知能力，能够自动分析汽车行驶的安全及危险状态，并使汽车按照人的意愿到达目的地，最终实现无人驾驶的目的。

智能手环是一种穿戴式设备，用于记录使用者生活中的运动、睡眠生理（脉搏）等实时数据，并将这些数据与手机、平板电脑同步，通过数据分析，起到指导使用者健康生活的作用。

智能手表是在手表中内置智能化模块，在移动操作系统上运行智能软件，并且可以同步手机中的电话、短信、邮件、照片和音乐等。

基于物联网技术、云计算技术的智能防丢解决方案，通过软硬件整合，实现将手机、自行车、钥匙、钱包甚至宠物等进行相连，当相连物品超出一定范围时，会自动提示用户。

蓝牙耳机已能够同时连接到蓝牙移动电话和音乐播放器。

1.2　物联网的市场空间

李彦宏说："移动互联网的时代结束了"。周鸿祎说："互联网下半场就要开启"。前 Google CEO 埃里克·施密特曾预言："互联网即将消失，一个高度个性化、互动化的有趣世界即将诞生"。下一个足以颠覆微信、超越阿里的超级风口在哪里？当下看，唯有物联网。

5G 技术被认为是物联网的"标配"，能提供低成本、低能耗、低延迟、高速度、高可靠性的通信，可以支持物联网长时间、大规模地连接应用。

5G 标准尘埃落定，所有厂商都决定放手大干一场。物联网大规模商用开始了。

物联网的市场空间有多大？综合资料显示：美国市场研究公司 Gartner 预测，到 2020 年，全球物联网设备将达 260 亿台，市场规模将达 1.9 万亿美元；麦肯锡的预测更惊人，到 2025 年，市场规模将达 11.1 万亿美元（相当于 60 万亿人民币）。

五大科技趋势"大智云物移"（即大数据、人工智能、云计算、物联网、移动互联网）都风头正劲，风起云涌。

移动互联网领域再难出"独角兽"企业；人工智能并没有算法突破，目前的进步不过是由于大数据和云计算的推动结果。传统产业不可能再造淘宝、支付宝来构建大数据，因此根本希望就在于物联网。物联网能产出行业专属的大数据，再配以云计算和开源的人工智能算法，传统产业才能插上智能科技的新翅膀。人工智能、大数据与物联网的依赖关系如图 1.1 所示。

图 1.1　人工智能、大数据与物联网的依赖关系

显然，我们正处在移动互联网时代与物联网时代悄然转换的节点。

未来，肉眼可见的所有事物都有可能被物联网化，家用电器、智能汽车、机械设备乃至森林、沼泽和大海……仅中国，就将有 500 亿量级的智能设备可连接起来，产生的数据量将大大超越互联网时代。这些超海量数据将成为商业价值的无尽源泉，人工智能通过对物联网的数据挖掘，将使人们现有的生活、生产方式彻底改变。

科技巨头们已在物联网上"动作频频"。英特尔、高通、ARM 等公司"掘金"物联网芯片；中国三大电信运营商正忙着做 NB-IoT 商用试验，建站布网；腾讯发布 QQ 物联网智能平台，让美的家电、李宁跑鞋、惠普打印机统统实现了智控物联；阿里的物联战略更具商业化视野，海尔智能电视、联想机顶盒、大众智能汽车、飞利浦空气净化器等统统连上云端，连预订车位、给车加油等都不再是幻想，直接启动内置的支付宝即可付费。

未来的变化已可以想象得到。但当下的物联网机会恰恰不在科技公司，而在传统制造业中。

比如美国通用电气（GE），原本只是制造航空发动机，如今只需要将智能传感器装进发动机，将其实时运行的数据通过卫星传回云端，再将全球的航空发动机数据得以汇总，针对数据进行深挖，便能实现对发动机的提前预警、维护，再也不用让飞机"强制休假"，拿着微型摄像头钻到发动机里反复检查。仅此一项，就使航空公司和 GE 的成本大大降低。

中国同样有成功改造的案例。在机械制造行业，一些制造商需要为工矿企业提供设备检修服务，以前都要工厂停工停产，老师傅爬进爬出。如今，采用物联网传感器实时监测，设备的压力、温度、噪音等数据被云端化，再利用开源的人工智能算法比对，即可发现不正常的设备，再提供精准的维修服务。一个传统的制造行业，就此完成物联网、智能化改造。

中国肺癌防治联盟也在 2017 年实施物联网战略。通过诊断设备的联网，积累肺癌检查的病理数据，再通过数据挖掘、联网诊断，便能大大提高早期肺癌患者的诊断率，避免大量患者在晚期才确诊的悲剧，从而挽救更多的生命。

当下的物联网化改造，以现有技术就能实现。这其中最难的并不是技术，而是科技企业不了解传统产业的内在需求点，从而难以开发出有价值的应用。毕竟，"隔行如隔山"。比如智能插座，家用的可能需要设置断电保护；医用的则需要设置断电报警，因为要确保血浆、疫苗、病毒等低温保存，反而不能自动断电。

谁能深入理解行业，抓住细分需求，谁就能在物联网"智造"中占据先机。

1.3 智能硬件创业机遇与挑战并存

有人看到物联网的行业与技术壁垒，感叹物联网"水太深"；有人则迫不及待地切入，唯恐在技术和商业模式确定的那一刻失去先机。未来没有所谓的互联网公司，每家公司都会变成物联网公司。

以小米科技公司为例，小米的生态链布局就是基于米家 App，将 55 款智能家居产品（包括照明、插座、小家电、安防等）全部接入。如今，5000 万台小米的物联网设备紧密连接，新产品、新用户不断涌入。人们猛然发现，智能硬件成为家庭物联网的新入口，小米已成为智能家居的重要引领者。

物联网将带给人们一个脑洞大开的新世界，但随之而来的安全挑战也是前所未有的。

在计算机、手机上，人们还能安装防火墙和杀毒软件，而当几百亿台设备连在一起时，任何一个传感器漏洞都将会成为整个系统崩溃的缺口。在海量设备的物联网中，人们可能根本找不到崩溃的源点，黑客便已完成了对网络的全面摧毁。而传统的网络隔离术将不再有效，人们不得不面对虚拟攻击大面积摧毁国家基础设施的可怕现实。

2016 年 10 月，美国东海岸爆发 DDoS 攻击事件，黑客入侵全球 10 万台智能设备，对域名解析服务器展开了分布式拒绝服务攻击（DDoS），导致美国的公共服务系统、社交网络等瘫痪。

如果物联网大规模实现，这种可怕的攻击便会渗透到每个公司和家庭中，智能电器和机器人被恶意软件挟持，其危害难以预料。当然，这对网络安全公司来说，则是新入口和大市场。

显然，物联网的市场正处于爆发前夜。它的技术标准刚刚确定，商业模式则一片模糊，网络安全无从谈起，但人们无比笃定，一个互联网新物种将会破土而出，并引发一场技术与商业的革命。这股超级产业浪潮注定席卷一切，有人将就此开辟新的产业边疆，有人仍会坐视它一掠而过。但不管怎样，每个国家、行业乃至个人，都将被彻底改变。

虽然物联网生态、物联网安全存在一些问题，如**荒诞的技术产品，恶意的商业创新**，但这些产品也确实在 CES 上获得了不少关注，例如做智能鱼竿传感器的企业，还获得了创新产品奖。

可以明显地发现，物联网智能硬件开始逐渐转变。以往物联网智能硬件的重点在于"联"，将设备加个 Wi-Fi 或蓝牙经由手机控制，就可以被称作物联网。但如今的物联网智能硬件开始把重点放在"网"上，产品本身只是入口，聚集起用户之后，本质上应用的仍然是我们熟悉的那一套互联网模式。

物联网和智能技术的加入，对于硬件产品本身改变很少，如前面所述，加上蓝牙和 Wi-Fi，开瓶器还是开瓶器，音箱还是音箱。"联"对于"物"的改变不足以撬动购买，后续还要看"网"带来的附加价值。

对于互联网经济本身而言，免费模式已经不能再亮起绿灯，免费工具/服务辅以资本支持，累计用户后依靠"生态变现"，这一套移动互联网时代的"万能大招"如今是越来越不灵了。因为产业机会已经被行业巨头们分割殆尽，投资者也逐渐回归冷静，不再愿意双手奉上钞票让这些项目"做实验"，于是项目能否自负盈亏就成了生存下去的重点。而靠出售硬件来向用户收费，无疑是一种很明智的决定。硬件产品本身溢价就高，加上用户投入沉没成本（注：已发生或承诺、无法回收的成本支出）后，使用相关软件服务的频率也会增加。这样一来就给整个项目的后续运营留有不少余地。

流量愈发昂贵，想要获取流量，需要进入"无人之地"。也正是因为移动互联网的发展进入瓶颈期，不管是获取用户还是进行广告投放，对于企业来说流量费用愈发昂贵了。这时想要再获取流量，就要避开竞争，涉足那些以往脱离互联网的场景中。这时一些产品看似无用的智能化就有了意义，把照镜子、钓鱼、喝酒这些以往和互联网概念毫无关系的行为"流量化"，也就有了进一步挖掘商业价值的空间。

深入生活场景的数据采集，为 AI 化发展做铺垫。通过这些智能化设备去收集一些以往我们很难收集到的数据。例如，智能开瓶器可以收集到人们的喝酒时间和频率；智能镜子可以收集到人们的皮肤数据；智能床垫可以收集到人们的睡姿……在未来 AI 开始深入生活时，这些数据将有"奇用"。

通过观察发现，物联网智能硬件和曾经一度红火的共享经济有着不少的相似点。例如，两者都是通过对普通硬件产品的再铺设实现互联化目的，然后再通过广告或生态方式进行变现。更重要的是，两者的商业模式都属于看起来很有道理、非常成立，可真正实施起来困难连连。

共享经济的失败警示创业者。物联网、智能硬件，仅在售价上可能就要流失不少用户。上述产品中，智能开瓶器 55 美元，智能鱼竿传感器 88 美元……。如果说这些产品的重点在于后续软件的服务上，我们也可以去 App Store 里看看，价值五六百元人民币的 App 都有哪些特殊的功能。当然，在国际消费类电子产品展览会（International Consumer Electronics Show，CES）上，仍然能看到很多有技术、有创新的物联网硬件。但一些无厘头的智能硬件所透漏出的"新概念傍身→资本操作→破产跑路"的苗头，是一定要遏制的。

相比技术创新，概念创新永远都是一条更好走的路。但已经有无数前人经由这条路走向深渊，也是时候立下警示牌了。

1.4　智能硬件发展趋势

本节分析当前智能硬件产品存在的问题，选取几种常见的产品为案例，分析它们存在的不足，给出智能硬件的发展趋势。为避免歧义，这里仅提产品类别，不指明品牌厂商，不针对任何具体厂家，请勿对号入座。

1.4.1　智能硬件产品问题分析

1．空气净化类

空气净化器产品的异军突起绝对是国内智能硬件发展的特例，主要原因是由北京、上海等城市的雾霾天气所产生的强大市场需求。

初创团队和跨界公司往往比传统公司更引人瞩目，比如本属于移动互联网领域的商家也做起了净化器，研发半年创造了千万级的众筹成绩。空气净化类产品火爆的背后，存在的争议仍然是实际的净化效果；而智能化方面，既不是重点，也没有在智能化方面做出太多"花样"，仍然只停留在通过手机远程进行开关和设置的简单配置阶段，还不能做到足够智能化地联动。

2．平衡车

电动平衡车逐渐成为很多年轻人的代步工具，从 Segway 到 SoloWheel 这些海外产品，逐渐向另一个方向发展，即平价化、智能化。玩法变得更加多样，也增强了一些实用性。

3．家庭安防

围绕家庭空间的智能设备，从开始就受到了很多创业者和投资者的关注。用户也相对更早接受此类产品，其中，家庭安防类产品国内外开发得比较多。

比如关注入户安全问题的"丁丁门磁"，让门的开关掌握在手机中；如欧瑞博因为推出了一款燃气报警器，受到小米的青睐，向其抛出了橄榄枝；传统家电厂商里比如海尔，在推其 uHome 智能家居平台时，安防即是其重要一环。另一类安防类产品是摄像头，如小米、360 家庭卫士、联想看家宝等，都是此类产品，普及率较高。

4．虚拟现实

推动虚拟现实更加大众化的，是 2014 年 3 月 Facebook 宣布 20 亿美元对 OculusVR 虚拟现实技术公司的收购。之后，国内有蚁视 VR 这样的同类技术团队产品出现，同时三星推出了自己的类似产品 GearVR。虽然三星采取的方式比较取巧，让 Note4 变成显示屏幕，但也说明虚拟现实的潮流，主流消费电子厂商也在追。

例如亚马逊推出的裸眼 3D 手机、国内的（Takee）钛客等，也是虚拟现实类产品的一种延伸。此类产品会越来越丰富，目前最大的问题是缺乏应用场景和可消费的内容。

5. 四轴飞行器

2014 年是四轴飞行器大热的一年，亿航、大疆、Aircraft 一类的产品价格降低、性能进一步提升，特别是一体式摄像头配上之后，虽然 DIY 的体验少了些，但是人人都能很轻松地玩起航拍。一些追求新潮电子酷玩的年轻人也玩起了航拍，但航拍遇到的问题是对低空飞行有潜在危险，由于暂时没有具体的管制方式，在市场野蛮生长一段时间之后，相关部门加强了管制，无人机市场发展受阻。

6. 汽车智能化

汽车智能化仍然处在逐渐推进的过程中，一批用于汽车的"智能穿戴"产品开始涌现出来，成为汽车全面智能化的过渡产物。基于 Android 平台的汽车车机越来越多，比如在深圳，有不少第三方团队在做车机类产品研发，用于汽车后装市场。另一类是通过 OBD 通用数据接口，获得汽车的油耗、速度等常规数据，同时加入 GPS 模块，不仅让汽车通过一个小配件就可以进行 GPS 轨迹的记录，同时可以对驾驶习惯等进行大数据分析。

7. 纯电动汽车

汽车在智能化领域的两大方向是电动化和互联网化。在新能源发展方面，混合动力和纯电动汽车产品越来越丰富。Tesla 在国内发展迅速，银泰与民生银行、中国联通等企业合作，建设、部署电动车充电桩，为电动车的推广扫清了障碍。

8. 智能手表、智能手环

智能手表和智能手环仍然没有在这一拨热潮中降温。三星、LG 和 SONY 等厂商继续迭代智能手表产品。在国内市场，inWatch、土曼、果壳电子的智能手表也在继续迭代，设计思路也更加成熟，比如果壳电子开始重新定义产品的设计，改为圆形表盘。

未来，物联网将带来一个巨大的市场，很多智能硬件产品应用都可以在万物互联时代找到自己的新位置，智能硬件创业者在物联网时代正面对着不小的挑战，成功与否的决定因素已经从单个变量增长到好几个变量，这既是行业转变的思路，更是进一步发展的挑战。物联网时代改变了行业创新模式，小的公司也可能变成一家很伟大的公司。

物联网为万物沟通提供平台，涵盖智能医疗、智能电网、智能教育等多个热点行业应用，还与云计算、大数据、移动互联网等息息相关，拥有广阔的市场前景。物联网被认为是继房地产、互联网之后的下一个经济增长点，自然成为了海内外资本市场和国家政府的关注热点。

智能硬件作为物联网的关键组成元素，也一并"走红"起来。可以预见，智能硬件行业即将迎来井喷式爆发。

1.4.2　智能硬件行业分析

1．智能硬件发展进入市场启动期

随着产业链的成熟，芯片、传感器、通信技术、云平台及大数据等的有效支撑，智能硬件平台、大数据服务平台搭建完毕，基于创新的服务类产品逐步成熟，产品差异化将加大。

在智能硬件市场启动期，资本、孵化器、技术、人才、政策等正在向这个行业倾斜，智能硬件商家将借力众筹出位。目前，智能硬件的商业模式是在京东众筹、众筹网等平台做一轮众筹，借此打造品牌知名度与影响力，众筹平台与智能硬件厂商合作相当于为其背书。随着越来越多的项目及产品平台与众筹平台牵手，会有更多的优秀智能硬件项目被甄选出来进入众筹平台。这是双赢的：智能硬件商家借助众筹平台完成生产资金积累，同时也借助众筹做推广与营销；众筹平台则借助众筹与智能硬件商家相互连接，构成"智能硬件众筹生态"。

2．软件应用继续跨界智能硬件领域

传统软件及移动 App 的发展都遇到了一个瓶颈，高高在"云上"的应用虽然积累了大量的用户，却都是基于手机等移动产品的软件应用，同类应用比比皆是，用户卸载当前应用的概率很大，随时可能被替代而失去一个用户。另外，纯 App 的变现模式非常单一，智能硬件全网互联的方式对移动应用的冲击很大。这种情况下，很多软件应用开始做硬件突围。在智能硬件联网上线的同时，软件应用也在入侵智能硬件领域，未来将会有更多此类应用跨界进入智能硬件领域。

一般而言，小商家的发展规律基本符合几何学上的"点动成线"这个规律，小商家大多都会选择一个点，最终"面动成体"，这个时候已经基本成为一个平台。智能硬件商家起初都是产品一个点，但是小商家与 BAT（百度、阿里、腾讯）等大平台不同，为了更有竞争力同时降低成本，不得不进行资源整合，这样多个商家最终联手合作而成为一个平台，继而成为一个"智能硬件生态"。

3．硬件免费模式即将开启

智能硬件的下一步是免费模式，主要原因如下：
- 当前智能硬件零利润，与免费没有太大差距。
- 新材料及新的生产方式会让智能硬件成本越来越低。
- 免费模式的赢利点在于"羊毛出在猪身上"。即 A 点免费，B 点赢利，声东击西的

商战技术。

投资人（资本）的关注重心转向智能硬件的产业链上游。2014 年，创投圈最火热的两个领域即是智能硬件与 O2O。比起 O2O 炒概念，智能硬件更为实际。大多数投资者会投资成型的智能硬件产品，只要市场可观，有发展前景的项目，基本都可以投资。智能硬件的火热，让一些投资者开始关注产业链上游的情况，一些新材料生产商家、生产工厂及传感器厂家开始受到资本热捧。

4. 商家经营重心"偏移"制造

将来的智能硬件行业，只掌握线上的营销与推广是很难长久存活下去的，生产及线下渠道会成为整个行业的重中之重，因为打算在智能硬件领域立足的商家的经营重心会向制造方转移。尤其是即将到来的第四次工业革命，传统制造产业会有质的飞跃，围绕制造而成的"新型制造业生态"会是将来商业的重点，所有开发生态的硬件智能商家都脱离不了制造这一环。智能硬件转型重定位，部分智能硬件商家起初对产品的定位会不够准确，经过一段时间的摸索，会对产品进行重新定位，然后找到一个合适的位置。目前，很多智能硬件产品的一代与二代有着不同的定位，基本上，再一次定位能够更好地体现产品性能及优势。

5. 同质竞争端倪初现

智能硬件产业尚为新兴产业，在我国的发展时间较短，但受关注度较高，传统制造业、互联网企业、初创型企业等参与厂商众多。目前，我国的智能硬件产业发展仍处于初级阶段，产品应用服务开发滞后，功能单一，造成国内智能硬件产业发展同质化竞争端倪初显。以可穿戴设备为例，我国已有众多科技型企业发布了各自的智能手表、智能手环等产品。但智能手表多作为智能手机的配件使用，功能不外乎运动、睡眠监测等，产品差异性小；智能手环一般只提供健身、健康及睡眠管理，产品之间的差异性也不大。

6. 跨界协同合作存在壁垒

智能硬件产业是以互联网、半导体、智能控制等技术提高传统产业产品的智能化水平，具有软硬（件）融合、跨界应用等特征。但在企业跨界合作中，存在部分壁垒，主要表现在以下两个方面：

一是与传统厂商的合作存在壁垒。以智能汽车行业为例，一方面，互联网等科技型企业由于政府管控、投资巨大等壁垒很难进入汽车整车制造环节；另一方面，传统汽车厂商不愿意与科技型企业合作，而是自己开发相关的智能控制或车载系统。

二是与其他行业的合作存在壁垒。这一问题在提供医疗功能的可穿戴设备上表现尤为明显。一方面，可穿戴设备开发的心率、血糖检测等功能检测结果不精确，在一定程度上

并不具备医学参考价值；另一方面，可穿戴设备所搜集的大量人体生命体征数据，经过云计算、大数据等技术处理后，**需专业的医疗人员给出相应的诊疗建议，但由于行业壁垒较高，可穿戴设备与医疗领域的合作较少，降低了数据价值。**

7. 核心技术与发达国家仍有差距

尽管我国在智能硬件产品研发与生产上与发达国家差距不明显，但在核心零部件环节，受支撑产业的影响，与国外先进水平差距较大，部分部件仍然依赖进口。如在智能服务机器人领域，我国电机、驱动器、减速器等关键部件主要依赖进口。在智能可穿戴设备领域，我国在柔性显示技术、小尺寸柔性储能技术等方面与国外先进水平差距明显。特别是由于国内企业在基础电子元器件、集成电路等领域的支撑能力较弱，制约了传感器、短距离无线通信芯片等感知层关键环节竞争力的提升，造成了我国传感器研发技术基础薄弱，尤其在制造技术方面跟发达国家差距较大。

8. 全球专利布局与竞争日益激烈

随着全球科技变革速度的加快，智能硬件将成为下一个全球竞争的战略要地。很多西方发达国家的企业在行业发展初期纷纷将知识产权保护当成企业发展的重中之重，非常重视专利布局。市场尚未成熟，国际巨头就已经开始了"专利装备竞赛"。可以预见的是，随着我国智能可穿戴设备产业的不断发展壮大，国外针对我国的专利保护战争将会越来越频繁。因此，国内企业在不断探索、完善智能硬件相关技术的同时，还需提高专利意识，加强知识产权布局。

按照智能硬件的定义，智能硬件的范畴包括工厂的智能装备。智能装备概念已经存在，智能硬件主要指终端消费品行业的智能终端产品，是个人使用的产品而不包括工厂使用的智能装备。

智能硬件属于物联网，而大众基本上也都认可智能硬件属于物联网这个大领域。物联网的发展趋势与智能硬件的发展趋势正相关。

虽然物联网在很多领域已经改变了我们的生活，但物联网对传统产业的改变才刚刚开始，未来的大机会都在与物联网相关的领域。人工智能、大数据与物联网的关系是：物联网为人工智能、大数据提供数据来源，物联网的价值要通过人工智能、大数据技术得以实现。

物联网的发展，到现在为止也只是万里长征刚刚走了第一步，因而物联网领域的机会是非常多的。物联网的连接、感知、智能三个发展阶段如图1.2所示。

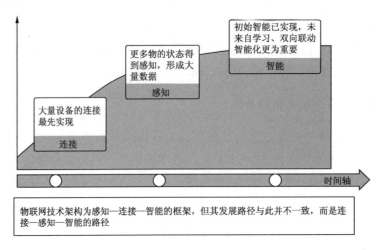

初始智能已实现，未来自学习、双向联动智能化更为重要

智能

更多的物的状态得到感知，形成大量数据

感知

大量设备的连接最先实现

连接

时间轴

物联网技术架构为感知—连接—智能的框架，但其发展路径与此并不一致，而是连接—感知—智能的路径

图 1.2　物联网的连接、感知、智能三个发展阶段

连接环节是处于非常早期的阶段，物联网的通信方式将呈现多样化、碎片化的特点。也就是说，未来物联网将多种通信方式并存，Wi-Fi、蓝牙、ZigBee、NB-IoT, Lora 等通信方式都会存在。移动运营商运营的物联网的蜂窝通信方式将是物联网通信方式的组成部分。

蜂窝通信方式包括：窄带的 NB-IoT，增强移动类通信 eMTC，以及高性能的 5G 通信。现在国内只有 NB-IoT 已经可以应用。从通信这个角度而言，NB-IoT 还有巨大的改进空间，而 eMTC 和 5G 的应用还没有开始。

在连接问题解决之后，才能打开传感器和智能的空间，激发感知和智能的巨大市场。

既然物联网在连接、感知、智能三个层面都有巨大的发展空间，所以物联网领域创业的机会还是非常多的。作为终端应用的物联网领域的智能硬件，创业的空间也非常大。

智能硬件的机会会留给有经验的创业者。2017 年，物联网领域的一个流行词是赋能，所以在智能硬件领域创业的创客一定要想清楚，有什么能力可以通过物联网为更多的人服务。在智能硬件领域创业，重要的是要有丰富的经验，将自己的经验通过服务表现出来，为所在领域赋能。有技术经验的为物联网的解决方案提供服务，有行业经验的通过物联网技术提供行业服务。

在物联网领域成功创业或者说经过几年还在物联网领域生存的创业团队，都是有丰富工作经验的。例如，平台型创业企业，都是由有丰富经验的通信或者云计算背景的人创建的；医疗可穿戴领域的创业企业，大部分也都有医疗背景。所以智能硬件的创业者，需要想清楚自己有什么核心能力，能够通过硬件产品，以服务的形式解决更多人的难题。只要找到这个核心能力，在未来智能硬件创业的路上就具备了核心竞争力，就有机会在智能硬件领域占据一席之地。

1.4.3　智能硬件的未来

可以肯定的是，智能硬件是未来的发展趋势，但绝不是现在这样的"伪智能硬件"。

其实，真正意义上的创新产品几乎都伴随着技术的革新。新技术往往有一个成本逐渐降低的过程，比如现在很多的智能产品都在逐渐降价。所以那些真正有技术创新的产品，往往是价格较高的，如谷歌眼镜。而现在的不少智能硬件走的却是低价销售路线。低价对于消费者而言当然是好事，但是对于新产品而言往往也意味着没有真正意义上的创新。通俗地讲就是产品确实有一些新意，然而并没有什么不可或缺的实际应用。

做研发对于企业来讲是一件风险很高的事情，高成本和不确定性是主因。研发往往需要投入大量的资金，短期内没有盈利的可能，长期来讲也不见得研发出来的新技术就一定被市场所接受。但是技术才能真正对这个行业产生推动。

虽然目前的技术不足以支撑理想中的智能硬件，但并不表示现阶段的智能硬件就没有意义。用户可以接受逐步智能化，但每一步一定是有意义的，在迭代的过程中不能偏离智能的本质。比如智能空调可以暂时做不到识别用户，但根据用户每天回家的大致时间提前调节室内温度并推送给用户，这个需求以目前的技术水平已经可以做到了。但是有些"粗制滥造"的遥控 App，连空调的运行状态都显示不了，因此是不可能得到消费者的认可的。

1. 智能VS伪智能

智能一定是简化控制而不是强化控制。展望智能硬件的未来，一定是朝着**简化控制**的方向发展的。所以目前市面上凡是朝着强化控制方向研发产品的企业，都是与智能背道而驰的。事实上，除了个别的产品，如家里的空调，可以在将要回家的时候提前打开，大部分产品真的不需要一个装在手机里的"遥控器"。

2. 智能硬件一定是易于使用的

现在市面上的很多智能产品在使用时的学习成本非常高，消费者苦于按照说明书也学不会，厂家苦于需要一遍遍教导用户所带来的高客服成本，这本身就是与智能模拟人与人交流的定义不相符。真正的智能，人机交互是简单、流畅、无障碍的。

3. 智能一定是数据驱动的

不难发现，智能硬件的智能行为是需要大量数据作为支撑的。例如前面提到过的智能电视的推荐，需要收集大量的用户观影数据才能实现。数据正变得越来越重要，而如何有效地利用数据，也是企业需要考虑的问题。

4. 智能一定是多硬件联动的

智能一定是多硬件联动的，其实是出于对于数据的需求。单个硬件能收集的数据和数据种类都有限，而实现真正的智能化，需要海量的、不同类型的数据，这就需要多种硬件设备共同收集和共享数据。这其实就是所谓的**生态**。

5. 智能硬件应当给产品带来附加价值

有效智能化的意义是，在原产品的基础上，智能化带来了附加价值。用户是否为智能化买单是有效智能化的鉴定标准。

如果用户愿意为智能化买单，那么市场的表现应该是智能化的产品价格高于同类的非智能产品，且依然能获取上规模的用户。一个很简单的例子就是智能手机与传统功能机。智能手机售价就高于功能机，但是依然获得了市场的认可，那么这个智能化就是有效智能化。

智能硬件开发自然是离不开物联网的。全球移动互联网大会（GMIC）推出了"TOS+"**智能硬件开放平台**战略，并正式发布了 TencentOS 系统，同时也展示了基于该系统的智能手表、微游戏机、虚拟现实产品及手机四大智能硬件领域解决方案。

1.5　智能硬件创业策略

智能硬件创业是千万创客的奋斗方向。深入分析智能硬件的研发、营销策略，对读者、对创客都有积极的意义。

1.5.1　寻找客户痛点

创业者如何选择智能硬件作为自己的创业方向？智能硬件研发如何找痛点抓住客户？

智能家居商业化形势已经有种山雨欲来的感觉了。很多做传统家电的厂商看好智能家居，但是智能家居并没有落地大面积部署。其实，传统家电厂商做智能家居有一个问题，就是他们对智能家居定义有偏差。调查显示，在中国对智能家居感兴趣的人群在 35～42 岁。这类人群其实不应该是对智能家居或新兴事物更感兴趣的群体，感兴趣的群体应该是刚刚毕业的大学生或者是更年轻的人群，因为他们对新兴事物和高科技事物更有兴趣。传统家电厂商把智能家居定义在必须得有家才能够拥有的范围，这个认知是有偏差的。这也是在过去十多年中智能家居不能落地大面积部署的主要原因。

智能家居的定义是从小产品开始的。对一个年轻人来说，他不会在出租屋里装一台智能空调。智能家居的用户群应该恰好是新兴事物接受人群，他们需要的是更轻便的智能家居，也许是一个监控摄像头，也许是一个灯泡，也许是一个插座。所以在过去一两年里，这种"小智能家居产品"获取了非常不俗的成绩。路由器、灯泡、插座等这些"轻小"的智能设备，已经有 1000 万个设备落户到用户的家里了，这是非常好的一个成绩。商业实践表明，原来智能家居的定义是有偏差的。

智能硬件创业的另一个方面就是渠道。例如，看到商场（或网上商城）重视一个产品类别的时候，说明这类产品一定会热销。

案例 1：京东做了一个超级 App，就可以推断在京东平台上流量非常大的是智能硬件这类产品了。

案例 2：通过百度买"hao123"可以推断，百度发现"hao123"的流量大，所以当商业渠道开始做这个产品的时候，说明这个产品一定会成为热销产品。

1.5.2　智能硬件研发选择

智能硬件创业者怎样选择自己的创业方向呢？智能硬件研发需要思考以下问题。

1．这个产品是不是已经存在

如果这个产品不存在，希望打造出一个新产品，那么，改变用户的习惯将特别难。

案例 1：谷歌眼镜是一个创新的产品，也是一个不成功的产品。虽然谷歌眼镜可以带来更多的功能，比如拍照、搜索、打标签，但这些功能都是不连续的，用户不用一直戴着眼镜。而且谷歌眼镜比较重，对那些没有戴眼镜习惯的用户来说，是很难改变他们的习惯的，所以这类产品不建议做。

2．这个产品是刚需吗

刚需（刚性需求）意味着高频。如果一个产品是生活类的产品，可以给生活带来一些乐趣，但是它不能满足刚需，那么它在用户家里存在的时间就不会太长，那么就意味着研发的这个智能硬件产品尽管有可能获得一定的关注度和销量，但最后也可能被用户丢掉。所以，高频应用意味着产品未来的价值，它是不是能满足刚需，决定了它是不是一个可以被高频应用的产品。

3．这个产品可以升级维护吗

如果智能硬件不能升级维护的话，就类似于传统产品，投资者也会放弃继续投入资本。

4．这个产品价格便宜吗

产品价格便宜是一个重要的指标。研发团队要对成本精心核算，保证产品价格最低。

5．这个产品的安装成本低吗

安装成本意味着智能硬件的获取成本，也许产品价格很低，但是用户不一定会买。比如一个产品需要安装在墙上来使用，那么对很多用户来讲，在不能完全认知产品可以带来什么样的效应之前，是很难下定决心把它装上去的，所以这个问题也很关键。也就是说，我们宁可去做一些简单的、一插即用的产品，也不要做需要复杂安装的产品。即使有说明书也没有用，一些用户买一个产品回家可能不会看说明书。所以花钱做说明书的同时还要在产品上贴一张纸，介绍快速设置和安装的方法，这是非常关键的。

6．这个产品的功能可以用一句话让用户明白吗

这意味着口碑传播的可能性。如果智能硬件产品无法用一句话让用户听明白，那么就不可能马上打动他，更不会让他觉得产品体验好，并很快地传播给身边的人。

1.6 本 章 小 结

本章给出了智能和人工智能的一般概念；阐述了智能硬件的产品、行业和研发的一般问题；以及产品的初级阶段，智能水平较为初级时，智能硬件的研发者和用户的心态变化。

1.7 本 章 习 题

1．什么是智能？什么是人工智能？
2．什么是智能硬件？
3．智能硬件产品问题有哪些？
4．智能硬件行业问题有哪些？
5．智能硬件研发要考虑哪些问题？

第 2 章　智能硬件理论基础

人工智能基础理论涵盖大数据智能、跨媒体智能、群体智能、混合增强智能、自主智能系统等领域。新一代人工智能技术体系包括类脑智能、自主智能、混合智能和群体智能技术等。人工智能在生产生活、社会治理、国防建设各方面应用的广度及深度得到了极大的拓展，形成涵盖核心技术、关键系统、支撑平台和智能应用的完备产业链和高端产业群，形成人工智能核心产业。

2.1　人工智能起源

了解人工智能向何处去，首先要知道人工智能从何处来。1956 年夏，麦卡锡、明斯基等科学家在美国达特茅斯学院开会研讨"如何用机器模拟人的智能"，首次提出"人工智能（Artificial Intelligence，AI）"这一概念，标志着人工智能学科的诞生。

人工智能的定义：人工智能是研究、开发能够模拟、延伸和扩展人类智能的理论、方法、技术及应用系统的一门科学，研究目的是促使智能机器会听（语音识别、机器翻译等）、会看（图像识别、文字识别等）、会说（语音合成、人机对话等）、会思考（人机对弈、定理证明等）、会学习（机器学习、知识表示等）、会行动（机器人、自动驾驶汽车等）。

人工智能的探索道路曲折、起伏。我们将人工智能自 1956 年以来 60 余年的发展历程划分为以下六个阶段。

一是起步发展期：1956 年至 20 世纪 60 年代初。人工智能概念提出后，相继取得了一批令人瞩目的研究成果，如机器定理证明、跳棋程序等，掀起了人工智能发展的第一个高潮。

二是反思发展期：20 世纪 60 年代至 70 年代初。人工智能发展初期的突破性进展大大提升了人们对人工智能的期望，人们开始尝试更具挑战性的任务，并提出了一些不切实际的研发目标。然而，接二连三的失败和预期目标的落空（例如，无法用机器证明两个连续函数之和还是连续函数，机器翻译闹出笑话等），使人工智能的发展走入低谷。

三是应用发展期：20 世纪 70 年代初至 80 年代中期。20 世纪 70 年代出现的专家系统模拟人类专家的知识和经验，解决特定领域的问题，实现了人工智能从理论研究走向实际应用，从一般推理策略探讨转向运用专门知识的重大突破。专家系统在医疗、化学、地质等领域取得成功，推动人工智能走入应用发展的新高潮。

四是低迷发展期：20 世纪 80 年代中期至 90 年代中期。随着人工智能的应用规模不断扩大，专家系统存在的应用领域狭窄、缺乏常识性知识、知识获取困难、推理方法单一、缺乏分布式功能、难以与现有数据库兼容等问题逐渐暴露出来。

五是稳步发展期：20 世纪 90 年代中期至 2010 年。由于网络技术特别是互联网技术的发展，加速了人工智能的创新研究，促使人工智能技术进一步走向实用化。1997 年，国际商业机器公司(简称 IBM)深蓝超级计算机战胜了国际象棋世界冠军卡斯帕罗夫，2008 年，IBM 提出"智慧地球"的概念。以上都是这一时期的标志性事件。

六是蓬勃发展期：2011 年至今。随着大数据、云计算、互联网、物联网等信息技术的发展，泛在感知数据和图形处理器等计算平台推动以深度神经网络为代表的人工智能技术飞速发展，大幅跨越了科学与应用之间的"技术鸿沟"，诸如图像分类、语音识别、知识问答、人机对弈、无人驾驶等人工智能技术实现了从"不能用、不好用"到"可以用"的技术突破，迎来爆发式增长的新高潮。

2.2　人工智能发展

经过 60 多年的发展，人工智能在算法、算力（计算能力）和算料（数据）等"三算"方面取得了重要突破，正处于从"不能用"到"可以用"的技术拐点，但是距离"很好用"还有诸多瓶颈。那么在可以预见的未来，人工智能发展将会出现怎样的趋势与特征呢？

2.2.1　人工智能发展趋势

1. 从专用智能向通用智能发展

如何实现从专用人工智能向通用人工智能的跨越式发展，既是下一代人工智能发展的必然趋势，也是研究与应用领域的重大挑战。2016 年 10 月，美国国家科学技术委员会发布《国家人工智能研究与发展战略计划》，提出在美国的人工智能中长期发展策略中，要着重研究通用人工智能。阿尔法狗系统开发团队创始人戴密斯·哈萨比斯提出朝着"创造解决世界上一切问题的通用人工智能"这一目标前进。微软在 2017 年成立了通用人工智能实验室，众多感知、学习、推理、自然语言理解等方面的科学家参与其中。

2．从人工智能向人机混合智能发展

借鉴脑科学和认知科学的研究成果是人工智能的一个重要研究方向。人机混合智能旨在将人的作用或认知模型引入人工智能系统中，提升人工智能系统的性能，使人工智能成为人类智能的自然延伸和拓展，通过人机协同，更加高效地解决复杂问题。在我国，新一代人工智能规划和美国的"脑计划"中，人机混合智能都是重要的研发方向。

3．从"人工+智能"向自主智能系统发展

当前人工智能领域的大量研究集中在深度学习方面，但是深度学习的局限是需要大量人工干预，比如人工设计深度神经网络模型、人工设定应用场景、人工采集和标注大量训练数据、用户需要人工适配智能系统等，非常费时费力。因此，科研人员开始关注减少人工干预的自主智能方法，提高机器智能对环境的自主学习能力。例如阿尔法狗系统的后续版本阿尔法元，从零开始，通过自我对弈，强化学习，实现围棋、国际象棋、日本将棋的"通用棋类人工智能"。在人工智能系统的自动化设计方面，2017 年谷歌提出的自动化学习系统（AutoML）试图通过自动创建机器学习系统来降低人员成本。

4．人工智能将加速与其他学科领域交叉渗透

人工智能本身是一门综合性的前沿学科和高度交叉的复合型学科，研究范畴广泛而又异常复杂，其发展需要与计算机科学、数学、认知科学、神经科学和社会科学等学科深度融合。随着超分辨率光学成像、光遗传学调控、透明脑、体细胞克隆等技术的突破，脑与认知科学的发展开启了新的时代，能够大规模、更精细地解析智力的神经环路基础和机制，人工智能将进入生物启发的智能阶段，依赖于生物学、脑科学、生命科学和心理学等学科的发展，将机理变为可计算的模型。同时，人工智能也会促进脑科学、认知科学、生命科学甚至化学、物理、天文学等传统科学的发展。

5．人工智能产业将蓬勃发展

随着人工智能技术的进一步成熟及政府和产业界的投入日益增长，人工智能应用的云端化将不断加速，全球人工智能产业规模在未来 10 年将进入高速增长期。例如，2016 年 9 月，咨询公司埃森哲发布报告指出，人工智能技术的应用将为经济发展注入新动力，可在现有基础上将劳动生产率提高 40%；到 2035 年，美、日、英、德、法等12 个发达国家的年均经济增长率可以翻一番。2018 年麦肯锡公司的研究报告预测，到2030 年，约 70%的公司将采用至少一种形式的人工智能，人工智能新增经济规模将达到 13 万亿美元。

6．人工智能将推动人类进入普惠型智能社会

"人工智能+X"的创新模式将随着技术和产业的发展日趋成熟，对生产力和产业结构产生革命性影响，并推动人类进入普惠型智能社会。2017 年国际数据公司 IDC 在《人工智能白皮书：信息流引领人工智能新时代》中指出，未来 5 年，人工智能将提升各行业的运转效率。我国经济社会转型升级对人工智能有重大需求，在消费场景和行业应用的需求牵引下，需要打破人工智能的感知瓶颈、交互瓶颈和决策瓶颈，促进人工智能技术与社会各行各业的融合提升，建设若干标杆性的应用场景创新，实现低成本、高效益、广范围的普惠型智能社会。

7．人工智能领域的国际竞争将日益激烈

当前，人工智能领域的国际竞赛已经拉开帷幕，并且将日趋白热化。2018 年 4 月，欧盟委员会计划 2018～2020 年在人工智能领域投资 240 亿美元；法国总统在 2018 年 5 月宣布"法国人工智能战略"，目的是迎接人工智能发展的新时代，使法国成为人工智能强国；2018 年 6 月，日本"未来投资战略 2018"重点推动物联网建设和人工智能的应用。世界军事强国也已逐步形成以加速发展智能化武器装备为核心的竞争态势，例如，美国 2018 年发布的《国防战略报告》即谋求通过人工智能等技术创新保持军事优势，确保美国打赢未来战争；俄罗斯 2017 年提出军工拥抱"智能化"，让导弹和无人机这样的"传统"兵器威力倍增。

8．人工智能的社会学将提上议程

为了确保人工智能的健康可持续发展，使其发展成果造福于民，需要从社会学的角度系统全面地研究人工智能对人类社会的影响，制定、完善人工智能领域的法律、法规，规避可能的风险。2017 年 9 月，联合国区域间犯罪和司法研究所（UNICRI）决定在海牙成立第一个联合国人工智能和机器人中心，规范人工智能的发展。美国白宫多次组织人工智能领域法律、法规问题的研讨会和咨询会。特斯拉等产业巨头牵头成立 OpenAI 等机构，旨在"以有利于整个人类的方式促进和发展友好的人工智能"。

2.2.2 我国人工智能发展

当前，我国人工智能发展的总体态势良好。但是我们也要清醒地看到，我国人工智能的发展存在过热和泡沫化风险，特别是在基础研究、技术体系、应用生态、创新人才和法律规范等方面，仍然存在不少值得重视的问题。总体而言，我国人工智能发展现状可以用"高度重视，态势喜人，差距不小，前景看好"来概括。

1. 高度重视

国家高度重视并大力支持发展人工智能。2017 年 7 月，国务院发布《新一代人工智能发展规划》，将新一代人工智能放在国家战略层面进行部署，描绘了面向 2030 年我国人工智能发展路线图，旨在构筑人工智能先发优势，把握新一轮科技革命战略主动权。国家发改委、工信部、科技部、教育部等国家部委和北京、上海、广东、江苏、浙江等地方政府都推出了发展人工智能的鼓励政策。2018 年，在十九大、两院院士会议等会上也多次强调要加快推进新一代人工智能的发展。

2. 态势喜人

据清华大学发布的《中国人工智能发展报告 2018》统计，我国已成为全球人工智能投/融资规模最大的国家，我国人工智能企业在人脸识别、语音识别、安防监控、智能音箱、智能家居等人工智能应用领域处于国际前列。根据 2017 年（Elsevier）爱思唯尔文献数据库统计结果，我国在人工智能领域发表的论文数量已居世界第一。近两年，中国科学院大学、清华大学、北京大学等高校纷纷成立人工智能学院。2015 年开始的中国人工智能大会已连续成功召开四届并且规模不断扩大。总体来说，我国人工智能领域的创新创业、教育科研活动非常活跃。

3. 差距不小

目前，我国在人工智能前沿理论创新方面总体上尚处于"跟跑"地位，大部分创新偏重于技术应用，在基础研究、原创成果、顶尖人才、技术生态、基础平台和标准规范等方面距离世界领先水平还存在明显差距。在全球人工智能人才 700 强中，中国虽然入选人数名列第二，但远远低于约占总量一半的美国。2018 年市场研究顾问公司 Compass Intelligence 对全球 100 多家人工智能计算芯片企业进行了排名，我国没有一家企业进入前十。另外，我国人工智能开源社区和技术生态布局相对滞后，技术平台建设力度有待加强，国际影响力有待提高。我国参与制定人工智能国际标准的积极性和力度不够，国内标准制定和实施也较为滞后，对人工智能可能产生的社会影响还缺少深度分析，制定完善人工智能相关法律、法规的进程需要加快。

4. 前景看好

我国发展人工智能具有市场规模、应用场景、数据资源、人力资源、智能手机普及、资金投入、国家政策支持等多方面的综合优势，人工智能发展前景看好。全球顶尖管理咨询公司埃森哲于 2017 年发布的《人工智能：助力中国经济增长》报告显示，到 2035 年，人工智能有望推动中国劳动生产率提高 27%。我国发布的《新一代人工智能发展规划》提出，到 2030 年，人工智能核心产业规模将超过 1 万亿元，带动相关产业规模超过 10 万亿元。在我国未来的发展征程中，"智能红利"将有望弥补人口红利的不足。

当前是我国加强人工智能布局、收获人工智能红利、引领智能时代的重大历史机遇期，如何在人工智能蓬勃发展的浪潮中选择好中国路径、抢抓中国机遇、展现中国智慧，需要深入思考。

5. 树立理性务实的发展理念

任何事物的发展不可能一直处于高位，有高潮必有低谷，这是客观规律。实现机器在任意现实环境的自主智能和通用智能，仍然需要中长期理论和技术积累，并且人工智能对工业、交通、医疗等传统领域的渗透和融合是一个长期过程，很难一蹴而就。因此，发展人工智能要充分考虑到人工智能技术的局限性，充分认识到人工智能重塑传统产业的长期性和艰巨性，理性分析人工智能发展需求，理性设定人工智能发展目标，理性选择人工智能发展路径，务实推进人工智能发展举措，只有这样才能确保人工智能健康可持续发展。

6. 重视固本强基的原创研究

人工智能前沿基础理论是人工智能技术突破、行业革新、产业化推进的基石。面临发展的临界点，要想取得最终的话语权，必须在人工智能基础理论和前沿技术方面取得重大突破。支持科学家勇闯人工智能科技前沿"无人区"，努力在人工智能发展方向和理论、方法、工具、系统等方面取得变革性、颠覆性突破，形成具有国际影响力的人工智能原创理论体系，为构建我国自主可控的人工智能技术创新生态提供领先跨越的理论支撑。

7. 构建自主可控的创新生态

我国人工智能开源社区和技术创新生态布局相对滞后，技术平台建设力度有待加强。我们要以问题为导向，主攻关键核心技术，加快建立新一代人工智能关键共性技术体系，全面增强人工智能科技创新能力，确保人工智能关键核心技术牢牢掌握在自己手里；要着力防范人工智能时代"空心化"风险，系统布局并重点发展人工智能领域的"新核高基"。"新"指新型开放创新生态，如产学研融合等；"核"指核心关键技术与器件，如先进机器学习技术、鲁棒模式识别技术、低功耗智能计算芯片等；"高"指高端综合应用系统与平台，如机器学习软/硬件平台、大型数据平台等；"基"指具有重大原创意义和技术带动性的基础理论与方法，如脑机接口、类脑智能等。同时，我们要重视人工智能技术标准的建设、产品性能与系统安全的测试。特别是我国在人工智能技术应用方面走在世界前列，在人工智能国际标准制定方面应当掌握话语权，并通过实施标准加速人工智能驱动经济社会转型升级的进程。

8. 推动共担共享的全球治理

目前看，发达国家通过人工智能技术创新掌控了产业链的上游资源，难以逾越的技术鸿沟和产业壁垒有可能进一步拉大发达国家和发展中国家的生产力发展水平差距。在发展中国家中，我国有望成为全球人工智能竞争中的领跑者，应布局构建开放共享、质优价廉、普惠全球的人工智能技术和应用平台。

2.3　大数据智能理论

大数据智能是研究数据驱动与知识引导相结合的人工智能新方法，是以自然语言理解和图像图形识别为核心的认知计算理论和方法，综合深度推理与创意、人工智能理论与方法，研究非完全信息下智能决策基础理论与框架、数据驱动的通用人工智能数学模型与理论等。

大数据智能是互联网时代的机器学习和自然语言处理技术，它包括大数据智能基础和大数据智能应用。大数据智能基础包括以深度学习为例的大数据智能计算框架，以知识图谱为例的大数据智能知识库，以数理统计方法为基础的大数据计算处理系统。

随着信息技术的发展，人们衣食住行的服务系统会纷纷数字化，包括零售、物流、政府部门、餐饮系统等。工业物联网把虚拟世界和物理世界拟合在一起，虚拟世界承载了大量的服务交付过程，人们不需要到现场就可以享受服务。基于大数据的智能分析，其本质是数字化社会的服务效率和效果问题，其实现的重要前提是数字化。而这个大的产业背景一旦形成，效率和效果问题会变成整个产业服务最关键的竞争力。

大数据智能服务最后的成本竞争就是在单位成本下谁的效率最高、效果最好，谁就会成为王者。特别是在物理时空的约束日益减弱的情况下，产业链中的每个玩家都可能面临全球性的竞争。在更广泛的竞争环境下，大数据会改变企业的运作模式，增强企业的适应力、判断力和效率。因此，大数据的价值更多的是体现在促进产业变化和转型上，而非创造新产品。

众多学者、产业精英赋予了基于大数据的智能分析以美好的愿景，即数字化社会一旦形成，生活中的一切都可以基于数据来描述。这些描述出来的信息将成为智慧成长和决策判断的依据。如果计算机能够找出其背后的学习规律和方法，人类智慧的跨领域扩展性就能在计算机的虚拟世界中得到体现，并能做出模糊判断。更重要的是，这样的分析系统将具备人工智能前所未有的基础能力——学习能力，还可以根据环境（数据）变化而不断地增长其智能性，甚至具备推而广之的扩展性。

从理论上说，一旦机器具有学习能力，计算机系统就将具备人的典型特质——创造力。

如果沿着这个思路扩展，基于大数据的智能分析，将进一步替代传统服务体系中必须由人来完成的工作，特别是最高成本的部分。

用户刻画能力塑造竞争优势。在 IT 产业中，随着时间的推移，技术会趋同，产品形态会趋同，基础的服务方式也会趋同，因此成本也必然随之趋同。如此一来，行业玩家们的价格战是很难长期维系的，必然会逼着产业链顶端的服务商将差异化主要体现在"服务"上。服务的本质是"能否真正及时、准确地判断用户的需求"，这个判断的依据就是"用户刻画能力"。当 IT 后台系统可以准确地判断出何时、何地、何人在做什么，会做什么的时候，所有的服务将有的放矢，不仅仅实现成本最低，而且能实现效果最佳。对此，大数据的智能分析最有可能颠覆的是面向用户的产品和服务市场，无论服务的是衣食住行的哪个方面，无论是卖东西还是做广告，只要服务的对象是"人"，大数据的智能分析就能提供最佳的推荐，从而提升服务的品质。

从目前的研究来看，产品和服务的技术竞争却回到了原点，数据本身变成了竞争力的本源。这个状况终将发生改变。实际上，分析、建模和交互密不可分，只有带反馈并能不断学习的系统才有可能实现对用户的刻画。因此，对数据的掌控和对用户的刻画，将必然成为产业链中为最终用户提供服务的玩家的必然战略和技术布局策略，数据资产的运营也可能成为新的潮流和趋势。

信息服务的本质就是信息采集、传递、存储、计算呈现的全流程效果最优和效率最佳。在云、管、端的各个领域，大数据智能分析有可能形成有跨代意义的产品形态或解决方案。

基于大数据的智能分析也可以定义下一代网络智能化解决方案的能力和要求，并通过接近自动化的系统来提供具有断代性的新的产品形态。

在终端业务领域，智能化的体验能够帮助生产厂家脱离在CPU、屏幕等物理参数上的竞争。可以说，下一代终端设备的竞争特性之一就是"智能性"，而终端智能也将成为主流机型或高端机型的基本标准。

2.4　跨媒体感知计算理论

1．问题的起源

生物颅骨内的大脑通过视觉、听觉、嗅觉、味觉和触觉等感知通道获得对世界的统一感知，这是生物（人类）智能的源头。跨媒体智能就是要借鉴生物感知背后的信号及信息表达和处理机理，对外部世界蕴含的复杂结构进行高效表达和理解，提出跨越不同媒体类型数据进行泛化推理的模型、方法和技术，构建出实体世界的统一语义表达，通过跨媒体分析和推理，把数据转换为智能，使其成为各类信息系统实现智能化的"使能器"，构造模拟和超越生物感知的智能芯片和系统。

2. 研究的范畴

跨媒体感知计算研究范畴包括超越人类视觉能力的感知获取，面向真实世界的主动视觉感知及计算，自然声学场景的听觉感知及计算，自然交互环境的言语感知及计算，面向异步序列的类人感知及计算，面向媒体智能感知的自主学习，城市全维度智能感知推理引擎。

在视觉领域，跨媒体研究超越人类视觉感知能力的视觉信息获取，有效支撑对环境的全景、全光与透视感知；研究能够适应真实世界复杂场景的主动视觉系统，发展复杂环境感知、建模和交互等技术，构建主动感知框架和技术体系。

在听觉领域，研究自然声学场景下的听觉感知及计算，实现复杂声学场景中语音定位和增强；突破真实自然交互环境中的语音识别鲁棒性、语音合成表现力、口语理解准确率等难点问题；研究自然交互环境中的言语感知及计算，实现类人的多语种、多方言的言语感知和多语种、多方言间的言语感知迁移；建立面向异步跨模态序列的类人感知和交互理论，研制突破图灵测试的跨模态社交机器人，实现与人类和谐地进行多模态互动和沟通；研究面向媒体智能感知的自主学习，发展仿人脑记忆的媒体协同分析方法。

3. 实现的可能

对实体物理世界和虚拟理念世界的有效表达是智能的基础。我们所在的物理世界通过海量传感器和多模态数据进行全天候描述，为建立物理实体世界的统一语义表达创造了外部条件，信息传播已经从文本、图像、视频、音频等单一媒体形态过渡到相互融合的跨媒体形态，如何将文本推理扩展到跨媒体分析推理成为了重要的研究问题。

跨媒体智能关键技术层面的研究主要围绕跨媒体分析推理展开，即通过视、听、语言等感知来分析和挖掘跨媒体知识，以补充和拓展传统基于文本的知识体系，建立跨媒体知识图谱，构建跨媒体知识表征、分析、挖掘、推理、演化和利用的分析推理系统，形成跨媒体综合推理技术，为跨媒体公共技术和服务平台的建设提供技术支持。

机器感知需要模拟生物视、听、嗅、味、触等感知通道的信号处理和信息加工模型，研制新型感知芯片（传感器阵列）并进行系统实验和验证。

- 仿视网膜神经网络结构和机理的高灵敏、高动态、高保真视觉芯片能够模拟生物视觉事件驱动、稀疏表示和异步传输等机理，达到"结构模仿生物视觉，速度超越生物视觉"的效果。
- 模拟多种生物（灵长类、猫、响尾蛇）的独特视觉机理，建立从复杂视频图像数据中快速搜索兴趣目标的理论、模型和算法，实现具备自适应、自学习能力的智能感知系统。

- 研究模拟生物皮肤的高灵敏度触觉感知器件和芯片，构建主动接触和精细反馈的触觉传感器和电子皮肤。

4．应用的场景

跨媒体智能的一个典型的综合应用是智能城市。研究城市全维度智能感知推理引擎，解决城市发展过程中存在的感知碎片化、信息孤岛化等问题，建立以"大跨度、大视角、大信息和大服务"为特征的城市全维度智能感知推理引擎，实现对人、车、物、事件等的多维度、跨时空协同感知和综合推理功能。

跨媒体智能技术还能够推进企业智能制造转型，为经济增长注入新活力。跨媒体智能引擎还将在智能医疗等重要领域得到应用。

2.5　混合增强智能理论

1．问题的提出

人工智能（AI）到底会不会替代人类？英国知名物理学家史蒂芬·霍金、美国首富比尔·盖茨曾不止一次对这个问题作出肯定回答，然而人工智能领域的科学家们却不这么认为。

作为一种可以引领多个学科领域、有望产生颠覆性变革的技术手段，人工智能技术的有效应用，意味着价值创造和竞争优势。然而，人类社会还有许多脆弱、动态、开放的问题，人工智能都束手无策。从这个意义上讲，任何智能机器都没有办法去替代人类。因此有必要将人类的认知能力或人类认知模型引入人工智能系统中来开发新形式的人工智能，这就是"混合智能"。

这种形态的 AI 或机器智能将是一个可行而重要的成长模式。智能机器与各类智能终端已经成为人类的伴随者，人与智能机器的交互、混合是未来社会的发展形态。

当前，人工智能的发展正在深刻改变着人们的生活，改变着整个世界。人工智能是一种引发诸多领域产生颠覆性变革的前沿技术，合理、有效地利用人工智能，意味着能获得高水平价值创造和竞争优势。人工智能并不是一个独立、封闭和自我循环发展的智能科学体系，而是通过与其他科学领域的交叉结合融入人类社会发展的各个方面。云计算、大数据、可穿戴设备、智能机器人等领域的重大需求不断推动人工智能理论与技术的发展。但我们也要深刻认识到，人工智能会使人类社会发展面临许多不确定性，不可避免地带来相应的社会问题。解决人工智能发展带来的问题，一个重要的趋向是发展"混合增强智能"。

2．研究范畴

研究人在回路的混合增强智能、人机智能共生的行为增强与脑机协同、机器直觉推理与因果模型、联想记忆模型与知识演化方法、复杂数据和任务的混合增强智能学习方法、云机器人协同计算方法、真实世界环境下的情境理解及人机群组协同。

混合智能应该是人工智能、人类智能及自然界的智能等不同类型的智能混合。人机协同的混合增强智能是新一代人工智能的典型特征。

混合智能的形态分为两种基本实现形式：人在回路的混合增强智能和基于认知计算的混合增强智能。

- 人在回路的混合增强智能是将人的作用引入智能系统中，形成人在回路的混合智能范式。在这种范式中，人始终是这类智能系统的一部分，当系统中计算机的输出可信度低时，人主动介入调整参数，给出合理正确的问题求解，构成提升智能水平的反馈回路。把人的作用引入智能系统的计算回路中，可以把人对模糊、不确定问题的分析与响应的高级认知机制与机器智能系统紧密耦合，使得两者相互适应，协同工作，形成双向的信息交流与控制，使人的感知、认知能力和计算机强大的运算和存储能力相结合，构成混合增强智能形态。
- 基于认知计算的混合增强智能则是指在人工智能系统中引入受生物启发的智能计算模型，构建基于认知计算的混合增强智能。这类混合智能是通过模仿生物大脑功能提升计算机的感知、推理和决策能力的智能软件或硬件，以更准确地建立像人脑一样感知、推理和响应激励的智能计算模型，尤其是建立因果模型、直觉推理和联想记忆的新计算框架。

3．概念定义

混合增强智能是指将人的作用或人的认知模型引入人工智能系统，形成混合增强智能的形态。这种形态是人工智能可行的、重要的成长模式。我们应深刻认识到，人是智能机器的服务对象，是"价值判断"的仲裁者，人类对机器的干预应该贯穿于人工智能发展始终。即使我们为人工智能系统提供充足甚至无限的数据资源，也必须由人类对智能系统进行干预。

4．应用场景

在产业风险管理、医疗诊断、刑事司法中应用人工智能系统时，需要引入人类监督，允许人参与验证，以最佳的方式利用人的知识和智慧，最优地平衡人的智力和计算机的计算能力。混合增强智能有望在产业发展决策、在线智能学习、医疗与保健、人机共驾和云机器人等领域得到广泛应用，并可能带来颠覆性变革。

- 自动驾驶是综合程度极高的人工智能系统，也是近年来的研究热点。随着智能交通系统的形成及 5G 通信技术和车联网技术的应用，人机共驾技术日趋成熟，但要实现完全的自动驾驶，依然面临艰难的挑战：如何实现机器感知、判断与人类认知、决策信息的交互？人机在何种状态下进行驾驶任务的切换？可以说，通过智能人机协同技术协调两个"驾驶员"以实现车辆的安全和舒适行驶，是必须要解决的基本问题。解决这些问题，都需要将混合增强智能作为人工智能的发展趋向。
- 在产业发展决策和风险管理中，利用先进的人工智能、信息与通信技术、社交网络和商业网络结合的混合增强智能形态，创造一个动态的人机交互环境，可以大大提高现代企业的风险管理能力、价值创造能力和竞争优势。
- 在教育领域，人工智能可以使教育成为一个可追溯、可视的过程。未来教育场景必然是个性化的，学生通过与在线学习系统的交互，形成一种新的智能学习方式。在线学习混合增强智能系统可以根据学生的知识结构、智力水平、知识掌握程度，对学生进行个性化的教学和辅导。
- 在医疗领域，因为医疗关系着人的生命健康，人们对错误决策的容忍度极低，人类疾病也很难用规则去穷举，所以需要医生介入其中，发展人机交互的"混合增强智能"系统。我们可以将医生的临床诊断过程融入具有强大存储、搜索与推理能力的医疗人工智能系统中，让人工智能作出更好、更快的诊断，甚至实现某种程度的独立诊断；同时，又让医生介入其中，避免人工智能完全代替医生。

5．存在的问题

对当前人工智能而言，解决某些对人类来说属于智力挑战的问题可能是相对简单的，解决对人类来说习以为常的问题却非常困难。

人工智能之所以未能如人所愿，最大的问题就是科学家对人脑的认知模型还没有一个统一的认识，或者得到的模型还都是对大脑非常局部的理解。但大脑是多层次化、有整体性，有各种各样耦合关系的有机体，目前暂时没有办法得到一个统一、通用的架构。

要实现人机协同的混合智能，需要解决的第一个难题就是人和机器之间的交互问题。目前，人和机器之间的信息传递效率仍然非常低，远未能实现真正意义上的人机协同、互相促进。信息传递的通路是混合智能的一个关键问题，是未来必须要解决的问题。

6．研究进展

科学家对于神经科学的研究，无论是模式动物、灵长类动物，以及人类大脑，采用了许多手段，获得了神经学对大脑认识的支持。脑机结构是很好理解的，左边是脑，右边是机，机器从脑里读出信号，同时机器产生新的指令系统，回到大脑当中，形成了一个回路，这就叫作脑机接口 BMI（Brain-Machine Interface）。从这个角度来讲，计算机信号和人脑信号是可以做到这一点的，而且会做得更好，因为人脑和机器都是采用电信号作为信号运算的物理手段。这两者合在一起，形成一种新的互补的形态，最终实现生物智能和机器智能融合，这种融合的智能称为混合智能。

科学家以生物智能和机器智能深度融合为目标，以人机混成系统为载体，通过神经连接通道，形成兼具生物智能体的环境感知、记忆、推理、学习能力和机器智能的能力。

通过人机混合在一起，可以形成对某个功能体的增强、替代和补偿。脑机融合、混合智能系统里的体系结构是感知层、认知层和行为层。三层架构能够同时支持脑机之间跨界调度和交互，是脑到机、机到脑的回路当中的信息模型。

从脑机接口到脑机融合，跨越人机协同。20 世纪 90 年代从生物角度来认识脑。21 世纪初是脑机接口从工程角度认识脑。未来是从脑信息、信息融合认识脑。在这个领域中研制生物兼容可延展的各种各样脑机接口的柔性电极，研究新型无创的脑机接口技术，包括脑电波的智能头盔等。

从系统角度来讲，脑和机器在一起的时候，从人在环路走向脑在环路，构建一个跨界的复杂系统，需要进一步研究交互、学习和决策能力，特定神经环路脑机融合的机理。

从脑机接口到脑机融合，计算神经科学、微电子和神经生理学等领域的研究表明，计算机与生命体之间的融合成为可能，以脑机接口为代表的神经技术的突破使得脑与计算机之间的结合越来越紧密，脑机融合及其一体化已成为未来计算技术发展的一个重要趋势。研究生物脑（生物智能）与机器脑（人工智能）深度融合并协同工作的新型混合智能系统，是当前人工智能与脑认知科学交叉领域的新型人工智能形态——脑机融合的混合智能。

2.6　群体智能理论

1. 问题的提出

人们在很早的时候就对自然界中存在的群体行为感兴趣，如大雁在飞行时自动排成人字形，蝙蝠在洞穴中快速飞行却可以互不碰撞等。对于这些现象的一种解释是，群体中的每个个体都遵守一定的行为准则，当它们按照这些准则相互作用时就会表现出上述的复杂行为。1999 年由牛津大学出版社出版的 E Bonabeau 和 M Dorigo 等人编写的一本专著《群体智能：从自然到人工系统》*Swarm Intelligence: From Natural to Artificial System*，阐述了群体智能的概念和研究的范畴。

2. 群体智能概念

人们通过对自然界中一些昆虫，如蚂蚁、蜜蜂等的观察发现，单只蚂蚁的智能并不高，它看起来不过是一段长着腿的神经节而已。几只蚂蚁凑到一起，就可以往蚁穴搬运路上遇到的食物。如果是一群蚂蚁，它们就能协同工作，建起坚固、漂亮的巢穴，一起抵御危险，抚养后代。这种群居性生物表现出来的智能行为被称为群体智能。群体智能遵循以下5条基本原则。

- 邻近原则（Proximity Principle）：群体能够进行简单的空间和时间计算。
- 品质原则（Quality Principle）：群体能够响应环境中的品质因子。
- 多样性反应原则（Principle of Diverse Response）：群体的行动范围不应该太窄。
- 稳定性原则（Stability Principle）：群体不应在每次环境变化时都改变自身的行为。
- 适应性原则（Adaptability Principle）：在所需代价不太高的情况下，群体能够在适当的时候改变自身的行为。

这些原则说明，实现群体智能的智能主体必须能够在环境中表现出自主性、反应性、学习性和自适应性等智能特性。但是，这并不代表群体中的每个个体都相当复杂，事实恰恰与此相反。就像单只蚂蚁智能不高一样，组成群体的每个个体都只具有简单的智能，它们通过相互之间的合作表现出复杂的智能行为。群体智能的核心是：由众多简单个体组成的群体，能够通过相互之间的简单合作来实现某一功能，完成某一任务。其中，"简单个体"是指单个个体只具有简单的能力或智能，而"简单合作"是指个体与其邻近的个体进行某种简单的直接通信或通过改变环境间接与其他个体通信，从而可以相互影响、协同动作。

3. 群体智能的特点

研究表明，群体智能有以下特点。

- 控制是分布式的，不存在中心控制。因而它更能够适应当前网络环境下的工作状态，并且具有较强的鲁棒性，即不会由于某一个或几个个体出现故障而影响群体对整个问题的求解。
- 群体中的每个个体都能够改变环境，这是个体之间间接通信的一种方式，这种方式被称为"激发工作"（Stigmergy）。由于群体智能可以通过非直接通信的方式进行信息的传输与合作，因而随着个体数目的增加，通信开销的增幅较小，因此，它具有较好的可扩充性。
- 群体中每个个体的能力或遵循的行为规则非常简单，因而群体智能的实现比较方便，具有简单性的特点。
- 群体表现出来的复杂行为是通过简单个体的交互过程凸显出来的智能（Emergent Intelligence），因此，群体具有自组织性。

在人工智能长期的研究过程中形成了多种不同的研究途径和方法，其中主要包括符号主义（Symbolism）、连接主义（Connectionism）和行为主义（Behaviorism）。

4．群体智能的算法模式

群体智能主要有两种算法模式，分别是蚁群算法（Ant Colony System，ACS）和微粒群优化算法（Particle Swarm Optimization，PSO）。

- 蚁群算法是由 M Dorigo 等人于 1991 年首先提出的，是受到自然界中蚂蚁群的社会性行为启发而产生的，它模拟了实际蚁群寻找食物的过程。在自然界中，蚂蚁群总是能够找到从巢穴到食物源之间的一条最短路径。这是因为蚂蚁在运动过程中，能够在其所经过的路径上留下一种被称之为"外激素（pheromone）"的物质。该物质能够被后来的蚂蚁感知到，并且会随时间逐渐挥发。每个蚂蚁根据路径上外激素的强度来指导自己的运动方向，并且倾向于朝该物质强度高的方向移动。因此，如果在某一路径上走过的蚂蚁越多，则积累的外激素就越多，强度就越大，该路径在下一时间内被其他蚂蚁选中的概率就越大。由于在一定时间内，越短的路径会被越多的蚂蚁访问，所以随着上述过程的进行，整个蚁群最终会找到从蚁穴到食物之间的最短路径。蚁群算法正是利用了生物蚁群的这一特性来对问题进行求解。由于蚂蚁寻食的过程与旅行商问题（Traveling Salesman Problem，TSP）的求解非常相似，所以蚁群算法最早的应用就是 TSP 问题的求解。目前，蚁群算法已在组合优化问题求解，以及电力、通信、化工、交通、机器人、冶金等多个领域中得到应用，都表现出了令人满意的性能。

- 微粒群优化算法最早是由 Kennedy 和 Eberhart 于 1995 年提出的，是一种基于种群寻优的启发式搜索算法。其基本概念源于对鸟群群体运动行为的研究。在自然界中，尽管每只鸟的行为看起来似乎是随机的，但是它们之间有着惊人的同步性，能够使得整个鸟群在空中的行动非常流畅、优美。鸟群之所以具有这样的复杂行为，可能是因为每只鸟在飞行时都遵循一定的行为准则，并且能够了解其邻域内其他鸟的飞行信息。微粒群优化算法的提出就是借鉴了这样的思想。在微粒群优化算法中，每个微粒代表待求解问题的一个潜在解，它相当于搜索空间中的一只鸟，其"飞行信息"包括位置和速度两个状态量。每个微粒都可获得其邻域内其他微粒个体的信息，并可根据该信息及简单的位置和速度更新规则，改变自身的状态量，以便更好地适应环境。随着这一过程的进行，微粒群最终能够找到问题的近似最优解。由于微粒群优化算法概念简单，易于实现，并且具有较好的寻优特性，因此它在短期内迅速发展，目前已在许多领域中得到应用，如电力系统优化、TSP 问题求解、神经网络训练、交通事故探测、参数辨识和模型优化等。

群体智能是通过模拟自然界生物群体行为来实现人工智能的一种方法，它强调个体行为的简单性、群体的涌现特性，以及自下而上的研究策略。群体智能在已有的应用领域中都表现出较好的寻优性能，因而引起了相关领域研究者的广泛关注。

5. 群体智能发展趋势

以互联网和移动通信为纽带，人类群体、大数据、物联网已经实现了广泛和深度的互联，使得人类群体智能在万物互联的信息环境中日益发挥越来越重要的作用，由此深刻地改变了人工智能领域。例如，基于群体编辑的维基百科、基于群体开发的开源软件、基于众问众答的知识共享、基于众筹众智的万众创新、基于众包众享的共享经济等。这些趋势昭示着人工智能已经迈入了新的发展阶段，新的研究方向和新范式已经逐步显现出来，从强调专家的个人智能模拟走向群体智能，智能的构造方法从逻辑和单调走向开放和涌现，智能计算模式从"以机器为中心"的模式走向"群体在计算回路"，智能系统开发方法从封闭和计划走向开放和竞争。因此，我们必须依托良性的互联网科技创新生态环境，实现跨时空地汇聚群体智能，高效率地重组群体智能，更广泛而精准地释放群体智能。

通过互联网组织结构和大数据驱动的人工智能系统吸引、汇聚和管理大规模参与者，以竞争和合作等多种自主协同方式来共同应对挑战性任务，特别是开放环境下的复杂系统决策任务，涌现出来的超越个体智力的智能形态。在互联网环境下，海量的人类智能与机器智能相互赋能增效，形成人机物融合的"群智空间"，以充分展现群体智能。其本质上是互联网科技创新生态系统的智力内核，将辐射包括从技术研发到商业运营整个创新过程的所有组织及组织间关系网络。因此，群体智能的研究不仅能推动人工智能的理论技术创新，同时能对整个信息社会的应用创新、体制创新、管理创新和商业创新等提供核心驱动力。

6. 群体智能的研究范畴

群体智能研究分为理论研究和关键共性技术研究两个领域。

- 群体智能的基础理论包括：群体智能的结构理论与组织方法、群体智能激励机制与涌现机理、群体智能学习理论与方法、群体智能通用计算范式与模型，以解决群智组织的有效性、群智涌现的不确定性、群智汇聚的质量保障、群智交互的可计算性等科学问题。

- 群体智能关键共性技术包括：群体智能的主动感知与发现、知识获取与生成、协同与共享、评估与演化、人机整合与增强、自我维持与安全交互、服务体系架构及移动群体智能的协同决策与控制等，以支撑形成群智数据—知识—决策自动化的完整技术链条。具体地，需要研究基于群体与环境数据分析的主动感知，对互联网群体行为进行多模态信息感知，建立对网络化感知信息的知识表示框架，突破基于群智的知识获取和生成技术，以实现群智空间善感、能知的基本目标；面向群体智能不断涌现产生的海量智力成果，研究大众化协同与开放式共享技术、持续性评估与可行演化技术，以保障群智成果汇聚质量；研究人机增强和移动群体智能，解决在开放动态环境下群体与机器的协同强化、回环演进的问题；研究群智空间的服务体系结构和安全交互机制，以实现群智空间的高效组织和可信运行。

7. 群体智能的应用范畴

构建群智众创计算支撑平台，打造面向科技创新的群智科技众创服务系统，推动群智服务平台在智能制造、智能城市、智能农业、智能医疗等重要领域广泛应用，形成群体智能驱动的创新应用系统和创新生态。

具体地，通过打造面向基础研究和高技术研究的跨学科、跨行业的"群智空间"，有效整合各类科技资源和智力资源，构造基于互联网的群智众创服务平台，支撑建立科技众创、软件创新、群智决策等共性应用服务系统，解决经济社会发展和民生改善的重大问题。尤其是紧密结合智能经济和智能社会的发展需求，形成一批群体智能重大应用需求的产品和解决方案，如构建群智软件学习与创新系统和群智软件开发与验证自动化系统，服务大众对软件自主创新的重大需求；构建人机协同、交互驱动的演进式群智决策系统，实现开放环境下复杂问题求解和智能决策；研制面向各类民生服务领域的群智共享经济服务系统，提高民生领域稀缺、高质量资源的利用率和共享度，改善我国人民生活质量。在主要科技方向和领域推动形成基于群体智能的科技创新生态系统，培育新兴繁荣的群体智能产业发展新生态、新模式，加速促进传统产业转型升级和新兴产业发展，使群体智能成为科技创新的核心驱动力。

2.7　自主协同控制与优化决策理论

1. 问题的提出

有人/无人自主协同技术被美国视为一项重要的颠覆性技术。根据美国国防部文件《2011—2036 年无人系统综合路线图》可知，截至 2010 年 9 月，美军在伊拉克和阿富汗战场总计投入约 8 000 个无人地面平台，在超过 125 000 个任务中使用。有人/无人平台协同正在成为地面作战的主要模式。

美国国防部在文件《2013—2038 年无人系统综合路线图》中指出："在美国全球战略重心重返亚太地区的态势下，建立有人/无人协同系统 MUM-T 成为美国国防部的必要使命"。美国安全研究中心于 2014 年 1 月发布《为机器人时代的战争做准备》文件，其中指出："未来将在没有作战人员干涉的情况下自主选择并打击目标，进而催生出自主作战概念"。美军在无人平台投入使用的初期，有人/无人平台在共同作战中暴露出了组织混乱、控制不力、行动盲目等严重问题，其根本原因在于有人/无人系统的自主协同缺乏控制和优化的有效机制。无人装备已成为军队陆用武器发展的重要方向，已应用于反恐、维稳、排爆、侦察等方面。随着无人化装备的投入使用，在体系对抗的现代战争中，逐渐形成了有人/无人共同作战的模式。

2．基本概念与定义

有人/无人自主协同是指有人系统与无人系统之间在组织、决策、规划、控制、感知等方面既各自进行独立的计算、存储、处理，又通过自发且平等的交互共融，达成共同目标的群体行为。

与单纯的无人系统相比，在有人/无人自主协同系统中，人类智能与机器智能的平行交互与融合有利于实现有人系统与无人系统的双向互补，使系统在执行复杂任务时能够更好地适应人类目标导向而产生更优的性能。人/机智能的差异性直接导致两类系统的行为差异性。无人系统因无人化而便于实现灵活的设计，容易实现功能的多样化，尤其适合执行烦琐、危险的任务。另外，为适应人类特点而设计的有人系统在结构上与具有同等功能的无人系统也往往存在显著的差异，从而进一步导致两类系统在性能上的差异。两类系统在智能与行为、功能与性能上的差异性是有人/无人自主协同产生双向互补性的重要基础。

有人/无人系统协同技术大致分为有人/无人遥控、有人/无人半自主协同，以及有人/无人自主协同 3 个阶段。在有人/无人遥控模式下，无人平台没有自主性，决策与行为完全依靠有人平台。在有人/无人半自主协同模式下，无人平台自主完成行为操作，有人平台完成复杂决策操作。在高级的有人/无人自主协同模式下，有人/无人平台功能对等，协同关系自发形成且强度动态可调。

随着有人/无人系统的规模不断增大，节点各异性突出，以往的指控系统无法有效地自组织和管控作战单元。仅依靠机器智能还无法高效指挥有人/无人系统的自主协同，无人平台的行为控制能力还无法自主应对苛刻的战场环境。有人/无人系统的潜在对手的攻击和干扰手段多样，安全性面临严重考验。有人/无人系统的自主协同对分布式智能优化与控制提出了迫切需求，主要体现在以下 4 个方面：

- 动态、抗毁、自组织的有人/无人控制系统架构；
- 实时、高效、团队化的有人/无人协调指挥决策；
- 稳定、一致、高精度的有人/无人合作行为控制；
- 安全、容错、抗攻击的有人/无人协同控制系统。

对应于上述需求，主要的研究挑战表现在：

- 大规模异构节点与有人/无人系统自主协同的高动态、自组织之间的矛盾；
- 有人/无人系统自主协同的局部信息获取与全局最优决策之间的矛盾；
- 人/机智能深度融合与分布式自治系统稳定性之间的矛盾；

- 分布式系统结构的灵活性与系统控制的安全性之间的矛盾。

上述研究挑战蕴含了有人/无人自主协同的 4 个层面的科学问题。

- 系统层面：有人/无人自主协同的组织架构和协同模式。
- 决策层面：有人/无人自主协同的任务分配与行为规划。
- 控制层面：有人/无人自主协同的合作行为控制。
- 安全层面：有人/无人自主协同的安全指挥控制。

这 4 个层面之间的逻辑关系，系统层面通过体系架构的限定作用对决策和控制形成了约束，同时对信息安全层面的问题具有诱导作用；安全层面对整个系统的信息安全具有支撑作用，对决策与控制过程形成信息保护；决策层面对控制层面具有引导作用，而控制层面主要是对决策的实现，同时对决策层面也具有一定的约束作用。

3. 研究的范畴

研究面向自主无人系统的协同感知与交互，面向自主无人系统的协同控制与优化决策，知识驱动的人机物三元协同与互操作等理论，涉及组织架构和协同模式、任务分配与行为规划、合作行为控制及安全指挥控制等内容。

4. 组织架构和协同模式

有人/无人平台差异性大、任务需求各异，急需建立面向协同任务的自主编配模式。有人/无人平台种类繁多、模型各异、区域分散，急需形成有序、扁平化的指挥体系。由于任务复杂、多变，环境困难、恶劣，因此指挥体系必须具有灵活性与抗毁性。

在局部信息获取条件下，优化指控系统体系结构设计；加强指挥控制体系的抗毁性和动态可重构架构设计。

指挥控制体系涉及的关键技术包括：面向任务协同能力建模与自主编配；核心子网的选取与静态层次型体系结构；动态重组及抗毁性设计。

指挥控制体系实际对象的物理特性复杂、多变，对象的物理特性对于协同能力的影响，对于自主决策的影响，以及对于指挥控制体系结构的影响还需要精确刻画；需要将有人/无人能力模型设计、指挥控制体系结构设计与实际对象的物理特性相结合，体现设计与实际对象的物理特性的统一。

5. 任务分配与行为规划

有人/无人系统中个体的智能水平和自主程度不同，难以统一指挥，急需形成规则化、高效能的协调框架；作战任务复杂、多变，作战环境困难、恶劣，战场信息来源众多、不完整，急需提高有人/无人系统的指挥决策协调性和快速响应能力。

任务分配与行为规划需解决的基础问题包括：针对动态、复杂的协调指挥决策，设计合理的决策知识体系和智能表征模式；针对有人系统与无人系统的团队化协调指挥，设计出分布式协调、任务分配和指挥决策机制。

任务分配与行为规划涉及的关键技术包括：协同指挥知识体系及智能表征模式；基于角色知识的有人/无人协调指挥。为了实现跨领域知识共享和协同推理判断能力，需要建立协同态势感知与态势共享机制，构建有人/无人双向自然交互，将人的心理模式、计算机模式和环境因素有机融为一体。结合群智能技术的最新成果，集群武器的协同指挥控制也成为新的发展趋势。

6. 合作行为控制

无人系统的自主行为控制能力愈发强大，人与无人系统之间的控制关系须由简单、低效的主从式协同转变为复杂、高效的合作式协同。无人系统的行为既需要与人的行为相互配合，又需要保持适度的自主性，能在人为干预与局部自主间进行权衡。

合作行为控制需解决的基础问题包括：人为干预的数学建模与意图推理；合作行为控制器的基本结构设计及其多回路控制稳定性分析。

合作行为控制涉及的关键技术包括：人为干预意图的理解与建模；合作行为控制器的设计与实现。

在"一对一"和"一对多"合作行为控制的基础上，对人工干预的性能指标进一步提出了定量化需求，干预的性能指标可调、可控。干预方式从连续遥控转变为触发式干预，何时对无人系统施加人为干预，从众多的无人平台中找出最佳干预的节点，都是新涌现出来的问题。而将复杂网络与多智能体理论相结合，将提供有效的解决之道。

7. 安全指挥控制

现有的信息安全方法无法完全解决分布式控制系统安全问题，急需开展与其特点相适应的安全指挥控制研究工作。

安全指挥控制需解决的基础问题包括：攻击策略的数学描述与攻击性能的指标建模；基于个体模型与拓扑模型的攻击检测与定位；非合作状态估计与安全补偿控制。

安全指挥控制涉及的关键技术包括：攻击建模与设计；攻击检测、辨识与定位技术；弹性状态估计与控制技术。

安全指挥控制需要深入研究：如何充分利用有人/无人自主协同过程中产生的冗余交互信息，提高对攻击行为检测的准确率；如何在一个控制系统的框架下实现攻击和防御的协调统一。

8. 自主协同控制与优化决策应用范畴

有人/无人系统的自主协同研究可能对未来战争模式产生颠覆性变革。通过深入研究分布式控制与优化、多智能体系统、网络化系统信息安全等技术，有可能大幅提高有人/无人系统自主协同的指挥与控制效率，满足未来协同作战需求，并推动与促进计算机、人工智能、通信、微电子等多学科在基础、技术与应用多层面的交叉融合与协同创新。

2.8　高级机器学习理论

2.8.1　高级机器学习介绍

1．问题的提出

机器学习是由 Thomas Bayes 在 1783 年提出的理论。其中，贝叶斯定理是关于随机事件 A 和 B 的条件概率（或边缘概率）的一则定理。

假设 $H_{[1]}, H_{[2]}, …, H_{[n]}$ 互斥且构成一个完全事件，已知它们的概率 $P(H_{[i]}), i=1,2,…,n$，现观察到某事件 A 与 $H_{[1]}, H_{[2]}, …, H_{[n]}$ 相伴随机出现，且已知条件概率 $P(A|H_{[i]})$，求 $P(H_{[i]}|A)$。

——贝叶斯定理

贝叶斯定理发现了：给定有关类似事件的历史数据，可以得到寻找类似事件发生的可能性。这是机器学习的贝叶斯分支的基础，它寻求根据以前的信息寻找最可能发生的事件。换句话说，贝叶斯定理只是一个从经验中学习的数学方法，是机器学习的基本思想。这一领域的探讨对揭示人们对概率信息的认知加工过程与规律，指导人们进行有效的学习和判断决策都具有十分重要的理论意义和实践意义。

2．发展历程

1950 年，计算机科学家 Alan Turing 发明了所谓的图灵测试，计算机必须通过文字对话一个人，让他以为他在和另一个人说话。图灵认为，只有通过这个测试，机器才能被认为是"智能的"。1952 年，Arthur Samuel 创建了第一个真正的机器学习程序——一个简单的棋盘游戏，计算机能够从以前的游戏中学习策略，并提高未来的性能。接着是 Donald Michie 在 1963 年推出的强化学习的 tic-tac-toe 程序。

机器学习在 1997 年达到巅峰，当时 IBM 国际象棋电脑深蓝（Deep Blue）在一场国际象棋比赛中击败了世界冠军加里·卡斯帕罗夫（Garry Kasparov）。谷歌也开发了专注于古代中国棋类游戏围棋（Go）的 AlphaGo，该游戏被普遍认为是世界上最难的游戏。尽管围棋被认为过于复杂，以至于一台计算机无法掌握，但在 2016 年，AlphaGo 终于取得了胜利，在一场五局比赛中击败了世界冠军李世石。

机器学习最大的突破是 2006 年的深度学习。深度学习是一类机器学习，目的是模仿人脑的思维过程，常用于图像和语音识别领域。深度学习的出现催生了我们今天使用的许多技术。如神经网络来识别照片中的面孔，复杂的语音解析算法进行语音分析识别，如果没有深度学习，这一切都是不可能实现的。

一个计算机程序要完成任务（T），如果计算机获取的关于 T 的经验（E）越多就表现（P）得越好，那么我们就可以说这个程序"学习"了关于 T 的经验。如果输入的经验越多表现得越好，这就叫"学习"。

——机器学习定义

机器学习的核心是"使用算法解析数据，从中学习，然后对世界上的某件事情做出决定或预测"。这意味着，与其显式地编写程序来执行某些任务，不如教计算机如何开发一个算法来完成任务。有 3 种主要类型的机器学习：监督学习、非监督学习和强化学习，所有这些都有其特定的优点和缺点。

深度学习是一种特殊的机器学习，它可以获得高性能，也十分灵活。它可以用概念组成的网状层级结构来表示这个世界，每一个概念与更简单的概念相连，抽象的概念通过不抽象的概念计算。

把一个复杂的抽象的问题（形状），分解成简单的、不怎么抽象的任务（边、角、长度……）。深度学习从很大程度上就是做这个工作，把复杂任务层层分解成一个个小任务。

2.8.2　机器学习的研究范畴

机器学习研究统计学习基础理论、不确定性推理与决策、分布式学习与交互、隐私保护学习、小样本学习、监督学习、无监督学习、半监督学习、强化学习、主动学习等学习理论和高效模型。

1．监督学习

监督学习涉及一组标记数据。计算机可以使用特定的模式来识别每种标记类型的新样本。监督学习的两种主要类型是分类和回归。在分类中，机器被训练成将一个组划分为特定的类。分类的一个简单例子是电子邮件账户上的垃圾邮件过滤器。过滤器分析你以前标记为垃圾邮件的电子邮件，并将它们与新邮件进行比较。如果它们匹配一定的百分比，这些新邮件将被标记为垃圾邮件并发送到适当的文件夹中。那些比较后不相似的电子邮件则被归类为正常邮件并发送到你的邮箱。

第二种监督学习是回归。在回归中，机器使用先前的（标记的）数据来预测未来。天气应用是回归的好例子。使用气象事件的历史数据（即平均气温、湿度和降水量），手机上的天气应用程序可以查看当前的天气，并在未来的时间内对天气进行预测。

2．无监督学习

在无监督学习中，数据是无标签的。由于大多数真实世界的数据都没有标签，这些算法特别有用。无监督学习分为聚类和降维。聚类用于根据属性和行为对象进行分组。这与分类不同，因为这些组不是你提供的。聚类的一个例子是将一个组划分成不同的子组（如基于年龄和婚姻状况），然后应用到有针对性的营销方案中。降维通过找到共同点来减少数据集的变量。大多数大数据可视化使用降维来识别趋势和规则。

3．强化学习

强化学习使用人类的历史经验来做出决定。强化学习的经典应用是玩游戏。与监督和非监督学习不同，强化学习不涉及提供"正确的"答案或输出，它只关注性能。

机器学习是**人工智能**的一个分支。人工智能致力于创造出比人类更能胜任复杂任务的机器。这些任务通常涉及判断、策略和认知推理，这些技能最初被认为是机器的"禁区"。虽然这听起来很简单，但这些技能的范围非常大，涵盖语言处理、图像识别和规划等。

机器学习使用特定的算法和编程方法来实现人工智能。没有机器学习，前面提到的国际象棋程序将需要数百万行代码。有了机器学习，可以将代码大量缩短。

2.8.3　机器学习的一些常见算法

1．线性回归算法

线性回归算法是基于连续变量预测特定结果的监督学习算法。逻辑回归专门用来预测离散值。这两种（以及所有其他回归算法）回归算法是最快速的机器学习算法，以速度快而闻名，如图 2.1 所示。

2．基于实例的算法

基于实例的分析使用提供数据的特定实例来预测结果。最著名的基于实例的算法是 k-最近邻算法，也称为 KNN，如图 2.2 所示。KNN 用于分类、比较数据点的距离，并将每个点分配给它最接近的组。

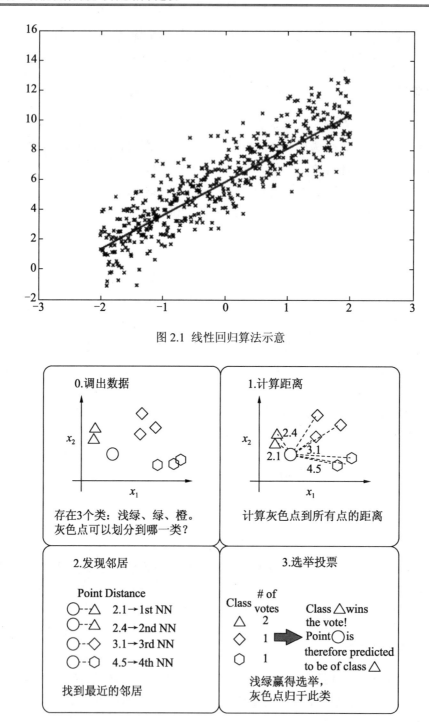

图 2.1 线性回归算法示意

图 2.2 最近邻算法

3．决策树算法

决策树算法将一组"弱"学习器集合在一起，形成一种强算法，这些学习器组织在树状结构中相互分支。流行的决策树算法是随机森林算法。在该算法中，弱学习器是随机选择的，这往往可以获得一个强预测器。在下面的例子中，我们可以发现许多共同的特征（就像眼睛是蓝色的或者不是蓝色的），它们都不足以单独识别动物。然而，当把这些观察结合在一起时，就能形成一个更完整的画面，并做出更准确的预测。决策树示意图如图 2.3 所示。

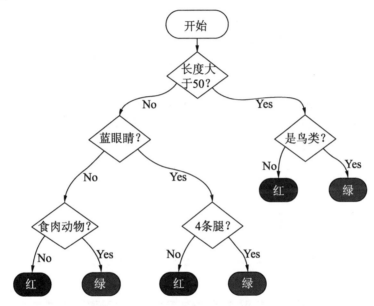

图 2.3　决策树算法

丝毫不奇怪，这些算法都是基于贝叶斯理论的，最流行的算法是朴素贝叶斯，它经常用于文本分析。例如，大多数垃圾邮件过滤器使用贝叶斯算法，它们使用用户输入的类标记数据来比较新数据并对其进行适当分类。

4．聚类算法

聚类算法的重点是发现元素之间的共性并对它们进行相应的分组，常用的聚类算法是 k-means 聚类算法。在 k-means 中，分析人员选择簇数（以变量 k 表示），并根据物理距离将元素分组为适当的聚类。

5．深度学习和神经网络算法

人工神经网络算法基于生物神经网络的结构，深度学习采用神经网络模型并对其进行更新。它们是大且极其复杂的神经网络，使用少量的标记数据和更多的未标记数据。神经网络和深度学习有许多输入，它们经过几个隐藏层后才产生一个或多个输出。这些连接形成一个特定的循环，模仿人脑处理信息和建立逻辑连接的方式。此外，随着算法的运行，隐藏层往往变得更小、更细微。

2.8.4 物联网、人工智能与机器学习

1. 物联网与机器学习

随着机器学习的进步，物联网设备变得更"聪明"、更复杂。机器学习有两个主要的应用与物联网相关：使设备变得更好以及收集数据。让设备变得更好是非常简单的：使用机器学习来个性化设置用户的生活环境。比如，用面部识别软件来感知房间的位置，并相应地调整房间温度。收集数据更加简单，表现在：通过在用户的家中保持网络连接的设备收集需要的数据信息，并将其传递给商家。比如，通过电视收集用户喜欢观看的节目，以及什么时间段会看电视等。

2. 人工智能与机器学习

人工智能是研究、开发用于模拟、延伸和扩展人的智能的理论、方法、技术及应用系统的一门新的科学。

人工智能发展到现在产生了许多名词，比如机器学习、深度学习等，它们之间的关系可以用图 2.4 概括。

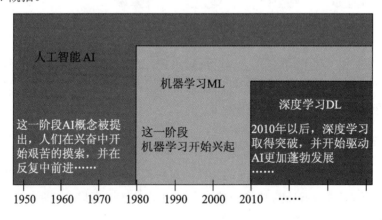

图 2.4 人工智能、机器学习、深度学习关系

从图 2.4 可以看到，人工智能是一个广义的概念，包含许多内容，其中一个子集就是机器学习，而机器学习的一个子集是深度学习。

机器学习是人工智能的一个子集。它是人工智能的核心。传统机器学习是：用一大堆数据，同时通过各种算法（比如 SVM、决策树、逻辑回归等）去训练出一个模型，然后用这个训练好的模型去完成任务（比如预测任务等）。

常用的机器学习算法有线性回归、逻辑回归、决策树、随机森林、支持向量机、贝叶斯、k-最近邻算法、k-means 和 xgboost 算法等。

深度学习是一种特殊的机器学习，是机器学习的一个子集。深度学习的概念源于人工神经网络。可以这样归纳：含多隐层的多层感知器就是一种深度学习结构。

3．机器学习和深度学习的区别

（1）对数据量要求不同

从图 2.5 中可以看出，深度学习和机器学习对数据量的依赖程度是不一样的，当数据量很少的时候，深度学习的性能并不好，因为深度学习算法需要大量的数据才能很好地理解其中蕴含的模式。而数据量比较小的时候，用传统机器学习方法也许更合适。

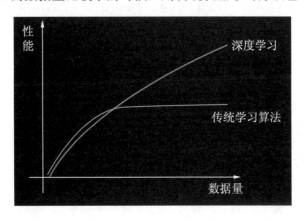

图 2.5　机器学习与深度学习对数据量的要求不同

（2）对计算机硬件的要求不同

通常情况下，用机器学习处理任务时，一方面由于数据量不太大，另一方面由于所用算法已经确定，所以对计算机硬件的要求不是太高。

深度学习由于要处理大量数据且涉及许多矩阵运算，因此对计算机硬件的要求非常高，很多时候普通 CPU 已经无法顺利完成任务，必须借助于诸如 GPU 等硬件。

（3）特征处理方式不同

机器学习和深度学习的主要区别在于特征，如图 2.6 所示。

在传统的机器学习算法中，我们首先需要用一些算法（比如 PCA、LDA 等）进行特征的提取，然后再用机器学习算法（如 SVM 等）进行模型训练。特征提取的过程很麻烦，对工作者要求也很高。

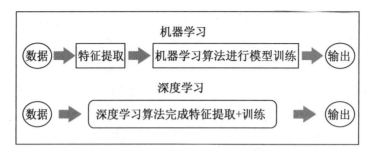

图 2.6　机器学习与深度学习的主要区别

相比之下，在深度学习中，特征由算法本身自动完成提取，通常不需要另外写一个算法进行特征提取。比如在 CNN 网络中，卷积层的作用就实现了特征的提取。

（4）解决问题的方式不同

机器学习和深度学习解决问题的方式不同，如图 2.7 和图 2.8 所示。

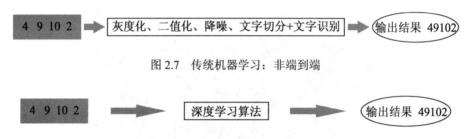

图 2.7　传统机器学习：非端到端

图 2.8　深度学习：端到端

在解决问题的时候，传统机器学习通常会将问题分解为多个子问题，逐个子问题解决后，获得最终结果。深度学习更提倡"直接的端到端"的解决问题。

比如在做 OCR（文字识别）任务时，传统机器学习算法一般要对原始图片进行灰度化、二值化、降噪、文字切分、文字识别等一系列操作。如果用某些深度学习算法（如CRNN-CTC），则可以实现端到端的解决问题，传入一张图片，经过模型学习之后直接识别出文字。

（5）可解释性不同

机器学习的可解释性很强，许多传统的机器学习算法有明确的数学规则，解释起来相对容易。比如，线性回归、逻辑回归、决策树等这些算法，解释起来就很容易，但是深度学习的可解释性就没有那么强了。深度神经网络更像是一种"黑箱子"，网络里具体每一层是怎么操作的，神经元做了什么，很多时候是不明确的。深度学习的可解释性是热门研究课题。

（6）使用的开源库和框架不同

我们做机器学习和深度学习时，如果使用相关的开源库和框架，会使我们的工作事半功倍。虽然许多开源库和框架既可以解决传统机器学习问题，也可以解决深度学习问题，但是如果有针对性地选择使用，效果会更好。比如，scikit-learn 库应用于机器学习中，效果是很不错的。百度的开源框架 Paddle 及谷歌的 TensorFlow 用来处理深度学习问题会更好。

目前，深度学习无论在工业界还是学术界都是一个热点。在开始深度学习项目之前，选择一个合适的框架是非常重要的，因为选择一个合适的框架能起到事半功倍的作用。全世界最流行的深度学习框架有 Paddle、Tensorflow、Caffe、Theano、MXNet、Torch 和 PyTorch 等。其中，Paddle 是唯一一款国产的深度学习框架，是百度研发的开源、开放的深度学习平台，涵盖如自然语言处理、计算机视觉和推荐引擎等多个领域。

Paddle 有数量最多的由官方维护的深度学习模型库。这些模型库开发者可以直接拿来使用并且是开源的，无论是用于工业还是学习中都十分方便、可靠，不会发生代码运行不了的尴尬场景。

现阶段，深度学习在计算机视觉、自然语言处理和语音处理等领域应用广泛，其效果也已超过传统的机器学习方法。再加上网络媒体对深度学习进行的夸大报道，以至于让人们产生了一种错觉：深度学习最终可能会淘汰其他机器学习算法。其实不是这样的，实际工程中，不但要考虑精准度，还要考虑成本。有时候用深度学习处理问题，对成本的投入很高。再比如，实际工程中数据量并不大的情况，如果用深度学习算法，效果并不好。总之，科技的发展从来都是相互包容的，是互相学习、互相进步的过程。人工智能的发展需要更多的优秀算法来不断创新和迭代，而不是一味地用所谓的高级算法替代甚至淘汰其他算法。

2.9　类脑智能计算理论

1. 问题的提出

对于大脑的借鉴和研究，一直是人工智能发展的一个方向，而实现具有人类意识的人工智能，更是人类长久以来的目标。机器人会不会拥有像人类一样的意识？DeepMind 团队在《自然》杂志上发表的一篇论文，在 AI 和神经科学领域引起了关注，其最新研发出的一个 AI 程序，具有类似哺乳动物一样的寻路能力，类似大脑中网格细胞的工作原理。DeepMind 这项研究成果借鉴了大脑中的部分机能，但它仍是对于单一机能的模仿。可以说，现在的人工智能可以战胜顶级围棋选手，却无法像婴儿一样探索世界。"中国脑计划"如图 2.9 所示。

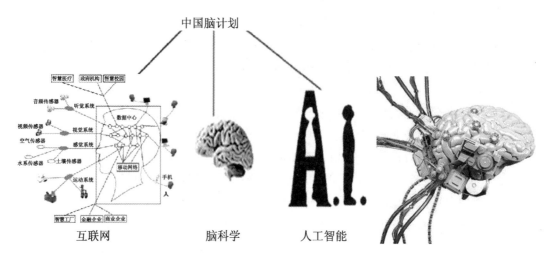

图 2.9　脑科学-互联网-人工智能

在 AI 领域有一个叫作"类脑智能"的研究方向，使机器具有人类认知能力，让机器像人类一样思考。虽然目前专家们对于 DeepMind 的最新成果是否属于类脑智能研究看法不一，但该研究从算法角度为探索大脑机能提供了一种途径。目前，类脑智能研究的进展状况如何？有何待攻克的难点？

从 IBM 的"深蓝"系统击败国际象棋世界冠军卡斯帕罗夫，到谷歌的 AlphaGo 战胜人类顶级围棋选手，这些突破都仅是智能系统从某个视角，在某个特定领域接近、达到或超过人类智能，而相关的理论、算法与系统很难推广到其他领域，用于解决其他类型的问题。在人工智能学界，有一个著名的莫拉维克悖论，讲的是让计算机同成人下棋是非常容易的，但如果让计算机像一岁孩子一样感知和行动，却相当困难。AlphaGo 能击败世界顶尖围棋高手，却无法像孩子一样探索世界。

至今为止，还没有任何通用智能系统能接近人类水平。现有人工智能系统通用性较差，与其计算理论基础和系统设计原理有密不可分的关系。图灵机模型取决于人对物理世界的认知程度，因此人限定了机器描述问题、解决问题的程度。冯·诺依曼体系结构是存储程序式计算，程序也是预先设定好的，无法根据外界的变化和需求的变化进行自我演化。人类的大脑却是一个出色的、能够长时间稳定工作的通用智能系统，不仅能举一反三，处理视觉、听觉、语言、学习、推理、决策、规划等各类问题，还能在学习和发育过程中不断自适应和进化。

2. 概念与定义

类脑智能就是以计算建模为手段，受脑神经机理和认知行为机理启发，并通过软硬件协同实现的机器智能。

"类脑智能系统在信息处理机制上"类脑"，认知行为和智能水平上"类人"，其目标是使机器以类脑的方式实现各种人类具有的认知能力及其协同机制，最终达到或超越人类智能水平。

人类一直在对自身进行探究，搞清楚大脑的工作机理一直是人类的梦想。对于"造脑"，有几个路径，最主要的就是借鉴认知神经科学研究的结果，用计算机模拟人的大脑功能，也就是人工智能。近几年，一场人工智能的研发大赛已经在全球范围内展开。

目前，在信息技术领域，由于存储能力的不断扩展，海量数据的产生，大数据技术的发展，特别是深度学习、人工神经网络等相关领域的飞速进展，让人工智能重新进入一个新的发展阶段。

3．研究范畴

类脑智能研究类脑感知、类脑学习、类脑记忆机制与计算融合、类脑复杂系统，以及类脑控制等理论与方法。

存在的问题是对大脑的认知有限。目前类脑智能研发的核心难点是对脑的结构和功能原理了解还不够。

人类的大脑重约 1.4 千克，大脑皮层有上百亿个神经元，每个神经元又包含数个到数万个分支，构成庞大精细的神经网络。大脑正是通过这种超大规模的神经网络系统处理信息的，但这个网络的线路图极为复杂，而且其中的神经元及突触联结有很多不同的类型，以现在的技术如果要描绘出全面完整的线路图，需要难以想象的大量工作，如图 2.10 所示。

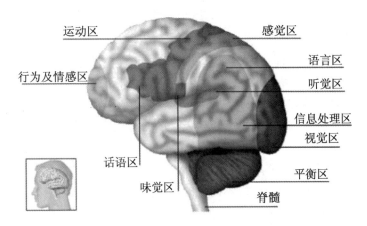

图 2.10　脑结构和功能区

现阶段，我们可以在没有完全理解大脑原理时开始建立简化的类脑模型，来实现一些"类智能"的功能。目前的人工神经网络模型包括深度神经网络，模仿了生物神经网络的一些最基本特性，并在处理分类识别的问题方面取得了巨大成功，但这些"简单"网络在效率、功耗及通用性等方面有根本的局限，没有办法产生真正意义的智能。

现阶段的一个重点方向是发展和应用新技术，包括现有的人工神经网络等机器学习（或类脑智能）技术，来推进对大脑网络结构及学习规则的生物学研究，积累大量的数据并理解其中的原理。通过发展新的软硬件技术、整合新的脑结构和工作原理的细节，来尝试提升类脑智能技术的能力，而反过来这又会促进脑研究。通过这样一个正反馈迭代过程，也许我们可以在可见的将来实现下一个突破。

2.9.1　类脑计划

人工智能发展的最终目标是构建像人脑一样能够自主学习和进化，具有类人智能水平的智能系统。然而，受限于冯·诺依曼体系结构及其理论计算基础，现阶段人工智能对环境、图像、语音和自然语言等非结构化数据的处理能力，以及多模态感知和自我学习的能力较人脑仍存在巨大差距。相比之下，人脑却具备当前计算机难以企及的对新环境与新任务的自适应能力、思维和智能感知不断进化的能力、对新信息与新技能的自动获取能力，以及在复杂环境下进行有效决策并稳定工作的能力。在此背景下，开发类脑智能计算技术受到了科学家的高度重视。

当前，各国政府都加大了对类脑计划技术的布局投入，我国在 2016 年先后印发了《"十三五"国家科技创新规划》和《"十三五"国家信息化规划的通知》，提出加强量子通信、未来网络、类脑计划等战略性前沿技术布局，部署"脑科学与类脑研究"重大科技项目，以脑认知原理为主体，以类脑计算与脑机智能、脑重大疾病诊治为两翼，搭建关键技术平台，抢占脑科学前沿研究的制高点。

类脑智能计算技术是一种基于神经形态工程、受大脑神经机制和认知行为机制启发、借鉴人脑信息处理方式而形成的新型计算系统。类脑计算架构由数目庞大的神经芯片组成，能够实现类人脑功能并模拟人脑的实时反应。类脑计算系统在信息处理机制上类脑，在行为和智能水平上类人，其目标是使机器以类脑的方式实现各种人类具有的认知能力和协同机制。

近年来，类脑计划受益于脑与神经科学、认知科学的快速发展，科学家已经可以在脑区、神经簇、神经微环路、神经元等不同尺度下观测脑组织的部分活动并获取了一些相关数据，这为进一步完善类脑计算架构提供了有力的基础支撑。因此，从信息处理与智能的本质角度审视人脑信息处理，借鉴其原理催生的类脑计算技术，将成为突破现阶段人工智能发展瓶颈、实现人工智能重大创新的重要途径。

类脑智能研发计划推动实现的通用人工智能，将驱动机器学习迈入"非结构化大数据"处理的新阶段，强化大数据的价值挖掘，有望加速催生重大科学规律的发现及科学成果的产出。与此同时，其对于环境、情景、图像、语音、自然语言等非结构化数据强大的分析处理能力，有望快速应用于互联网信息挖掘、金融投资与调控、医疗诊断、新药开发、原子核物理探索、公共安全等一系列关系到经济及社会发展的重要领域，引发或推动新一轮技术和产业革命，对增强国家综合竞争力，保障科技、国防、公共安全和推动经济建设具有重大意义。如图 2.11 所示为类脑人才培养 logo。

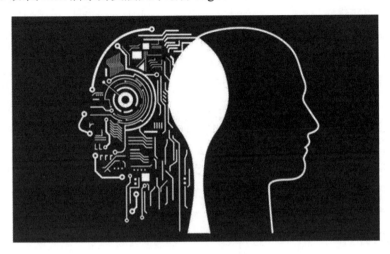

图 2.11　类脑人才培养 logo

2.9.2　类脑科学

神经网络基于神经科学家目前对大脑如何进行物体识别的理解，最新的研究成果表明神经科学家已经对物体识别的基本原理有了较为精确的把握。

受到灵长类动物大脑工作原理的启发，早在 20 世纪 70 年代，科学家们就开始建立神经网络，希望能够模拟大脑处理视觉信息、识别言语及理解语言的能力。对于基于视觉的神经网络，科学家们受到了大脑视觉信息层次表示的启发，随着视觉输入从视网膜依次进入初级视皮层和颞下（IT）皮层，视觉输入在每一个层面上都被处理，变得越来越明确，直到物体最终被确定。

为了模拟这个过程，神经网络设计者在计算机模型里创造了多个计算层。每一层执行一个数学操作，例如线性点产品。在每一个层面上，视觉物体的表示变得越来越复杂，而无关紧要的信息，例如物体的位置或者移动则被抛弃。

每一个单独元素一般都是一个简单的数学表达，当将上千万个这样的数学表达相结合时，就能实现将原始信号通过复杂的转化变成非常适合物体识别的表现。在这项研究里，科研人员首次测量了大脑的物体识别能力。在颞下皮层和 V4 区——连接颞下皮层的视觉系统的一部分植入电极阵列，这使得他们能够观察到动物看到每一个物体时所产生的神经表现，也就是做出反应的神经元数量。

随后研究人员将这些神经表现与深层神经网络产生的神经表现进行对比，后者包含系统里每一个计算元素所产生的数字矩阵。每一张图片会产生不同的数字阵列。这一模型的精确性是由它是否能够将相似物体组织形成神经表现里的相似群集所决定的。

通过这样的计算变换，这个网络的每一层特定的物体或者图片会逐渐靠近，而其他物体会距离越来越远。近期发现的这一成功的神经网络取决于两个重要因素，其中一个是计算机处理能力的重大飞跃。研究人员一直利用图形处理单元（GPU），它是一种高性能处理视频游戏所需的巨大视觉内容的小芯片。第二个因素是研究人员能够使用并向大型数据集输入算法从而"训练"它们。这些数据集包含上百万张图片，每一张图片都是人们从不同鉴别层面进行的注解。例如，一张狗的图片可以被注解为动物、犬类动物、家养狗或者狗的品种。

最初，神经网络并不擅长鉴别这些图片，但随着它们看到越来越多的图片并在发现自己出错的原因后，会逐渐改进它们的计算，直到最后能够更加精确地鉴别物体。

2.9.3 类脑计算

类脑计算是指仿真、模拟和借鉴大脑生理结构和信息处理过程的装置、模型和方法，其目标是制造类脑计算机和类脑智能，相关研究已经有二十多年的历史。与经典人工智能符号主义、连接主义、行为主义及机器学习的统计主义这些技术路线不同，类脑计算采取仿真主义：结构层次模仿脑（非冯·诺依曼体系结构），器件层次逼近脑（神经形态器件替代晶体管），智能层次超越脑（主要靠自主学习训练而不是人工编程）。

从计算科学和工程学观点看，类脑计算是一门以仿生学为基础，但又超越仿生学的工程研究。研究类脑智能计算并非复制人的大脑，而是模拟人类大脑的功能，仅研究人的思维活动或记录脑中所有神经元，不可能研制出真正的智能机器。

类脑计算需要打破冯·诺依曼结构，把类似大脑的突触做到芯片上，但目前的神经突触芯片还处在实验阶段。

类脑智能的发展面临三大瓶颈，即脑机理认知不清楚、类脑计算模型和算法不精确、计算架构和能力受制约。类脑实验室将围绕这三大瓶颈展开攻关。

在类脑研究中究竟有哪些重要的科学问题呢？

第一个是关于进化的问题。所有生物脑都是进化的，想要做一个人工脑，就要从自然脑里找启发性的东西，自然脑都是演化出来的，不是造出来的。

通过演化计算发现，自然神经网络的结构和人算出来的网络结构实际上有很大的不同。

人设计出来的所谓人工神经网络和真正演化出来的人工神经网络都能解决同样的难题，但结构不一样。一个大脑负责处理所有的事情，而目前的所有神经网络系统只专注一件事情。例如 AlphaGo 只会下象棋，不能识别图像。现在的人工智能系统或人工神经网络中，一个系统就做一件事，而且做得非常好，但是一个大脑要做多件事。

第二个是关于类脑计算系统的运行环境问题。环境在类脑计算研究中的作用是什么？至少在自然界里，人脑要能够完成多项工作，而且这是在动态环境或者不确定性环境里进行的。现在很多的人工智能系统都限定在非常单一、非常具体的某个功能上，比如识别图像或者下棋之类，这二者实际上对将来真正设计的人工智能系统的影响是不一样的。

第三个是关于身体的作用或脑体相互作用问题。时下的大脑研究计划很少提及身体的作用。事情果真是这样的吗？

研究人工智能的时候往往只研究人脑而不研究身体，主要是因为我们做人工智能研究的时候的确需要特别发达的大脑。

设计一个人工神经网络或者是一般性探索智能系统，实际上是跟物理的体态有密切关系。

研究人工神经网络，一定要考虑这个神经网络是放到什么样的物理系统中。比如，你要研究这个机器人本身，同时又要设计控制这个机器人的系统，那么这个机器人的体态跟控制是有密切关系的，不能分开考虑。

所有的大脑在生物界都有一个载体，那就是身体，不存在光有大脑没有身体的生物。这对于我们将来构造智能又提出了一个新的挑战，那就是在设计人工智能系统的时候要把载体考虑进去。

2.9.4　类脑智能

人工智能的"终极目标"是类脑智能。

类脑智能是当前人工智能领域最新的热点方向，利用神经形态计算来模拟人类大脑处理信息的过程，是人工智能的终极目标。类脑智能具有在信息处理机制上类脑、认知行为和智能水平上类人的特点，最终目标是通过借鉴脑神经结构和信息处理机制，使机器以类脑的方式实现各种人类认知能力及协同机制，达到或超越人类的智能水平。随着典型类脑智能试验产品的出现，其技术与商业化应用受到了社会各界的广泛关注，各国纷纷投入技术研发，各大企业不断开展商业化应用探索。

1. 相关计算理论与建模

认知体系结构研究是类脑认知计算模型研究的基础。近年来研究人员逐渐向神经网络中融入记忆、推理和注意等机制。此外，还开展了不同脑区协同认知模型研究，构建面向通用智能的类脑认知计算模型。例如，加拿大滑铁卢大学研制的 SPAUN 脑模拟器，将 250 万个神经元模块化地分割为 10 余个脑区，实现了模拟笔迹、逻辑填空、工作记忆、视觉信息处理等能力。

2. 人工神经网络

近年发展起来的深度神经网络（DNN）模型模拟了人脑在脑区尺度进行层次化信息处理的机制。其中，卷积神经网络（CNN）受生物视觉系统的启示，将生物神经元之间的局部连接关系及信息处理的层级结构应用到计算模型中，模拟大脑多个层级的信息处理；脉冲神经网络（SNN）是近年来研发出的另一种新型神经网络，其神经元以电脉冲的形式对信息进行编码，能够很好地编码时间信息，更接近真实神经元对信息的编码方式，被认为是能接近仿生机制的神经网络模型。

3. 神经接口、脑机接口

通过神经解码（将大脑的神经信号转化为对外部设备的控制信号），使计算机从大脑神经活动中获知人的行为意向。具体可分为侵入式脑机接口和非侵入式脑机接口。侵入式脑机接口主要用于重建特殊感觉（如视觉）及瘫痪病人的运动功能，通常直接植入大脑的灰质；非侵入式脑机接口是用紧贴头皮的多个电极来采集大脑脑电图信号。美国 Emotiv 公司开发出了一套人机交互设备 Emotiv Epoc 意念控制器，运用非侵入性脑电波仪技术，感测并学习每个使用者的大脑神经元信号模式，实时读取使用者大脑对特定动作产生的意思，通过软件分析解读其意念、感觉与情绪。脑电极信息采样如图 2.12 所示。

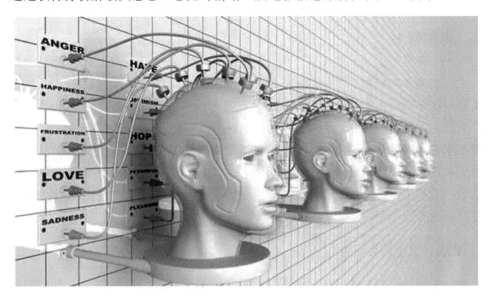

图 2.12　脑电极信息采样

4. 神经形态芯片、类脑计算机

参考人脑神经元结构和人脑感知认知方式设计的芯片和可分为神经形态芯片、计算模型芯片两大类。随着类脑芯片的深入发展，基于类脑芯片的类脑计算机雏形已经出现。2016年，IBM 公司开发出了基于其 Truenorth 芯片的类脑计算机 NS16e，采用 16 颗 TrueNorth 芯片组成芯片阵列，通过电路系统模拟人脑神经元及突触的工作方式，通过模式和分类关联过往和现在的数据，并基于概率和关联识别模式做出决策。

5. 神经机器人、类脑智能机器人

类脑智能机器人是融合了视觉、听觉、思考和执行等能力的综合智能系统，能够以类似人脑的工作方式运行。通过将人脑的内部机理融入机器人系统，提高机器人的认知、学习和控制能力，进而产生更深度的交叉与合作。研究人员正努力使机器人以类脑方式实现对外界的感知及自身控制一体化，使其能够模仿外周神经系统感知、中枢神经系统输出与多层级反馈回路，实现机器人从感知外界信息到自身运动的快速性和准确性。瑞士洛桑理工学院 2015 年开发了一个神经系统仿真工具，该工具建立了数字化的老鼠大脑计算模型和虚拟老鼠身体模型，将这两个模型结合起来模拟大脑和身体互动的神经机制，目前已在模型中模拟出小白鼠大脑中 3.1 万个神经元活动。

2.9.5　类脑智能发展方向

第一，发展可自适应的类脑学习方法与认知结构。目前越来越多的研究着眼于提高神经网络、认知计算模型及智能系统的自适应能力，让机器像人一样从周围环境中对知识、模型结构和参数进行学习并自适应进化。发展可持续的类人学习机制，需要通过脑科学来建立适应这类学习机制的认知结构，基于这些类脑学习方法和认知结构再进一步发展类脑认知计算模型，最终真正实现"机制类脑、行为类人"的通用类脑智能计算模型。

第二，发展具有更高效能的新一代人工神经网络模型。目前的深度神经网络在一定程度上已经借鉴了神经系统的工作原理，并具备相对完整的编解码、学习与训练方法，但该类模型还存在很大的提升空间。大部分脉冲神经网络的网络训练只考虑了两个神经元之间的局部可塑性机制，缺乏对微观（如神经元网络连接、皮层结构）、宏观尺度（如脑区之间的网络连接）的借鉴，在性能上与 DNN 等模型存在一定差距。两个模型都需要不断从脑科学中汲取营养并不断融合，发展出性能更好、效能更高的新一代人工神经网络模型。

在类脑智能计算模型方面，中科院脑科学与智能技术卓越创新中心优化了脉冲神经网络模型，引入了学习、记忆机制，并构建了面向亿级类脑神经网络建模的计算平台；在类脑芯片方面，中科院计算技术研究所研发了"寒武纪 1 号"类脑芯片、浙江大学与杭州电

子科技大学合作研发了首款支持脉冲神经网络的"达尔文"芯片；在类脑智能机器人方面，中科院自动化研究所实现了机械臂的交互控制和生理控制康复机器人的应用，通过模拟婴儿对物体的自发、动态认知过程来提高机器人的自主学习和归纳能力。

1. 类脑智能

从受脑启发到通用智能的探索过程如图 2.13 所示。结构与机制类脑、行为类人的类脑智能成为探索人类人工智能的重要途径之一。类脑智能从人工智能、神经科学、认知科学交叉的视角，研究在大规模、多尺度生物脑神经网络下建模与模拟、类脑自主学习、多感觉融合及认知功能协同在无人机和机器人领域的智能应用，通过实现通用智能的核心科学问题，探索机器自我意识的实现途径。

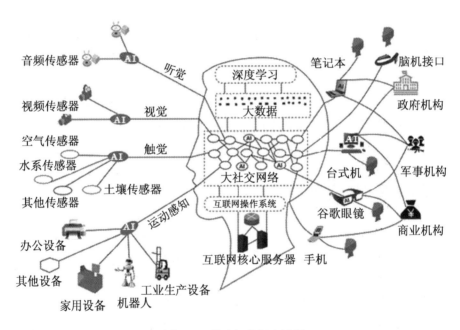

图 2.13　类脑智能探索过程

2. 神经形态认知计算

模拟大脑智能是计算机科学领域的长久目标，是过去几十年人工智能发展的重要推动力。与传统人工智能方法不同，神经形态计算主要受神经科学发展推动，是建立在**大脑神经电路结构和神经信息处理与神经脉冲计算原理**上的新型计算模式，并最终以神经形态硬件方式来实现仿脑的**认知计算**与**低功耗运算**。虽然在神经科学领域神经元和突触层级已经取得了很大进展，而如何模拟生物神经元及突触可塑性，实现认知计算及实现神经形态芯片依然面临挑战。

3．深度学习处理器

从科技的角度看，每个时代的发展都有其核心物质载体。工业时代的核心物质载体是发动机；信息时代的核心物质载体是通用处理器。由于深度学习最重要的是智能计算技术，未来智能时代的物质载体可能是深度学习处理器。例如，中科院与 Inria 合作研制的全球首个深度学习处理器结构，成为计算机体系结构领域关注的研究方向。

4．类脑神经形态计算芯片：基于新器件的智能芯片设计方法

计算神经科学是连接脑科学与类脑计算的桥梁。计算神经科学的宗旨是用数学建模和仿真方法来阐明大脑的工作原理，为人工智能的发展提供新思想并奠定理论基础，在脑科学与类脑计算之间起到了重要的桥梁作用。

随着云计算、物联网、传感器网络、大数据等新技术的持续突破，人工智能发展日趋深入。在实现依靠海量数据、建立以数据驱动的模型学习能力后，基于认知仿生驱动的类脑计算已逐步成为下一阶段人工智能发展的新动力。国内脑科学与类脑计算基础研究也相继开展，为推动人工智能深入研究夯实了基础。目前，清华大学类脑计算研究中心研发出了具有自主知识产权的类脑计算芯片、软件工具链；中国科学院自动化研究所也开发出了类脑认知引擎平台（具备哺乳动物脑模拟的能力，并在智能机器人上实现了多感觉融合、类脑学习与决策等多种应用），以及全球首个以类脑方式通过镜像测试的机器人等。

在类脑计算中有两个重要技术方向——神经网络和神经元领域，其中，神经网络研究神经信息处理的基本原理及实现的网络模型。国内研究机构和相关企业都取得了一定进展，推动技术落地。在神经网络领域，中星微推出了"星光智能一号"芯片并实现量产；2018 年上半年泓观科技推出首个面向 IoT 终端领域的异步卷积神经网络芯片，实现可穿戴设备、家居、自供能监控等 AI 领域应用落地。在神经元领域，北京大学微电子研究院研发出神经突触模拟器件，响应速度比生物突触快百万倍；清华大学微电子团队在 2017 年研究出了 16Mb 忆阻器存储芯片，为实现基于忆阻器的通用类脑计算芯片奠定了基础。

2.10　量子计算与人工智能

神经网络最初被提出来的时候便受到当时学界的一众嘲笑，而时至今日，这一颠覆性的技术正在改变我们的生活。同样命运的还有量子计算，当一系列需要超级计算能力的科学问题急需解决的时候，量子计算+人工智能也许是这些问题的解决之道，是人类未来社会的科技图景，更是 21 世纪最具颠覆性的技术成就。

1．人工智能推进量子计算发展

从逻辑上来说，AI 改变的是计算的终极目标，颠覆了经典计算的工作方式；量子计算改变了计算的原理，颠覆了经典计算的来源。它们两者构成了计算科学未来的想象空间。毫无疑问，二者在未来必然是相互支撑的：复杂的强 AI 需要庞大的算力，当经典计算不足以支撑一个今天还无法想象的智能体时，量子计算必须扛起这个重任。

如果说那一天还很远，那么近处的量子计算与 AI 耦合在 2018 年已经陆续发生。比如谷歌人工智能量子团队在去年提出了 QNN，即量子神经网络模型。他们认为，这一网络可以用量子计算的方式提升神经网络的工作效率，从而在 AI 上更快达成量子霸权。

量子力学告诉我们高电频和低电频同一瞬间同时存在，即所谓的量子叠加和量子相干。如果有一个 16 位的计算机，或者 32 位的计算机，它的输入就是电频里面的 2 的 16 次方或者 2 的 32 次方。量子计算就是进行叠加，计算机高速处理能力的来源就在于此，可以以 2 的 n 次方处于所有状态里面，然后在其中做量子计算、量子密码。利用量子技术可以建立量子因特网，制造量子时钟，甚至研发量子传感器。

2．量子计算能力

量子计算机将有可能解决人工智能快速发展带来的能源问题。在量子人工智能领域，谷歌已经开始建立量子人工智能实验室。其目的就是用量子计算技术来应对每天产生的海量数据处理，从而优化人工智能。

量子计算机的计算能力将为人工智能发展提供革命性的改变，它能够加速计算机的学习能力，轻松应对大数据的挑战。

量子计算利用量子叠加的方式实现计算，具有超级计算能力，可以把复杂的 NP 计算问题变成 P 问题。

超级计算能力在数据分解中经常用到，比如，给你一个非常大的数，需要找到它的两个素数，经典万亿次的计算机需要 15 万年，如是量子计算机，只需要 1 秒。

3．量子计算最新进展

量子算法：人工智能里的分类问题是大数据中常见的任务，根据已有的数据体现规律，判断新数据属于哪一类。根据 MIT 和 Google 的联合研究发现，量子人工智能算法可以加速特征提取过程。

量子计算：指数加速是可行的，通过专用仪器设备，读出量子比特状态。

量子存储：随着数据越来越大，全世界的信息设备每年大约生产信息为 2 的 60 次方，就是 60 比特，用经典存储资源，大约需要百万块硬盘才能够存放数据；但要描述宇宙所需的信息量时，会达到 2 的 300 次方，就是 300 比特，按现在的存储资源已经不可能储存了。

量子计算机： IBM 制造的计算系统包含 5 个量子比特，在其他实验室的量子计算机大概有 10 个量子比特。量子计算机还没有达到实用化。

2.11　人工智能关键共性技术

本节给出新一代人工智能技术体系的关键共性技术，是国家重点发展、政策支持的 8 项技术。每项技术内容丰富，有些技术涉及知识产权保护没有深入展开讲解，有些技术会在一些智能硬件产品研发的过程中讲解。

2.11.1　知识计算引擎与知识服务技术

知识计算引擎与知识服务技术用来研究知识计算和可视交互引擎，研究创新设计、数字创意和以可视媒体为核心的商业智能等知识服务技术，开展大规模生物数据的知识发现。

WolframAlpha 是一款由沃尔夫勒姆研究公司开发出的新一代的搜索引擎，它其实是一个计算知识引擎，而不是搜索引擎。其创新之处，在于能够马上理解问题并给出答案。

OpenKN 主要由知识库构建（Knowledge base construction）、知识库验证与计算（Knowledge validation and verification，Knowledge computation）、知识存储（Knowledge repositories）、知识服务与应用（Knowledge services and application）4 个模块组成。这些模块实现了一个全生命周期的知识处理，从知识获取、知识融合、知识验证、知识计算、知识存储到知识服务与应用的知识处理工作流程，如图 2.14 所示。

1.　知识库的构建

知识库的构建包括知识获取和知识融合两方面。知识获取是从开放网页、在线百科和核心词库等数据中抽取概念、实体、属性和关系；融合的主要目的是实现知识的时序融合和多数据源融合。在完成知识库构建工作后得到的知识是显式的知识。

2.　知识计算

除了显式的知识，通过 OpenKN 的知识计算功能包括属性计算、关系计算、实例计算等，还可以进一步获得隐式的或推断的知识。

3. 知识验证和处理

为了检验显式知识和隐式知识的完备性、相关性和一致性，需要对知识进行校验，这称为知识验证过程，主要是通过专家或特定的知识计算方法来检查冗余、冲突、矛盾或不完整的知识。

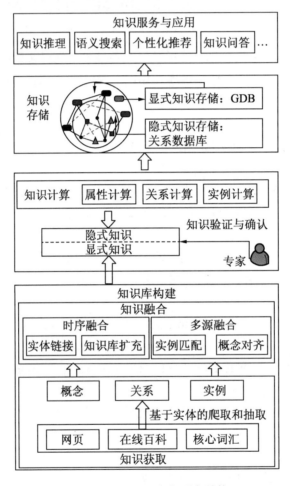

图 2.14　OpenKN 知识服务结构

4. 知识存储

经过验证的海量知识，存储在 OpenKN 里一个基于图的数据库（Graph DataBase，GDB）或关系数据库中。其中，GDB 中存储的是显式知识，关系数据库中存储的是隐式知识。与传统的数据库模型 Titan 相比，GDB 通过定义点和边的图数据模型来存储知识，这里的点和边都有各自唯一的 ID 并且支持一系列的多值属性。GDB 描述了一个与现有的图模型不同的异构网络，称为可演化知识网络，如图 2.15 所示。

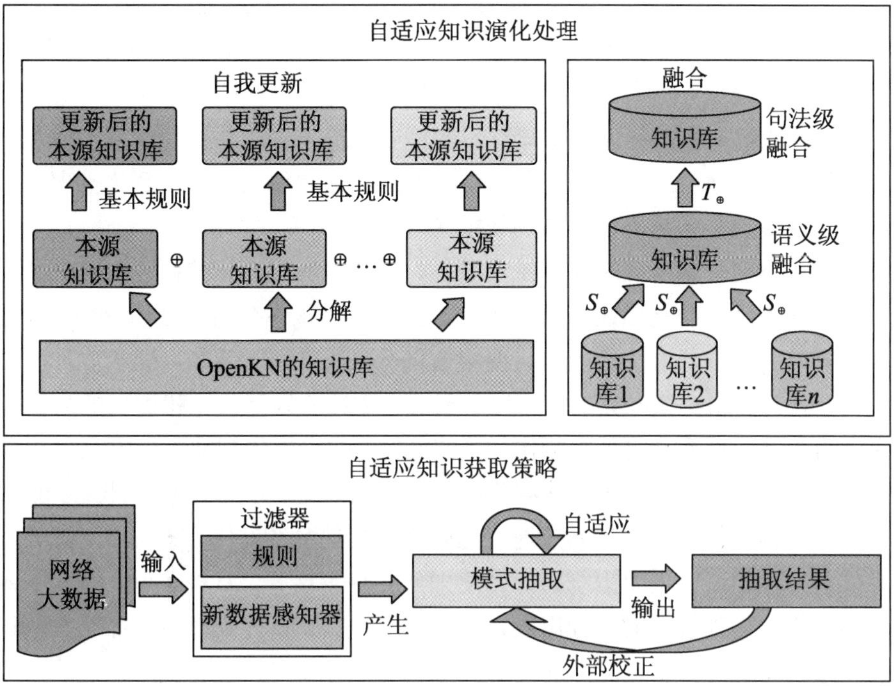

图 2.15　知识服务的自适应和可演化

OpenKN 的两个主要特征——自适应和可演化性，即诠释了 OpenKN 的 Open 含义。

5．知识计算引擎

知识计算引擎 KS-Studio 是将非结构化数据转换为结构化知识及提供创新服务的一系列 API 和工具集合。KS-Studio 涵盖了从大数据到知识全过程中的核心功能，包括实体检测、实体链接、属性填充、事件抽取、图像识别和文本描述生成及跨媒体分析等。KS-Studio 在知识深度计算基础上提供知识创新服务。

2.11.2　跨媒体分析推理技术

对实体物理世界和虚拟理念世界的有效表达是智能的基础。经典人工智能通过谓词、命题和规则等方法在充分定义前提下进行推理，逻辑清晰，但未能有效解决符号系统和实体世界的对应问题，知识工程试图建立完备的常识库与常识推理引擎，但缺乏源头活水。如今外部环境已经发生重大变化，互联网、物联网和大数据的快速发展，正在将我们所在的物理世界通过海量传感器和多模态数据进行全天候描述，为建立物理实体世界的统一语义表达创造了外部条件，信息传播已经从文本、图像、视频和音频等单一媒体形态过渡到相互融合的跨媒体形态，如何将文本推理扩展到跨媒体分析推理成为了重要的研究问题。

人类大脑通过视觉、听觉、语言等感知通道获得对世界的统一感知，这是人类智能的源头。跨媒体智能就是要借鉴生物感知背后的信号及信息表达和处理机理，对外部世界蕴含的复杂结构进行高效表达和理解，提出跨越不同媒体类型数据进行泛化推理的模型、方法和技术，构造模拟和超越生物感知的智能芯片和系统。

跨媒体分析推理技术研究跨媒体统一表征、关联理解与知识挖掘、知识图谱构建与学习、知识演化与推理、智能描述与生成等技术，开发跨媒体分析推理引擎与验证系统。

跨媒体智能是新一代人工智能的重要组成部分，通过视听感知、机器学习和语言计算等理论和方法，构建出实体世界的统一语义表达，通过跨媒体分析和推理把数据转换为智能，从而成为各类信息系统实现智能化的"使能器"。跨媒体智能引擎研究可在现有计算平台上进行，但是如果要广泛应用则需要研制更为高效的智能芯片和硬件，才能像生物大脑和感知系统那样以极低的功耗高效地表达外部世界的复杂结构。

跨媒体智能理论研究主要围绕跨媒体感知计算理论展开，从视、听、语言等感知通道把外部世界转换为内部模型的过程出发，实现智能感知和认知。跨媒体智能理论研究主要包括：研究超越人类视觉感知能力的视觉信息获取，有效支撑对环境的全景、全光与透彻感知；研究能够适应真实世界复杂场景的主动视觉系统，发展复杂环境感知、建模和交互等技术，构建主动感知框架和技术体系；研究自然声学场景下的听觉感知及计算，实现复杂声学场景中的语音定位和增强；突破真实的自然交互环境中的语音识别鲁棒性、语音合成表现力、口语理解准确率等难点问题；研究自然交互环境中的言语感知及计算，实现类人的多语种、多方言的言语感知和多语种、多方言间的言语感知迁移；建立面向异步跨模态序列的类人感知和交互理论，研制突破图灵测试的跨模态社交机器人，实现与人类和谐地进行多模态互动和沟通；研究面向媒体智能感知的自主学习，发展仿人脑记忆的媒体协同分析方法。

在新一代人工智能发展规划中，跨媒体智能关键技术层面的研究主要围绕跨媒体分析推理展开，即通过视、听、语言等感知来分析挖掘跨媒体知识以补充和拓展传统基于文本的知识体系，建立跨媒体知识图谱，构建跨媒体知识表征、分析、挖掘、推理、演化和利用的分析推理系统，形成跨媒体综合推理技术，为跨媒体公共技术和服务平台的建设提供技术支撑，并在网络空间内容安全与态势分析、跨模态医疗数据综合推理等领域进行示范应用。

跨媒体智能的真正应用需要智能芯片和硬件的支持。机器感知一直是传统人工智能的薄弱环节，需要模拟生物视、听、嗅、味、触等感知通道的信号处理和信息加工模型，研制新型感知芯片并进行系统实验和验证。

跨媒体分析与推理是计算机科学的热点问题，也是人工智能中一个具有广阔前景的研究方向。目前，尚未有文献对跨媒体分析与推理的现有方法进行归纳总结并给出它的研究进展、挑战及发展方向。跨媒体分析与推理的现有方法归纳如下：

- 跨媒体统一表征理论与模型；
- 跨媒体关联理解与深度挖掘；
- 跨媒体知识图谱构建与学习方法；
- 跨媒体知识演化与推理；
- 跨媒体描述与生成；
- 跨媒体智能引擎；
- 跨媒体智能应用。

跨媒体研究包括跨媒体理解、跨媒体检索及时空大数据搜索等。而跨媒体研究的本质，主要是挖掘不同模态媒体数据之间的联系，以完成模态之间的迁移。

以机器人为例，一个机器人在运作的过程中，使用了视觉数据、语音数据及传感器数据，而正是这些不同类型数据的协同，才赋予了机器人拟人化的能力。

互联网上对同一个事件的描述，则会有不同来源的多种媒体数据。例如对纽约飓风Sandy 的事件描述，涵盖了视频数据、图像数据及文本数据。

跨媒体理解是使用自然通顺的语言对视频进行描述，从而表达视频内容的技术。其具备广泛的应用场景：

- 在医疗界，通过利用不同模态的信息并从中受益，可以用来帮助各种行为能力受限的人；
- 在工业界，不同模态数据的协同，可应用于无人系统，如机器人、无人机和自动驾驶等；
- 在教育界，可应用于教育领域的辅助学习；
- 在新闻界，多种数据源信息的描述可提高新闻的可理解性；
- 在安全领域，由于安防数据的多样性，跨媒体研究将有助于对不同模态安防数据的全面分析，或可助力公共安全。

2.11.3　群体智能关键技术

群体智能研究方向实质上是研讨人工智能的拓展和深化。研究内涵不仅是关注精英专家团体，而是通过互联网组织结构和大数据驱动的人工智能系统，吸引、汇聚和管理大规模参与者，以竞争与合作等多种自主协同方式来共同应对挑战性任务（众筹开发），特别是开放环境下的复杂系统决策任务，涌现出来的超越个体智力的智能形态。在互联网环境下，海量的人类智能与机器智能相互赋能增效，形成人、机、物融合的"群智空间"，以充分展现群体智能。

群体智能的基础理论包括：群体智能的结构理论与组织方法、群体智能激励机制与涌现机理、群体智能学习理论与方法、群体智能通用计算范式与模型，以解决群智组织的有效性、群智涌现的不确定性、群智汇聚的质量保障、群智交互的可计算性等科学问题。

群体智能关键共性技术包括：群体智能的主动感知与发现、知识获取与生成、协同与共享、评估与演化、人机整合与增强、自我维持与安全交互、服务体系架构及移动群体智能的协同决策与控制等，以支撑形成群智数据—知识—决策自动化的完整技术链条。

群体智能服务平台包括：群智众创计算支撑平台、科技众创服务系统、群智软件开发与验证自动化系统、群智软件学习与创新系统、群智决策系统、群智共享经济服务系统。

开展群体智能的主动感知与发现、知识获取与生成、协同与共享、评估与演化、人机整合与增强、自我维持与安全交互等关键技术研究，构建群智空间的服务体系结构，研究移动群体智能的协同决策与控制技术。

群体智能是实现多学科交叉融合、多团队协同创新的前沿领域，围绕群体智能涌现机理和操作系统的多态分布架构等相关基础科学问题开展理论创新和系统集成，拓展共融机器人领域的研究深度和广度。

2.11.4　其他人工智能关键技术

其他人工智能关键技术如下：

（1）混合增强智能新架构和新技术。该技术研究混合增强智能核心技术、认知计算框架、新型混合计算架构、人机共驾、在线智能学习技术，平行管理与控制的混合增强智能框架。

（2）自主无人系统的智能技术。该技术研究无人机自主控制和汽车、船舶、轨道交通自动驾驶等智能技术，服务机器人、空间机器人、海洋机器人、极地机器人技术，无人车间/智能工厂技术，高端智能控制技术和自主无人操作系统；研究复杂环境下基于计算机视觉的定位、导航、识别等机器人及机械手臂自主控制技术。

（3）虚拟现实智能建模技术。该技术研究虚拟对象智能行为的数学表达与建模方法，虚拟对象与虚拟环境和用户之间进行自然、持续、深入交互等问题，智能对象建模的技术与方法体系。

（4）智能计算芯片与系统。该技术研发神经网络处理器及高能效、可重构类脑计算芯片等，新型感知芯片与系统、智能计算体系结构与系统，人工智能操作系统；研究适合人工智能的混合计算架构等。

（5）自然语言处理技术。该技术研究短文本的计算与分析技术，跨语言文本挖掘技术和面向机器认知智能的语义理解技术，以及多媒体信息理解的人机对话系统。

2.12　人工智能产业

建立新一代人工智能基础理论和关键共性技术体系，要把握人工智能技术属性和社会属性高度融合的特征，坚持人工智能研发攻关、产品应用和产业培育"三位一体"推进，以适应人工智能发展特点和趋势，强化创新链和产业链深度融合、技术供给和市场需求互动演进，以技术突破推动领域应用和产业升级，以应用示范推动技术和系统优化，全面支撑科技、经济、社会发展和国家安全。

1. 开源框架（Open-Source Frameworks）

人工智能进入门槛比以往任何时候都低，这要归功于开源软件。2015 年，谷歌开放了其机器学习库 TensorFlow，越来越多的公司包括 Coca-Cola、e Bay 等开始使用 TensorFlow。2017 年，Facebook 发布 caffe2 和 PyTorch（Python 的开源机器学习平台），Theano 是蒙特利尔学习算法研究所（Mila）的一个开源库。

2. 人工智能终端化

人工智能技术快速迭代，正经历从云端到终端的过程，人工智能终端化能够更好、更快地帮助我们处理信息，解决问题。我们舍弃了使用云端控制的方法，而是将 AI 算法加载于终端设备上（如智能手机、汽车，甚至衣服上）。

英伟达（NVIDIA）、高通（Qualcomm）和苹果（Apple）等诸多公司加入了对终端侧人工智能领域的突破和探索，2017 年和 2018 年是众多科技公司在人工智能终端化进入快速发展期的两年，同时他们也在加紧对人工智能芯片的研发。但 AI 依然面临着储存和开发上的困境，需更丰富的混合模型连接终端设备与中央服务器。

3. 人脸识别

从手机解锁到航班登机，人脸识别的应用范围愈发广泛，各国对于人脸识别的需求逐渐升高，不少创业公司开始关注这一领域。利用人脸识别技术，可以通过脸部特点还原蒙面嫌疑犯完整的人脸。人脸识别中所包含的数据远比人们想象的要多，其中的安全问题也应引起人们关注。

4．AI聊天机器人

尽管许多人把聊天机器人看成是 AI 的代名词，但两者依然存在差别。如今的 AI 聊天机器人已经进化得十分完善，与真人对话时甚至还会应用"嗯..."这类口头语和停顿，但人们担忧这些机器人的行为过于逼真，开始考虑在对话时对聊天机器人的身份进行确认说明的需要。国外的科技巨头 FAMGA（Facebook、Apple、Microsoft、Google 与 Amazon）以及国内的 BAT（百度、阿里巴巴和腾讯）都把目光投向了这一领域。

5．后台自动化

人工智能正在推动管理工作走向自动化，但数据的不同性质和格式使其成为一项具有挑战性的任务。根据行业和应用程序的不同，自动化"后台任务"的挑战可能是独一无二的。例如，手写的临床笔记对自然语言处理算法来说就是一个独特的挑战。并非所有的机器人过程自动化都基于机器学习，但许多的机器人公司已经开始将图像识别和语言处理集成到它们的解决方案中。

6．综合训练数据

对于训练人工智能算法来说，访问大型的、标记的数据集是必要的，合成数据集可能会成为解决瓶颈问题的关键。人工智能算法依赖数据，当一些类型的现实世界数据不易被访问时，合成数据集的用武之地就体现出来，一个有趣的新兴趋势是使用 AI 本身来帮助生成更"逼真"的合成图像来训练 AI。例如，英伟达使用生成对抗网络（GAN）来创建具有脑肿瘤的假 MRI 图像。GAN 被用于"增强"现实世界数据，这意味着 AI 可以通过混合现实世界和模拟数据进行训练，以获得更大、更多样化的数据集。此外，机器人技术是另一个可以从高质量合成数据中获益的领域。

7．零售商店

人工智能可以帮助防范盗窃行为，并让免结账手续的零售方式变得更加普遍。盗窃一直是零售商的一大痛点，但当你"掌握"进出商店的人并自动向他们收费时，有人入店行窃的可能性就会降到最低。其余一些需要考虑的事情是如何利用有限的建筑空间，特别是在拥挤的超市，确保摄像机被放置在最佳位置以追踪超市里的人和物品。

8．网络优化

人工智能正在开始改变着电信网络。电信网络优化是一套改进网络延迟、带宽速度、网络架构设计的技术——能以有利方式增加数据流的技术。对于通信服务提供商来说，优化可以直接转化为更好的客户体验。除了带宽限制之外，电信面临的最大挑战之一是网络延迟，像手机上的 AR / VR 等应用，只有极低的延迟时间才能达到最佳的功能。

电信运营商也在准备将基于 AI 的解决方案集成到下一代无线技术中，即 5G。三星收购了基于 AI 的网络和服务分析初创公司 Zhilabs，为 5G 时代做准备；高通认为人工智能边缘计算是其 5G 计划的重要组成部分（边缘计算可减少带宽限制、减少与云进行频繁通信，这是 5G 的主要关注领域）。

9. 车辆自动化驾驶

自动驾驶近几年成了科技公司和初创公司互相竞争的新领域，他们为此注入的不仅有新的活力，还有大量的资金。投资者对他们的决定十分乐观，数个自动驾驶汽车品牌所获得的投资总额已超百亿。预计 2025 年其市场利润能达 800 亿美元，物流等相关行业会成为首批应用全自动驾驶的行业，预计可缩减三分之一的成本。汽车自动驾驶如图 2.16 所示。

图 2.16　汽车自动驾驶

2.13　本 章 小 结

本章介绍了人工智能的几个研究方向，并阐述了在这些领域的研究进展。各个国家都投入了人力、物力、财力开展人工智能的研发工作，我国在人工智能领域的研究与国外水平相近，处于先进行列。在量子计算机领域，我国的研究也处于先进水平。

2.14 本 章 习 题

1. 智能的定义是什么？
2. 人工智能的定义是什么？
3. 光波不连续现象是量子的基础概念吗？
4. 量子计算是概率计算吗？
5. 简述量子计算机的工作原理。
6. 群体智能的研究意义是什么？
7. 脑科学的研究范畴是哪些？
8. 简述知识计算的概念。

第3章 智能硬件之物联网
网关设计

物联网网关在物联网时代将会扮演非常重要的角色。物联网的通信协议多样化、碎片化非常严重，作为连接感知层与网络层的纽带，网关的重要性也由此凸显。作为网关设备，物联网网关可以实现感知网络与通信网络，以及不同类型感知网络之间的协议转换，既可以实现广域互联，也可以实现局域互联。在物联系统中，物联网网关如同人类的中枢大脑，要对五官的所见所闻进行数据传输、计算和处理，同时突破垂直壁垒，实现跨界处理。

3.1 物联网网关概述

从物联网网关的定义来看，物联网网关很难以某种相对固定的形态出现。总体说，凡是可以起到将感知层采集到的信息通过此终端的协议转换发送到互联网的设备，都可以算作物联网网关。其形态可以是盒子状，也可以是平板电脑，可以是有显示屏幕的交互式形态，也可以是封闭或半封闭的非交互形态。

3.1.1 物联网网关的功能需求

1. 接入能力

多标准通信协议接入能力：目前用于近场通信的技术标准很多，常见的传感网通信协议包括 ZigBee、Z-Wave、RUBEE、WirelessHART 和 6LowPAN 等。各类通信协议主要针对某一类应用展开，协议之间缺乏兼容性和体系规划。例如，Z-Wave 主要应用于无线智能家庭网络，RUBEE 适用于恶劣环境，WirelessHART 主要集中在工业监控领域。实现各种通信技术标准的互联互通，成为物联网网关必须要解决的问题。如何实现协议的兼容性、接口和体系规划，目前在国内外已经有多个组织在开展物联网网关的标准化工作，如3GPP、传感器工作组，以实现各种通信技术标准的互联互通。物联网网关针对每种通信协议，采用标准的适配层、不同技术标准开发相应的接口实现，如图 3.1 所示。

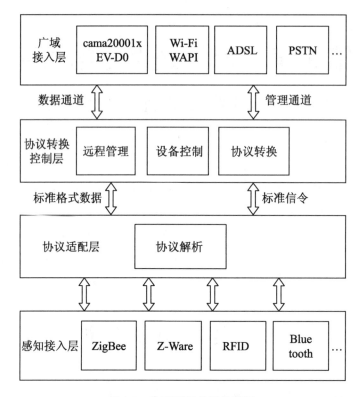

图 3.1　物联网网关结构框图

2. 协议转换能力

协议转换是指从不同的感知网络到接入网络的协议转换，将下层的标准格式数据统一封装，保证不同的感知网络的协议能够变成统一的数据和信令；将上层下发的数据包解析成感知层协议可以识别的信令和控制指令。协议转换能力主要包括以下几种。

- 无线转无线：Wi-Fi 转 433MHz、红外、ZigBee（家庭常见）。
- GPRS（2G、3G、4G、5G）转 433MHz、红外、ZigBee（工业常见）。
- 无线转有线：Wi-Fi 转 RS485、RS232、CAN（工业居多）。
- 有线转无线：以太网转 433MHz、红外、ZigBee（家庭常见）。
- 有线转有线：以太网转 RS485、RS232、CAN（工业居多）。

网关是一种充当转换重任的计算机系统或设备。在使用不同的通信协议、数据格式或语言甚至体系结构完全不同的两种系统之间，网关是一个翻译器。与网桥只是简单地传达信息不同，网关对收到的信息要重新打包，以适应目标系统的需求。同时，网关也可以提供过滤和安全功能。物联网网关在信息系统的位置如图 3.2 所示。

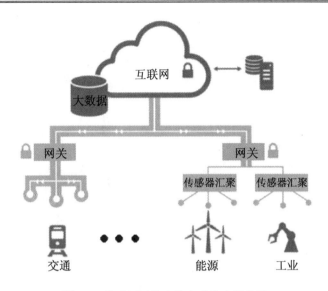

图 3.2　物联网网关在信息系统中的位置

物联网网关解决方案应该支持：

- 向上与云和企业连接；
- 向下与传感器、嵌入式系统、控制器连接；
- 预处理数据、过滤数据、选择数据，以供交互传输；
- 本地计算、本地决策、支持与传统设备轻松互联；
- 硬件信任、数据加密、软件锁定，以保障数据安全。

3. 管理能力

网关的可管理性：物联网网关作为与网络相连的网元，其本身要具备一定的管理功能，包括注册登录管理、权限管理、任务管理、数据管理、故障管理、状态监测、远程诊断、参数查询和配置、事件处理、远程控制及远程升级等。如需要实现全网的可管理，不仅要实现网关设备本身的管理，还要进一步通过网关实现子网内各节点的管理，例如获取节点的标识、状态和属性等信息，以及远程唤醒、控制、诊断和升级维护等。根据子网的技术标准不同，协议的复杂性不同，所能进行的管理内容有较大差异。基于模块化方式来管理不同的感知网络、不同的应用，能够使用统一的管理接口技术对末梢网络节点进行统一管理。

随着物联网概念的不断深入，商业级的应用遍地开花，各种智能家电层出不穷，改善着我们的生活。与此同时，物联网网关也将成为连接的重要纽带。物联网网关除了要担负不同类型感知网络之间的协议转换的职责外，还要具备一定的底层节点设备管理功能。物联网网关在智慧家居中要管理的设备如图 3.3 所示。网关对内负责整个智能家居系统不同设备的协议转换，对外通过以太网或者 Wi-Fi 进入互联网，实现远程通信。

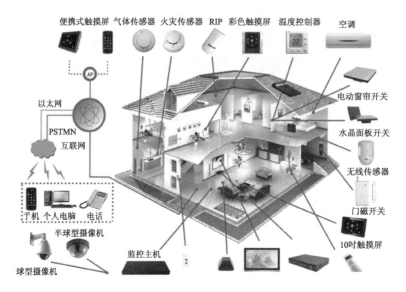

图 3.3　物联网网关在局域网中管理的设备（智慧家居）

　　物联网网关管理电视机、洗衣机、空调和冰箱等家电设备；管理门禁、烟雾探测器、摄像头等安防设备；管理台灯、吊灯、电动窗帘等采光照明设备，通过集成特定的通信模块，分别构成各自的自组网子系统。而在家庭物联网网关设备内部，集成了几套常用自组网通信协议，能够同时与使用不同协议的设备或子系统进行通信。用户只需对网关进行操作，便可以控制家里所有连接到网关的智能设备。

　　此外，物联网网关还需要具备广域网远程设备管理功能，运营商通过物联网网关设备可以管理底层的各感知节点，了解各节点的相关信息，并实现广域网远程控制，如图 3.4 所示。

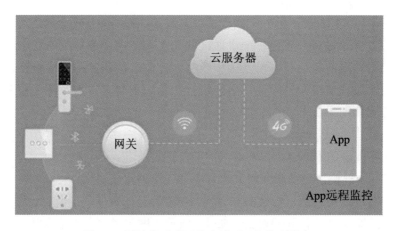

图 3.4　通过物联网网关广域网远程控制设备

4．物联网网关数据安全

数据安全是决定大规模物联网能否成功的关键要素。随着网络成为更多应用的重要组成部分，数据安全变得更加重要，如图 3.5 所示。安全问题应落实到每一个设计阶段，而在设计任务全部完成后再增加安全功能的做法是错误的。

图 3.5　物联网网关的加密防窥功能

5．物联网网关的可维护性

在 Internet 中，连接内部网与 Internet 上其他网络的中间设备，称为路由器。在物联网的体系架构中，在感知层和网络层两个不同的网络之间需要一个中间设备，那就是物联网网关，如图 3.6 所示。没有系统是完美无缺的，不管部署前做过多少测试，部署后还是会发现安全缺陷、隐患和漏洞。物联网网关和节点必须支持现场维护和更新功能。设备维护不应只依赖远程维护，还应有更多的联网方法可选。

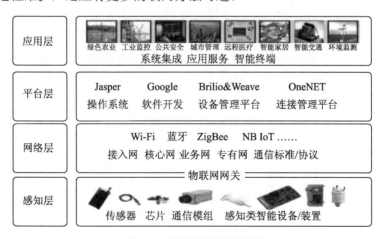

图 3.6　物联网网关的位置

物联网网关的设计仅是物联网技术的一部分。不同行业需求不同，针对物联网智能解决方案的定制，建议要选择技术领先的合作品牌。

相比于互联网时代，物联网的通信协议更加多样，物的碎片化非常严重，网关的重要性也就由此凸显——**物联网网关能够把不同的物收集到的信息整合起来，并且把它传输到下一层次，因而信息才能在各部分之间相互传输。**

3.1.2　智能物联网网关的发展

设备工况的数据采集、传输、监测是整个生产自动化流程的关键步骤，在市场需求不断更新及技术提升中，物联网智能网关应运而生。想要更好地了解它的价值和出现的契机，需要从设备机器数据的采集、传输、监测过程发展历程说起。

在发展早期，数据采集的意识才刚刚出现的时候，由于传感器的匮乏加上传输技术的落后，大多都是依靠人工进行数据计量。

1. 初期的本地监测，数据采集的首次尝试

数据监测应该从本地监测开始。通过有线网络将设备总控和可编程逻辑控制器（PLC）或者人机接口（HMI）连接起来，进行本地的人机交互和信息交换，设备上的数据直接显示在 PC 或者 HMI 上面，如图 3.7 所示。

图 3.7　本地人机交互和信息交换

PC 需要近距离地安装在设备旁，同时需要人工 24 小时的监控及反馈。此时，人工的力量占了主导地位，本地监测的实际意义不大，只是停留在简单的数据统计工作上。

2. 以太网出现，延伸物理传输距离

由于本地监测局限性太大，人们开始把以太网等有线宽带技术运用在数据采集和传输

上，数据的传输在范围上有了一定的延伸。当设备节点接入传感器后，通过一定的转换到达以太网，再到达终端显示。就传输范围而言，在原有范围基础上是有了一定的拓展，但是中间存在通信协议标准差异，导致通信并不能畅通无阻，而且有线网络的固有限制是无法远程监测，这又一次给数据市场提供了一个巨大的商机。

3．网关的出现，适配更多协议标准

伴随着 2G/3G/4G/5G 网络、Wi-Fi、蓝牙等无线网络传输技术的出现，数据的远程传输问题出现转机，但多种通信协议的多重协议标准也阻碍了设备与设备之间的"对话"。此时为了能够适配更多的协议标准，网关的出现非常及时，在通信协议和数据之间，网关是一个翻译器，与网桥只是简单地传达信息不同，网关对收到的信息要重新打包，以适应系统的需求。

网关的转换能力结合无线通信协议技术，大大提高了物联网延伸距离，但物联网技术也面临一些独特的挑战。其中一个挑战是受限于系统内存、数据存储容量和计算能力，很多物联网节点无法直接连接基于 IP 的网络，这样就难以做到万物互联。物联网网关可以填补这块空白，在基于 IP 的公共网络与本地物联网之间架起一座网络桥梁，使用在不同的通信协议、数据格式或语言，甚至体系结构完全不同的两种系统之间。

通俗来讲，有了网关，所谓的 M2M 不再是狭义上机器与机器的对话，而是设备、系统、人之间没有障碍地沟通。

4．物联网智能网关，推动设备预测性运维

物联网智能网关在物联网时代扮演非常重要的角色，它是连接感知网络与传统通信网络的纽带。作为网关设备，物联网智能网关可以实现感知网络与通信网络，以及不同类型感知网络之间的协议转换，既可以实现广域互联，也可以实现局域互联。物联网智能网关还具备设备管理功能，运营商通过物联网智能网关可以管理底层的各感知节点，了解各节点的相关信息，并实现远程控制。智能网关特有的物联网边缘计算能力，让传统工厂在数字化转型的过程中实现了更为快速、精准的数据采集及传输。

目前国内一些公司生产的边缘计算网关、物联网智能网关已经在真实的生产环境中有了多次成功的实践，在人造板行业、汽车制造业、木材加工行业帮助客户快速、高效地接入设备，采集传输数据，并且通过其本身的边缘计算能力可以就近提供边缘智能服务，满足行业数字化在敏捷连接、实时业务、数据优化、应用智能、安全与隐私保护等方面的关键需求。这对于人力成本、设备维修成本、时间成本的降低是非常有价值的，这也将是很多中小型工厂在工业 4.0 转型之战中的核心竞争力之一。

当然，网关的技术能力目前还没有到达顶点，随着市场的需求越来越高及物联网技术的不断提升，相信功能更加全面的物联网网关会不断更新出现，为物联网未来的发展提供

更好的服务。

  如果传感器或物联网设备位于远程区域，则可能需要远程连接，例如卫星连接与云端通信。较长的通信距离通常意味着功耗的增加和成本的上升，如果传感器设备能够持续数年，而不是数月或数周，这对于具有有限电池寿命的物联网小型设备来说可能是一个问题。网关允许传感设备在较短距离内进行通信，从而提高电池寿命。如图 3.8 所示为物联网网关产品。

图 3.8　物联网网关产品

  完整的 IoT 应用可能涉及许多不同种类的传感器和设备。以智能农业为例，可能需要温度、湿度和光照的传感器，以及自动灌溉和肥料系统等设备。不同的传感器和设备可能使用不同的传输协议，包括 LPWAN、Wi-Fi、蓝牙和 ZigBee 等。

  网关可以通过不同的协议与传感设备、控制设备进行通信，然后将不同协议格式的数据转换为标准协议格式（如 MQTT）的数据，然后发送到云端。

  有时，传感设备可能产生很多的数据，这些数据在系统上传输、存储的成本极高，而且通常只有一小部分数据实际上是有价值的。网关可以预处理和过滤由传感设备生成的数据，以减少传输、处理和存储的成本。

  实时性对于某些 IoT 应用来说至关重要，传感设备无法将数据无延迟地传输到云端。在采取控制行动之前，需要等待获得云端响应。对于汽车等快速移动的物体，这是不允许的。

  利用边缘计算原理，通过网关处理数据，并在本地发出控制命令，可以避免高的网络延迟，提高响应速度。物联网网关可以通过在网关中而不是在云中执行处理来减少网络传输延迟，减少响应时间。

  连接到互联网的每个传感设备都容易被黑客入侵。被劫持的传感设备，数据是不可靠的。

因为传感设备仅连接到网关，减少了直接连接到互联网的传感设备的数量。这使得物联网网关成为黑客的攻击目标。物联网网关也是传感网的第一道防线。这就是任何网关要优先考虑安全的原因。

在未来的物联网时代，物联网网关将会扮演非常重要的角色，它将成为连接传感网络与通信网络的纽带。

3.2　物联网通信协议

通信对物联网来说十分常用且关键，无论是近距离无线传输技术还是移动通信技术，都影响着物联网的发展。而在通信中，通信协议尤其重要。通信协议是指双方实体完成通信或服务所必须遵循的规则和约定。那么物联网都有哪些通信协议呢？

我们将物联网协议分为两大类，一类是传输协议，另一类是通信协议。传输协议一般负责子网内设备间的组网及通信。通信协议则主要是运行在传统互联网 TCP/IP 协议之上的设备通信协议，负责设备通过互联网进行数据交换及通信。

物联网的通信环境有 Ethernet、Wi-Fi、RFID、NFC（近距离无线通信）、ZigBee、6LoWPAN（IPV6 低速无线版本）、Bluetooth、GSM、GPRS、GPS、3G 和 4G/5G 等网络，而每一种通信应用协议都有一定的适用范围。AMQP、JMS 和 REST/HTTP 都是工作在以太网的协议，COAP 协议是专门为资源受限设备开发的协议，而 DDS 和 MQTT 的兼容性则强很多。

互联网时代，TCP/IP 协议已经"一统江湖"，现在的物联网的通信架构也是构建在传统互联网基础架构之上的。在当前的互联网通信协议中，HTTP 协议由于开发成本低、开放程度高，几乎占据"大半江山"，所以很多厂商在构建物联网系统时也基于 HTTP 协议进行开发。包括 Google 主导的 Physic Web 项目，都是期望在传统 Web 技术基础上构建物联网协议标准。

3.2.1　HTTP 协议

HTTP 协议是典型的 C/S 通信模式，由客户端主动发起连接，向服务器请求 XML 或 JSON 数据。该协议最早是为了适用 Web 浏览器的上网浏览场景而设计的，目前在 PC、手机和 Pad 等终端上都有广泛应用，但并不适用于物联网场景。在物联网场景中其有以下三大弊端：

- 由设备主动向服务器发送数据，不能由服务器主动向设备推送数据，对于简单的数据采集等场景还勉强适用，但是对于频繁操控的场景，只能通过主设备定时发送的方式，实现成本和实时性都大打折扣。

- 安全性不高。HTTP 是明文协议，Web 的安全性不高，在要求高安全性的物联网场景，如果不做好安全工作（如采用 HTTPS 等），后果不堪设想。
- 不同于用户交互终端如 PC 和手机，物联网场景中的设备多样化，对于运算和存储资源都十分受限的设备，HTTP 协议实现、XML/JSON 数据格式的解析，都是不可能的任务。

3.2.2 CoAP 协议

CoAP（Constrained Application Protocol，受限应用协议）是应用于无线传感网中的协议。

适用范围：CoAP 是简化了 HTTP 协议的 RESTful API，CoAP 是 6LowPAN 协议栈中的应用层协议，它适用于资源受限的通信 IP 网络。

CoAP 协议的特点如下。

- 报头压缩：CoAP 包含一个紧凑的二进制报头和扩展报头。它只有短短的 4B 的基本报头，基本报头后面跟扩展选项。一个典型的请求报头为 10～20B。
- 方法和 URIs：为了实现客户端访问服务器上的资源，CoAP 支持 GET、PUT、POST 和 DELETE 等方法。CoAP 还支持 URIs，这是 Web 架构的主要特点。
- 传输层使用 UDP 协议：CoAP 协议是建立在 UDP 协议之上，以减少开销和支持组播功能。它也支持一个简单的停止和等待的可靠性传输机制。
- 支持异步通信：HTTP 对 M2M（Machine to Machine）通信不适用，这是由于事务总是由客户端发起。CoAP 协议支持异步通信，对 M2M 通信应用来说是常见的休眠/唤醒机制。
- 支持资源发现：为了自主地发现和使用资源，它支持内置的资源发现格式，用于发现设备上的资源列表，或者用于设备向服务目录公告自己的资源。
- 支持缓存：CoAP 协议支持资源描述的缓存以优化其性能。

CoAP 协议实现的语言：

- libcoap（C 语言实现）；
- Californium（Java 语言实现）。

CoAP 和 6LowPAN 分别是应用层协议和网络适配层协议，其目标是解决设备直接连接到 IP 网络，也就是 IP 技术应用到设备之间、互联网与设备之间的通信需求。因为 IPV6 技术带来巨大寻址空间，不光解决了未来巨量设备和资源的标识问题，互联网上的应用也可以直接访问支持 IPV6 的设备，而不需要额外的网关。

3.2.3　MQTT 协议（低带宽）

MQTT（Message Queuing Telemetry Transport，消息队列遥测传输）协议是由 IBM 开发的即时通信协议，是比较适合物联网场景的通信协议。MQTT 协议采用发布/订阅模式，所有的物联网终端都通过 TCP 连接到云端，云端通过主题的方式管理各个设备关注的通信内容，负责设备与设备之间的消息转发。

MQTT 在协议设计时就考虑到不同设备的计算性能的差异，所以所有的协议都采用二进制格式编解码，并且编解码格式都非常易于开发和实现。最小的数据包只有两个字节，对于低功耗低速网络也有很好的适应性。有非常完善的 QoS 机制，根据业务场景可以选择最多一次、至少一次、只有一次 3 种消息送达模式，运行在 TCP 协议之上，同时支持 TLS（TCP+SSL）协议，并且由于所有数据通信都经过云端，安全性得到了较好的保障。

MQTT 协议的适用范围：在低带宽、不可靠的网络下，提供基于云平台的远程设备的数据传输和监控。

MQTT 协议的特点如下：
- 使用基于代理的发布/订阅消息模式，提供一对多的消息发布；
- 使用 TCP/IP 提供网络连接；
- 小型传输，开销很小（固定长度的头部是 2 字节），协议交换最小化，以降低网络流量；
- 支持 QoS，有 3 种消息送达模式，分别是最多一次、至少一次和只有一次。

MQTT 协议实现的编程语言和应用范畴如下：
- 已经有 PHP、Java、Python、C 和 C#等多个语言版本的协议框架；
- IBM Bluemix 的一个重要部分是其 IoT Foundation 服务，这是一项基于云的 MQTT 实例；
- 移动应用程序早就开始使用 MQTT，如 Facebook Messenger 和 com 等。

MQTT 协议一般适用于设备数据采集通信，如设备到服务器通信（Device→Server），设备到网关通信（Device→Gateway），集中星型网络架构（hub and spoke），不适用设备与设备之间通信。这种架构设备控制能力弱，实时性较差，响应时间一般都在秒级。

3.2.4　DDS 协议

DDS（Data Distribution Service for Real-Time Systems，面向实时系统的数据分布服务），是 OMG 组织提出的协议，其权威性应该能证明该协议的未来应用前景。

DDS 协议的适用范围：分布式高可靠性、实时传输设备数据通信。目前，DDS 协议已经广泛应用于国防、民航和工业控制等领域。

DDS 协议的特点如下：

- 以数据为中心；
- 使用无代理的发布/订阅消息模式，点对点、点对多、多对多；
- 提供多达 21 种 QoS 服务质量策略。

DDS 协议实现的编程语言如下：

- OpenDDS，是一个开源的 C++实现；
- OpenSplice DDS。

DDS 很好地支持设备之间的数据分发和设备控制，以及设备和云端的数据传输，同时 DDS 的数据分发的实时效率非常高，能做到秒级内同时分发百万条消息到众多设备。DDS 在服务质量（QoS）上提供非常多的保障途径，这也是它适用于国防军事、工业控制这些高可靠性、安全性应用领域的原因。但这些应用都工作在有线网络下，在无线网络，特别是资源受限的情况下，没有见到过实施案例。

3.2.5　AMQP 协议

AMQP（Advanced Message Queuing Protocol，先进消息队列协议）是 OASIS 组织提出的，该组织曾提出 OSLC（Open Source Lifecyle）标准，用于业务系统如 PLM、ERP 和 MES 等进行数据交换。

AMQP 协议的适用范围：最早应用于金融系统之间的交易消息传递，在物联网应用中，主要适用于移动手持设备与后台数据中心的通信和分析。

AMQP 协议的特点如下：

- Wire 级的协议，它描述了在网络上传输的数据格式，以字节为流；
- 面向消息、队列、路由（包括点对点和发布/订阅）、可靠性、安全。

协议实现的编程语言如下：

- Erlang 中的实现有 RabbitMQ；
- AMQP 的开源实现，用 C 语言编写 OpenAMQ；
- Apache Qpid；
- stormMQ。

3.2.6　XMPP 协议

XMPP（Extensible Messaging and Presence Protocol，可扩展通信和表示协议）的前身是 Jabber，一个开源组织产生的网络即时通信协议。XMPP 目前被 IETF 国际标准组织完成了标准化工作。

XMPP 协议的适用范围：即时通信的应用程序，还能用在网络管理、内容供稿、协同工具、档案共享、游戏和远端系统监控等方面。

XMPP 协议的特点如下：

- 客户机/服务器通信模式；
- 分布式网络；
- 简单的客户端，将大多数工作放在服务器端进行；
- 标准通用标记语言的子集 XML 的数据格式。

XMPP 是基于 XML 的协议，由于其开放性和易用性，在互联网及时通信应用中运用广泛。相较于 HTTP，XMPP 在通信的业务流程上更适合物联网系统，开发者不用花太多心思去解决设备通信时的业务通信流程，相对开发成本会更低。但是 HTTP 协议中的安全性以及计算资源消耗的硬伤并没有得到本质的解决。

3.2.7　JMS 协议

JMS（Java Message Service）是 Java 平台中著名的消息队列协议。Java 消息服务应用程序接口是一个 Java 平台中关于面向消息中间件（MOM）的 API，用于在两个应用程序之间或分布式系统中发送消息，进行异步通信。JMS 是一个与具体平台无关的 API，绝大多数 MOM 提供商都对 JMS 提供支持。

JMS 类似于 JDBC（Java Database Connectivity）。JDBC 是可以用来访问许多不同关系数据库的 API，而 JMS 则提供同样与厂商无关的访问方法，以访问消息收发服务。许多厂商都支持 JMS，包括 IBM 的 MQSeries、BEA 的 Weblogic JMS Service 和 Progress 的 SonicMQ。JMS 能够通过消息收发服务（有时称为消息中介程序或路由器）从一个 JMS 客户机向另一个 JMS 客户机发送消息。消息是 JMS 中的一种类型对象，由两部分组成：报头和消息主体。报头由路由信息及有关该消息的元数据组成。消息主体则携带着应用程序的数据或有效负载。根据有效负载的类型来划分，可以将消息分为几种类型，它们分别携带：简单文本（TextMessage）、可序列化的对象（ObjectMessage）、属性集合（MapMessage）、字节流（BytesMessage）、流（StreamMessage）、无有效负载（Message）等消息。

MQTT、DDS、AMQP、XMPP、JMS 和 CoAP 这几种协议都已被广泛应用，并且每种协议都有至少 10 种以上的代码实现，都宣称支持实时的发布/订阅的物联网协议，但是在具体物联网系统架构设计时，需要考虑实际场景的通信需求，选择合适的协议。

我们以智能家居为例来说明这些协议的侧重应用方向。智能家居中的智能灯光控制，可以使用 XMPP 协议控制灯的开关；智能家居的电力供给方面，发电厂的发动机组的监控可以使用 DDS 协议，当电力输送到千家万户时，电力线的巡查和维护可以使用 MQTT 协议；家里的所有电器的电量消耗，可以使用 AMQP 协议传输到云端或家庭网关中进行分析；如果用户想把自己家的能耗查询服务信息公布到互联网上，那么可以使用 HTTP 协议来开放 API 服务。

3.3 物联网协议转换

协议转换是物联网关的主要功能，相关的专利也有很多。本节简要介绍协议转换的一般方法和基础技术。

3.3.1 协议转换方法

1. 可配置协议转换方法

嵌入式智能网关与感知层设备通信时，需要根据感知层设备的不同协议分别开发驱动，灵活性较差。针对此类问题，研发人员提出了一种可配置协议的方法，用于实现智能网关与感知层设备的通信。工作过程是，首先对设备协议进行分析，根据原始协议帧的对象，设计该设备的协议模板；其次是驱动引擎解析协议模板，组建设备可识别的通信协议帧，智能网关根据新组建的协议帧与感知层设备通信并获取数据。最后是目标协议转换程序加载目标协议模板并将采集来的数据封装成目标协议格式，达到协议可配置、可转换的目的。该方法通过数据建模较好地实现了与传感设备的数据通信以及与广域网之间的协议转换。

2. 通信协议自动适配方法

基于通信协议自动适配方法的物联网网关设计，其结构包括：协议存储模块（用于存储常用的物联网协议栈）、标准接口连接器（用于插接无线传感单元）和信息接收模块（用于通过标准接口连接器接收无线传感单元的信息），协议查询模块用于根据接收的无线传感单元的信息向物联网网关查询网关中存储的适用的协议栈；协议转换适配模块将查询到的无线传感单元适用的协议栈，根据对应协议栈消息和协议格式，对无线传感网络中的各个节点与物联网网关之间进行协议转换和适配。物联网网关可以根据具体的无线传感网络的需要接入不同的无线传感单元，并从物联网网关存储的各种协议中查找该无线传感单元对应的协议栈，从而快速适应各种无线网络。

3．异构网络网关融合方法

为了提高物联网网关广泛接入能力，推广物联网应用技术，对目前存在的各种异构网络的通信技术标准进行解析，研制出具有多种异构感知网络接入能力的、融合的新型物联网网关，是各种通信技术标准应用于物联网中的必然要求。

异构网络（Heterogeneous Network）是一类网络，是由不同制造商生产的计算机网络设备和系统组成的，大部分情况下运行在不同的协议上支持不同的功能或应用。

异构网络的研究最早追溯到 1995 的美国加州大学伯克利分校发起的 BARWAN（Bay Area Research Wireless Access Network）项目，该项目负责人 R.H. Katz 首次将相互重叠的不同类型网络融合起来以构成异构网络，从而满足未来终端的业务多样性需求。

为了同时接入多个网络，移动终端应当具备可以接入多个网络的接口，这种移动终端被称为多模终端。由于多模终端可以接入多个网络中，因此肯定会涉及不同网络之间的切换，与同构网络（Homogeneous Wireless Networks）中的水平切换（Horizontal Handoff, HHO）不同，这里称不同通信系统之间的切换为垂直切换（Vertical Handoff, VHO）。在此后的十几年中，异构网络在无线通信领域引起了普遍的关注，也成为下一代无线网络的发展方向。

下一代无线网络将是无线个域网（如 Bluetooth）、无线局域网（如 Wi-Fi）、无线城域网（如 WiMAX）、公众移动通信网（如 3G、4G、5G），以及多跳的、无中心的、自组织无线网络（Ad Hoc）等多种接入网共存的异构无线网络。

3.3.2　硬件设计案例

异构多网融合网关的设计案例：基于 ARM Cortex-M4 内核，主频 120MHz，内置 CRC、AES、DES、SHA/MD5 硬件安全单元；内置 ZigBee 通信模块，支持 ZigBee 协议规范，内置 Z-Stack 协议栈，可实现 ZigBee 自组网，支持星状网和 MESH 网；内置低功耗 Wi-Fi 通信模块，支持 IEEE 802.11b/g/n 协议；内置 TCP/IP 协议栈：工业级 BSD Socket API，支持 8 路 TCP 或者 UDP Socket 通信，同时支持 2 路 TLS 和 SSL Socket 通信。支持 Wi-Fi Station、Wi-Fi AP 和 Wi-Fi 直连模式；支持 SmartConfig、WPS2 快速连接、自动配网技术；内置双模蓝牙通信模块，支持典型蓝牙 2.0BR/EDR 协议规范，同时支持低功耗蓝牙 4.0BLE 协议规范，内置蓝牙协议栈，支持多种蓝牙 Profile；内置无线无源双向通信模块，工作频段为 868.3MHz，遵循 ISO/IEC 14543-3-10 协议，提供双向无线接口，同时也提供双向串行接口，符合 EnOcean 协议规范。

网关集成 RS485 通信模块，可实现 RS485 工业总线设备接入；集成 CAN 总线通信模块，支持 CAN 总线设备接入；集成 RS232 模块，支持设备串口调试及外接设备；集成以太网通信模块，方便接入互联网。物联网通信方式有 Wi-Fi、蓝牙、ZigBee、射频 433MHz、红外和 RS485 等，不同的设备都是不同的协议及不同的通信方式。

除了上面的实施案例，协议转换的硬件实现还有下面几种方案。

- 用集成以太网协议栈芯片+MCU，典型案例就是 W5500+CC2530，通过 SPI 通信，就可以实现一个因特网转 ZigBee 的网关。
- 用普通单片机 SPI 接口+自带因特网 MAC 物理层的芯片，如 STM32F103 系列 +ENC28J60，可移植 Lwip，实现协议转换。
- ESP8266 SOC 芯片，其一片就能实现 232 串行通信到 TCP、UDP 协议的转换，完成感知设备到广域网的连接，实现物联网网关设计。
- STM32F107+DP83848 或者 LAN8720。STM32F107 自带因特网 MAC，增加一块物理层芯片，软件配合 FreeRTOS+Lwip 也可以实现一个性能不错的网关。
- 带因特网或者 Wi-Fi 的可以运行 Linux 系统的芯片，可以实现更加复杂，处理更多任务的网关，典型的有 RTL8196、MT7688 等。

3.3.3 协议转换案例

物联网（IoT）系统集成，其关键之一在于通信。设备间的通信方法各不相同，各种不同的协议将海量"设备"连接到互联网时发挥着重要的作用。存在两种物联网协同协议：用于短距离设备连接的本地协议 Modbus，以及支持物联网进行全局通信的可扩展互联网协议"消息队列遥测传输（MQTT）"。

Modbus 是一个串行通信协议，首次出现于 1979 年，是连接行业设备实际使用的标准协议。MQTT 早在 20 年前便已出现，但是将这两个协议结合在一起使用，能够为嵌入式设备提供物联网的深度连接，扩展连接规模。如图 3.9 所示为这些协议之间的关系。

在图 3.9 中，物联网（IoT）网关作为支持物联网通信的解决方案，Modbus 和 MQTT 在物联网中协同工作。

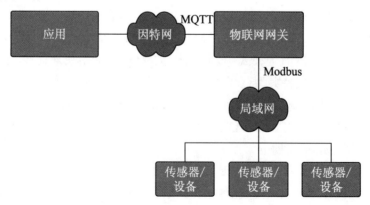

图 3.9 网关中两个不同协议转换的案例

1．Modbus协议

Modbus 协议自 1979 年首次出现至今，已经演变为一套全面的支持多种物理链接的协议集。Modbus 协议的核心是一个串行通信协议，采用主从模式。主机向从机发送请求，从机予以回复。在标准的 Modbus 协议网络中，一台主机最多可连接 247 台从机，如果采用 2 字节寻址，则可显著提高这一界限。

借助 RS-485，主从机之间的通信发生在指示功能码的帧中。该功能码可识别要操作的功能，如读取独立输入、读取先进先出队列或执行诊断函数。然后从机根据收到的功能码进行响应，该响应较为简单，由一组字节指示。因此，从机可以是智能设备，也可以是只有一个传感器的简单设备。

从以上描述中可以看到，Modbus 协议非常简单，由于该协议的开放性，使其成为整个行业或 SCADA 系统的常用通信协议，因而被广泛普及。

2．MQTT消息队列遥测传输

MQTT 是一个开放的轻量级机器对机器的协议，专为物联网交互设计。MQTT 网络包含 MQTT 经纪人（Broker），负责协调 MQTT 代理之间的交互。代理是发布者，负责发布供用户使用的信息，如图 3.10 所示。

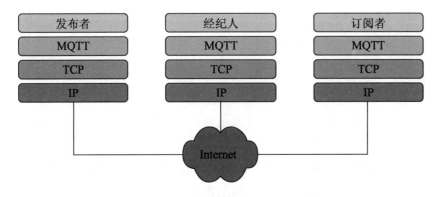

图 3.10　消息队列遥测传输网络中的作用因素

MQTT 的要求非常少，因为它专为资源有限的嵌入式设备设计。 除了占用内存空间少之外，MQTT 还可提供出色的通信高效性（通过低带宽网络进行通信）和非常少的开销（相比于 HTTP 等协议而言）。在 3G 网络中，MQTT 的吞吐率是使用 HTTP 的 93 倍。

MQTT 在特定主题（任务）上实施的操作可使用较少的数据进入发布/订阅模式。发布者先连接到经纪人，然后再发布或订阅主题。任务完成后，发布者将与经纪人断开连接。MQTT 通信流程方法定义如下。

1）连接：建立与 MQTT 经纪人之间的连接。

2）断开连接：断开与 MQTT 经纪人之间的连接。

3）发布：在 MQTT 经纪人上发布主题。

4）订阅：从 MQTT 经纪人上订阅主题。

5）退订：从 MQTT 经纪人上退订主题。

如图 3.11 所示为发布者与订阅者使用 MQTT 经纪人进行的简单交互流程。信息创建者（Producer）也是信息发布者（Publisher），连接至 MQTT 经纪人。同样，信息消费者（Consumer）也是信息订阅者（Subscriber），连接至 MQTT 经纪人。消费者订阅主题（此处定义为/home/alarms/1/status）。本示例主题可识别主页上针对区域 1 的警报系统的状态变化。当创建者有信息要分享时，它会向经纪人发布一条消息，然后经纪人会将信息分享给所有订阅该主题的用户。

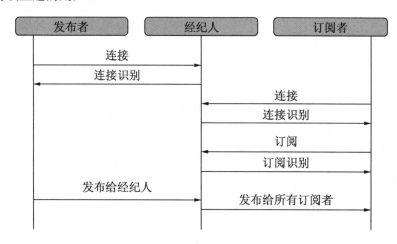

图 3.11　消息队列遥测传输代理之间的简单交互流程

请注意此处分享的主题结构。它与文件系统层次结构相似，这可简化主题的结构。这种资源层次形式也常见于协议架构中，如 REST。

MQTT 甚至允许使用通配符的形式来简化订阅流程。如果用户想要获取所有警报的状态，则可直接订阅/home/alarms/+/status，该主题可通知用户所有的警报状态变化。整个目录树的子树还可使用主题/home/#进行订阅，该主题可以订阅/home 下的所有事件。

MQTT 允许定义服务质量（QoS）。MQTT 中有 3 个等级的 QoS。

- QoS 0：该等级表示"最多一次"交付（最佳状况）。消息不会得到确认，因而这是一种一劳永逸的方法。
- QoS 1：该等级表示"至少一次"交付。用户可能不止一次获得消息，但是允许收到的人确认已经收到。
- QoS 2：最慢但是最有保障的服务质量等级即为等级 2。QoS 2 表示"只有一次"，并包含 4 个阶段的交付握手。该等级最慢，但是最安全。

设计者选择的 QoS 等级将取决于数据及其交付的重要性。

3．消息队列遥测传输代理

随着越来越多的物联网采用 MQTT 作为支持协议,许多开源应用和产品中都出现了 MQTT。例如英特尔物联网网关解决方案即是其中一款采用 MQTT 的全面物联网解决方案。

英特尔物联网网关支持传感器、设备和云之间的安全交互。这些应用平台支持出色的可管理性、安全性和多种连接选项,如 ZigBee、蜂窝网络、蓝牙、USB、Wi-Fi,当然还有 MQTT 和 Modbus 等协议。

英特尔根据市场需求提供了 3 个版本的英特尔物联网网关,分别包含不同的输入/输出选项,可应用于工业和能源、交通运输及综合产业等不同领域。虽有不同之处,但英特尔物联网网关都具备通用的可管理性、数据和端点,以及运行时环境安全性,它们分别运行在安全且稳定的 Wind River Linux 上。

英特尔物联网网关的主要优势是 McAfee 嵌入式控制安全技术。McAfee 嵌入式控制可根据安全策略处理设备变化,同时能够追踪所有变化,提供完整的可视性和可说明性,以便进行持续的审计跟踪。

MQTT 和 Modbus 能够互相补充,提高物联网的性能。使用 Modbus 作为本地接口来管理设备,使用 MQTT 作为全局协议来扩展设备的范围,二者都起到了重要的作用。英特尔物联网网关可为现在及未来构建的物联网,提供一个简单、安全的管理方式。

3.4　物联网网关设计

物联网是具有全面感知、可靠传输、智能处理特征的连接物理世界的网络。物联网的接入方式是多种多样的,如广域的 PSTN、短距离的 Z-Wave 等。物联网网关设备是将多种接入手段整合起来,满足局部区域短距离通信的接入需求,实现与公共网络的连接,同时完成转发、控制、信令交换和编解码等功能,而终端管理、安全认证等功能保证了物联网业务的质量和安全。物联网网关在未来的物联网时代将会扮演着非常重要的角色,可以实现传感网络与接入网络之间的协议转换,既可以实现广域互联,也可以实现局域互联,将广泛应用于智能家居、智能社区、数字医院和智能交通等各行各业中。

物联网组网采用分层的通信系统架构,包括感知系统、传输系统、业务运营管理系统和各种应用系统,在不同的层次上支持不同的通信协议。感知系统由感知设备及网关组成,支持包括 Lonworks、UPnP 和 ZigBee 等通信协议在内的多种感知网络。感知设备可以通过网关连接到核心网,实现数据的远程传输。

3.4.1 设计方法

随着互联网的日益普及，信息共享程度的要求不断提高，各种家电设备、仪器仪表，以及工业生产中的数据采集与控制逐步走向网络化，以便利用庞大的网络资源，实现分布式远程监控、信息交换与共享。物联网的发展更是对网络技术的应用起到了巨大的推动作用。

利用以太网实现远程控制系统，通过互联网共享单片机采集的信息，是物联网应用的关键内容。

单片机网络化系统的设计要求是：可靠性高、性能价格比高、操作简便及设计周期短。

在进行物联网智能网关应用系统方案设计时，可以采用下面的一般设计方法作为指导。

1．确定系统功能与性能

由需求调查，确定物联网智能网关应用系统的设计目标，这一目标包括系统功能与性能。系统功能主要有数据采集、数据处理和输出控制等。

2．确定系统基本结构

物联网智能网关应用系统结构一般是以单片机为核心，外部扩展相关电路的形式。确定了系统中的单片机、存储器分配及输入/输出方式，就可大体确定出物联网智能网关应用系统的基本组成。

- **单片机**：在系统详细方案设计时，先要确定单片机的型号。所选单片机的型号不同，组成的系统结构也不同。
- **储器分配**：不同的单片机具有不同的存储器组织，应根据应用系统的需要合理进行存储器的分配。
- **I/O方式**：采用不同的输入/输出方式，对于单片机应用系统的软、硬件结构有直接的影响。在单片机应用系统中，常用的I/O方式主要有无条件传送方式（同步传送方式）、查询方式和中断方式。
- **网络控制器**：性能稳定、结构简单、编程易实现的网络控制器对于优化物联网智能网关应用系统起着关键性的作用。

物联网智能网关应用系统的工作模式可以分为两类：服务器端和客户端。无论工作于何种模式，都需要对以太网控制器进行网络参数配置，以实现最基本的物理连接。

3.4.2　硬件设计

物联网智能网关应用系统硬件设计是围绕着单片机及网络控制器做外部功能扩展而展开的，其基本结构如图 3.12 所示。

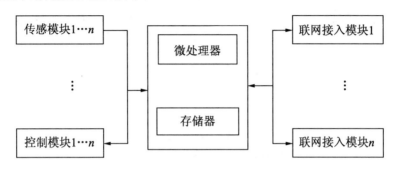

图 3.12　物联网网关硬件结构示意图

- **程序存储器**：传统的单片机内无片内程序存储器或存储容量不够大时，需外部扩展程序存储器。外部扩展的存储器通常选用 Flash 存储器。目前的单片机一般都集成了较大容量的程序存储器，使用时不需要进行程序存储器的扩展。
- **数据存储器**：用于暂时保存程序运行中的中间结果，一般由 RAM 构成。大多数单片机都提供了小容量的片内数据存储器，只有当片内数据存储器不够用时才扩展外部数据存储器。无论是程序存储器还是数据存储器，存储器的设计原则是，在存储容量能够满足要求的前提下，尽可能减少存储芯片的数量。
- **I/O 接口**：由于传感模块和控制模块多种多样，使得单片机与外设之间的接口电路也各不相同。因此，I/O 接口常常是单片机应用系统中设计最复杂也是最困难的部分之一。如图 3.13 所示为单片机网络化设计逻辑框图，图 3.14 所示为物联网网关硬件设计参考图。

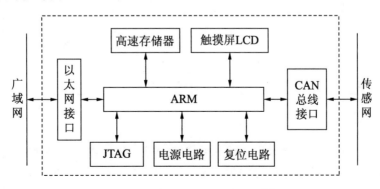

图 3.13　单片机网络化设计逻辑框图

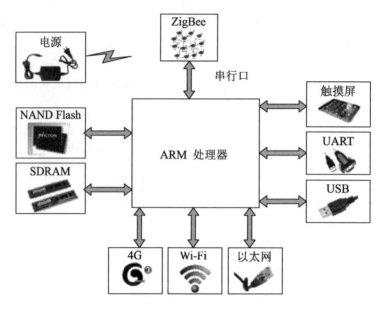

图 3.14　物联网网关硬件设计参考图

3.4.3　软件设计

软件是物联网智能网关应用系统中的一个重要组成部分，计算机应用系统的软件一般包括系统软件和用户软件，而物联网智能网关应用系统中的软件一般只有用户软件，即应用系统软件。软件设计的关键是确定软件应完成的任务及选择相应的软件结构。通信网关软件架构如表 3.1 所示。

表 3.1　通信网关软件架构

配置管理层	嵌入式网页服务				
数据层	共享数据库		配置数据		
协议转换层	转换器				
协议层	协议　1		...	协议N	
硬件抽象层	统一规范的I/O操作API				
硬件接口层	NET	Serial	Wi-Fi	GPRS	...

1．任务确定

根据系统软、硬件的功能分工，确定出软件应完成什么功能。作为实现控制功能的软件，应明确控制对象、控制信号及控制时序；作为实现处理功能的软件，应明确输入是什么，要做什么样的处理（即处理算法），产生何种输出。

2. 软件结构

软件结构与程序设计技术密切相关。程序设计技术提供了程序设计的基本方法,最常用的程序设计方法是模块化程序设计。模块化程序设计具有结构清晰、功能明确、设计简便、程序模块可共享、便于功能扩展及便于程序维护等特点。为了编制模块程序,先要将软件功能划分为若干子功能模块,然后确定出各模块的输入、输出及相互间的联系。协议转换的软件流程如图 3.15 所示。

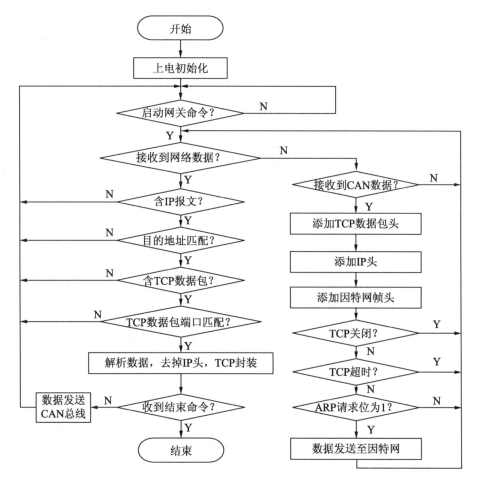

图 3.15　协议转换的软件流程

3.4.4　层次结构

物联网网关可以实现感知网络和基础网络,以及不同类型的感知网络之间的协议转换，既可以实现广域互联，也可以实现局域互联。本节的物联网网关设计面向感知网络的异构数据感知环境，为有效屏蔽底层通信差异化进行有效网络融合和数据通信，采用模块化设计、统一数据表示、统一地址转换等实现。下面从物联网网关的层次结构、信息交互流程和系统实现3个方面进行介绍。

物联网网关支持感知设备之间的多种通信协议和数据类型，实现多种感知设备之间数据通信格式的转换，对上传的数据格式进行统一，同时对下达到感知网络的采集或控制命令进行映射，产生符合具体设备通信协议的消息。物联网网关对感知设备进行统一控制与管理，向上层屏蔽底层感知网络的异构性，共分为4层，分别为业务服务层、标准消息构成层、协议适配层和感知延伸层，如图3.16所示。

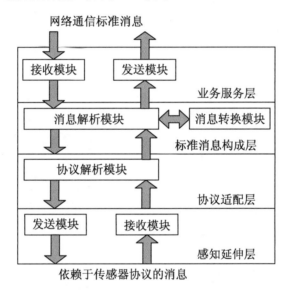

图 3.16 物联网网关的层次结构

1. 业务服务层

业务服务层由消息接收模块和消息发送模块组成。消息接收模块负责接收来自物联网业务运营管理系统的标准消息，将消息传递给标准消息构成层。消息发送模块负责向业务运营管理系统可靠地传送感知网络所采集的数据信息。业务服务层接收与发送的消息必须符合标准的消息格式。

2. 标准消息构成层

标准消息构成层由消息解析模块和消息转换模块组成。消息解析模块解析来自业务服务层的标准消息，调用消息转换模块将标准消息转换为底层感知设备能够理解的依赖于具体设备通信协议的数据格式。当感知延伸层上传数据时，该层的消息解析模块则解析具体设备的消息，消息转换模块将其转换为业务服务层能够接收的标准格式的消息。消息构成层是物联网网关的核心，完成对标准消息和感知网络消息的解析，并实现两者之间的相互转换，达到统一控制和管理底层感知网络，达到了向上屏蔽底层网络通信协议异构性的目的。

3. 协议适配层

协议适配层保证不同的感知层协议能够通过此层变成格式统一的数据和控制信令。

4. 感知延伸层

感知延伸层面是底层感知设备，包含消息发送与消息接收两个子模块。消息发送模块将经过消息构成层转换后的可被感知设备理解的消息发送给底层设备。消息接收模块则接收来自底层设备的消息，发送至标准消息构成层进行解析。

感知网络由感知设备组成，包括射 RFID、GPS、视频监控系统和各类型的传感器等。感知设备之间支持多种通信协议，可以组成 Lonworks 和 ZigBee 及其他多种感知网络。

3.4.5　交互流程

如图 3.17 所示为物联网中的信息交互流程。

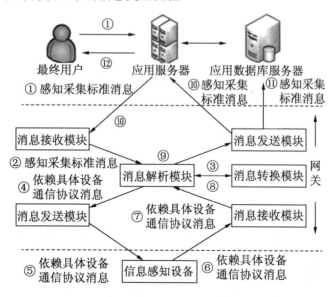

图 3.17　物联网中的信息交互流程

具体流程分析如下：

1）最终用户产生符合标准格式的消息，并将其发送至网关业务服务层的消息接收模块。

2）业务服务层消息接收模块将标准消息发送至标准消息构成层的消息解析模块。

3）消息解析模块调用相应的消息转换功能，将标准信息转换为具体设备通信协议的消息。

4）消息解析模块将转换为依赖于具体设备通信协议的消息传送至感知延伸服务层的消息发送模块。

5）感知延伸服务层的消息发送模块选择合适的传输方式，将依赖设备通信协议的特定消息发送至具体的底层设备。

6）底层设备根据特定消息执行信息采集操作，并将结果返回给网关感知延伸服务层的消息接收模块。

7）网关的感知延伸服务层的消息接收模块将依赖设备通信协议的特定消息传送至标准消息构成层的消息解析模块。

8）消息解析模块调用信息转换模块，将依赖于设备通信协议的特定消息转换为标准消息。

从图 3.17 中可以看出，物联网网关解决了物联网网络内不同设备无法统一控制和管理的问题，达到屏蔽底层通信差异的目的，并使得最终用户无须知道底层设备的具体通信细节，实现对不同感知延伸层设备的统一访问。

3.4.6 系统实现

无线传感器节点采集相应的数据信息，通过无线多跳自组织方式将数据发送到网关，固定式阅读器读取 RFID 标签内容并发送到网关，网关将这些数据发送到服务器，服务器对这些数据进行处理、存储，并提供一个信息平台，供用户（包括 PC 用户和手机用户）使用。从图 3.18 中可以看出，物联网网关是架起感知网络和接入网络的桥梁，扮演着重要的角色。

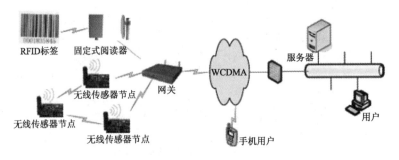

图 3.18 连接传感网与广域网的网关

物联网用途广泛，遍及多个领域。物联网组网采用分层的通信系统架构，包括感知延伸系统、传输系统、业务运营管理系统和各种应用，在不同的层次上支持不同的通信协议，如图 3.19 所示。感知系统包括感知和控制两部分，由感知延伸层设备及网关组成，支持包括 Lonworks、UPnP 和 ZigBee 等通信协议在内的多种感知网络。感知设备可以通过多种接入技术连接到核心网，实现数据的远程传输。业务运营管理系统面向物联网范围内的耗能设施，包括了应用系统和业务管理支撑系统。应用系统为最终用户提供计量统计、远程测控、智能联动及其他的扩展类型业务。业务管理支撑系统实现用户管理、安全、认证、授权和计费等功能。

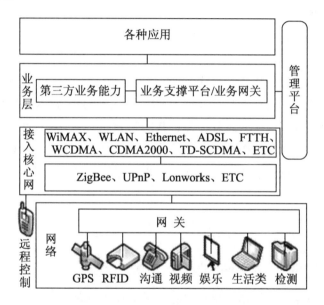

图 3.19　含有网关的物联网网络架构

在物联网网关设计时，采用模块化思想设计面向不同感知网络和基础网络，实现通用低成本的网关。按照模块化的思想，将物联网网关系统分为数据汇集模块、处理/存储模块、接入模块和供电模块。物联网网关的硬件结构和软件结构如图 3.20 所示。

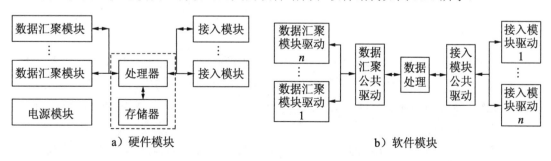

图 3.20　物联网网关硬件结构与软件结构框图

在图 3.20a 中，网关系统采用传感器网络的汇聚节点和 RFID 网络的阅读器作为数据汇集设备。

- 数据汇聚模块：实现物理世界数据的采集或者汇聚。
- 处理/存储模块：是网关的核心模块，实现协议转换、管理和安全等方面的数据处理及存储。
- 接入模块：将网关接入广域网，可能采用的方式包括有线（以太、ADSL、FTTx 等）和无线（WLAN、GPRS、4G、5G 和卫星 Wi-Fi 等）方式，本系统采用 WCDMA 的接入方式。
- 供电管理模块：负责整套系统的电源供给，系统的稳定运行与电源模块的稳定性能关系密切，此处设计的电源模块兼有热插拔和电压转换功能。供电方式包括市电、太阳能和蓄电池等。

网关的设计思路是以模块化的方式实现软、硬件的各个部分，使模块之间的替换非常容易。其中，硬件模块采用总线形式（如 UART、USB、PCI 和本地总线等）进行连接，软件则采用模块化可加载的方式运行，并将共同部分抽象成公共模块，如图 3.20b 所示。因此，支持新的数据汇聚模块和接入模块只需要开发相应的硬件模块和驱动程序即可。另外，将处理过程中的数据进行统一，负载部分采用 TLV（Type、Length、Value）的方式进行组织，如图 3.21 所示。

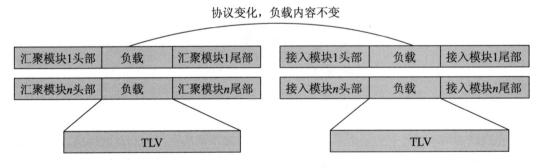

图 3.21 数据处理方式

1. 底层硬件组成

- RFID 标签：RFID 标签选择卡片式，因为超市商品进销存一般都采用条码标签卡片。
- 固定式阅读器：选择价格低廉，只有普通的读/写卡功能的串口阅读器。
- 无线传感器节点：选用目前支持 IEEE 802.15.4 标准的可以支持 ZigBee 和 6LoWPAN 协议的节点。

DEMO 系统的网关结构如图 3.22 所示，固定阅读器和无线传感器节点通过 RS232 与处理模块通信，WCDMA 通信模块通过 USB 与处理模块通信。处理器是基于 ARM 的模块结构。

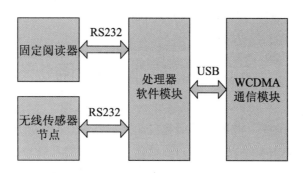

图 3.22　DEMO 系统的网关结构

2.　基础软件组成

- 无线传感器节点软件：基于单片机和 C 语言开发，无线传感器节点的代码能很快完成。
- 网关软件：采用 Linux 操作系统进行开发，最底层为各硬件的驱动程序，在应用程序中实现协议转换和配置管理等应用程序。

需要实现的功能包括：无线传感器网络和 RFID 网络与 WCDMA 网络之间的协议转换，这里主要考虑的是各网络之间的数据包组织和转换。网关配置管理方面，利用 Console、Telnet 和 Web 等几种方式对网关进行配置。

- 服务器软件：服务器软件的结构如图 3.23 所示。通信模块负责收/发数据，数据处理负责将 Web/UI 产生的数据进行封包或者将接收到的数据解包存储到数据库中。

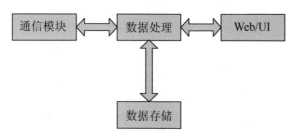

图 3.23　服务器软件结构

物联网网关在物联网中起到关键作用，它是一种能支持各种传感器网络及接入网络的异构性网关设备，它能支持不同类型的传感器节点（无线如 ZigBee、6LoWPAN 等，有线如 RS485、CAN 等）和接入方式（如有线、WLAN、GPRS、4G、5G 等），并能为中间件或者应用程序提供统一的数据格式，从而为应用屏蔽不同的传感器网络及接入网络，使应用程序只需要关注应用环境的数据处理。在物联网网关下一步，集成了防火墙、VPN、

DoS、流量管理、IPS、IDS、内容过滤、Web 安全、防病毒等多种功能模块，可以满足多方面的防护需要，从而真正实现立体全方位的业务安全。

3.5　物联网网关应用

继计算机、互联网之后，物联网的崛起掀起了世界信息产业发展的第三次浪潮。物联网是新一代信息技术的重要组成部分，可以看作是互联网的升级与扩展。根据国际电信联盟（ITU）的定义，物联网主要解决物品与物品（Thing to Thing，T2T）、人与物品（Human to Thing，H2T）、人与人（Human to Human，H2H）之间的互连。通过以互联网为基础，延伸和扩展到了任何物品与物品之间进行信息交换和通信。简而言之，物联网就是"物物相连的互联网"。物联网架构可分为 3 层：感知层、网络层和应用层，其中，连接感知层和网络层的关键技术和设备即物联网网关，如图 3.24 所示。在物联网时代中，物联网网关将会是至关重要的环节。

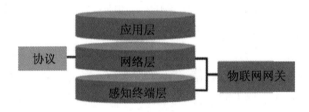

图 3.24　连接感知层与网络层的设备——网关

3.5.1　应用方向

有物联网应用的地方，必然有物联网网关的存在。通过连接感知层的传感器、射频（RFID）、微机电系统（MEMS）和智能嵌入式终端，物联网网关的应用将遍及智能交通、环境保护、政府工作、公共安全、平安家居、智能消防、工业监测、环境监测，以及路灯照明管控、景观照明管控、楼宇照明管控、广场照明管控、老人护理、个人健康、花卉栽培、水系监测、食品溯源、敌情侦查和情报搜集等多个领域。网关桥接了物联网和因特网，如图 3.25 所示。

不同应用方向的物联网网关所使用的协议与网关形态会有不同差异，但它们的基本功能都是把感知层采集到的各类信息通过相关协议转换成高速数据传递到互联网上，同时实现一定的管理功能。

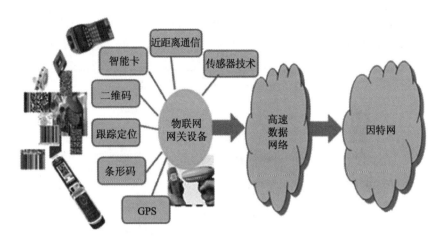

图 3.25　物联网与因特网的桥接

3.5.2　应用实例

1. 物联网网关在智能家居中的应用

物联网网关在家庭中的使用是很有代表性的物联网应用。

现今，家用设备形式越来越多样，有些设备本身就具备遥控能力，如空调、电视机等，有些设备如热水器、微波炉、电饭煲和冰箱等则不具备这方面的能力。而这些设备即使可以遥控，对其控制能力和控制范围都是非常有限的，并且这些设备之间都是相互孤立存在的，不能有效实现资源与信息的共享。随着物联网技术的发展，特别是物联网网关技术的日益成熟，智能家居中各家用设备间互联互通的问题也将得到解决。

智能家居模型如图 3.26 所示，主要包括电视机、洗衣机、空调、冰箱等家电设备，门禁、烟雾探测器、摄像头等安防设备，以及台灯、吊灯、电动窗帘等采光照明设备，通过集成特定的通信模块，分别构成各自的自组网子系统。而在家庭物联网网关设备内部，集成了几套常用的自组网通信协议，能够同时与使用不同协议的设备或子系统进行通信。用户只需对网关进行操作，便可以控制家里所有连接到网关上的智能设备。

智能家居用的网关要求 ZigBee 转因特网，同时兼容 ZigBee 转 Wi-Fi 和 433 转因特网；要求主芯片要支持一路 UART 接 ZigBee 模块，一路 SPI 接 433 模块，系统单芯片要自带 Wi-Fi 和以太网。为了方便软件开发，使用 OpenWrt 系统。

联发科技的 MT7688 芯片和 MT7620 芯片都支持 OpenWrt。经过比对分析，以及客户要求研发一款低成本容易开发、容易维护的网关，最终选定 MT7688 这款芯片。

联发科技 MT7688AN 系统单芯片可应用于家庭自动化的桥接中心。它集成了收发

802.11n Wi-Fi radio、580MHz MIPS 24KEc CPU、1-port fast Ethernet PHY、USB 2.0 host、PCIe、SD-XC、I2S/PCM，并支持多种低速输出/输入接口在单一的系统单芯片中。

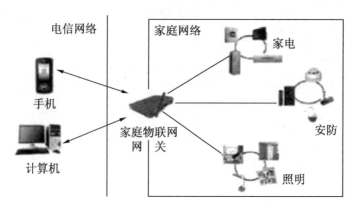

图 3.26　在智能家居系统中的物联网网关

MT7688 支持两种运作模式：IoT gateway 模式与 IoT device 模式。

在 IoT gateway 模式中，可通过 PCIe 界面连接至 802.11ac 芯片组，并作为双频 802.11ac 同步闸道。高速的 USB 2.0 接口可让 MT7688 连接至额外的 3G/LTE modem 硬件，或连接到 H.264 ISP 作为无线 IP 相机的应用。IoT gateway 模式也支持触摸板、Bluetooth Low Energy、ZigBee/Z-Wave 和 Sub-1 GHz RF 等智能家庭应用所需的硬件。

在 IoT device 模式下，MT7688 支持 eMMC、SD-XC 与 USB 2.0，并且可通过 192Kbps/24bits I2S 接口播放高音质的 Wi-Fi 音频，或是通过 PCM 进行 VoIP 应用。同时也支持各种周边接口，包含 PWM、SPI slave、三组 UART 与更多 GPIO 接口。

2. 物联网网关在车联网中的应用

车联网作为物联网应用做得比较好的行业之一，被国内学术界认为是第一个切实可行的物联网系统，已经通过国家专家组论证，预计投入 2000 个亿。上海辰汉电子 CARMAN 系统是多功能的车载终端与车联网网关二合一的产品。CARMAN 系统基于国标 GB/T 19056—2003，即国家交通运输部行业标准的要求，集合数字化视频压缩存储和 3G 无线传输技术（Digital Video Record）。CARMAN 系统功能有 GPS 定位监控、汽车行驶记录、大容量存储、驾驶员 IC 卡身份识别、公交报站器、免提语音通话、倒车监控、Wi-Fi 热点、车载影音娱乐等。通过 WCDMA 或 CDMA，可以上传抓拍的图片，实现对移动目标的实时监控。系统自带的多媒体行驶记录分析软件可以实现 4 路图像同步回放，条件回放、剪辑存储、字符叠加、地理信息和行驶记录叠加、事件分析和记录提取功能。一体化结构极大地压缩了产品体积，扩展了产品的性能，符合未来车联网网关的发展趋势。

物联网的概念由来已久，但是物联网的具体实现方式和组成架构一直都没有形成统一的意见。物联网网关作为其中一项关键性技术，有着开发成本高、开发周期长、软/硬件不兼容、核心技术难以掌握、商业模式不确定、标准难以统一等诸多问题。从资源整合的角度来说，采用成熟的网关解决方案，配合自己的项目开发，无疑是最佳的选择方式。

3. 智能物联网网关实现边缘设备到云端的数据传输

嵌入式物联网网关系列产品的设计始终以智能网关为核心，适用各种智能系统及设备。物联网是指设备和设备或人之间通过网络和云进行相互通信，因此所有设备间需要一个桥梁，将原始数据通过网络传输至中央服务器上进行后续的处理。IoT 技术已广泛应用于生产车间、电网、运输系统甚至桥梁结构监控。对于地处偏远地区且无人值守的恶劣环境而言，在终端设备和中央服务器之间建立稳定、可靠的通信桥梁至关重要。网关系统的最大特点是稳定、可靠，能够 7 天 24 小时连续工作，必须采用极为可靠的硬件设计。

工业设备制造商将网关连接的设备实现数据采集、设备管理及智能分析，创造新的商业价值。系统集成商利用网关使项目能够快速有效地集成所有设备和系统，在可靠的平台中协同工作。

物联网网关使用统一的物联网协议，提供综合全面的软件解决方案，链接多种无线/有线"设备"，并统一不同的 MQTT 物联网标准协议。

英特尔公司支持物联网网关跨系统集成，创建多种网络服务，启用数据分析服务。整个工具包包含即用型系统（Intel Celeron processor J1900 处理器、Windows 7 Embedded）、IoT 软件平台服务（WISE-PaaS）、软件开发包、技术支持服务，以及微软 Azure 授权的集成服务，不仅将物联网调度简单化了，也创造了互助、互利机会，助力物联网应用的革新。

3.6　物联网网关参考设计

3.6.1　家用网关参考设计

家用网关设计可为家庭自动化应用提供 ZigBee 家庭自动化认证的网关参考设计。由 AM335x 处理器提供丰富的功能支持，基于 Linux 的网络操作系统和友好的 GUI 人机接口界面，无线 MCU 的软件狗控制和监控 ZigBee 节点保障了信息安全。此设计包含几十个可简化 Linux 系统中的 ZigBee 集成模块和应用开发的 API 函数。

用于家庭自动化的 API 函数，将 TCP/IP 协议集成到 ZigBee 网桥，有助于加快研发人员的开发速度，简化设计方案的难度，解决了低功耗连接的系统集成问题。

基于 Linux 的系统软件和硬件实现，通过 TCP/IP 协议将 ZigBee 传感器连接到因特网应用层。硬件原理图如图 3.27 所示，软件结构如图 3.28 所示。设计文件可从 TI 的 Z-Stack 软件页面进行下载。

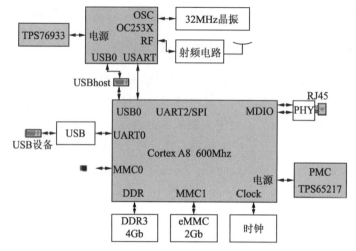

图 3.27　家用网关设计参考硬件框图

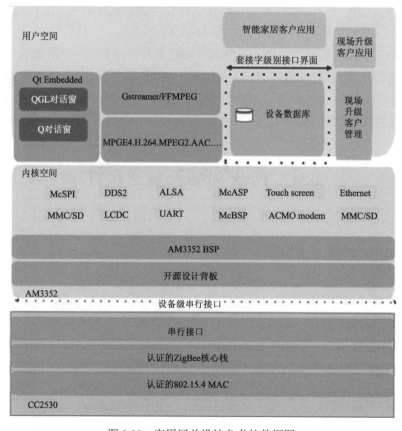

图 3.28　家用网关设计参考软件框图

3.6.2　能源网关参考设计

能源网关参考设计为建筑物的能源系统的测量、管理和通信提供了完整的系统解决方案。此网关设计是 Wi-Fi、因特网、ZigBee 或蓝牙等不同通信接口（通常在住宅建筑物和商业建筑物中出现）之间的桥梁。由于房屋和建筑物中的物体越来越多地联系在一起，因此网关设计需要灵活性，以符合不同的射频（RF）标准。此网关支持 Wi-Fi、蓝牙、ZigBee 和 BLE 来解决设备间的互联互通问题。

实现智能能源、照明和楼宇自动化的无缝配置，ZigBee、Wi-Fi、蓝牙和 NFC（近场通信）的共存允许不同通信配置文件同步运行。能源网关实现 HAN（家庭区域网）和 LAN（局域网）/WAN（广域网）之间的连接桥梁。能源网关的硬件参考设计图如图 3.29 和图 3.30 所示。

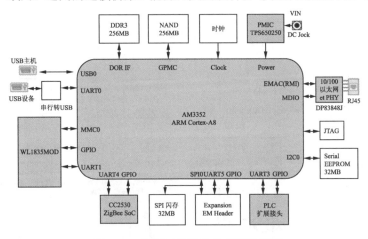

图 3.29　能源网关设计参考硬件框图

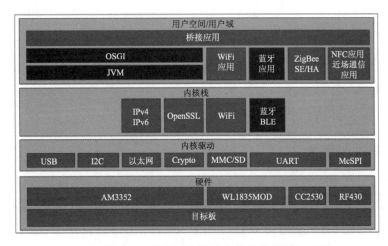

图 3.30　能源网关设计参考软件框图

3.6.3 NXP 网关参考设计

恩智浦（NXP）物联网网关是连接无线网络设备和有线网络设备的一个重要组成部分，它们可以控制和监视物联网设备。基于 ARM9 主机控制器，运行 OpenWrt 操作系统，提供了一个易于开发、使用的平台系统。NXP 的软件设计是模块化的允许轻松定制包括应用程序的动态软件，无线接口可以与 ZigBee 或 JenNeT-IP 网络连接。随着无线 USB 适配器的加入，NXP 网关可以桥接异构混合网络。数据加密使用 128 位 AES 加密技术，可以加密有线互联网数据和无线通信数据。NXP 物联网网关是专为低功耗无线网络设计的，基于 IEEE 802.15.4 标准，能兼容 ZigBee 和 JenNet-IP 的智能网关。NXP 网关设计参考功能框图如图 3.31 所示。

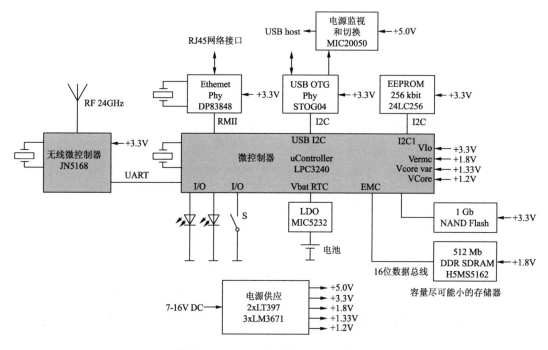

图 3.31 NXP 网关设计参考功能框图

1. 核心硬件设计参考

ARM926EJ-S 处理器的 CPU 时钟运行速率可高达 266MHz。恩智浦设计方案采用了一个 ARM926EJ-S CPU，具备哈佛架构，5 级流水线和完整的存储器管理单元（MMU）。LPC3240 还包含 256 KB 片内静态 RAM，1 个 NAND 闪存接口，1 个以太网 MAC 接口，1 个支持 SDR 和 DDR SDRAM 的外部总线接口，以及其他设备接口。LPC3240 CPUD 的

I/O 接口包含 1 个全速 USB 2.0 接口，7 个 UART，2 个 I2C 总线接口，2 个 SPI/SSP 端口，2 个 I2S 总线接口，2 个单输出 PWM，1 个电机控制 PWM，6 个带捕获输入和比较输出的通用定时器，1 个 SD 接口，以及一个带触摸屏检测选项的 10 位模-数转换器（ADC）。

2．ZigBee无线通信采用NXP JN5168芯片

JN5168 是超低功耗的高性能无线微控制器，支持 JenNet-IP、ZigBee Smart Energy、ZigBee Light Link、RF4CE 和 IEEE802.15.4 网络协议栈，适合开发 Smart Energy、Home AutomaTIon、Smart LighTIng、遥控或无线传感器应用。该器件具有一个增强型 32 位 RISC 处理器，带 256 KB 嵌入式闪存、32 KB RAM 和 4 KB EEPROM 存储器，通过可变宽度指令提供高编码效率；一条多级指令流水线，通过可编程时钟速率实现低功耗运行。该器件还集成了 2.4GHz IEEE802.15.4 兼容型收发器和各种模拟数字外设，凭借一流的 15 mA 工作电流特性和 0.6 μA 睡眠定时器模式实现出色的电池寿命，支持用一枚钮扣电池直接供电。

3．TI DP83848K 10/100M以太网收发器

DP83848K 10/100 Mb/s 单路物理层器件提供了低功耗性能，其中包含智能电源检测切换模块。

4．NXP网关应用领域

NXP 网关应用领域包括 ZigBee 网络的网络控制、JenNet-IP 网络的网络控制、连通因特网网关/协议，以及智能楼宇的通信与控制等。

3.6.4　英特尔网关参考设计

英特尔智能网关设计为传统工业设备在物联网领域的互联互通提供了解决方案。其提供的开发平台集成了网络协议技术、嵌入式控制技术、企业级的安全性加密技术。英特尔智能网关设计还具有特定软件环境中易管理、可操作的特性。硬件结构框图如图 3.32 所示。

硬件核心设计参考如下：
- Quark SOC x1000 处理器，400MHz 主频；
- 配置 x 8 256MB DDR3，一片 8MB SPI Flash；
- 支持 1 个 SD 卡；
- 2 个 RJ45 接口，支持 10/100Mbps 的传输速度；
- 2 个 USB 2.0 Host 和 1 个 USB 2.0 Client 接口；

- 2 个 Mini-PCIE 接口，并提供 USB 2.0 Host 支持；
- 1 个 RS232 DR9 接口和 1 个 RS485 DR9 接口；
- 1 个 10-pin JTAG 接口。

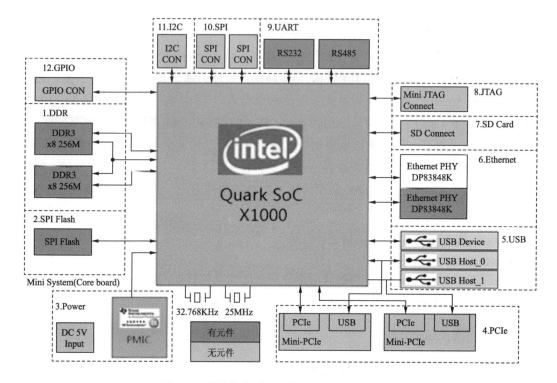

图 3.32 英特尔物联网网关设计参考硬件框图

英特尔物联网网关设计参考软件框图如图 3.33 所示。

英特尔物联网网关设计参考框图可应用于交通运输物联网网关，能源、工业物联网网关的研发中。

英特尔物联网网关设计参考框图的相关开发套件包括：DK50，用于物联网网关开发设计；DK100，用于工业物联网网关开发设计；DK200，用于交通运输物联网网关开发设计。

英特尔物联网网关对于解决这一固有的复杂性来说至为关键。通过提供预集成、预验证的硬件和软件模块，网关加快了传统设备、新设备的连接部署，实现边缘设备和云之间无缝且安全的数据流动。此外，英特尔网关能够在边缘提供重要的信息分析，这样可以只将重要的数据发送到云，数据传输和存储成本也能得到更好的管理。

英特尔推出的面向物联网的网关解决方案包括：面向多种开发套件的英特尔处理器（英特尔 Quark SoC X1000、英特尔 Quark SoC X1020D）和英特尔凌动处理器 E3826。

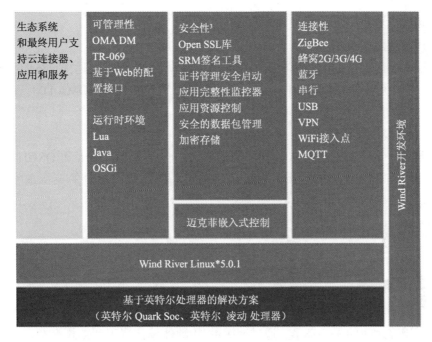

图 3.33　英特尔物联网网关设计参考软件框图

参考设计方案中的亮点要属英特尔与迈克菲、WindRiver 的合作，帮助用户解决了在物联网部署中非常头疼的以下难题。

1）通信和连接性

在当今物联网的时代里，各个通信标准、技术标准各自为政。如常见的传感器网络技术包括 ZigBee、Z-Wave、RUBEE、WirelessHART、IETF6IowPAN 和 Wibree 等。当然，英特尔也不可能统一这些标准，但通过英特尔物联网网关可以形成一个"英特尔物联网通信协议标准"，因为智能设备平台 XT 同时支持无线和有线链接。

用户不需要去修改当前使用的协议，包括传感器通信与执行器通信等协议；其次，仅需要将当前物联网的接口与英特尔物联网网关的接口进行对接，并且接入云端，剩下的事情可以交给英特尔去办。

2）安全性

智能设备平台 XT 支持安全图像、安全数据和安全管理，保护从启动到运行和管理阶段的设备和数据。

面向物联网平台的英特尔网关解决方案，迈克菲嵌入式控制方案，支持授权代码运行（应用白名单）和授权变更（变更控制），从而有效确保系统的完整性。它同时保护嵌入式系统的完整性，并自动执行软件变更控制政策。

迈克菲和 WindRiver 两家公司的业内实力，保证用户可以不用担心数据安全性，远离病毒，并规避了其他问题。

3）可管理性

智能设备平台 XT 支持长期、安全的远程可管理性，从而简化远程设备的部署、维护和管理。该软件支持行业标准接口，包括开放管理联盟设备管理（OMA DM）、技术报告（TR-069）和基于 Web 的配置接口。

4）运行环境

智能设备平台 XT 支持写入多种环境的应用，包括 Lua、Java 和 OSGi，支持便携式、可扩展和可重复使用的应用开发，满足基于面向物联网平台的英特尔网关解决方案的需求。

3.7　本章小结

本章介绍了物联网网关的作用，阐述了网关在传感网和通信网之间的桥梁作用，是物联网与云计算之间的重要环节；通过网关的软/硬件设计流程和架构介绍，为读者提出了一个网关研发的基础思路；最后给出了几个企业的网关产品实例，作为设计范例和选用参考。

3.8　本章习题

1．物联网网关的作用是什么？

2．物联网和互联网有哪些不同？

3．简述物联网网关的硬件结构框架。

4．简述物联网网关的软件结构框架。

5．简述物联网网关的设计流程。

第4章 智能硬件之医疗设备研发

医疗仪器的研发分为三个层次：方法研发体现了国家战略需求；工程研发体现了利益需求；临床研发决定了最终价值，它的主体是医生和医院。

- 方法研发：指通过新的物理、化学、生物医学和技术方法，在工作原理的层面寻求突破的过程。方法研发属于应用基础性研究，相对周期较长，需要基础功能和基本原理相关的科学仪器，是可能性的探索，具有不确定性。
- 工程研发：指在某种已经明确的原理基础上所开展的工程实现和新技术、新材料、新工艺的应用，以及技术改进与创新。工程研发属于应用实现过程的研究，具有明确的完成时间，需工程实施的加工设备和相关检测仪器，是综合优化技术设计，具有明确的预期目标。
- 临床研发：指将医疗仪器技术应用于临床并期望得到新的有益信息的探索。临床研发具体包括两个方面：一方面是在仪器应用过程中将医学信息对应起来；另一方面是很多临床已经参与到方法的研究当中。临床研发分为两类：一类是设备应用研发；另一类是设备功能研发，属基础应用研发，具有不确定性。

4.1 概　　述

每一个医疗器械产品研发都会存在几个叠代的过程，当一个新概念出来，就要以市场需求和技术为主导。例如B超，在发展前期有很多个小厂家研发B超，但现在已被GE、飞利浦、西门子等巨头垄断。当一个产品进入成熟期后，就要以功能、性能、质量、外观为研发重点，靠降低开发成本和良好的品牌赢得市场。在欧美国家，大多数产品的发展规律是从"概念"走向品牌，而日本以先进的工艺著称，是以品牌走向"概念"。在方法研发中，存在着必然与偶然两方面的因素。必然是指基础实力，偶然是在具体研发过程中得到了新方法的"偶然碰撞"。当然，偶然性的好事越来越少，研发越来越趋向于成为一个系统性的工程。

4.1.1 医疗仪器研发产业链

我国工程研发的进展非常迅速，产业链也日益完善，在一些产品的数量上不输于国外产品，但在质量上还存在差距。创新链不健全是国内创新能力不足的根本原因，基础研究、临床研发因缺少工程研发的支持，发展受到制约。

创新能力提升需三个条件：一是机制保障，技术之间的融合、技术与需求的融合、技术与临床间的融合；二是支撑平台，可以承载"验证、修正、再验证、可交付成果"这一过程的平台；三是专业人才培养平台，有潜质的人才通过"验证、修正、再验证、可交付成果"这一过程迅速成长。

通用电气（GE）在产业链管理上有优势，产业链管理能够有效降低产品成本。医疗器械产业是靠不断创新，以技术为导向的产业。在整个创新链中需要经历创意、工程实现、产业化、临床应用、市场化和服务等流程，如图 4.1 所示。从创意到工程实现这个过程是企业面临的最大挑战的阶段，有很多企业在此"夭折"。临床应用这个环节是最容易被忽视的阶段，也是目前做得比较欠缺的一部分。

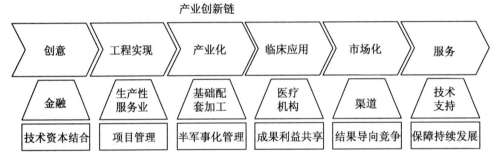

图 4.1　医疗仪器研发的产业链

4.1.2 医疗器械智能化趋势

2016 年以来，近百家医疗方面的人工智能创业公司希望抓住中国医疗变革的机会，发展为大公司。与此同时一些传统的医疗器械公司也不想错过这个机会，纷纷投入资源进行人工智能医疗产品的研发，或者寻找合作伙伴让自己的器械产品变得更加智能，提高产品的竞争力。

随着分级诊疗的逐渐落实及国产医疗器械的逐步崛起，医疗器械公司为了能够分得基层医疗市场的"蛋糕"，与其他公司的产品保持竞争优势，在重视硬件质量的同时，也重视设备的智能化，尤其是配套的辅助诊断和筛查系统，这对缺乏优秀医生的基层医疗机构来说特别有吸引力。

1）GE 公司的人工智能布局可以分为两个部分，一部分是医学影像，另一部分是医疗保健。

在医学影像方面，GE 公司的低剂量 CT 肺癌筛查方案是业内首个通过美国食品药品管理局（FDA）认证的方案。GE 公司的肺癌早筛早诊解决方案在低剂量 CT 设备的基础上，可以获得精准成像，实现微小结节的早期发现，通过自动标记难识别的肺结节，辅助医生快速、精准地进行筛查。

在医疗保健方面，GE 公司涉及的领域也很多。目前 GE 公司正在利用深度学习试验多种任务，其中包括：

- 识别不同类型的癌组织细胞；
- 为重症监护室的患者确定最有效的治疗方案；
- 预测重症监护室患者是否有可能并发败血症或感染；
- 利用超声波评估患者的心脏问题，预测疾病的发生。

2）美敦力公司和 IBM 公司合作推出了一款糖尿病监测 App，致力于改善世界上有 4.15 亿成人患有 1 型或 2 型糖尿病的现状。美敦力和 IBM 对 600 名匿名患者进行了一个试点项目，通过分析这些患者在美敦力的糖尿病监测设备（胰岛素泵和血糖监测仪）上的数据来找出低血糖症的预兆因素。通过对这些数据的分析，IBM 的沃森系统可以在低血糖发生前 3 小时就做出预测。这个时间完全可以采取预防措施，方便用户的生活。

3）在 CMEF 的展会上，万里云公司发布其人工智能精准医疗平台——i 影像，"i 影像"平台已经上线 DR 筛查和 CT 检测功能。智能影像平台只是一个工具，除了进行影像云服务外，万里云公司的平台更注重智能处理和质控体系建设。

4）安翰医疗公司与 IBM 中国研究院签署协议，双方将在胶囊内窥镜医疗影像领域展开探索性合作，旨在探索将 IBM 在认知影像领域的技术用于提升消化道疾病早期精准筛查的可行性。

安翰医疗公司的前沿精控胶囊胃镜系统，使用胶囊内镜机器人采集医疗影像数据，可以更高效率、更低障碍地收集胃部检查信息。但每次检查产生的约二万幅影像，给医生带来了数据处理和实现精准化分析的挑战。

在临床应用中，这些海量的影像数据很难通过人工阅读的方式快速诊断，IBM 的认知影像技术或可为破解此难题提供钥匙。IBM 中国研究院与安翰医疗的早期研究合作项目旨在展示通过智能病灶检测技术帮助安翰医疗公司处理每年产生的数十亿幅影像，提高疾病筛查的精准性和可行性。

5）强生旗下以手术为中心的子公司爱惜康（Ethicon）与谷歌在机器人手术项目上达成合作，分享专业知识和知识产权，创建机器人辅助手术平台，研发新型手术机器人。其手术过程应该是机器人自主拿起手术刀，外科医生从电脑屏幕上进行遥控操作。

强生公司的这项技术可以在医生双手难以到达的部位进行精细手术，并达到准确性，同时让患者尽量减少创伤和疤痕。

强生公司和谷歌公司可谓强强联合，爱惜康擅长做医疗设备，而谷歌在机器人技术、大数据分析及可穿戴技术等方面有着深厚的积累。

6）西门子医疗有一套基于人工智能技术的影像学解决方案 syngo.via。syngo.via 基于海量医学文献与病例，构建大数据化的临床病种知识库，进而按照规范与指南，构建包括影像扫查、处理、报告全流程的结构化任务。syngo.via 模拟医生的处理操作与知识调用，创建相应的影像处理流，从而实现"智能前处理"与"处理即报告"。也就是说，在医生点开病例前，syngo.via 便可依循相关指南与共识，自动启动多软件并行处理。在不增加乃至减少医生工作时间的前提下，生成病症完整、表达图表化甚至分期与分级的报告。

西门子医疗器械公司与 IBM 联手，合作签署了"五年全球战略发展计划"。这项合作将帮助西门子的 CT 或者 MRI 设备完成从量变到质变的转换。比如，西门子 CT 或 MRI 设备加装 IBM Watson 的智能化系统。

除了独自或者合作研发人工智能系统，与医疗人工智能公司合作也是目前大多数公司采用的一种方式。

对于传统的器械公司来说，组建一个新部门研发产品的流程是比较复杂的，但是与人工智能公司合作，自己就无须耗费时间、财力和精力，通过合作的方式将人工智能系统搭载在器械上，增加器械的竞争力。

对于医疗人工智能公司来说，产品研发出来以后，与医疗器械厂商的合作是有好处的，可以通过科研合作的方式，验证自己产品的实际临床效果。很多医疗人工智能公司都在寻找合适的盈利模式，但是由于医疗的严谨性，目前还没有专门针对人工智能产品的认证标准，公司通常是按照医疗器械的认证流程认证 2 类医疗器械或者 3 类医疗器械。

在没有获得认证之前，一些公司通过与器械公司合作，将系统搭载在器械上，器械公司只需要去省级食品药品监督管理局进行报备，不需要重新进行认证，就可以在市场上销售，所得的销售利润可以按照双方约定的比例进行分配。

4.2　人工智能+医疗

随着图像识别、深度学习、神经网络等关键技术的突破，带动了人工智能新一轮的大发展。人工智能+医疗属于人工智能应用层面范畴，泛指将人工智能及相关技术应用在医疗领域。与互联网不同，人工智能对医疗领域的改造是颠覆性的。从变革层面讲，人工智能是从生产力层面对传统医疗行业进行变革。从形式上讲，人工智能应用在医疗领域是一种技术创新。从改造的领域来讲，人工智能改造的是医疗领域的供给端。从驱动力来讲，人工智能主要是技术驱动，尤其是底层技术的驱动。从创新的性质而言，人工智能属于重大创新。从对市场影响而言，人工智能带来的是增量市场，并且随着智能程度不断提升，潜在的市场空间无限。

4.2.1　人工智能+医疗发展简史

2016 年 2 月，谷歌 DeepMind 公布成立 DeepMind Health 部门，与英国国家健康体系（NHS）合作，帮助辅助决策或者提高效率，缩短时间。在与皇家自由医院的合作试点中，DeepMind Health 开发了名为 Streams 的软件。这一软件用于血液测试的 AKI 报警平台，帮助临床医生更快地查看医疗结果。

2016 年 5 月，"人工智能"首次出现在我国"十三五"规划草案中，5 月底，发改委高技术产业司正式印发《互联网+人工智能三年行动实施方案》，明确了人工智能的总体思路、目标与主要任务。

2016 年 6 月，IBM Watson 联手 XPRIZE 设立 500 万美元人工智能基金项目，力促人工智能发展。

2016 年 7 月，谷歌 DeepMind 与 NHS（英国国家医疗服务体系）再次合作，同 Moorfields 眼科医院一起开发辨识视觉疾病的机器学习系统。通过一张眼部扫描图，该系统能够辨识出视觉疾病的早期症状，达到提前预防视觉疾病的目的。

2016 年 9 月 20 日，IBM 公司和美国麻省理工学院（MIT）宣布，将联合创建"激发大脑多媒体机器理解实验室（BM3C）"，旨在使人工智能可以像人一样看和听。

2016 年 9 月 28 日，Facebook、Amazon、谷歌 Alphabet、IBM 和微软公司自发地聚集在一起，宣布缔结新的人工智能（AI）伙伴关系，旨在进行研究和推广人工智能。

2016 年 10 月 21 日，世界机器人大会在北京亦创国际会展中心开幕，25 日圆满落幕。此次大会有几个人工智能医疗产品令人难忘，代表作是"变形金刚"胶囊，吞下后短短一分钟就在胃里完成变身，锁定病灶，拍照，回传。

可见，2016 年既是人工智能的黄金时代，同时也是人工智能+医疗的黄金时代。2017 年被称为人工智能发展的拐点，这一拐点的标志之一就是人工智能技术的加速产品化。"长远来看是设备将消失，计算将从移动优先进化到人工智能优先。"

4.2.2　人工智能+医疗市场分析

通过问卷调查反馈的数据显示，在医疗行业中已成熟应用，以及正在尝试、计划应用人工智能技术的公司占比已达 78.5%。同时，有 76.39% 的人认为人工智能技术将会在医疗行业广泛应用。对此，我们从人才、技术、应用、资本 4 个维度进行人工智能+医疗市场发展现状分析，如图 4.2 和图 4.3 所示。

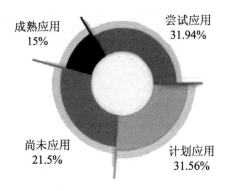

图 4.2　人工智能+医疗技术应用现状

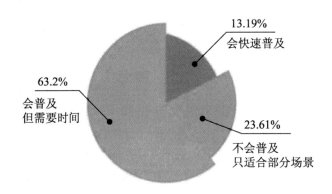

图 4.3　预测人工智能在医疗行业的应用速度

1．人才

全世界都需要优秀的人工智能人才，以进一步释放机器计算和机器学习技术的巨大潜能。目前拥有人工智能相关专业人才数量最多的 10 个国家依次为美国、英国、印度、加拿大、法国、荷兰、德国、西班牙、巴西、中国。

从中、美人工智能人才的从业年限构成比例上看，美国拥有 10 年以上经验的人工智能人才比例接近 50%，我国 10 年以上经验的人才比率只有不到 25%；美国 5 年以下经验的人才比例约为 28%，我国的这一数字比率超过了 40%。由此可见，我国人工智能专业人才总量较美国和欧洲发达国家来说还比较少，10 年以上资深人才尚缺乏。在我国，人工智能领域的专业人才供求失衡严重，供求比例接近 1∶10。国内企业如百度、腾讯、滴滴等以设立研究院的形式，"杀入"美国高科技中心硅谷，与谷歌、亚马逊、微软等企业掀起人才的激烈争夺战。

在医疗行业，既懂人工智能又懂医疗的人才更是稀缺，基于此背景下，我国加强对人工智能专业人才的重视程度，国家发改委、科技部等部委联合发布《"互联网+"人工智能三年行动实施方案》，并将"人工智能"首次纳入中国政府工作报告中。从人才从业年限结构分布上来看，我国新一代人工智能人才比例较高，人才培养和发展空间广阔。

2．技术

据调查数据显示，61.11%的人认为人工智能在医疗行业的主要发展机遇是技术的增长速度快于其应用速度，如图 4.4 所示。

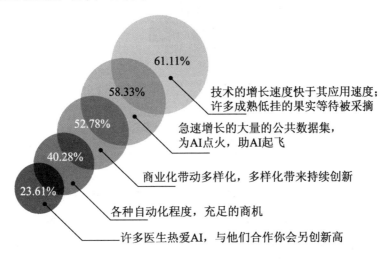

图 4.4　人工智能发力医疗的机遇

高效的算法、充足的数据和计算能力是人工智能发展的 3 个必要条件。

1）算法：就应用层面而言，中国的算法发展程度与其他国家并无太大差距。事实上，中国在语音识别和定向广告的人工智能算法上取得了突破进展。全球的开源平台也使得中国企业能够快速地复制其他地区开发的先进算法。目前中国的研究人员在基础算法研发领域仍远远落后于英美同行。需要中国的大学教育对学生提出更高的数学和统计学要求，并且集中资源发展该领域全球前沿研究，人工智能的发展必将受益匪浅。另一个值得思考的方向是，改进现有的科研经费分配模式来推进创新。

2）数据：人工智能系统必须通过大量的数据来"训练"自己，才能不断提升输出结果的质量。中国的医疗数据并不匮乏，但是有效的医疗数据仍旧"捉襟见肘"，这让机器学习困难重重。

3）计算能力：高运算速度的计算技术是发展尖端人工智能技术的重中之重，而其耗能水平则决定着人工智能解决方案能否实现大规模商业化。计算能力是人工智能的基础设施之一，因此具有极高的战略意义。

3．应用

人工智能在医疗健康领域中的应用已经非常广泛，从应用场景来看主要分为语音识别、医学影像、药物挖掘、营养学、生物技术、急救室管理、医院管理、健康管理、精神健康、可穿戴设备、风险管理和病理学共 12 个领域，如图 4.5 所示。

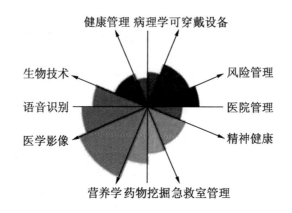

图 4.5　医疗健康领域中人工智能 12 个主要的应用场景

1）语音识别：人工智能可以诊断疾病。通过语音识别和疾病数据分析，可实现机器诊断疾病。医疗是一个更垂直、专业度更高的领域，有很多专业术语和专业技能需要我们去学习。这就需要大量的医疗专业词汇库的积累。人工智能诊断疾病可以更准确、更快捷、更安全及更低成本地实现病患处理。

2）医学影像：帮助和教会医生看胶片。医学影像与人工智能的结合，是数字医疗领域较新的分支，而且是数字医疗产业的热点。医学影像包含海量的数据，即使有经验的医生有时也显得无所适从。医学影像的解读需要长时间专业经验的积累，放射科医生的培养周期相对较长，而人工智能在对图像的检测效率和精度两个方面，都可以做得比专业医生更快，还可以减少人为操作的误判率。

3）药物挖掘：大幅度降低药物研发成本。药物的发现和筛选经历了 3 个阶段。

第一个阶段是 1930～1960 年的随机筛选药物阶段。随机筛选药物的典型代表就是利用细菌培养法从自然资源中筛选抗菌素。

第二个阶段是 1970～2000 年可以使用高吞吐量的靶向筛选大型化学库。组合化学的出现改变了人类获取新化合物的方式，人们可以通过较少的步骤在短时间内同时合成大量化合物，在这样的背景下高通量筛选的技术应运而生。高通量筛选技术可以在短时间内对大量候选化合物完成筛选，经过发展，已经成为比较成熟的技术，不仅仅应用于对组合化学库的化合物筛选，还更多地应用于对现有化合物库的筛选。

第三个阶段是现在的阶段，即虚拟药物筛选阶段，将药物筛选的过程在计算机上模拟，对化合物可能的活性做出预测，进而对比较有可能成为药物的化合物进行有针对性的实体筛选，从而可以极大地减少药物开发成本。在医药领域，最早利用计算机技术和人工智能并且进展较大的就是在药物挖掘上，如研发新药、老药新用、药物筛选、预测药物副作用、药物跟踪研究等，均起到了积极作用。这实际上已经产生了一门新学科，即药物临床研究的计算机仿真（CTS）。

4）营养监督：管理我们的健康。人们的生活水平提高之后，对食品的营养有更高的要求，不仅仅是为了吃饱，而是为了能够吃好，保持身体健康。合理的膳食搭配及更安全的有机食品需求成为新的食品产业增长点，急需新技术推动行业变革。

通过分析标准化饮食的结果，研究者发现，既使食用同样的食品，不同人的反应依然存在巨大差异。这表明，过去通过经验得出的"推荐营养摄入"从根本上就有"漏洞"。接下来，研究者开发了一套"机器学习"算法，分析学习血样、肠道菌群特征与餐后血糖水平之间的关联，并尝试用标准化食品进行血糖预测。葡萄糖是人类细胞最主要的能量来源，血糖异常会导致多项重要疾病。可以说，血糖管理是精准营养的基石。机器学习算法可以给出更精准的营养学建议。

近年来，随着移动互联、物联网等新兴技术的快速发展，由不同终端设备产生出的数据量愈加庞大，据相关机构预测，2020 年，大数据量将上涨至 44ZB。据了解，这些数据有高达 80% 都是来源于文本、图像、视频等非结构化数据，但是由于技术瓶颈，现有的 IT系统无法识别这些非结构化数据，因此这些数据就犹如"垃圾"，变得毫无价值。基于人工智能的认知技术则是大数据时代的必然产物，不但能够识别大量的非结构化数据，更可以提供数据洞察。认知计算能够理解各种形式的非结构化数据，由此生成数据洞察，助力企业快速从复杂的海量数据中获得洞察，并做出更为精准的商业决策。事实上，国内外已经有一些高科技企业将这些认知计算和深度学习等先进技术用于医疗影像领域。

从投资角度来讲，医疗领域的人工智能应用最具价值。在一些垂直领域，人工智能的应用最容易获得成功，或者说能够实现产业化。因为一些垂直领域相对来说数据量比较小，所以深度学习能够做的用户体验比较好。

4.2.3　人工智能+医疗发展约束

1. 人工智能+医疗发展在技术层面存在的问题

1）数据流通和协同化感知有待提升。基础设施层的仿人体五感的各类传感器缺乏高集成度、统一感知协调的中控系统，对于各个传感器获得的多源数据无法进行一体化的采集、加工和分析。未来突破点将发生在软件集成环节和类脑芯片环节。一方面软件集成作为人工智能的核心，算法的发展将决定着计算性能的提升；另一方面，针对人工智能算法设计类脑化的芯片将成为重要突破点。

2）人工智能尚未实现关键技术突破。在技术研发层，目前取得的进度依然属于初级阶段，对于更高层次的人工意识、情绪感知环节还没有明显的突破。未来，突破点将发生在脑科学研究领域，要对真正的分析理解能力进一步地研发，从大脑的进化演进、全身协调控制等领域实现。

3）智能硬件平台易用性和自主化存在差距。应用层的智能硬件平台，服务机器人的智能水平、感知系统和对不同环境的适应能力受制于人工智能初级发展水平，短期内难以有接近于人的推理学习和分析能力，难以具备接近于人的判断力。未来，突破点将出现在智能无人设备领域。

2. 人工智能+医疗行业在制度层面存在的问题

1）监管问题。目前，对于人工智能健康医疗大数据和算法的使用监管，我国的法规较美国、英国、澳大利亚等国家而言，还有一些差距需要补足，既要利用好后发优势，又要确保患者安全。

2）观念问题。医疗是一个不容忽视的领域，人工智能带我们走向的又是一个既让人神往又畏惧的未来。

3）技术问题。市场中的应用技术不成熟，产品呈现"鸡肋"状态，缺乏独立研发的动力。

4）安全问题。在技术研发的同时缺少标准的安全评估体系。

5）割裂问题。各家独自研究，缺乏交流和适当的思想碰撞。

3. 人工智能+医疗市场发展趋势分析

中国的医疗人工智能时代已经到来。这一判断基于三个方面。第一，人工智能+医学的应用基础和环境。中国人口基数大，医疗资源分布不足，让人工智能医疗落地应用成为一种刚需。第二，人工智能在各领域的技术积累达到了一个爆破点。从技术层面看，它可以为医疗人工智能落地化产生强大的助推作用。第三，国家政策支持。从2013年到2017年，国务院、发改委、FAD连续发文，多次提及医疗影像走智能化、云化的趋势，为推动智能医疗领域保驾护航。

基于利好大背景环境下，人工智能+医疗市场也将愈发成熟，以下为预测人工智能+医疗"三大应用"的发展趋势。

1）可穿戴设备。作为健康数据的采集基础，可穿戴设备可以说是作为人工智能的先锋来到大众视野。但是由于数据的准确性、标准化等诸多因素成了"鸡肋"产品。而随着人工智能技术的快速发展，以及对医疗数据的采集及应用情况的完善，伴随着物联网大环境的促进下，可穿戴设备也将再次发力，为人们的健康保驾护航。

2）语音识别。语音识别可以有效缓解医院三大明显的痛点：效率、安全和数据。因为病历书写工作量大，一些医生在写病例的时候选择复制、粘贴的方式，容易写错病历，这样的结果就造成了医院误诊率提高，甚至出现医疗事故，安全问题不容忽视。语音识别能够很好地与现有电子病历系统相结合，在记录每个病人的病情时，通过语音录入的方式极大地提高了效率，将医生从机械的文案录入工作中解放出来，提升就诊效率和患者体验度。

3）影像识别。智能医学影像是将人工智能技术应用在医学影像的诊断上。人工智能在医学影像应用方面主要分为两部分：一是图像识别，应用于感知环节，其主要目的是将影像进行分析，获取一些有意义的信息；二是深度学习，应用于学习和分析环节，通过大量的影像数据和诊断数据，不断对神经元网络进行深度学习训练，促使其掌握诊断能力。以肺结节为例，人工智能可以降低漏诊率，并且可以识别多种肺部结节，比如磨玻璃结节、血管旁小结节、微小结节、多发小结节等人为比较难判定的结节。

综上所述，人工智能+医疗市场发展前景广阔，有更大的空间需继续挖掘。

4.3　医用传感器

医用传感器是应用于生物医学领域的传感器，是把人体的生理信息转换成为与之有确定函数关系的电信息的变换装置。它所拾取的信息是人体的生理信息，而它的输出常以电信号来表现。

人体生理信息有电信息和非电信息两大类，从分布来说有体内的（如血压等各类压力），也有体表的（如心电等各类生物电）和体外的（如红外、生物磁等）。

4.3.1　医用传感器的特征

医用传感器作为传感器的一个重要分支，其设计与应用必须考虑人体因素的影响，考虑生物信号的特殊性和复杂性，考虑生物医学传感器的生物相容性、可靠性和安全性。设计医用传感器要考虑以下特征：

- 传感器本身具有良好的技术性能，如灵敏度、线性、迟滞、重复性、频率响应范围、信噪比、温度漂移、零点漂移和灵敏度漂移等。
- 传感器的形状和结构应与被检测部位的解剖结构相适应，使用时，对被测组织的损害要小。
- 传感器对被测对象的影响要小，不会对生理活动带来负担，不干扰正常的生理功能。
- 传感器要有足够的牢固性，引进到待测部位时，不致脱落、损坏。

- 传感器与人体要有足够的电绝缘，以保证人体安全。
- 传感器进入人体能适应人体内的化学作用，与人体内的化学成分相容，不易被腐蚀、对人体无不良刺激，并且无毒。
- 传感器进入血液中或长期埋于体内后，不应引起血凝。
- 传感器应操作简单、维护方便，结构上便于消毒。

在医学领域，传感器种类繁多，目的、用途各异，基于不同的分类基准，有不同的分类。医用传感器的一般分类如下：

1）按应用形式分类：植入式传感器、暂时植入体腔（或切口）式传感器、体外传感器，以及用于外部设备的传感器。

2）按检测变量分类：位移传感器、流量传感器、温度传感器、速度传感器、压力传感器和图像传感器等。对于压力传感器，包括有金属应变片压力传感器、半导体压力传感器、电容压力传感器等所有能够检测压力的传感器。对于温度传感器，包括热敏电阻、热电偶、pn结温度传感器等所有能够检测温度的传感器。

3）按工作原理分类：分为化学传感器、物理传感器和生物传感器。

化学传感器是利用化学性质与化学效应制成的传感器。这种传感器一般是通过离子选择性敏感膜将某些化学成分、含量、浓度等非电量转换成与之有对应关系的电学量。比如，不同种类的离子敏感电极、离子敏感场效应管和湿度传感器等。

生物医学中常用的各种化学传感器测量的化学物质有：钾离子 K^+、钠离子 Na^+、钙离子 Ca^{2+}、氯离子 cl^-、氧气 o_2、二氧化碳 co_2、氨气 NH_3、氢离子 H^+ 和锂离子 Li^+ 等。

物理传感器是利用物理性质和物理效应制成的传感器。属于这种类型的传感器最多，比如金属电阻应变式传感器、半导体压阻式传感器、压电式传感器和光电式传感器等，如表4.1所示。

表4.1 各种物理传感器检测的生物信息

名　　称	用　　途
位移传感器	血管内外径、心房、心室尺寸、骨骼肌、平滑肌的收缩等
速度传感器	血流速度、排尿速度、分泌速度、呼吸气流速度等
振动（加速度）传感器	各种生理病理声音，如心音、呼吸音、血管音、搏动、震颤等
力传感器	肌收缩力、咬合力、骨骼负荷力、粘滞力等
流量传感器	血流量、尿流量、心输出量、呼吸流量等
压强传感器	血压、眼压、心内压、颅内压、胃内压、膀胱内压、子宫内压等
温度传感器	口腔、直肠、皮肤、体（核）、心内、肿物、血液、中耳膜内温度
电学传感器	肌电、心电、各种平滑肌电、眼电、神经电、离子通道电等
辐射传感器	X射线、各种核射线、RF电磁波等
光学传感器	各种生物发光、吸光、散射光

4）生物传感器：生物传感器是采用包含有生物活性物质作为分子识别系统的传感器。这个传感器一般是利用酶催化某种生化反应或者通过某种特异性的结合，检测大分子有机物质的种类及含量，比如酶传感器、新型微生物传感器、免疫传感器、组织传感器、DNA 传感器、视觉传感器、听觉传感器、嗅觉传感器、纳米传感器、可消化传感器、柔性传感器和可植入传感器等。

生物传感器应用广泛，如中医针灸传感针、生物芯片、医用生物传感器、葡萄糖监测、检测 DNA 突变、疾病诊断、病毒检测、药物剂量、脑损伤检测和患者康复监测等。

5）根据医学传感器所能替代的人体感官分类：视觉传感器、听觉传感器和嗅觉传感器。

- 视觉传感器：包括各种光学传感器及其他能够替代视觉功能的传感器。
- 听觉传感器：包括各种拾音器、压电传感器、电容传感器及其他能够替代听觉功能的传感器。
- 嗅觉传感器：包括各种气体敏感传感器及其他能够替代嗅觉功能的传感器。

除了上述列举的常见的传感器分类方法以外，还有根据传感器材料、传感器结构、能量转换方式等多种分类方法，它们都有各自的优点与局限性。

4.3.2　医用传感器的用途

1. 在医用设备方面的用途

医用超声波检测中最常见的应用是超声传感器。其他的从医用设备呼吸机、血液分析仪、多参数监护仪、核磁共振仪、心脑电导联系统、心血管系统装置，到目前热门的移动互联医疗、远程医疗、人工智能 AI 医疗和手术机器人等，医用传感器的应用会越来越广泛。

2. 在临床实践方面的用途

医用传感器是各种医疗设备的核心部分，医用传感器的应用大大降低了人工成本，并且有效降低了错误产生率，提高了疾病诊断的可靠性和精确性。医用传感器是高端、先进医疗设备的关键技术之一，在临床医学方面的主要应用有以下几个方面：

1）提供诊断用生物体信息：如心音、血压、脉搏、血流、呼吸、体温等信息，供临床诊断和医学研究用。例如，心脏手术前检测心内压力、心血管疾病的基础研究中检测血液的粘度及血脂含量。

2）临床监护：长时间连续测定某些参量，监视这些参数是否处于规定的范围内，以便了解病人的恢复过程，出现异常时及时报警。例如，病人在进行手术前、后需要连续监测体温、脉搏、血压、呼吸和心电等生理参数。

3）人体控制：利用监测到的生理参数控制人体的生理过程。例如，自动呼吸器就是用传感器检测病人的呼吸信号来控制呼吸器的动作，使人与正常状态下的呼吸同步；电子假肢就是用测得的肌电信号控制人体假肢体的运动；再如，人工心肺机的体外循环的血流血压控制等。这项技术在康复机器人领域应用甚广。

4）临床检验：除直接从人体收集信息外，临床上常从各种体液（血、尿、唾液等）样品中获得诊断信息。这类信息叫作生化检验信息。它是利用化学传感器和生物传感器来获取信息，是诊断各种疾病必不可少的依据。

3．医疗器械行业中传感器的解决方案

由于精确的监控、诊断和治疗的重要性，现代医疗设备依靠高性能传感器技术来满足严苛的要求及医疗设备监管规定。随着人们对利用远程和自我监测技术进行家庭医疗的需求越来越高，医疗设备、装置和探头中的电子系统利用传感器信号实现控制活动、精确诊断和治疗。传统的压力传感器也有了创新应用，比如尿动力测试、辅助孕妇分娩婴儿等。下面介绍一下血氧传感器和气泡传感器在医疗器械行业中的解决方案。

心血管监测和诊断传感器是用来测量血氧饱和度（spo_2）与脉搏的光学传感器，如图4.6所示。血氧含量低会对包括心脏和大脑在内的细胞功能造成负担。这在手术后的恢复中至关重要。spo_2血氧传感元件在血氧饱和度的检测中提供了较高的精度。其红光LED波长公差可达660nm±2nm。这种精度是由专有的发射器光谱匹配一个检测器来实现的。在医疗急救中，血氧饱和度水平的测量精度可能意味着生与死的区别。

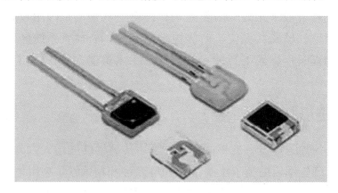

图4.6　Teconnectivity血氧传感器

血氧传感器分为一次性血氧传感器和重复性使用血氧传感器。重复性使用血氧传感器是高耐用性和高性能脉搏血氧仪的重要配件。技术参数如下：
- 微型、低成本发射器及检测器组合；
- 双驱动、带透明的环氧树脂透镜的影像发射器；

- 四种标准 LED 红外波长选项：880nm、905nm、910nm 及 940nm；
- 响应快且效率高的检测器组件，具有生物兼容性的传感器组合；
- 可提供传感器组件或完整的脉搏血氧仪。

易清洁的指夹式脉搏血氧仪传感器设计如图 4.7 所示。

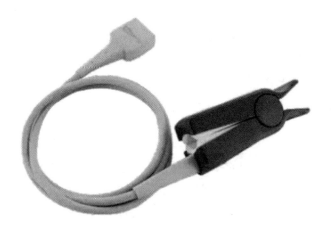

图 4.7　指夹式血氧探头

诊断治疗领域中的新品——气泡传感器，用于检测输液管气泡，主要用于医疗与 3D 打印，能更好地检测气泡的存在情况。利用超声波技术，可以非接触地识别输液管中的气泡与液体。

输液泵、血液透析及流量检测应用设备对某些重大的医疗情况至关重要，易于集成并具有卓越可靠性能的传感器对系统性能起着保障与支持作用。

随着重组 DNA 技术、单克隆抗体技术及计算机技术的发展，传感器与电子计算机结合，不仅可以超微量地检测人体外的血样、尿样中的生化代谢物，而且已发展为不用抽血、抽体液，即可以直接测得人体内生化代谢物的变化情况，通过检测传染病的抗原、体激素含量、血清蛋白含量等指标来诊断疾病，掌握糖尿病、癌症、中毒、病毒感染等各种疾病的变化，以及因怀孕而引起的生理变化情况。世界各国都在积极开发应用这项临床诊断和检测技术。

1987 年，美国卡迪夫大学工业中心的丹尼斯·史密斯博士研制出了一种植入人体后可以在心脏病发作和糖尿病昏迷前向病人或医护人员发出告警的传感器。这种传感器可以根据病人体内生化代谢物的变化情况，及时提醒患者服用适当的药物以防止病情恶化。

1991 年，英国科研人员利用酶制成了一种新的分子传感器。这种传感器具有监测人或动物体内生理变化的能力。该传感器有助于医护人员探测病人体内重要的化学物质，包括糖尿病人体内的葡萄糖含量和胃病患者的胆汁酸含量等。

4.3.3 医用传感器的选择

在医用传感器中，患者自动监测系统变得越来越受欢迎。除了低成本之外，它们的受欢迎程度源于既一致又可重复。此类传感器镶嵌的监测仪器也是多功能的，因为它们可以在医院和家庭中使用。如果清楚地理解应用和需要监控的参数，则医用传感器的选择可以很简单。最复杂的传感器是植入式传感器，其次是导管中使用的传感器（通过切口）和体腔中使用的传感器，外部不与体液接触的传感器，仅用于外部应用的传感器。

1. 可植入传感器

可植入传感器需要小巧、轻便，并且与受用者体重兼容，需要非常小的功率来操作。最重要的是，它们不能随着时间的推移而腐烂。由于植入式传感器是Ⅲ类医疗设备，因此需要食药管理局（FDA）批准。植入式传感器在开始生产之前通常需要两到四年的时间用于开发和实施。通常需要专科医生通过手术植入它们。功率要求是可植入传感器的主要挑战之一。能够在没有功率的情况下运行的传感器是理想的，但这些传感器在市场上很少见。压电聚合物传感器非常适合振动检测，因为它们小巧、可靠，耐用且不需要电力。这种传感器可用于监测患者活动的起搏器，如图4.8所示。

图4.8　可植入压电聚合物医用传感器

这款压电传感器采用微小悬臂梁的形状，一端附着重物，随着身体运动而翻转。每次患者移动时，传感器都会发出信号。以起搏器为例，起搏器接收此信号并以所需速度使心跳加速。传感器可以区分各种活动，例如步行、跑步或其他身体活动。如果患者正在休息，则信号将为0并且起搏器将以最小的速率使心脏搏动。以这种方式，传感器信号与活动水平成正比。微型压电薄膜振动传感器的长度为15/100英寸，包括容纳它的起搏器。植入的传感器也可以由外部电源供电。例如，当射频（RF）能量棒放置在位于身体内部的传感器附近时，将向传感器供电。传感器将记录患者的测量结果，通过 RF 链路将数据发送回体外存储模块中，然后返回休眠状态。以这种方式使用植入传感器的另一个例子是腹主动脉瘤术后过程，其中植入的传感器可以监测手术位置处的压力泄漏。

2. 导管和体腔的传感器

可通过切口插入的传感器（通常位于导管尖端）要求不如植入传感器那么重要，但仍需要 FDA 批准。根据外科手术程序，这些传感器需要运行几分钟或几个小时，并且可以通过外部电源供电。导管尖端处的一对匹配的热敏电阻可以被引导到心脏的不同位置以测量血流。它们可以通过线圈加热或用冷流体冲洗以测量血液流速。当用冷流体冲洗时，第一热敏电阻（传感器）被冷却。血流是加热第二热敏电阻的流体。其中冷却流体的温度和体积受到控制，通过读取两个传感器的电阻值的差异可以用来计算血流量。导管和体腔的传感器如图 4.9 所示。

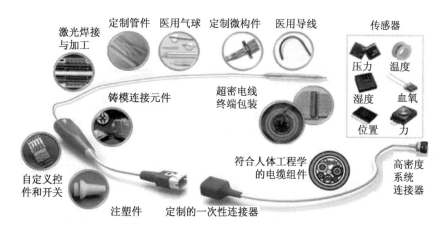

图 4.9　导管和体腔医用传感器

3. 导管消融传感器

导管消融传感器通过切口暂时插入。导管尖端包含射频（RF）能量源和力载荷传感器。射频（RF）能量用于消融过程中烧尽（死）组织。至关重要的是，力载荷传感器检测导管尖端施加到目标组织的力不超过最大值，以避免穿透目标组织的可能性。力载荷传感器有一种三轴力传感系统，能够同时测量三个维度的组织接触力。

4. 基于硅MEMS的一次性压力传感器

一次性压力传感器用于宫内压（IUP）传感器，以测量分娩时的收缩压力和频率。这种方法比传统皮带更可靠，并且在关键情况下使用。这些传感器可以内置其他功能，例如羊膜液输注和提取。这些传感器通过子宫插入并存在于羊膜囊中。当婴儿即将出生时，传感器被取出。

5. 体腔传感器

体腔传感器包括测量体温的口腔传感器和直肠探针。这些温度传感器设计得小而坚固，并且覆盖有柔软的涂层材料，以保护患者器官的内层免于因接触而受到损伤。

6. 微型热电偶传感器

微型热电偶传感器是灵活、精密的热量计热电偶，无论何时都能快速、准确地测量温度。热电偶由两种不同的金属组成，一端连接在一起产生一个小的随温度变化的接触电势，可以用热电偶传感器测量温度。微型热电偶传感器仅使用生物相容材料制造，使其适用于医疗应用。

7. 浸入于流体的外部传感器

浸入于流体的外部传感器是一次性传感器，位于身体外部，并使体液与身体接触。其中一个例子是一次性血压传感器（DPS）。这些传感器用于外科手术和重症监护病房（ICU），以持续监测患者的血压。这是在手术或 ICU 中测量血压的可靠方法。然后通过将一次性血压传感器插入监视器中来记录患者的血压信息。这种传感器需要每 24 小时更换一次，以避免污染。

另一种与药物和体液接触的传感器是用于血管成形术球囊充气的传感器。泵尖端的压力传感器将与盐水溶液接触，盐水溶液用作介质以使球囊膨胀和收缩。在该应用中，压力传感器监测施加的压力，该压力使球囊膨胀/收缩并且需要承受超过 200psi 的压力。如果施加太大的压力，则球囊可能破裂并导致患者产生严重的并发症。

8. 其他医用传感器

- 用于检测闭塞的输液泵的力传感器（管堵塞）；
- 注射泵中的磁阻传感器可检测流速、注射器空或注射器闭塞的情况；
- 用于远程手术工具定位的位置传感器和用于 X 射线/ CT 的扫描床定位；
- 极小的基于 MEMS 的加速度计，用于测量帕金森病患者的震颤；
- 用于睡眠呼吸暂停研究的压电（和热电）传感器，用于打鼾检测；
- 压电薄膜发射器/接收器检测输液泵/注射泵中是否存在气泡；
- 基于 MEMS 称重传感器，用于保护氧气和监测氧气罐的氧浓度传感器；
- NTC 温度传感器测量皮肤体温；
- 基于 MEMS 的压力传感器，是袖带血压传感器的套件；

4.3.4　医用传感器的研发

华佗、扁鹊所代表的中医理论中的望、闻、问、切，就是运用了人类天生的传感器：触觉、听觉、视觉和自身的感觉。西方医学更是为此研发了一套又一套的科学仪器，从传统的听筒、钳子、小锤到如今的内窥镜、CT、B 超，以及已经应用到临床中的各种手术机器人，可以说，医用传感器延伸了医生的感觉器官，把定性的感觉扩展为定量的检测，是医疗设备的关键器件。随着信息技术时代的到来，医用传感器作为临床医学诊断的"口舌"，在临床医学中的诊断、治疗、监护和康复等各个阶段都必不可少且意义重大，成为制约高水平先进医疗设备发展的关键技术，也是每个国家都优先发展的先进技术。可以说，医用传感器技术的每一次进步，都将带来临床医学的突破性进展。

随着科学技术的日新月异，传感器在医疗领域的应用可谓是包罗万象，应有尽有。例如，电子胶囊内镜、心脏病患者可穿戴设备（其内置了一个能实时收集患者生理数据的传感器并上传至云端，在发生异常情况时迅速报警），以及美国加州大学伯克利分校通过3D 打印技术打印出的耳戴式传感器（用于测量人体核心温度）。近年来，智能手表、健身手环、医疗终端、云端等，针对不同疾病和创伤患者开发的传感器可谓不胜枚举。医疗器械创新产品背后，离不开现代的传感器功劳。

医用传感器的研发体系如图 4.10 所示。

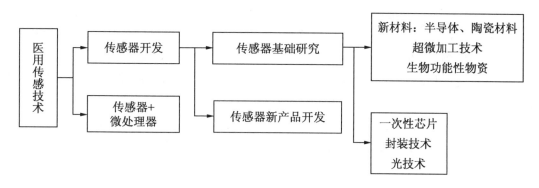

图 4.10　医用传感器研发体系

随着可穿戴设备、人工智能、手术机器人等创新型医疗产品层出不穷，医用传感器技术也在进步，形成了智能化、微型化、多参数、可遥控和无创检测等新的发展方向。

4.3.5　微型心率传感器

微型心率传感器，作为医疗设备最重要的模块之一，其体积大小直接决定了设备是否小型化，其精确度及稳定性也直接影响着设备所测量出的心率的准确度。较低的传感器精确度及较差的稳定性不仅会导致设备所测出的心率值出现偏差，同时也会增大滤波、动态阈值比较算法的难度，极大地制约了设备的扩展性，故微型心率传感器的设计至关重要。

心率测量方法从原理上分为心动电流测量法和光电投射测量法。心动电流测量法通过测量人体不同点的电势变化，从而测量出心率变化。测量电势差需要两个测试点，穿戴不方便，小型化、微型化有困难。光电投射测量法多见于各类穿戴设备，其工作原理是氧基血红素能快速吸收绿光、黄光和红外光等光线。这种测量方法不需要两个测试点，有利于小型化、微型化，但由于信号微弱，容易受外界光线干扰而造成测量数据不准确，对于红外光、绿光传感器的滤波电路及外形设计有很高的要求。

采用红外光电测量法的传感器包括红外发射电路、红外接收电路。传感器发射特定光波，通过传感器检测血管内血液血红蛋白吸收光度的变化，并据此测量脉搏，但信号极为微弱且非常容易受到外界干扰，对测量部位要求较高，一般需要在安静的状态下测量。

绿光光电测量法由特定绿色波长的发光 LED 和一个波长与之对应的光敏传感器组成，原理是基于手臂血管中的血液在脉动的时候会发生密度改变而引起透光率的变化。发光 LED 发出绿色波长的光波，光敏传感器可以接收手臂皮肤的反射光并感测光场强度的变化将其换算成心率。利用这种方法测量心率，受外界影响较小，对穿戴要求较低，可在运动中储存准确的测量心率。

如果选择绿光 LED，波长 525nm、亮度 700mcd 的 AM2520 贴片绿光 LED 作为绿光光源，选择灵敏度为 550nm 的夏普 GA1A1S202WP 环境光传感器作为绿光接收传感器，则此传感器在 1000LX 时输出电流约 30μA（微安），负载电阻 12kΩ 时，输出电压为 0.36V。由于脉搏信号的频带一般在 0.05~200Hz 之间，信号幅度均很小，一般在毫伏级水平，因此容易受到各种信号干扰。在传感器后面使用了低通滤波器和由运放 MCP6001 构成的放大器，将信号放大了 330 倍，同时采用分压电阻设置直流偏置电压为电源电压的 1/2，使放大后的信号可以很好地被单片机的 AD 采集到。心率传感器由放大和滤波电路组成，低通滤波器临界频率为 1.4kHz。运算放大器 MCP6001 为单电源、低功耗芯片。典型的放大电路如图 4.11 所示。

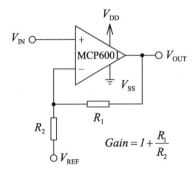

图 4.11　低功耗、单电源运算放大器

4.3.6　PET/CT 图像传感器

CT 的 X 射线源发出的 X 射线穿透人体后，落在闪烁晶体上，产生荧光，CCD 图像传感器接收荧光，变换成图像电信号，经 AD 变换，生成图像数字信号，进行显示、存储、制片、分析、判读，形成诊断意见。

闪烁晶体是指在 X 射线等高能粒子的撞击下，能将高能粒子的动能转变为光能而发出闪光的晶体。

X 射线可以用来进行医疗诊断、工业探伤和物质分析等。X 射线照射到一个荧光屏上就会发出荧光来，医生就看到了 X 射线透视人体的情况，质量检验员就可了解到被检物体内部质量有没有问题。荧光屏就起到了把人眼看不见的 X 光转变成看得见的光线的作用。这些能在 X 射线照射下激发出荧光的材料叫作闪烁材料。当然，闪烁材料除了在 X 射线照射下会发出荧光外，其他像放射性同位素蜕变产生的高能射线如 α 射线、β 射线照射它时也会发出荧光。

人们利用闪烁材料的这种特性做成了测量各种射线的探测器，即当高能射线照射到探测器上后，闪烁材料便发出荧光，射线愈强，发出的荧光愈强。荧光被光电转换系统接收并转变成电信号，经过电子线路处理后，便能在显示器上指示出来。

通常应用的闪烁晶体材料都是用人工方法培育出来的，种类也很多，从化学成分来讲有氧化物和卤化物（包括碘化物、氟化物）等。

核医学成像领域需要质量更高、成本更低的闪烁晶体。例如目前正电子发射型计算机断层显像（PET）首选的闪烁晶体——$Bi_4Ge_3O_{12}$（BGO 锗酸铋）。昂贵的价格是使 PET 的价格（上百万美元）高居不下的因素之一。同时，为进一步提高空间分辨率，有必要提高 BGO 晶体的光学质量，消除当中的微小散射颗粒。

BGO 晶体是一种闪烁晶体，在高能（X 或 γ）射线的辐照下会发出波长为 480nm 的荧光。采用相应波长的光电倍增管接收并转换成电信号，再用计算机进行处理，可以得到高能粒子的强度、位置及时间等信息。用闪烁晶体、光电转换器件组合而成的辐射探测器可以广泛应用于高能物理、核医疗仪器及工业无损探伤等领域。

PET 是 Positron Emission Tomography 的简称，中文为正电子断层扫描仪，由环状探测器、电子前端放大与符合系统、计算机系统及检测床组成。它利用人体内形成的 γ 射线，可以摄取人体生理功能过程的二维或三维图像，是当前最高层次的核医学技术，也是当前医学界公认的最先进的大型医疗诊断成像设备之一。

PET 是一种有较高特异性的功能显像和分子显像仪器，主要是在分子水平上提供有关人体脏器及其病变的功能信息，能够高精度、定量地检测出代谢过程中非正常的分子增加并给出清晰的图像，因此 PET 能够提供很多疾病在早期发展过程中的信息，可以进行超前诊断，尤其适合于肿瘤的早期诊断。

PET 的图像是一种功能图像，对病变检测灵敏度高，但解剖结构远不如 CT 及 MRI。

解决办法：使用将 PET 和 CT 或 MRI 整合在一起的新型扫描仪 PET/CT、PET/MRI。它们可以优势互补，能对病灶进行精确的解剖定位。

$CdWO_4$ 晶体用于工业 CT，CsI:Tl 晶体则需要开发大截面（>15×15cm）且具有较好均匀性的晶体，用于制作大平面 CT 或 CCD 相机。BGO 晶体用于 PET。

CMOS 图像传感器涉及微电子学的模拟集成电路设计领域，是一种应用到 CT 的图像传感器。图 4.12 所示为 CCD 图像传感器功能结构框图，图 4.13 所示为 CCD 图像传感器芯片示意图，图 4.14 所示为行选择电路示意图。

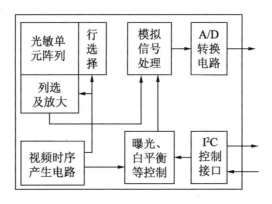

图 4.12　CCD 图像传感器功能结构框图

随着医疗技术的不断进步，以及对医疗中成像要求的不断提高，CMOS 图像传感器由于其成像质量高、速度快、功耗低、可集成度高等优势，被广泛应用到医疗成像设备中。传统的 CMOS 图像传感器结构示意图如图 4.13 所示，它包括像素阵列、行选通逻辑电路、列选通逻辑电路，以及读出电路（包括可编程增益放大器和模数转换电路）部分。

为了迎合医疗中大型螺旋 CT 的需要，有人提出了一种新型的 CMOS 图像传感器的架构实现方式：通过将像素阵列与控制电路和读出电路分别做到两层裸片上，然后将微触点进行连接，以实现 CIS 芯片任意方向并且在一定的弧度范围内的无限扩大，从而满足螺旋 CT 的大尺寸像素的要求。这样可以大大提高螺旋 CT 内 X 射线探测器的集成度，降低读出电路所读入的噪声，从而提高螺旋 CT 的成像质量。CMOS 图像传感器架构由两层通过微触点连接的裸片构成，上层裸片由 n 行、m 列像素阵列组成，光线由裸片的上方射入，而金属线分布在裸片的下方；下层的裸片包括行选通逻辑电路、列选通逻辑电路，读出电路及缓存输出电路部分，上层裸片上的行选控制信号与下层裸片的行选通逻辑电路是通过采用微触点连接，上层裸片上的列输出总线与下层裸片上的列总线的连接也是通过微触点连接。

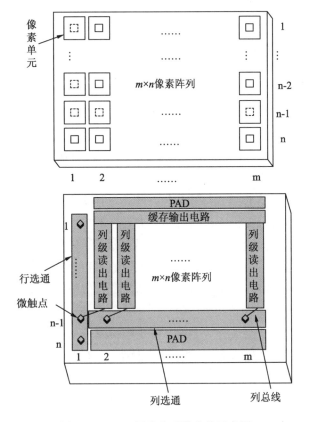

图 4.13　CCD 图像传感器芯片示意图

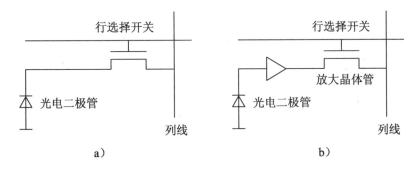

图 4.14　行选择电路

读出电路部分由可编程增益放大器和列级的 ADC 组成。通过将下层裸片的 n 个行选通逻辑电路与像素阵列每一行像素单元相连，实现对像素单元逐行扫描，并通过 m 条列总线将像素阵列的每一列像素信号值输出到列级 ADC 中，并完成模数转换，之后通过列选通逻辑电路控制每一列 ADC 的输出，最后将 ADC 的数字输出保存到缓存器中，并由输出控制电路控制其最终输出。

4.3.7　MRI 图像传感器

美国国家标准与技术研究院研发出了一种超灵敏微型 MRI（磁共振成像）传感器，该传感器可以对非常微小的样本做出反应，这项技术将核磁共振的探测灵敏度提升到了一个新的台阶，将在化学分析中具有广泛的应用前景。

核磁共振（NMR）技术能在不损伤细胞的前提下，直接研究溶液和活细胞中相对分子质量较小（2 万道尔顿以下）的蛋白质、核酸及其他分子的结构，其优势之处在于以非入侵性方式探测液体和固体的微观构造和相互作用，但以往核磁共振技术有一个很大的缺陷：就是其内在的灵敏性较差，不适合探测非常小的样本。

新技术却能使核磁共振检测以非常高的灵敏度进行。科学家们将微型传感器与微流体通道并列置于一个硅芯片之上，由于水分子中的氢原子可以产生核磁共振现象，当自来水流经时，该特制的核磁共振芯片就能检测到磁信号。体积与精度的优势使之能发现邻近微通道里原子小样本发出的弱磁场共振信号。

专家表示，核磁共振检测最有效之时，正是当传感器与样本的尺寸、位置都接近那一刻。因此新型传感器对众多化学品筛选的效率非常高，有助于新药的快速产生；生物医学成像领域也已证实了该技术的实用性。而以此为基础开发的"远程核磁共振"技术，能够探测如生物组织、多孔岩石等软材料内部少量的液体、气体流动，扩大了其在工业加工和石油勘探领域的应用。

钙是大多数细胞的关键信号分子，在神经元中尤其重要，对脑细胞中的钙进行成像，可以很好地揭示神经元如何相互沟通。然而，目前的成像技术只能穿透几毫米的大脑，这显然妨碍了人类对大脑的进一步了解。

因此，针对这一问题，美国麻省理工学院的研究人员发明了一种基于核磁共振成像技术的新方法，可以更深入地观察大脑的磁共振活动。利用这项技术，可以追踪活体动物神经元内部的信号传递过程，以此将神经活动与特定的行为联系起来。

在静息状态下，神经元的钙含量非常低。然而当它们发出电脉冲时，钙就会涌入细胞。在过去的几十年里，科学家们已经设计出用荧光分子标记钙的方法来描绘这种活动。这可以在实验室培养皿中培养的细胞中完成，也可以在活体动物的大脑中完成，但这种显微成像技术只能渗透到组织中的几十分之一毫米，大多数研究仅限于大脑表面。

基于核磁共振成像的钙传感器的研究，要开发一种可以进入脑细胞的造影剂。Jasanoff 的实验室开发了一种可以测量细胞外钙浓度的核磁共振传感器，这种传感器由于尺寸太大而无法进入细胞的纳米颗粒。

为了制造新的细胞内钙传感器，研究人员使用了能够穿过细胞膜的材料。这种造影剂材料含有锰，是一种与磁场相互作用较弱的金属，它与一种可以穿透细胞膜的有机化合物结合在一起。这种化合物含有一种叫作偶合剂的钙结合臂，一旦进入细胞内，如果钙水平低，钙偶合剂就与锰原子弱结合，从而使锰免受核磁共振检测。当钙流入细胞时，偶合剂与钙结合并释放锰，这使得造影剂在 MRI 图像中显得更明亮。

当神经元或神经胶质之类的脑细胞受到刺激时，它们的钙浓度通常会增加 10 倍以上，而钙传感器正好可以检测到这些变化。

4.3.8　B 超图像传感器

超声波传感器是将超声波信号转换成其他能量信号（通常是电信号）的传感器。超声波是振动频率高于 20kHz 的机械波，具有频率高、波长短、绕射现象小、方向性好、能够成为射线而定向传播等特点。超声波对液体、固体的穿透本领很大，尤其是在阳光不透明的固体中。超声波碰到杂质或分界面会产生显著反射形成反射回波，碰到活动物体能产生多普勒效应，广泛应用在工业、国防和生物医学等方面。

超声波在医学上的应用主要是诊断疾病，它已经成为了临床医学中不可缺少的诊断方法。超声波诊断的优点是：对受检者无痛苦、无损害、方法简便、显像清晰、诊断准确率高等。超声波诊断可以基于不同的医学原理，我们来看看其中有代表性的一种所谓的 A 型方法。这种方法是利用超声波的反射，当超声波在人体组织中传播遇到两层声阻抗不同的介质界面时，在该界面就产生反射回声，每遇到一个反射面时，回声在示波器的屏幕上会显示出来，而两个界面的阻抗差值也决定了回声振幅的高低。

超声波传感器的基本原理是测量超声波的飞行时间，通过 $d=vt/2$ 测量距离，其中 d 是距离，v 是声速，t 是飞行时间。由于超声波在空气中的速度与温/湿度有关，在比较精确的测量中，需把温/湿度的变化和其他因素考虑进去。

超声成像是利用超声声束扫描人体，通过对反射信号的接收、处理，以获得体内器官的图像。常用的超声仪器有多种：

- A 型（幅度调制型）：是以波幅的高低表示反射信号的强弱，显示的是一种"回声图"。
- B 型（辉度调制型）：即超声切面成像仪，简称"B 超"，是以亮度不同的光点表示接收信号的强弱，在探头沿水平位置移动时，显示屏上的光点也沿水平方向同步移动，将光点轨迹连成超声声束所扫描的切面图，为二维成像。
- C 型：用近似电视的扫描方式，显示出垂直于声束的横切面声像图。近年来，超声成像技术不断发展，如灰阶显示和彩色显示、实时成像、超声全息摄影、穿透式超声成像、超声计算机断层析影、三维成像和体腔内超声成像等。
- D 型：根据超声多普勒原理制成。
- M 型（光点扫描型）：是以垂直方向代表从浅至深的空间位置，水平方向代表时间，显示为光点在不同时间的运动曲线图。

超声成像方法常用来判断脏器的位置、大小、形态，确定病灶的范围和物理性质，提供一些腺体组织的解剖图，以及用于鉴别胎儿的发育正常与异常等，在眼科、妇产科及心血管系统、消化系统和泌尿系统的科室检查中应用十分广泛。

彩色多普勒血流显像简称彩超，包括二维切面显像和彩色显像两部分。高质量的彩色显示要求有满意的黑白结构显像和清晰的彩色血流显像。在显示二维切面的基础上，打开"彩色血流显像"开关，彩色血流的信号将自动叠加于黑白的二维结构显示上，可根据需要选用速度显示、方差显示或功率显示，具有高信息量、高分辨率、高自动化、范围广、简便实用等特点。

4.3.9 医用传感器发展趋势

传感器在医学研究与临床诊治中占据着重要地位，随着工程技术和医学科学的进步，生物医学传感器也将迅速发展。目前，医用传感器的研究方向可归纳为以下几方面：

- 对各种创新型传感器的开发与研究；
- 对多功能传感器的研究，它们可以被集成到一起，同时监测多路信号；
- 对智能传感器的研究，它是传感器与计算机技术相结合的产物。智能传感器不仅能完成基本的传感和信号处理任务，还有自诊断、自恢复及自适应的功能。

传感器本身的开发研究有两个分支，一个分支是有关传感器基础的研究，即新技术和新原理的研究，主要集中在新材料和超微细加工技术方面；另一个分支是新型传感器产品的开发，重点解决光技术的应用，微电子封装技术和一次性芯片等。

目前，专家们研究的热点课题有多功能精密陶瓷材料在传感器中的应用、生物功能性物质在传感器开发中的利用，以及微细加工技术制造超小型传感器的研究等。

发展化学传感器和生物传感器是传感器技术发展的另一趋势，尤其在生物医学领域更具实用性，有利于促进医学基础研究、临床诊断和环境医学的发展。

在国际上，医用传感器的 5 个关键发展方向介绍如下：

1. 超低功耗传感器

英国剑桥大学工程学院研发出的亚阈值肖特基势垒薄膜晶体管，是一种超低功耗晶体管，以此为基础器件，能够通过捕获其周围环境中的能量，无须电池即可工作数月甚至数年，这种晶体管适用"泄漏"的微小电流维持工作，即近关断状态电流。这种泄漏就像从一个坏水龙头中不断滴答出的水滴，是所有晶体管的特性，但是首次被有效地捕获和利用。

亚阈值肖特基势垒薄膜晶体管的主要优势是：能够在非常低的温度条件下制造，能够印刷在任何材料表面，如玻璃、塑料、聚酯和纸张等；晶体管尺寸可继续缩小，可提供同样的高增益或信号放大能力，工作电压小于 1V，功耗小于 10 亿分之一瓦（1nW）。该晶体管可以很好地满足健康监控等应用所需的可穿戴或可植入式电子设备需求。

2．利用3D打印技术打印传感器

美国哈佛大学研究小组开发出了一种新的 3D 打印技术，可打印具有集成传感器功能的器官芯片，他们将柔性应变传感器与人体组织微架构集成，并开发出了 6 种不同的"油墨"，然后利用 3D 打印技术，通过一种单一、连续的制造过程，打印出心脏芯片，如图 4.15 所示。这个芯片上有众多"小井"，每个"小井"中有独立的组织和集成传感器。利用这种芯片，能够研究多种心脏组织。

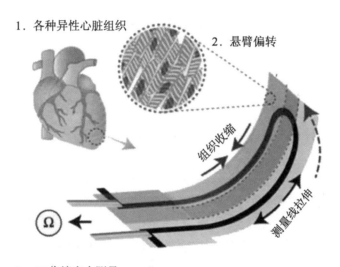

1．各种异性心脏组织
2．悬臂偏转
组织收缩
测量线拉伸
3．ΔR收缩应力测量

图 4.15　哈佛大学研究团队打印的 3D 心脏芯片

3．智能尘埃

智能尘埃是一种能够以无线方式传递信息的微型电子机械传感器（mems），可以在几毫米宽度范围内进行温度、振动、湿度、化学成分和磁场等参数的测量，如图 4.16 所示。这种传感器功耗极低，由一种全新系统和无线电频率通信组成。

4．自供能传感器

新的能量收集技术可以将周围环境的能量（人体）运动、环境振动、光能、热能、射频以及生化过程等收集起来转化为电能，传感器不再需要外界功能。能量收集技术目前在医疗传感器中已经得到应用，比如供电技术中的皮肤贴片发电机及鱼鳞能量收集器。

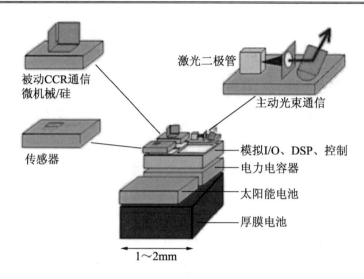

图 4.16   智能微尘的组成

5．人体电子化

从可穿戴、柔性材料，到长期植入式、3D 打印、可消化传感器等技术，都在试图进行更好地与人体融合，以便实现实时获取人体数据的功能。创新传感器与人体组织的深度结合，将人体的一部分进行电子化。这种概念多见于假肢、器官替代物等应用中。这些代替器械可以让肢体或感官重新发挥作用，甚至于可以恢复至正常水平。除了仿生的假肢，预计已有 3～5 万人体内植有 RFID 芯片。人们的四肢、视觉或听觉的能力将借助这类技术被增强。除了设计柔性传感器之外，还有植入微型嵌入式传感器、生物传感器、纳米传感器等，涉及诸如智能人工器官、仿生传感器、脑分子监测等概念的前沿领域。可穿戴传感器、嵌入式传感器和生物打印传感器，在未来医疗传感器领域是发展的主流方向。

4.4 智 慧 医 疗

智慧医疗是最近兴起的专有医疗名词，通过打造健康档案区域医疗信息平台，利用最先进的物联网技术，实现患者与医务人员、医疗机构、医疗设备之间的互动，逐步达到医疗信息化。

4.4.1 智慧医疗简介

医疗行业不断融入人工智能、传感技术等高科技技术，使医疗服务走向智能化，推动医疗事业的繁荣发展。机器人看病、医疗信息化、远程医疗、人工智能辅助诊断系统、智慧医疗等,在中国新医改的大背景下,正在走进寻常百姓的生活。

用人工智能诊断疾病一直是医疗行业的目标。随着大数据、互联网和信息科技在智慧医疗领域的应用,人工智能医疗发展迅猛。近年来,人工智能与医疗的结合催生了很多创业机会,也给医疗就诊带来了新的体验:计算机视觉可以在检查 CT 影像时帮医生阅片;机器学习可以为病患提供就医流程的咨询服务;"语音病历"把医生的双手从手写病历中解放出来。医疗这个门槛高、环节多、问题复杂的行业,也是与人工智能的结合和应用中最为特殊的领域之一。

人工智能让医疗产业链进一步优化,让医疗行业走向更高层次。随着人工智能技术的迅猛发展,与医疗器械结合的产品开始陆续出现,越来越多的"人工智能医疗器械"在医疗中得到应用。无论是替代医生简单而重复的劳动以提高诊断质量,还是提高基层医院诊疗水平,甚至可能帮助专家级医生进一步提高对疾病的认识,每个医疗领域都值得人工智能深度介入。

随着智慧医疗的逐渐落实及国产医疗器械的逐步崛起,智慧医疗人工智能行业不断完善。与此同时,很多医疗器械相关企业也纷纷投入到智能医疗器械的研发中,通过寻找合作伙伴,让自己的器械产品变得更加智能,提高产品的竞争力。企业在重视硬件质量的同时,更重视设备的智能化,通过不断创新和发展,将现代先进科技与医疗有机结合,通过以临床医学为基础,以硬件设备为驱动,匠心打造人工智能医疗产品,帮助人们守护健康生活。

医疗器械行业已成为世界发展最快的产业之一,创新产品也不断地涌现,成为高新技术产业竞争的焦点领域,是衡量一个国家科技进步的重要标志之一。随着技术的发展,医疗智能化时代将全面开启,医疗器械企业须抓住机遇,掌握核心技术,提高产品性能、质量,以创新驱动、产业升级转型,实现企业的持续发展,推动医疗器械智能化,助力智慧医疗稳步发展。

4.4.2　健康管理

基层医疗卫生服务模式的新型健康管理项目是健康服务技术系统性突破,以预防为主,实现全方位、全周期、持续性的城乡一体化健康服务模式,提供比社区医院更前沿的健康医疗服务,高品质均等化,全民覆盖,让普通百姓都能够轻松享有。创新医疗模式的实施将根本性改变百姓的看病方式。

创新医疗模式是基于大数据、云计算等服务机构提供数据技术服务的基础上进行的。

1)项目中心对所服务区域群体进行数据分析,统筹医生对"同症"人群集中服务(相当于上门服务)。医生选择性服务,为需要服务的病人出诊,极大提高了医生的治疗效率。

2）建立健康数据或以用户个体的名义，从大数据中心提取健康数据进行数据处理，医生团队对于智能大数据批处理无法解决或需要医生实时确认的部分进行完善、加工、处理，达到数据标准要求，以精准服务到个体，同时将数据原路径储存。

3）经过持续性的服务，用户与项目中心逐渐形成默契，健康素养不断提高，此时互联网远程服务在系统性健康数据支持下可代替部分到诊所服务。

4）用户自主管理的生活数据与人工智能、可穿戴设备、物联网设备通过互联网（含App）汇合到用户个体健康数据中。

创新医疗模式的实施将给百姓带来崭新的服务体验。该模式由大型有资质的企业实施，配置专业的医生团队，呈现"高大上"的服务，固定收费"平民"价，贴近普通百姓。与用户签订协议，持续性服务不限次数，是医生对患者的服务，消费者和医生都变为主动。项目中心主动干预，医院医生主动服务。大病、疑难病需治疗时，有医生团队做坚强的后盾持续性服务，有个体化健康数据作为实时支持，将告别看病就医的盲目与被动。

创新医疗模式的实施，将会收到显著的社会效益。第一，有助于分级诊疗的实施。项目中心与社区医院、卫生院、诊所、药店形成协作互补的关系，前者的技术优势只提供咨询，与后者的网点优势提供产品、服务相互加强，合力形成强大的基层医疗卫生服务能力，使大医院专注于大病、疑难病的治疗。第二，促进医疗保障制度的完善。新产业形成医疗控费机制，使医保机构和商业保险机构受益，能促进医保行业的发展；以预防为主的医疗服务业态形成，为医疗保障向健康保障倾斜提供服务支撑。第三，形成医养结合的养老新模式：居家、机构养老+项目中心+医疗机构。第四，完善具有中国特色的医疗卫生服务体系。补短板，如健康管理、疾病管理、农村医疗、健康促进、中医普及等领域，使健康医疗服务战略性前移，形成预防与治疗并重的格局。

健康管理将逐步改变现有医疗卫生格局，实现发展方式由以治病为中心向以健康为中心的转变，推进全民体质健康，提高全民医疗水平，普惠大众。

4.4.3　康复工程

康复工程是现代科学技术与人体康复需求相结合的产物，其理论基础是人-机-环境一体化和工程仿生。其研究各种服务于康复目的的理论、技术和方法，从个体和无障碍环境两个方面研发康复设施、装置和用具，并通过门诊方式将康复产品和技术推荐给患者。环境控制系统研发如何使伤/残/病者将身体动作转换为各种电信号和其他控制信号，从而自如地操作各种康复器具并参与各种社会生活。例如，康复患者通过头控装置，利用声音输入系统发出指令来操作周围的器物，如门、窗、家用电器的开启，室内温度的调节等活动，利用日常生活辅助系统实现日常生活的自理。在工作中，康复患者通过计算机和视频对话与贸易伙伴进行贸易活动；通过网上银行进行支付，达成交易。利用计算机技术、环境控制系统和康复理疗器具的辅助，使他们过着与健康人一样的生活，并且完全融入社会生活中。

4.4.4   无线监护远程医疗

本节阐述一种基于 GPRS 技术的无线远程医疗监护系统。以 SPCE061A 为主控芯片，将数据采集模块和 GPRS 通信模块相结合，以无线的方式连接到 Internet，由监护中心接收数据并保存到数据库中。运用 LabVIEW 工具进行监控中心服务器端上面板的设计与处理，实现对患者生理参数的远程监测、分析及异常情况的判断和报警。

无线远程医疗监护系统的总体结构，从硬件和软件两个方面给出了系统的设计及实现方法。系统具有结构简单、实时性强、传输数据量大等特点，在自然灾害和战争中伤病员的现场抢救等方面，具有良好的应用前景。

远程医疗监护是利用远程通信技术和计算机技术实现远距离的疾病诊断、疾病治疗和健康护理等多种医学功能的一种医疗模式。它可以实时、连续、长时间地监测病人重要的生命体征参数，使医护人员随时获悉病人的状态，以便做出正确的判断和处理，在患有突发性和危险性疾病病人的监护、战争及自然灾害中伤病员的抢救等领域均具有重要的作用。目前，远程监护主要基于电话网、Internet 及无线通信网络，因移动通信网络覆盖广、运行费用低，将无线通信技术与 Internet 技术相结合已成为无线远程医疗监护研究的热点。为了实现低成本、小型化和移动灵活的特点，系统设计以 SPCE061A 为主控芯片，将采集模块和 GPRS 通信模块相结合，实现生理参数的无线传输。数据通过无线网络传到设在中心医院的监护中心，利用中心医院先进的医疗技术和专家队伍，保证病人在院内和院外得到及时、有效和专业的救治。

1．监护系统的总体结构

系统设计由智能监护终端、GPRS 通信模块（GPRS 网络）、Internet 公共网络、数据服务器、医院局域网及医院监护中心等部分组成，其框图如图 4.17 所示。其中，监护中心服务器端随时处于监听状态，实时响应用户发出的连接请求与读取请求，并与之建立连接。智能监护终端可应用到家庭、急救车、救灾现场或战争急救现场，对病人的生理参数进行采集、处理、显示并做远距离传输。在救护车、救灾现场或战争急救现场，监护终端利用 GPRS 模块以无线的方式连接到 Internet；社区及附属医院通过独立上网或者以无线的方式连接到 Internet；在中心医院内由医院的局域网将数据传输到监护中心，监护中心专家对数据进行统计观察，及时地为病人诊断并提供救治指导，实现远程医疗。

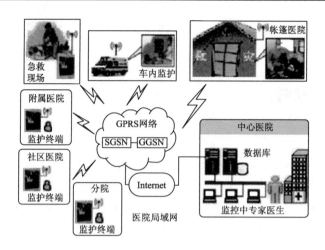

图 4.17　无线监护远程医疗系统

2．监护终端的硬件设计

监护终端以心电采集模块为核心，扩展血压测量 OEM 模块、血氧饱和度 OEM 模块、大容量 FLASH 存储器和无线传输 GPRS 模块等外围设备。其中，心电采集模块以 16 位 SPCE061A 单片机为控制芯片，扩展前置放大电路、滤波电路、工频陷波电路及心电导联等部分。SPCE061A 是一款台湾凌阳公司推出的具有语音处理 μ' nspTM 结构的微控制器，采用 SOC 构架，芯片带有硬件乘法器，能够实现乘法、内积等复杂运算。CPU 时钟为 0.32～49.152 MHz（2.4～3.6 V）；内置 2KB SRAM 和 32 KB Flash；32 位可编程的多功能 I/O 端口；14 个中断源；两个 16 位定时/计数器；可编程音频处理；7 通道 10 位电压模/数转换器；双通道 10 位 DAC 方式的音频输入功能，只需外接功放即完成语音播放，方便实现系统的语音功能。

监护终端完成生理信号的采集和处理（一方面在现场显示，另一方面发送给 GPRS 模块），利用单片机控制 GPRS 模块的启动、连接和模式转换等，并在资料模式下将经过加密和容错处理后的数据实时发送到监护中心服务器上，实现系统功能。监护终端的硬件结构如图 4.18 所示。

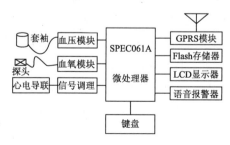

图 4.18　监护终端的硬件结构图

1）心电采集和调理模块

心电信号是一种低频率的微弱双极性信号，带宽集中在 0.05～100 Hz，幅度只有 mV 量级，快速检测并提取清晰的心电信号是进行监护和分析诊断的基础。实际采集到的心电信号常混有直流和高频干扰及人体运动、呼吸所引起的基线漂移和肌电干扰，系统设计利用心电导联线获取心电信号，经 AD623 差分放大器完成前置放大，经后续的多级放大、滤波电路和陷波电路完成信号的调理，再送入单片机的电压模/数转换器中完成心电信号的数字化。在采集端，设有导联脱落检测语音报警电路，避免因患者移动造成导联脱落。心电信号的采集调理电路结构如图 4.19 所示。

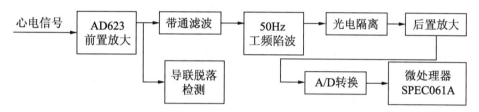

图 4.19　心电信号的采集调理电路

由于心电信号是高内阻的微弱信号源，源阻抗不稳定，受周围电磁干扰（50 Hz 工频信号）大。因此，前置放大器要求具有高增益且可调节、高输入阻抗和高共模抑制比，以消除工频及电极化电压的干扰；输入失调电压和偏置电流小、温漂小，以保证信号的稳定性。系统设计采用 ADI 公司的仪表放大器 AD623 作为心电信号前置放大器的核心器件，其内设过压保护和高精度偏置与反馈电阻，输入失调电压漂移 1μV／℃，输入偏置电流最大 25 nA，CMRR 抑制频率高达 200 Hz，只需在 1 和 8 引脚间接入合适的电阻 Rg，就可以得到 1～1 000dB 之间的增益。考虑到极化电压的影响，增益不能太高，这一级的增益设定为 10，否则会导致放大器饱和。心电信号放大电路如图 4.20 所示。

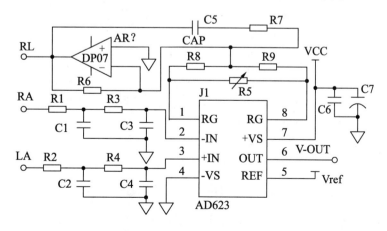

图 4.20　心电信号放大电路

2）血压与血氧模块

血压模块与血氧模块分别采用北京迈创通元电子仪器有限公司的 BTN602 无创血压测量模块和 BTN604 血氧模块。BTN602 模块可以测到收缩压、平均压、舒张压和脉压，其接收外部命令后完成相应操作，返回系统状态和相应数据。BTN604 模块单电源 3.3 V 供电，可以检测到动脉血氧饱和度、脉率、体积扫描图、棒图、信号强度和状态信息，它的通信协议和 BCI 通信协议兼容，数据传送波特率为 4800 bps，传送格式为 8 位数据位+奇偶校验位+1 个停止位，每秒向 MCU 发送 60 个数据包，每个数据包为 5 个字节。由于两个模块均采用串口协议与 MCU 通信，信号电平为 TTL 电平，可以直接与心电模块单片机 SPCE061A 相连，利用单片机普通 I/O 模拟串口协议分别与两模块通信。

3）GPRS 传输通信模块

智能监护终端心电、血压及血氧模块采集的数据经单片机处理后，以数据流形式通过串行方式连接到 GPRS 通信模块 SIM300 上，SIM300 模块以 TCP/IP 数据包的形式通过 GPRS 网络，由中国移动 GPRS 服务节点（GSN），把数据发送到 Internet 上一个指定 IP 地址的服务器（即系统监控中心服务器）上，监控中心专家通过 Internet 访问 Web 服务器，就可以浏览到监护病人的各种生理参数信息。

SIM300 是 Simcom 公司研制的 GSM／GPRS 通信产品，内嵌强大的 TCP／IP 协议栈，实现语音、SMS、数据和传真信息的高速传输。SIM300 模块上电后就会自动附着在 GPRS 网络上，通过按键对 SIM300 的 PowerKEY 引脚输入一个大于 1500 ms 的低脉冲，开启 SIM300 模块。模块开启后，设计采用 SPCE061A 作为微处理器发送 AT 命令，完成对 SIM300 模块的控制和数据的收发。SPCE061A 外围电路如图 4.21 所示。

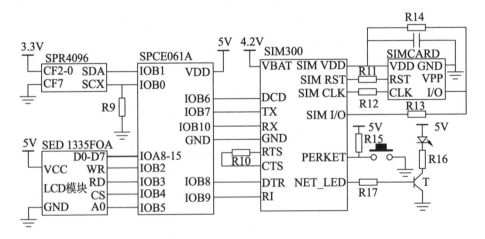

图 4.21　SPCE061A 外围电路图

为了使信号能满足 A/D 转换要求，须将信号放大至数伏量级，设置次级放大的增益为 100 倍左右，采用具有宽增益、低失调电压和漂移的运算放大器 OP2335。为了消除高频干扰、低频干扰和 50 Hz 的工频干扰，在次级放大电路的前端采用二阶有源带通滤波器滤除 0.03 Hz 以下和 100 Hz 以上的低高频噪声。同时，采用经典的双 T 有源陷波电路滤除 50 Hz 工频干扰。

4）显示与存储模块

系统设计选用 MSP-G320240DBCW-211N 大规模点阵式液晶显示模块，实现各监护参数和波形的显示。该液晶显示模块采用功能强大的 SED 1335FOA 控制器，具有较强的 I/O 接口缓冲器和丰富的指令系统，最大驱动能力达 640×256 点阵，能够实现图形和文本的混合显示。由于 SPCE061 A 片内的 Flash 存储器只有 32KB，不能满足长时间测量的需要，系统扩展了一片 4MB 总线闪存器 SPR4096。

5）监护系统软件设计

系统软件设计主要包括监护终端的软件设计和监护中心监控软件的开发。监护终端软件由 C 语言编写，主要实现各采集模块的数据采集、显示和存储，以及串行口数据的接收和发送。由单片机心电采集程序、单片机与血压及血氧模块的软串口程序、基于 GPRS 模块的通信程序、数据存储与显示程序、语音报警程序组成。为了实时有效地完成多参数的采集，充分利用了多种中断方式来完成系统功能，包括定时中断、串口中断、键盘输入中断等。

监护中心监控软件部分主要由数据通信模块、数据处理显示模块、诊断报警模块和医学数据库模块等组成，通过 LabVIEW 平台建立 Web 服务器，方便医院局域网里的专家对监测数据进行调用和处理，应用软件结构框图如图 4.22 所示。

客户端界面是提供给医生和患者使用的软件界面，利用密码进行登录，不同的用户给予不同的权限。医生用户可以查看到他所管理的所有病人的信息、生理参数测量值和波形图。患者用户则只能看到测量信息和医生的建议。数据通信模块随时处于监听状态，响应智能终端的连接请求，接收终端传输的加密数据，并存入相应的缓冲区。数据处理显示模块依靠 LabVIEW 提供的各种分析函数和显示控件，将接收到的生理参数及处理的结果显示在计算机的屏幕上，使医护人员能够实时了解病人的生理状况。当生理信号出现异常时，诊断报警模块将发出报警信息，提

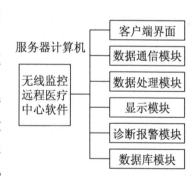

图 4.22　应用软件结构框图

示医护人员。数据库模块记录了医生信息、病人信息及各测量参数，方便查询和诊断，为建立病人病历、分析病人长期生理检测结果提供保障。

基于 GPRS 技术和 Internet 技术的无线监护远程医疗系统，实现了生理信号的采集、数据处理、存储、显示和传输功能。系统结构简单、功耗低、成本低，可实时、连续、长时间地监测病人心电、血压、脉搏、血氧等生理参数。GPRS 技术和 Internet 技术的应用

实现了将中心医院的先进医疗技术和医疗服务扩展到家庭、社区、救灾现场或战争急救现场，形成了一种全新的基于网络的医疗体系，同时也有助于缓解我国社区及广大农村地区医疗力量薄弱、医疗资源分布不均的问题，实现医疗资源的共享。

4.5　可穿戴心率监护仪

猝发性心脏病人因为达不到及时救护，有可能发生生命危险，有很多患者因为抢救不及时而失去了生命。因此，猝发性心脏病人的 24 小时动态监护十分必要。

4.5.1　可穿戴心电血压监护仪

可穿戴心电血压监护仪可实时诊断心脏疾病，利用移动终端、智能传感器、智能诊断技术和云计算技术实现物联网+医疗服务，可监控十余种心血管疾病，并实现医患在线互动。

可穿戴心电血压监护仪围绕心电智能诊断技术、智能预测技术，利用手机或平板电脑作为心电信号和诊断结果的显示工具，通过心电、血压采集核心模块采集信息，以智能诊断专家模型、网络云服务平台作为支撑，实时测量出患者的心电图和血压。可穿戴心电血压监护仪能对十余种心血管疾病进行精确诊断，为患者的发病程度打分，结合专家系统给出就医、饮食建议。

广泛的心率检测和海量的检测数据分析，可以提升研究人员和临床医生了解患者潜在问题、早期发病征兆的能力，对疾病发展趋势做出预判，有利于拯救患者生命。

专为中风患者配备的可穿戴式心率检测仪，能更可靠地诊断患者不规律的心跳，使医生及时介入，降低患者发生中风的危险，如果植入除颤器，可以通过电击使患者的心率恢复正常，减少死亡风险。

可穿戴健康监护仪通过使用 ADI 公司的光学传感器、阻抗传感器、生物电势传感器和运动传感器，结合信号调理技术，设计可穿戴健康监护设备如健身手环、运动手表或计步器。选择高度集成的 ADuCM350 高精度、低功耗芯片作为开发套件，将 16 位精确模拟前端（AFE）、Cortex M3 处理子系统和行业标准软件开发环境融为一体，并依靠一枚纽扣电池运行。也可利用 ADI 公司的 AD 转换器、线性放大器和混合信号组件的组合，实现数字产品设计。

4.5.2　健康监测智能手表

众所周知，心电信号检测具有极重要的意义，无论是重大疾病的实时监测，或是医院内心血管慢性病的诊疗监护，或是备受瞩目和期许的医院外远程家用监护，都对心电的实时高精度监测表现出迫切需求。

最小可穿戴心电监测仪 vHeart 是一款高精度监测心电（ECG）、脉搏波（PPG）信号的医疗级可穿戴智能硬件。其基于极低频生物电探测技术，并依托哈佛医学院 ReyLab 实验室专业医疗级生理信号分析算法与临床数据，是一款为用户提供整体健康度 VQ、血流速度、心脏健康程度、疲劳与压力度的动态分析及管理方案的可穿戴个人健康管理终端。

由于心电信号极其微弱且易被干扰，又由于国内探测技术、传感器技术水平的限制，在心电检测设备小型化和监测远程化方面进展一直较为缓慢。极低频生物电探测技术是全新电磁波探测技术。相较于现有技术，极低频生物电探测技术具有高出两个数量级的超高输入阻抗和电路噪声抑制能力，可以非常灵敏和精准地探测到人体的心电信号。与手表这一可穿戴形式结合，真正实现了心电信号的精准便携式监测。

vHeart 包含手表及 App 两部分，手表端可以独立实现包含 ECG 及 PPG 在内的所有健康监测功能及简单分析，App 则提供长期健康数据存储和更为详细的心脏状况分析服务，辅助的健康管理计划和亲友关怀功能使得 App 更为贴心和人性化。

4.5.3　心率电导传感器

没了心跳，我们就会有大麻烦，因此，脉搏或心率至今仍是我们需监控的最重要的参数。除了每分钟心跳次数以外，我们还想检查心脏行为与活动量的关系。心律也非常重要，因为快速变化的心率是心脏疾病的征兆。

心率和心脏活动监护通常是使用心电图（ECG）测量生理电信号来实现。连接到身体上的电极可测量心脏组织中心电信号的活动。专业的诊断系统便是基于此原理，测量时胸部和四肢最多可连接 10 个电极。ECG 可提供一次心跳不同分量（P 波、QRS 波和 T 波）的相关详细信息。

AD8232 单导联心率监测器是一个具有低成本、高效率的测量心脏心率活动的模块。该心电活动同时可以通过绘制一个心电图方便我们模拟阅读。由于 ECGs 上很大的噪音干扰，AD8232 单导联心率监测器通过一个运算放大器，从而获得来自 PR 和 QT 间断的信号。

AD8232 是一款用于 ECG 及其他生物电测量应用的集成信号调理模块。该器件设计用在具有运动或远程电极放置产生噪声的情况下提取、放大及过滤微弱的生物电信号。该设计使得超低功耗模数转换器（ADC）或嵌入式微控制器能够轻松地采集输出信号。

AD8232 心率监测传感器特性：工作电压 3.3V，模拟输出。

单导联 ECG 在体育界的应用越来越普遍，使用双电极胸带来测量心脏活动。虽然可检测到各种 ECG 波形，但大多数系统只测量心率。这些胸带穿戴起来并不舒服，体育和保健行业正在寻找替代方案，例如将电极集成到运动衫上。AD8232 单导联 ECG 前端电路图（如图 4.23 所示）就是专为此类低功耗可穿戴应用而开发的。该器件内置增益为 100V/V（峰峰值）的仪表放大器和一个高通滤波器，能阻止皮肤上的电极与电池电位产生的失调电压。输出缓冲器和低通滤波器则可抑制肌肉活动产生的高频分量（EMG 信号）。前端工作电流为 170μA，可与 16 位片上计量仪 ADuCM350 配合使用，进行高性能、单导联 ECG 测量。

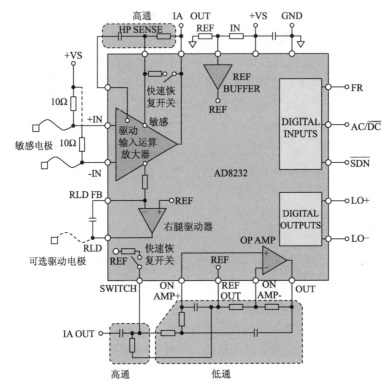

图 4.23　AD8232 单导联 ECG 前端电路图

4.5.4　心率光敏传感器

心率测量的新趋势是光电容积图（PPG），这是一种无须测量生物电信号就能获得心脏功能信息的光学技术。PPG 主要用于测量血氧饱和度（SpO₂），但也可不进行生物电信号测量就提供心脏功能信息。借助 PPG 技术，心率监护仪可集成到手表或护腕等可穿戴设备上。由于生理电势法的信号电平极其微弱，所以无法做到这一点。

在光学系统中，光从皮肤表面投射出来，再由光电传感器测量红细胞吸收的光量。随着心脏跳动，不断变化的血容量使接收到的光量分散开来。在手指或耳垂上进行测量时，由于这些部位有相当多的动脉血,使用红光或红外光源可获得最佳精度。不过,手腕表层很少有动脉存在,腕部穿戴式设备必须通过皮肤表层下面的静脉和毛细血管来检测脉动分量,因此绿光效果会更好。

ADPD142 光学模块(如图 4.24 所示)具备完整的光度测量前端,并集成了光电传感器、电流源和 LED。该器件专为测量反射光而设计,可用来实现 PPG 测量,所有元件都封装在一个小小的模块上。

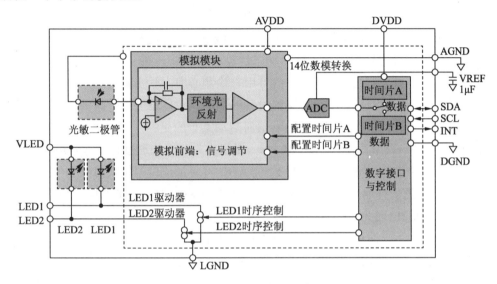

图 4.24　ADPD142 光学模块

利用腕部穿戴式设备测量 PPG 面临的主要挑战是来自环境光和运动产生的干扰。阳光产生的直流误差相对而言比较容易消除,但日光灯和节能灯发出的光线都带有可引起交流误差的频率分量。模拟前端使用两种结构来抑制 DC 至 100 kHz 的干扰信号。模拟信号经过调理后,14 位逐次逼近型数模转换器(ADC)将信号数字化,再通过 I2C 接口发送到微处理器上进行最终处理。

同步发送路径与光接收器并行集成在一起。其独立的电流源可驱动两个单独的 LED,电流电平最多可编程至 250 mA。LED 电流是脉冲电流,脉冲长度在微秒级,因此可保持较低的平均功耗,从而最大程度地延长电池使用寿命。

LED 驱动电路是动态电路且可即时配置,因此不受各种环境条件影响,例如环境光、穿戴者皮肤和头发的色泽或传感器和皮肤之间的汗液,这些都会降低灵敏度。激励 LED 配置非常方便,可用于构建自适应系统。所有时序和同步均由模拟前端处理,因此不会增加系统处理器的任何开销。

ADPD142 提供两种版本:ADPD142RG 集成红光 LED 和绿光 LED,用于支持光学心率监护;ADPD142RI 集成红光 LED 和红外 LED,用于进行血氧饱和度(SpO$_2$)测量。

4.5.5 心率测量干扰消除

人体活动（运动）也会干扰光学系统。当光学心率监护仪用于睡眠研究时，这可能不是问题，但如果在锻炼期间穿戴，运动腕表和护腕将很难消除运动伪像。光学传感器（LED和光电检测器）和皮肤之间的相对运动会降低光信号的灵敏度。此外，人体活动（运动）的频率分量也可能会被视为心率测量，因此必须测量人体活动（运动）并进行补偿。设备与人体相贴越紧密，这种影响就越小，但采用机械方式消除这种影响几乎是不可能的。

我们可使用多种方法来测量人体活动（运动）。其中一种是光学方法，即使用多个LED波长，共模信号表示运动，而差分信号用来检测心率。不过最好是使用真正的运动传感器，这样不仅可准确测量应用于可穿戴设备的运动，而且还可用于提供其他功能，例如跟踪活动、计算步数或者在检测到特定 g 值时启动某个应用。

ADXL362 是一款微功耗、3 轴 MEMS（微机电系统）加速度计，非常适合在电池供电型可穿戴应用中检测运动。其内置的 12 位 ADC 可将加速度值转换为数字信号，分辨率为 1 mg。其功耗随采样速率动态变化，当输出数据速率为 100 b/s 时功耗（工作电流）仅为 1.8 μA，在 400 Hz 时为 3.0 μA。

对于在检测到运动时启动某个应用的情况，则无须进行高速采样，因此可将数据速率降至 6 Hz，此时平均功耗为 300 nA。因而，对于低功耗应用和不易更换电池的植入式设备来说，此传感器非常有吸引力。ADXL362 采用 3.0 mm × 3.25 mm 封装。图 4.25 所示为不同电源电压条件下工作电流与输出数据速率之间的关系图。

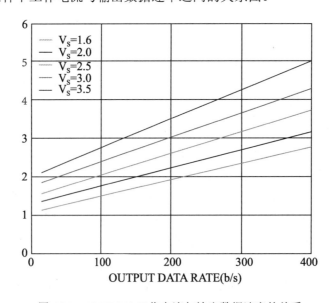

图 4.25 ADXL362 工作电流与输出数据速率的关系

　　系统的核心是片上处理器 ADuCM350，它与所有这些传感器相连，并负责运行必要的软件，以及储存、显示或传送结果。该器件集成高性能模拟前端（AFE）和 16 MHz ARM Cortex-M3 处理器内核，如图 4.26 所示。AFE 的灵活性和微处理器丰富的功能组合使此芯片成为便携式应用和可穿戴应用的理想选择。可配置的 AFE 支持几乎所有的传感器，其可编程波形发生器可使用交流或直流信号为模拟传感器供电。高性能的接收信号链会对传感器信号进行调理，并使用无丢码 16 位 160 kSPS ADC 将这些信号数字化。其中，后者的积分非线性（INL）/差分非线性（DNL）最大值为±1-LSB。该接收信号链支持任何类型的输入信号，包括电压、电流、恒电势、光电流和复阻抗。

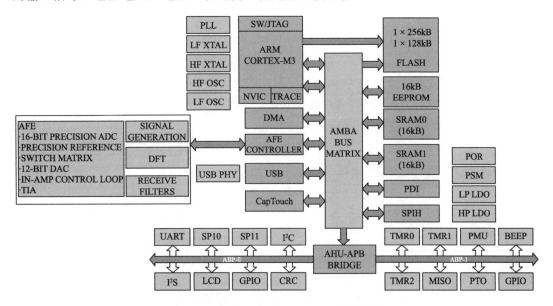

图 4.26　集成 AFE 的 Cortex-M3 结构框图

　　AFE 可在独立模式下工作，无须 Cortex-M3 处理器干预。可编程时序控制器控制测量引擎，测量结果通过 DMA 储存到存储器内。开始测量前，可执行校准程序，以校正发送和接收信号链中的失调和漂移误差。对于复阻抗测量，如血糖、体质指数（BMI）或组织鉴别应用，内置 DSP 加速器可实现 2048 点单频离散傅里叶变换（DFT），而无须 Cortex-M3 处理器干预。这些高性能 AFE 功能使 ADuCM350 具有其他集成解决方案无可比拟的独特优势。

　　Cortex-M3 处理器支持多种通信端口，包括 I2S、USB、MIPI 和 LCD 显示驱动器（静态）。此外，它还包括闪存、SRAM 和 EEPROM，并且支持 5 种不同的电源模式，可最大程度地延长电池使用寿命。

　　ADuCM350 设计用于超低功耗传感器，性能限制为低速器件。对于要求更高处理能力的应用，可使用工作频率高达 80 MHz 的 Cortex-M3 内核或者 Cortex-M4 处理器内核。

4.5.6　可穿戴设备的功耗约束

功耗一直是便携式设备和可穿戴设备中的一个关键因素。可穿戴设备在设计上要求性能高、尺寸小且功耗低，但在非常小的封装内集成所有器件（包括电池）仍然是一个挑战。尽管新的电池技术实现了每单位体积（mm^3）更高的容量，但与电子产品相比，电池仍然体积较大。

能量采集可减小电池尺寸并延长电池的使用寿命。能量收集技术有多种，包括热电、压电、电磁和光电等技术。对于可穿戴设备，利用光和热最为合适。传感器通常不会产生大量输出功率，因此每焦耳热量都应当可以被捕获和使用。ADP5090 超低功耗升压调节器（如图 4.27 所示）桥接收集器和电池。高效开关模式电源可将输入电压从低至 100 mV 升高到 3 V。冷启动期间，在电池完全放电的情况下，最小输入电压为 380 mV，但在正常工作时，如果电池电量没有完全耗尽或者还有一些电能留在超级电容内，任何低至 100 mV 的输入信号都可转换为较高的电位并储存下来，以供后续使用。

ADP5090 芯片采用微型 3 mm × 3 mm 封装，并可进行编程来支持各种不同的能量收集传感器。最大静态电流为 250nA，支持几乎所有的电池技术，从锂离子电池到薄膜电池及超级电容均可。集成式保护电路可确保其安全运行。

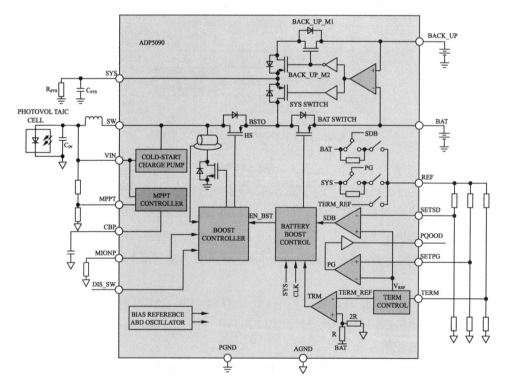

图 4.27　ADP5090 能量采集器

智能化医疗器械产业是医疗电子行业的重要分支，它是集声、光、电为一体的多学科交叉型、技术知识密集型、高附加值的高新技术产业，具有广阔的发展空间。智能化医疗器械产业也是电子信息产业的一个重要分支，物联网在医学上的应用，是提升医疗电子行业向智能化医疗器械迈进的高技术产业链的核心。

4.6　健康监测智能手环

智能手环是一种穿戴式智能设备，如图 4.28 所示。通过手环，可以记录佩戴者日常生活中的锻炼、睡眠、饮食等实时数据，一些手环还能测量血压、脉搏，并将这些数据与手机、平板同步，起到通过数据指导健康生活的作用。

智能手环的主要特色有：具有普通计步器的计步、测量距离、卡路里计算、脂肪消耗估计等功能，支持活动、锻炼、睡眠等模式，拥有智能闹钟、防水、疲劳提醒等特殊功能。佩戴者可以通过蓝牙传输数据，记录并分享日常生活中的锻炼、睡眠和饮食等实时数据。

图 4.28　智能手环

4.6.1　智能手环的制作

一个智能手环的最小系统一般包括：可充电的电源模块、控制模块、蓝牙模块、存储模块和加速计模块几部分。其中，加速计是为了获得佩戴者在运动或睡眠过程中的加速度数据，通过分析这些数据则能够判断佩戴者的运动情况和睡眠质量；存储模块主要负责将实时数据暂存，然后在适当的时刻借助蓝牙模块将数据同步到手机端。为方便起见，对每次记录的数据手环将不采用存储器暂存，而是将数据实时地传送到手机端。同时为了便于用户对计步算法的理解，客户端采用了折线图的形式实时展示计步手环收集的数据。

4.6.2　如何实现计步

用一个加速计怎么能实现计步和睡眠质量监测呢？因为加速计可以实时获取佩戴者的 X/Y/Z 三个轴向的加速度。当佩戴者静止时，合加速度会在重力加速度附近波动，当佩戴者处于深度睡眠过程中时，合加速度将会长时间稳定于重力加速度附近，当其随着佩戴者手臂而做周期性摆动时，其数据也是有一定规律可循的。这样，设计时只要通过分析从加速计中获得的数据就能实现对佩戴者运动或睡眠质量的记录。

为了方便，我们并未采用存储器实现计步手环的离线记录，而是实时地将数据发送到客户端，由一个可视化的折线图来展示结果。如图 4.29 所示，系统中，计步手环部分包含单片机模块、蓝牙模块、加速计模块和电源模块，这样通过单片机的协调可以实现将加速计模块的数据通过蓝牙实时地传送给客户端程序。在客户端部分则负责将收集到的实时数据以折线图的形式动态地展示出来。此外，客户端中会加入一个滑动条来控制计步阈值，便于读者理解其设计思路。真正的智能手环一般是先将有效数据保存在手环的小型存储器中，上位机周期性地将数据收集并同步到服务器端。

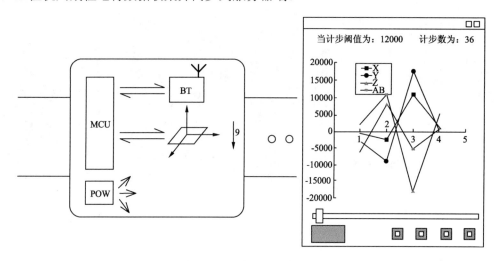

图 4.29　计步手环结构框图

4.6.3　硬件电路设计

计步手环硬件电路设计如图 4.30 所示，包括微处理器、蓝牙模块和运动处理器三部分。

蓝牙模块采用 HC-06 模块，对于加速度的测量采用 MPU6050 模块。该模块不仅含有加速计的功能，还具有陀螺仪的功能，其在汽车防侧翻、相机云台稳定、机器人平衡、空中鼠标、姿态识别等众多领域都有应用，这里我们只是利用了它的加速计功能。

MPU-60X0 是全球首例 9 轴运动处理器，如图 4.30 至图 4.32 所示。它集成了 3 轴 MEMS 陀螺仪、3 轴 MEMS 加速计，以及一个可扩展的数字运动处理器 DMP（Digital Motion Processor）。图 4.31 所示的轴向是相对于加速计说的，当芯片水平静止放置时 X 轴和 Y 轴的加速度分量几乎为 0，Z 轴的加速度分量约为当地的重力加速度；而旋转极性则是对陀螺仪来说的。

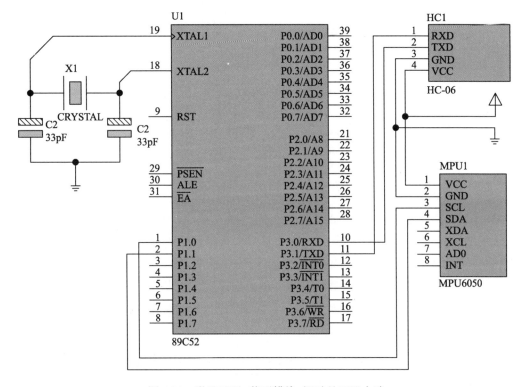

图 4.30　微处理器+蓝牙模块+运动处理器电路

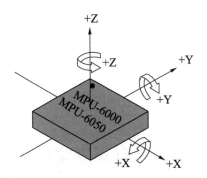

图 4.31　MPU6050 轴向和旋转的极性

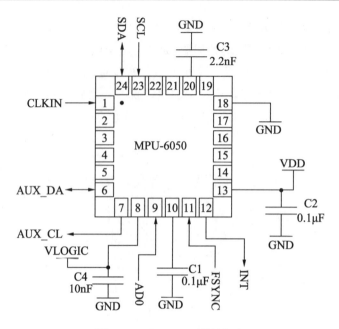

图 4.32   MPU 6050 外围电路

MPU-60X0 对陀螺仪和加速计分别用了 3 个 16 位的 ADC，将其测量的模拟量转化为可输出的数字量。为了精确跟踪快速和慢速运动，传感器的测量范围是可控的，陀螺仪可测范围为 $\pm 250°$/秒（dps）、$\pm 500°$/秒（dps）、$\pm 1000°$/秒（dps）、$\pm 2000°$/秒（dps），加速计可测范围为 ± 2、± 4、± 8、$\pm 16g$（重力加速度）。表 4.2 是直接从 16 位 ADC 中读出的 6 轴的数据（从左到右依次为加速计 X 轴数据、Y 轴数据、Z 轴数据、陀螺仪 X 极数据、Y 极数据、Z 极数据）。

表 4.2   MPU6050 输出加速度和陀螺仪 6 轴的原始数据

加速计 X 轴数据	加速计 Y 轴数据	加速计 Z 轴数据	陀螺仪 X 极数据	陀螺仪 Y 极数据	陀螺仪 Z 极数据
−00884	08404	14704	−00789	03094	−02359
−07984	05842	13588	−00983	02835	−03139
−11756	00732	09574	−00863	01666	−02304
−12396	−04288	06868	−00608	−00647	−00146
−10710	−03722	09448	00330	−03051	02624
−09172	00618	14212	01172	−04139	02217
−03590	03486	16378	01050	−02284	00937

但是这里的输出值并不是真正的加速度和角速度的值，前面说过，MPU 是一个 16 位 AD 量程可程控的设备，这里设置的加速度传感器的测量量程为 $\pm 2g$（这里的 g 为重力加速度），陀螺仪的量程为 $\pm 2000°$/s。所以要用下面的公式进行转化：

实际加速度 ＝ 加速计×（4g÷2^{16}）

实际角速度 ＝ 陀螺仪输出值×（4000°/s）÷2^{16}

计步算法设计：

当MPU6050随着佩戴者手臂而做周期性摆动时，其数据也是有一定规律可循的。简单起见我们只分析合加速度：**一个摆臂周期其合加速度会在重力加速度上下波动**，如图4.33所示，只要选取合适的阈值（白线代表阈值），每次检测出合加速度大于该阈值则认为是一次摆臂，从而可以实现计步的功能。研发过程中，要通过大量分析摆臂数据建立一套更好的计步算法。

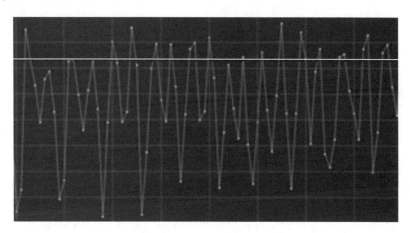

图 4.33　摆臂时合加速度变化图

4.6.4　MPU6050 驱动设计

本节将结合 MPU6050 的驱动程序进一步阐述计步原理。我们首先来看一下它的头文件 MPU6050.h，开始部分为内部地址的定义，并注释了地址的作用。

```
#include"i2c.h"
//---------------------------------------------
// 定义 MPU6050 内部地址
//---------------------------------------------
#define   SMPLRT_DIV      0x19      //陀螺仪采样率，典型值：0x07(125Hz)
#define   CONFIG          0x1A      //低通滤波频率，典型值：0x06(5Hz)
#define   GYRO_CONFIG     0x1B      //陀螺仪自检及测量范围，典型值：0x18（不自
                                    检，2000deg/s)
#define   ACCEL_CONFIG    0x1C      //加速计自检、测量范围及高通滤波频率，典型值：
                                    0x01（不自检，2G，5Hz)
#define   ACCEL_XOUT_H    0x3B
#define   ACCEL_XOUT_L    0x3C
#define   ACCEL_YOUT_H    0x3D
```

```
#define    ACCEL_YOUT_L    0x3E
#define    ACCEL_ZOUT_H    0x3F
#define    ACCEL_ZOUT_L    0x40
#define    TEMP_OUT_H      0x41
#define    TEMP_OUT_L      0x42
#define    GYRO_XOUT_H     0x43
#define    GYRO_XOUT_L     0x44
#define    GYRO_YOUT_H     0x45
#define    GYRO_YOUT_L     0x46
#define    GYRO_ZOUT_H     0x47
#define    GYRO_ZOUT_L     0x48
#define    PWR_MGMT_1      0x6B        //电源管理，典型值：0x00（正常启用）
#define    WHO_AM_I        0x75        //IIC 地址寄存器（默认数值 0x68，只读）
#define    SlaveAddress    0xD0        //IIC 写入时的地址字节数据，+1 为读取
//------------------------------------------
// 通过 I2C 和 MPU6050 通信的函数
//------------------------------------------
void  Single_WriteI2C(uchar REG_Address,uchar REG_data);
//向 I2C 设备写入一个字节数据
uchar Single_ReadI2C(uchar REG_Address);    //从 I2C 设备读取一个字节数据
void  InitMPU6050();                         //初始化 MPU6050
int   GetData(uchar REG_Address);            //合成数据
```

在 I2C 总线中，主设备可以通过固定的 7-bit 地址寻找到相应的从设备（这里的 7-bit 地址为 SlaveAddress 0xD0，不加 1 表示紧跟着地址的一位为 0，表示向该设备写数据；加 1 则表示紧跟着的一位为 1，表示主设备从从设备上读数据）。虽然采用这种方式能够准确找到从设备，但是从设备里面又有比较多的寄存器。而位于 MPU6050 内的寄存器一部分存放着其采集的实时数据，另一部分等着外部放一些数据来设置其采样属性。

这样，如上面的寄存器 SMPLRT_DIV（0x19）是用来设置陀螺仪采样率的寄存器地址，只要向该地址所指的寄存器写入相应的值即可以设置陀螺仪采样率。因此下面的 MPU6050 初始化函数就是调用封装的 I2C 写函数向相应的寄存器内写属性数据，设置 MPU6050 采样属性。

```
//------------------------------------------------
//初始化 MPU6050
//------------------------------------------------
void InitMPU6050()
{
    Single_WriteI2C(PWR_MGMT_1, 0x00);        //解除休眠状态
    Single_WriteI2C(SMPLRT_DIV, 0x07);
    Single_WriteI2C(CONFIG, 0x06);
    Single_WriteI2C(GYRO_CONFIG, 0x18);
    Single_WriteI2C(ACCEL_CONFIG, 0x01);
}
```

ACCEL_XOUT_H、ACCEL_XOUT_L 寄存器是用来存放最新的陀螺仪 X 极的数值，因为采用 16 位 ADC，所以这里需要用两个寄存器。所以下面合成数据函数负责连续读取 REG_Address 开始的两字节数据组成一个 16 位数据。当函数的参数为 ACCEL_XOUT_H

时，则获取的是实时的陀螺仪 *X* 极的数值，同样也可以获得实时的 6 轴数据。

```
//--------------------------------------------------
//合成数据
//--------------------------------------------------
int GetData(uchar REG_Address)
{
    uchar H,L;
    H=Single_ReadI2C(REG_Address);
    L=Single_ReadI2C(REG_Address+1);
    return (H<<8)+L;                                //合成数据
}
```

注：关于 MPU6050 内部的寄存器的地址和功能，可以参考其官方的 MPU6050 寄存器手册。

4.6.5　研发流程

1）打开 Keil μVision2，选择 Project 下的 Open Project 命令，打开计步手环.Uv2 加载工程，如图 4.34 所示。

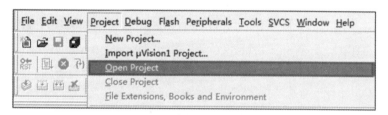

图 4.34　打开工程

2）待工程加载完毕，会在工程窗口中看到图 4.35 所示的文件结构。其中，FUNC 组下面包含数 i2c 驱动、mpu6050 和串口驱动文件，USER 组下是最上层的应用程序文件。

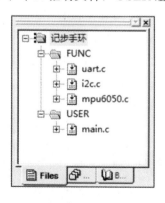

图 4.35　文件结构

3）这里直接通过 main.c 对整个工程的流程进行分析：主函数中先初始化串口和 MPU6050，接着进入无限循环。循环中每隔一定的时间发送一帧的数据，该帧以'#'开始，以'$'结束，中间依次是 X 轴加速度值、Y 轴加速度值和 Z 轴加速度值。

```
//-------------------------------------------------
//主函数
//-------------------------------------------------
void main (void)
{
    delay(500);                              //上电延时
    InitUART();                              //初始化串口
    InitMPU6050();                           //初始化 MPU6050

    while (1)                                //主循环
    {
        SendByte('#');                       //起始标志
        SendData(GetData(0x3B));             //X 轴加速度
        SendData(GetData(0x3D));             //Y 轴加速度
        SendData(GetData(0x3F));             //Z 轴加速度
        SendByte('$');                       //标志
        delay(20);
    }
}
```

其中，调用了串口驱动中的 void InitUART(void)串口初始化函数，调用 void SendByte (unsigned char dat)串口发送一个字节函数，调用 void SendStr(unsigned char *s)串口发送一个字符串函数，调用了 MPU6050 驱动中的 void InitMPU6050()初始化函数和 int GetData (uchar REG_Address)获取 6 轴数据函数。

```
//外部函数
extern void InitUART(void);
extern void SendByte(unsigned char dat);
extern void SendStr(unsigned char *s);
extern void InitMPU6050();
extern int  GetData(uchar REG_Address);
```

这里唯一要特别说明的函数是 void SendData(int value)函数。我们知道直接调用 MPU6050 的函数 int GetData(uchar REG_Address)返回的是 int 类型的数据，而串口每次只能发送一个 8bit 的数据，于是这里的 SendData 则是负责将该 int 类型的数值转换为串口容易发送的数据再进行发送。

```
//-------------------------------------------------
//整数转字符串
//-------------------------------------------------
void enCode(uchar *s,int temp_data)
{
    if(temp_data<0)
    {
        temp_data=-temp_data;
```

```
        *s='-';
    }
    else *s=' ';
    *++s =temp_data/10000+0x30;
    temp_data=temp_data%10000;          //取余运算
    *++s =temp_data/1000+0x30;
    temp_data=temp_data%1000;           //取余运算
    *++s =temp_data/100+0x30;
    temp_data=temp_data%100;            //取余运算
    *++s =temp_data/10+0x30;
    temp_data=temp_data%10;             //取余运算
    *++s =temp_data+0x30;
    *++s ='\0';                         //字符串结束标志
}
//-----------------------------------------
//编码+发送到串口
//-----------------------------------------
void SendData(int value)
{
    enCode(temp, value);                //转换数据显示
    SendStr(temp);
}
```

上面的 enCode() 函数是将输入的 int 类型的数据转换为第 1 位为符号（正用空格代替，负用负号代替）、后 5 位为数值的字符串，即使不足 5 位数，前面也要填充 0。这样便不难理解 SendData 的功能：将 value 编码并通过串口发送。

这样整个工程的作用则是周期性读取 MPU6050 三轴的加速度并用表 4.3 所示的帧格式通过蓝牙发送出去。

表 4.3　运动数据格式

帧　头	X轴加速度数值					Y轴加速度数值					Z轴加速度数值					帧　尾
#	0	0	1	2	5	-	1	1	0	0	5	1	0	2	3	6	$

4.6.6　客户端软件模块设计

1）打开 Eclipse，选择 File 菜单栏的 Import 命令，准备导入 second_test 工程，如图 4.36 所示。

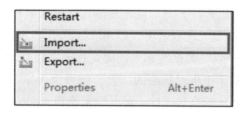

图 4.36　导入工程

2）在弹出的 Select 窗口中选择 Android 文件夹下的 Existing Android Code Into Workspace，如图 4.37 所示，然后单击 Next 按钮，进入下一步。

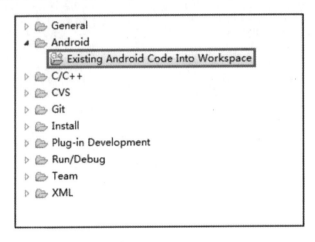

图 4.37　选择导入类型

3）在弹出的对话框中单击右上角的 Browse 按钮，找到要导入的 third_test 所在路径，并且勾选 Copy projects into workspace 复选框，如图 4.38 所示。

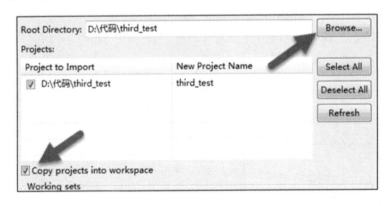

图 4.38　选择工程

4）最终效果如图 4.39 所示，在 src 文件夹下有 4 个包：第 1 个包是和蓝牙相关的类（从下到上依次为蓝牙设备搜索相关类、蓝牙通信连接相关类和蓝牙通信相关类）；第 2 个包是绘制折线图表相关的类（这里采用开源图表绘制引擎 achartengine，所以在 libs 里要添加相应的包）；第 3 个包是数据池相关的类，用于实现蓝牙数据实时高速处理；第 4 个包是 UI 相关类，也是整个工程最核心的部分。如果读者导入过程中出现错误，也可以新建一个工程，然后把 src 下的文件、layout 下的文件和 AndroidManifest.xml 文件做相应的修改，同时还要注意引入 libs 的包及 values 里的 strings.xml 文件。

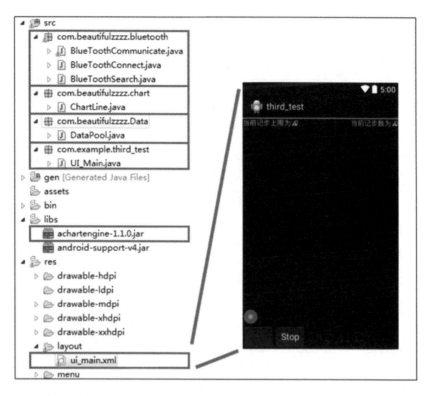

图 4.39　工程文件结构

手环工作流程如图 4.40 所示，当单击连接小手环按钮后，则执行蓝牙搜索类的 do-Discovery()函数进行蓝牙设备搜索。在其搜索过程中，搜索的设备名和设备地址分别存储在 BlueToothSearch 的公有成员变量 mNameVector 和 mAddrVector 中，然后在本次搜索结束后会向 Activity 发送一个类型为 0x01 的 Handler 消息，而该消息会被 Activity 中的 handleMessage 接收到。

当 Activity 中的 handleMessage 接收类型为 0x01 的消息后，程序会遍历本次蓝牙搜索到的周边设备的名称，找到符合手环的蓝牙设备。然后调用蓝牙连接的 setDevice()函数获取远程蓝牙通信 socket，接着在 handleMessage 内再触发蓝牙连接的线程进行蓝牙连接。当蓝牙连接完毕，则会发送 0x02 类型的消息反馈给 Activity 中的 handleMessage。

同样地，当 Activity 中的 handleMessage 接收类型为 0x02 的消息后，程序会调用蓝牙通信类的 setSocket()函数来获取标准输入输出流。如果想从软件向硬件发送消息，可以直接调用蓝牙通信类的 write()函数，接收数据则是采用启动一个接收线程来实现实时接收。图 4.40 所示为手环蓝牙连接流程。

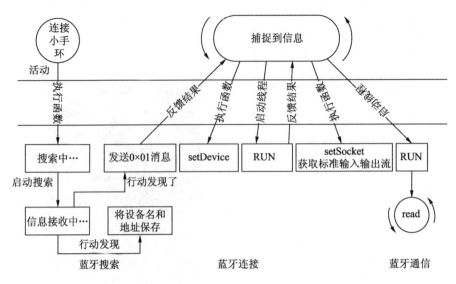

图 4.40　手环蓝牙连接流程

手环的工作流程是一个无限轮询接收数据的过程。从小手环发来的数据是比较高速的（硬件工程中写的是每次发送完毕 delay(20)，应该算是比较短的时间了）。那么问题就来了：如果我们不能及时地将手环传来的数据进行处理，很有可能导致大量的数据滞留在缓冲区。这样会进一步导致每次获得的数据都不是最新的数据，表现出动态绘制折线图滞后的糟糕效果。

综上所述，由于下位机 10ms 发送一次 20byte 的数据，上位机一方面要做好接收工作，保证数据不拥挤在串口接收缓冲区；另一方面要实时获取当前从串口读到的最新数据。如果采用传统多线程+锁的机制是可以的，当多线程中加入锁后势必会影响程序执行效率，通过综合分析该问题，最终抽象出一个特殊的数据模型——自动更新的环形栈，如图 4.41 所示。

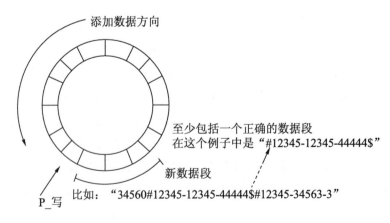

图 4.41　自动更新的环形栈

图 4.41 所示自动更新的环形栈本质上是一个基于环形数组的特殊数据结构。图中的环形代表数据池，也是一个环形数组（普通数组，采用一定技巧将首尾连接），p_write 指示当前数据插入位置，每次插入一个数据后 p_write 顺时针移动一格，从而实现新数据覆盖老数据的自动更新功能。而这里最精妙的地方在于每次取数据的方式：从 p_write 所指的位置逆时针取 40 个数据（因为有效帧包含的数据长度为 20，一次取 40 个数据是为了保证至少有一个有效帧），然后从这 40 个数据中找出有效信息，赋值给公有成员 X、Y、Z。这样通过适当调节环的容量，保证取数据时该段数据不被覆盖的前提下，又能根据 p_write 指示获取最新的下位机发来的有效帧，将存和取有效地分离，从而完美达到了我们的需求。

具体在程序中是 UI_Main.java 的 onCreate 函数中声明并实例化一个大小为 20 000B（字节）的数据池 mDataPool = new DataPool(20000B)。接着在 BlueToothCommunicate 的轮询接收数据的线程中对于每次新收到的数据调用 mDataPool 的 push_back(buffer，bytes)函数将其存储在数据池中。当每次需要取最新数据时只要先调用 mDataPool 的 ask()函数，接着便可直接通过访问 DataPool 的公有成员 X/Y/Z 获取最新的三轴加速度的值了。具体代码如下：

```
// 利用线程一直接收数据
public void run() {
    byte[] buffer = new byte[1024];
    int bytes;
    // 循环一直接收
    while (state) {
        try {
            // bytes 是返回读取的字符数量，其中数据存在 buffer 中
            bytes = mmInStream.read(buffer);
            String readMessage = new String(buffer, 0, bytes);
            Log.i("beautifulzzzz", "read: " + bytes + " mes: "
                + readMessage);
            UI_Main.mDataPool.push_back(buffer, bytes);
        } catch (IOException e) {
            break;
        }
    }
}
```

计步手环整体业务逻辑是在控件的单击事件和 handleMessage 之间有序进行，下面将着重说明数据的实时显示及一些用于优化操作的细节。

在 onCreate 中首先实例化蓝牙搜索、连接、通信，接着实例化数据池和折线图表，然后调用折线图类的成员函数对折线图做前期设置，最后启动 ChartThread 线程。具体代码如下：

```
// 实例化蓝牙搜索、连接、通信
// myHandler 是用来反馈信息的
mBlueToothSearch = new BlueToothSearch(this, myHandler);
```

```
mBlueToothConnect = new BlueToothConnect(myHandler);
mBlueToothCommunicate = new BlueToothCommunicate(myHandler);
mDataPool = new DataPool(20000);
mChartLine = new ChartLine();
// 设置图标显示的基本属性
mChartLine.setChartSettings("Time", "", 0, 100, -20000, 20000, Color.
WHITE, Color.WHITE);
// 设置 4 个折线图的属性
mChartLine.setLineSettings();
ChartThread.start();                               // 启动图标更新线程
```

在此之后便是对连接手环按钮做的相关设置，关键在于蓝牙搜索、连接、通信通过线程启动并通过 handler 将消息反馈的机制。

这样当单击连接手环的按钮之后，在 handler 的沟通下上位机和下位机最终实现通信。此时下位机一旦有数据传送上来，上位机便快速地将其放入数据池内。那么程序是在什么时候取数据并更新 UI 的呢？秘密就在于 ChartThread.start()。下面来看代码：

```
private Thread ChartThread = new Thread() {
    public void run() {
        while (true) {
            try {
                sleep(100);
                // 周期性发送更新 Chart 的消息（因为 UI 不能放在这个里面更新）
                Message msg = new Message();
                msg.what = 0x04;
                myHandler.sendMessage(msg);
            } catch (InterruptedException e) {
            }
        }
    }
};
```

从上面的代码中可以看出，ChartThread 主要负责周期性发送类别为 0x04 的消息，而在 handleMessage 的 case 0x04 中则是负责获取实时数据并更新 UI 的。之所以这样绕个弯，是因为 UI 更新一旦放在 ChartThread 中就会导致程序运行异常。这里的数据获取和更新也比较容易理解：首先调用数据池的 ask() 函数从 p_write 向后找 40 个数据寻找并解析有效帧，如果成功则最新的 *X/Y/Z* 三轴的加速度已经保存在 mDataPool 的公有成员 *X/Y/Z* 中；然后是计算合加速度（减去 16000 是为了方便显示），分别将三轴加速度及其合速度值加入折线图中；接着开始简单的计步算法，即当合加速值超过设定的计步阈值时计步数加 1，然后控制折线图滚动到最新的位置并刷新 ChartView。实现代码如下：

```
case 0x04:
    if (mDataPool.ask() == true) {
        int all = (int) Math.sqrt(mDataPool.X * mDataPool.X
                + mDataPool.Y * mDataPool.Y + mDataPool.Z
                * mDataPool.Z) - 16000;
        mChartLine.addData(0, mTime, mDataPool.X);
        mChartLine.addData(1, mTime, mDataPool.Y);
        mChartLine.addData(2, mTime, mDataPool.Z);
```

```
        mChartLine.addData(3, mTime, all);
        if (all > mUpperLimit) {          // 计步-合加速度超过设定上限则计步
            mNum++;
            mTextView2.setText("当前计步数为: " + mNum);
        }
        mTime += 1;
        mChartLine.letChartMove(mTime); // 控制图形滚动
        mChartLine.mChartView.repaint();
    }
    break;
```

综上所述，当建立蓝牙通信后，整个应用程序中主要有 3 个线程：

- 用于不断读取串口数据并将其存入数据池的数据线程；
- 用于周期性发送 0x04 消息的信号线程；
- 隐藏不重要的主线程（UI 更新等操作）。

如图 4.42 所示，一方面，数据线程不断读取数据存入数据池中；另一方面，信号线程周期性发送 0x04 消息触发 handleMessage 的 case 0x04 执行 ask 读数据函数，当成功解析到有效数据时会在主线程中计步并更新 UI。

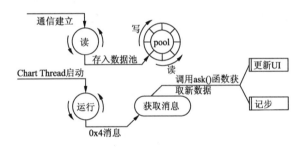

图 4.42　计步手环运行流程示意图

此外，还有一些其他的控件用于提高交互性，如表 4.4 所示。开始/停止按钮用于控制折线图是否动态滚动，当停止折线图动态滚动时，折线图的数据增加并未被中止，此时可以方便用户拖动折线图查看历史数据或观察细节。4 个 CheckBox 用于控制显示哪一个折线图，这样便于单独分析。滚动条是用来动态设置计步阈值的，便于深入理解计步算法。

表 4.4　其他用于优化交互的空间

控　件	功　　能	实　　现	备　　注
开始停止按钮	控制折线图是否滚动	控制 mChartLine 的 canRun，当 canRun 为 false 时调用 letChartMove 则不进行图表滚动	Stop 时折线图仍然有数据加入
4 个 CheckBox	控制显示或隐藏 4 个折线	监听 CheckedChanged 事件，并通过调用 mChartLine 的 showLine(i) 或 hideLine(i) 来控制对应的折线显示或隐藏	和按钮监听设置方式稍有不同
滚动条	控制计步阈值	监听滑动条事件，通过获取当前滑动条进度来设置计步阈值	需要将当前进度放大一定倍数

4.6.7 手环系统设计

本节主要介绍手环 App 的设计。手环的硬件结构包括 STC12C5A60S2 单片机，三轴数字加速度计 ADXL345、蓝牙模块 HC-05。手环通过蓝牙向健康 App 传递健康数据，并通过手机屏幕显示出来，在关键时刻还可以通过振动来提醒用户。

软件功能从电量监测、运动监测和睡眠监测三部分来体现，当手环处于运动监测的时候可以计算运动步数，并且在达到预先设定的运动步数时会进行震动提醒；在睡眠监测的时候可以统计出当天的总睡眠时间、轻度睡眠时间和深度睡眠时间；同时，手环端也需要对移动终端的应用程序进行电量监测。

1. 系统运行流程

系统运行流程如图 4.43 所示。

手机 App 依靠蓝牙传输不同的控制字符到手环上，单片机响应串口接收中断并判断接收寄存器中的内容，然后根据判断结果执行相应的操作从而实现对手环的控制。

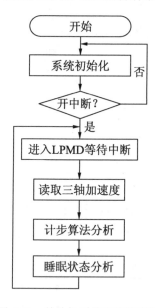

图 4.43 单片机系统运行流程图

2. App软件设计

应用软件层里面包含这款智能设备的所有功能，是进行人机交互的接口，为使用者提供直接的服务。这里这款智能设备的上层应用开发，基本上就是基于 Android 移动智能操作系统的手机 App 的研究，所以在传统系统软件研发中的内容都可以用在这款智能设备的手机 App 软件研发中。根据"总体架构、整合开发、分步实施、持续完善"的工作思路，这款手机 App 应该具有包含完善的运动及睡眠的数据，也是为了以后维护起来更加便捷，使用起来更加方便。在这个基础上还应该拥有好看的界面，给用户一个良好的视觉体验。

　　在功能方面，智能手环的健康应用软件需要对用户的睡眠和运动进行监测，把使用者在使用状态时的运动数据和睡眠数据进行整理。因为这款智能手环应该和手机端共同使用，所以应该把整理后的信息发送到手机端上。应用软件结构如图 4.44 所示。

　　使用者根据 App 能够观察自己在使用状态时的运动及睡眠的数据，并且根据预先设定的值来监督自己是否完成了，从而达到监督使用者坚持锻炼，提高身体素质的目的。

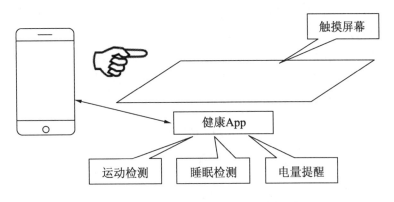

图 4.44　健康管理 App 功能结构框图

　　依据用户对功能的要求，我们把手机 App 主要分成三部分：电量监测模块、运动监测模块和睡眠监测模块，如图 4.45 所示。在这个基础上，运动监测模块又分为两部分，分别是使用者使用状态下运动的步数，以及达到预先设定步数时震动提醒；睡眠监测模块又分为三部分，分别是使用者使用时的睡眠总时间、深度睡眠时间和轻度睡眠时间。

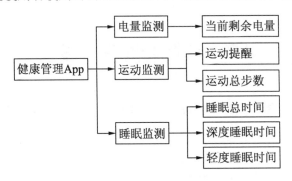

图 4.45　电源管理模块结构框图

　　手机 App 主要有 3 个部分：运动监测模块、睡眠监测模块和电量检测模块。

健康管理模块为运动监测信息设置模块。手环端会收到用户在手机端输入的预先设置的信息，然后对信息进行处理。每个子模块的信息分别被其他子模块使用。

运动监测模块主要分为两个部分，分别是使用者在使用状态下运动的总步数，以及达到预先设定步数时的运动提醒模块。在健康应用软件的工作模式为运动检测模式时，软件用户从底层的加速度传感器（ADXL345）驱动程序获得用户行走的事件，以时间为标杆对步数进行统计。

睡眠监测模块主要分为三个部分，分别是统计使用者在使用状态下睡眠的总时间、深度睡眠时间及轻度睡眠时间。此时手机 App 的运行状态应该是睡眠监测状态，应用软件从底层加速度传感器（ADXL345）驱动程序获得用户翻身的事件，以时间为标杆对用户的翻身频率进行统计，同时根据设置的健康数据和统计算法，再以时间为标杆对用户的睡眠总时间、轻度睡眠总时间、深度睡眠总时间进行统计。

电量监测功能是电源管理模块的功能之一，监测手环当前使用的电量情况，并显示到手机 App 屏幕上方，达到对手环电量的实时监测，以免因电量不足而影响用户的正常使用。电源管理模块软件结构框图如图 4.46 所示。

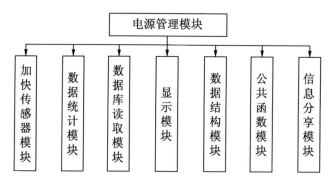

图 4.46 电源管理软件结构框图

4.7 其他智能医疗设备

智能医疗设备种类繁多，有些设备甚至还不能说具备智能，但是这些医疗设备有着众多的客户、良好的使用效果和客户体验。

1. 理疗仪

市场上有不少在家中就可以自己做理疗的电子仪器，我们称之为家用理疗仪。它们大部分是属于远红外线、红外线、热疗、磁疗、高低频、音频脉冲及机械按摩类别的治疗仪器。当人们的腰、腿、颈椎或胳膊不舒适时，做一些理疗，可以缓解疼痛的感觉。这些家用理疗仪可以让人们在自己家中使用，作为辅助的保健治疗。

2. 保健按摩器材

保健养生器材是器材类中的一种，随着人们对健康的重视，保健养生成为了并不少见的一种生活理念。保健养生器材种类很多，大致可分为按摩器材、足浴器材、饮食养生小电器、保健家具、生活用品和人体健康检测仪器。

3. 智能体脂称

智能体脂称可全面检测人体体重、脂肪、骨骼和肌肉等含量，通过 App 分析身体的重要数据，根据每个时段的身体状况和日常生活习惯，提供个性化的饮食和健康指导，智能对象识别技术，多模式、大存储，可满足各年龄阶段的用户需求。

4. 智能血压计

通过蓝牙或 Wi-Fi 连接手机 App 端，可以清晰地展示个人的健康数据，自动分析健康状况。血压数据永久存储在云端，可随时随地查询过往记录，并且不用担心被覆盖和丢失，为父母问诊时提供可靠的连续数据支持，并及时发现健康隐患。

5. 智能血糖仪

智能血糖仪的智能语音提示犹如儿女叮嘱，使用简单、方便贴心。智能免调码能避免错误调码而导致结果出现偏差。智能血糖仪能快速显示测试结果，数据稳定、准确、大屏幕、大字体，特别方便中老年人使用，大记忆容量存储，方便老人掌握血糖值。

6. 便携式多参数健康一体机（LR_PM2001）

多参数健康一体机便携式设计，使用方便。无风扇设计，无尘损坏，故障率低；7 吋真彩色高亮度 TFT LCD 电容触摸屏显示，简化操作；内置充电电池，交/直流供电，不间断监护；心电 12 导/5 导/3 导兼容。数字血氧技术，抗电导干扰，抗弱灌注，抗运动干扰能力强，具有重点监护导联波形存储回放、全息回放功能；报警回顾功能，可存储报警事件，大字符显示，抗高频电导，对除颤效应有防护，内置 Wi-Fi，可将数据自动上传到云端；专业的高可靠系统设计，使产品更加稳定。

7. 多功能健康一体机检查仪

健康一体机是集信息化和全科检查于一体的应用于基层卫生机构的便携式医疗终端，设备轻巧便携，方便医务人员出诊和入户随访，包含心电图、尿常规、血压、血氧、体温、脉搏、血糖、检眼镜、检耳镜等检查功能，可开展居民电子健康档案建立、儿童管理、老年人管理、慢性病管理等国家要求的 11 项公共卫生管理服务，设备通过和当地医疗信息管理系统、医保结算系统、公共卫生管理系统对接。

8. 心血管供血功能的诊断软件

睿心智能医疗公司研究开发的基于人工智能、模拟仿真、云计算的智能医学平台，能深度挖掘医疗数据中的信息以更精准地评估病情及指导治疗方案，研发的产品在心脑血管疾病检测等方面有广泛的应用。基于创业团队在医学影像和生物仿真等领域十余年的研究，开发出了一整套人工智能和流体仿真的算法和软件。在此基础上，推出的第一款产品是评估心血管供血功能的诊断软件，仅需要病人的心脏 CT 影像，便可准确地推算出血管的供血功能并生成诊断报告。

目前，医学影像 AI 技术全部集中在病理形态学方面的识别和判断，但是却无法推测病变器官的功能指标。而在心脑血管领域，AI 技术当前能提供的信息仅限于临床专家能从影像中获取的信息，例如从冠脉 CT 影像中提取血管的狭窄程度、斑块的属性等信息。但是这些形态学信息并不足以评估病变血管的供血功能，目前该类功能指标只能通过非常复杂、代价昂贵的介入手术来获得。睿心智能医疗公司的这款软件产品正解决了这一痛点。

在当下心血管疾病高发，在传统医疗费时费力，不能完全解决问题的背景下，AI 应用到心血管诊疗，对大众尤其是特定职业人群的全面预防性筛查、减少无症状心源性疾病导致的猝死风险，减轻医生工作压力、提升诊断效率和诊断准确性，以及对病患者享受更好地诊断与治疗，都有积极意义。

4.8　智能医疗设备发展趋势

近年来，物联网技术为数字医疗产业的发展提供了动力。在互联网和智能手机普及的今天，人们不仅可以通过 App 或者云产品来管理生活，还能通过一系列医疗物联网设备来管理健康。随着传感器、微流控等技术的发展，医疗器械行业向着小型化、智能化发展也会是一个大的趋势。

智能医疗设备目前看来能够分为两条主线：可穿戴设备和医疗机器人。

未来可穿戴设备将会成为医疗领域的智能手机，直接将医疗器械制造企业与患者对接，形成强大的用户粘性，打造医疗生态系统入口。医疗机器人则具有更加广阔的发展前景，无论是手术还是康复治疗，医疗机器人展现出的强大性能远超人工。

技术的创新归根结底也是为了更好地满足客户的需求。在当下"患者为中心"的医疗背景下，企业不能只看重利润，而不注重服务质量的提升。医疗器械虽然是制造行业，但也同样如此。在激烈的竞争下，企业为了寻找新的出路，开始探索新的业务模式。

　　智能可穿戴设备生产企业从最初单纯的设备生产商，逐渐演变成"硬件+软件+云服务"的智能穿戴整体解决方案供应商。企业利用自主研发生产的能够随时检测并向云端提供用户信息的智能可穿戴设备，依靠移动医疗等大数据平台，对用户数据进行采集分析，为客户提供健康管理服务。

　　例如，国内某糖尿病移动医疗平台是一个基于智能数据引擎开发的糖尿病管理服务连接平台，医生与医助在平台上协同工作，为患者提供个体化、连续性的院内外一体化糖尿病管理服务。

　　依托产品向服务转型，这几乎是所有行业发展的标准路线。高科技巨头苹果"产品+服务"的商业模式对未来各行业的发展都具有重大借鉴意义，医疗器械行业也是一样，未来，单纯的器械生产销售企业将会难以生存，只有不断提供更优质的服务才能继续成长。

1．行业龙头国际展会惊艳亮相，贡献中国智慧

　　2018 年第 19 次德国 MEDICA 展会上，中国向全球展示了医疗智能化解决方案。

　　其中，迈瑞公司在智能监护、血液分析、智能实验、呼吸机方面带来了一系列成熟的智能化解决方案，如 Resona 智能超声解决方案、性能高效的 CAL6000 血液分析流水线，都在各自领域有着突破性进展。病人监护仪 BeneVision N 系列、全自动生化免疫流水线 SAL 9000 等新品，其智能化的工作流程、无缝衔接的物联网技术引来同业人员瞩目，向世界展示了中国医疗器械的技术创新和实力。

　　迈瑞公司将生命信息、体外诊断、医学影像等三大核心业务，通过最新产品解决方案集中于一个场馆展示。这种一站式的展位布置，有利于持续强化迈瑞公司拥有全面、整套的智能医疗解决方案，而非单纯的设备供应商，助其建立更好的全球品牌形象。

2．坚持自主研发，掌握核心技术，攻坚高端医疗器械顶尖水平

　　医疗器械的特点是产品间差异极大、涉及技术众多，其发展受本国基础工业发展水平影响较大。此外，在该市场中，技术含量越高的产品，利润率越高，竞争也越少；技术含量低的产品市场蛋糕有限，众人分食则是"僧多粥少"。我国医疗器械企业受产业链影响，大多企业产品局限在低利润区间，高端市场几乎被欧美企业占据。

　　正因如此，我国相关企业十分强调自主研发，提升医疗器械产品的科技附加值。例如，迈瑞公司每年研发投入超 10 亿元，招揽了近 1700 名研发工程师，专利总申请量超过 2900 项，更有 19%的发明专利获得美国认可，生化分析仪、流式技术多项专利等打破国内空白。

3．通过信息系统、产品管理智能化，保证了市场与后端供应链高效联动

　　为了聚合产业资源，需要努力推动后端供应链智能化、内部管理信息化，共同与

市场终端有效联动。迈瑞公司引入了生产管理系统 MES、供应链 Supply Chain、物联网、移动应用平台等信息化技术，推动制造流程、公司运营环节智能化，实现前后两端高效快速反应。

这样将有效保证总部能够及时、全面、准确地掌握各分支机构及市场的业务动态，在公司整体信息融合的基础上，不仅能有效降低管理成本，更为其全球市场的稳健增长和战略落地提供了技术保障和科技赋能。

4. "AI+"医疗，引领智能诊断时代

"内外兼修"下，迈瑞公司的前沿产品中所蕴藏的"AI+"医疗趋势，也正为行业打开全新的想象空间。AI 将成为医疗器械行业最大变量，让售卖硬件的一次性收入转变为持续性收入的软件服务，具有更强的复利效应。

在这一方面，海康威视是典型案例。其从早期简单售卖监控摄像头的硬件公司，转变成为以 AI 为核心的物联网解决方案提供商，在投入智能分析技术研发后，极大提升了企业的商业价值。

早期受限于 AI、大数据等技术条件制约，传统医疗器械产品如血氧饱和度监护仪、无线监护系统等单一的医疗设备，除了后期保养之外，很难产生持续性收入。如今，通过一整套医疗服务解决方案，不仅能够满足客户长尾需求，还能通过病例的收集和整理，形成高价值的诊疗解决方案，营收模式也更加多元且复利效应强。

5. AI的引入，让医疗器械更加智能化，实现医院、患者、设备商三方共赢

对医院而言，随着人口增长放缓和老龄化社会的加快，国内医疗条件的不均衡进一步加剧，医疗行业供需矛盾将进一步凸显。在国内每千人口中执业（助理）医师仅有 2.31 的现状下，通过智能医疗器械，医生将能从基础诊断工作中脱身，从事更为关键的治疗环节。同时，设备的智能化，也能帮助医生辅诊，提升医生的看病效率。

对患者而言，智能医疗器械将能更准确、更高效地完成问诊和治疗，体验更好。随着智能医疗器械的成熟应用，不仅能够更好、更快地完成诊断过程，缩短病痛时间，还将减少对优质医生的依赖，降低治疗成本，从而减少病患的医疗负担。

智能医疗设备制造商在为医院、患者提供顶尖的智能化医疗设备和完整解决方案的同时，良好的临床表现，与高端医院成功合作，也具备标杆效应，能够赢得市场更广泛认可和信赖，企业、医院、患者建立起稳定的合作关系。在高端医院的信用背书和市场高度依赖下，将进一步收获更高的市场溢价。

医疗未来最核心的挑战就是对于医疗体系整体运营效率的提升。依靠"AI+大数据"等物联网科技，或将成为打开未来医疗发展的"金钥匙"。

4.9 本 章 小 结

本章阐述了医用传感器、智能医疗设备研发、健康管理、设备+服务的设计理念，给出了传统医疗设备厂商和人工智能设备厂商合作的契合点及合作的方案与策略，从技术层面详细介绍了健康医用设备的研发流程、硬件结构和软件功能方面的知识。

4.10 本 章 习 题

1. 医用传感器研发有什么要求？
2. PEC/CT 成像的原理是什么？
3. 重力加速度计如何计步？
4. 健康管理有哪些内容？
5. 智慧医疗中，物联网、医用传感器分别扮演什么角色？

第 5 章 智能硬件之机器人研发

本书的研究范畴涵盖人工智能和智能硬件研发。智能机器人的研发就属于人工智能在机电一体化领域的应用。机器人是机电一体化的产品，人工智能的兴起，使机器人的研发也走向智能化。本章将重点介绍智能机器人研发的相关内容，但不会详细介绍传统机器人技术、伺服系统和调速系统。

5.1 概　　述

ISO 国际标准化组织对机器人的定义如下：
- 机器人的动作机构具有类似于人或其他生物体的默认器官（肢体、感受等）的功能；
- 机器人具有工作种类多样，动作程序灵活易变的特点；
- 机器人具有不同程度的智能性，如记忆、感知、推理、决策和学习等；
- 机器人具有独立性，完整的机器人系统在工作中可以不依赖于人的干预。

机器人行业蓬勃发展，人工智能的快速发展辐射到人们生活及生产制造的方方面面，尤其是"AI＋机器人"组合，让机器人脱离了传统工业机器人的形象，能看会听的智能机器人、客服机器人、仿生机器人已逐渐出现。科技的发展从未停止，大数据分析让机器人更智能，例如，脑洞大开的电波控制机器人、迈向无人驾驶路上的自动驾驶、无人物流及"听话"的激光导航机器人等。

本节我们将探讨机器人学的基本概念，并了解机器人是如何完成它们的任务的。人形机器人如图 5.1 所示。

图 5.1　人形机器人

5.1.1　机器人系统组成

机器人系统是由机器人和作业对象及环境共同构成的,其中包括机械系统、驱动系统、控制系统和感知系统四大部分。

1. 机械系统

工业机器人的机械系统包括机身、臂部、手腕、末端操作器和行走机构等部分,每一部分都有若干自由度,从而构成一个多自由度的机械系统。此外,有的机器人还具备行走机构。若机器人具备行走机构,则构成行走机器人;若机器人不具备行走及腰转机构,则构成单机器人臂。末端操作器是直接装在手腕上的一个重要部件,它可以是两手指或多手指的手爪,也可以是喷漆枪、焊枪等作业工具。工业机器人机械系统的作用相当于人的身体(如骨骼、手、臂和腿等)。

2. 驱动系统

驱动系统主要是指驱动机械系统动作的驱动装置。根据驱动源的不同,驱动系统可分为电气、液压和气压 3 种,以及把它们结合起来应用的综合系统。该部分的作用相当于人的肌肉。

电气驱动系统在工业机器人中应用较普遍,可分为步进电动机、直流伺服电动机和交流伺服电动机 3 种驱动形式。早期多采用步进电动机驱动,后面发展为直流伺服电动机,现在交流伺服电动机驱动也逐渐得到应用。上述驱动单元有的用于直接驱动机构运动,有的通过谐波减速器减速后驱动机构运动,其结构简单、紧凑。

液压驱动系统运动平稳且负载能力大,对于重载搬运和零件加工的机器人,采用液压驱动比较合理。但液压驱动存在管道复杂、清洁困难等缺点,因此限制了它在装配作业中的应用。

无论电气还是液压驱动的机器人,其手爪的开合都采用气动形式。气压驱动机器人结构简单、动作迅速、价格低廉,但由于空气具有可压缩性,其工作速度的稳定性较差。但是空气的可压缩性可使手爪在抓取或卡紧物体时的顺应性提高,防止受力过大而造成被抓物体或手爪本身被破坏。气压系统的压力一般为 0.7 MPa,因而抓取力小,只有几十牛到几百牛大小。

3. 控制系统

控制系统的任务是根据机器人的作业指令程序及从传感器反馈回来的信号,控制机器人的执行机构,使其完成规定的运动和功能。

如果机器人不具备信息反馈特征，则该控制系统称为开环控制系统；如果机器人具备信息反馈特征，则该控制系统称为闭环控制系统。该部分主要由计算机硬件和控制软件组成。软件主要由人与机器人进行联系的人机交互系统和控制算法等组成。该部分的作用相当于人的大脑。

4．感知系统

感知系统由内部传感器和外部传感器组成，其作用是获取机器人内部和外部环境信息，并把这些信息反馈给控制系统。内部状态传感器用于检测各关节的位置、速度等变量，为闭环伺服控制系统提供反馈信息。外部状态传感器用于检测机器人与周围环境之间的一些状态变量，如距离、接近程度和接触情况等，用于引导机器人，便于其识别物体并做出相应处理。外部传感器可使机器人以灵活的方式对它所处的环境做出反应，赋予机器人一定的智能。该部分的作用相当于人的五官，与人类极为相似。

一个典型的机器人有一套可移动的身体结构、一部类似于马达的装置、一套传感系统、一个电源和一个用来控制所有这些要素的计算机"大脑"。从本质上讲，机器人是由人类制造的"动物"，它们是模仿人类和动物行为的机器，如图 5.2 所示。

图 5.2　仿生袋鼠机器人

机器人的定义范围很广，大到工厂服务的工业机器人，小到居家打扫机器人。许多机器人专家使用一种更为精确的定义。他们规定，机器人应具有可重新编程的大脑、用来移动的身体、用来感知的传感器及用来运行的能源。

根据这一定义，机器人与其他可移动的机器（如汽车）的不同之处在于它们的计算机要素。许多新型汽车都有一台车载计算机，但只是用它来做微小的调整。驾驶员通过各种机械装置直接控制车辆的大多数部件。机器人在物理特性方面与普通的计算机不同，它们各自连接、测控着一个身体部件，普通的计算机没有这个能力。

大多数机器人拥有一些共同的特性。首先，几乎所有的机器人都有一个可以移动的身体。有些拥有的只是机动化的轮子，而有些则拥有大量可移动的部件，这些部件一般是由金属或塑料制成的。与人体骨骼类似，这些独立的部件是用关节连接起来的。机器人的轮与轴是用某种传动装置连接起来的。有些机器人使用马达和螺线管作为传动装置；另一些则使用液压系统；还有一些使用气动系统（由压缩气体驱动的系统）。机器人可以使用上述任何类型的传动装置。

其次，机器人需要一个能量源来驱动这些传动装置。大多数机器人会使用电池或墙上的电源插座来供电。此外，液压机器人还需要一个泵为液体加压，而气动机器人则需要气体压缩机或压缩气罐。所有传动装置都通过导线与一块电路相连。该电路直接为电动马达和螺线圈供电，并操纵电动阀门来启动液压系统。阀门可以控制承压流体在机器内流动的路径。比如，如果机器人要移动一只由液压驱动的腿，它的控制器会打开一只阀门，这只阀门由液压泵通向腿上的活塞筒。承压流体将推动活塞，使腿部向前旋转。通常，机器人使用可提供双向推力的活塞，以使部件能向两个方向活动。

机器人的计算机可以控制与电路相连的所有部件。为了使机器人动起来，计算机会打开所有需要的马达和阀门。大多数机器人是可重新编程的。如果要改变某个机器人的行为，只需将一个新的程序写入它的计算机即可。

并非所有的机器人都有传感系统。很少有机器人具有视觉、听觉、嗅觉或味觉。机器人拥有的最常见的一种感觉是运动感，也就是它监控自身运动的能力。在标准设计中，机器人的关节处安装着刻有凹槽的轮子。在轮子的一侧有一个发光二极管，它发出一道光束，穿过凹槽，照在位于轮子另一侧的光传感器上。当机器人移动某个特定的关节时，有凹槽的轮子会转动，在此过程中，凹槽将挡住光束。光学传感器读取光束闪动的模式，并将数据传送给计算机。计算机可以根据这一模式准确地计算出关节已经旋转的距离。计算机鼠标中使用的基本系统与此相同。

以上就是机器人的基本组成部分。机器人专家有无数种方法可以将这些元素组合起来，从而制造出无限复杂的机器人。其中，机器臂是最常见的设计之一。

5.1.2　机器人是如何工作的

英语里"机器人"（Robot）这个术语来自于捷克语单词 robota，通常译作"强制劳动者"。用它来描述大多数机器人是十分贴切的。世界上的机器人大多用来从事繁重的重复性制造工作。它们负责那些对人类来说非常困难、危险或枯燥的任务。

最常见的制造类机器人是机器臂。一部典型的机器臂由 7 个金属部件构成，它们是用 6 个关节接起来的。计算机驱动步进式马达，马达分别连接每个关节，将其旋转，以便控制机器人运动。与普通马达不同，步进式马达会以增量方式精确移动。这使计算机可以精确地移动机器臂，使机器臂不断重复完全相同的动作。机器人利用运动传感器来确保自己完全按正确的位移量运动。

这种带有 6 个关节的工业机器人与人类的手臂极为相似，它具有相当于肩膀、肘部和腕部的部位。它的"肩膀"通常安装在一个固定的基座结构（而不是移动的身体）上。这种类型的机器人有 6 个自由度，也就是说，它能向 6 个不同的方向转动，如图 5.3 所示。与之相比，人的手臂有 7 个自由度。

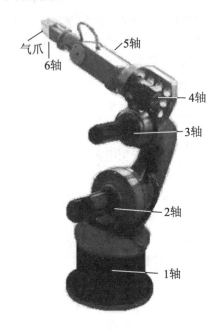

图 5.3　六轴工业机器人

人类手臂的作用是将手移动到不同的位置。类似地，机器臂的作用则是移动末端执行器。研发人员可以在机器臂上安装适用于特定应用场景的各种末端执行器。有一种常见的末端执行器能抓握并移动不同的物品，它是人手的简化版本。机器手往往有内置的压力传感器，用来将机器人抓握某一特定物体时的力度告诉计算机。这使机器人手中的物体不致掉落或被挤破。其他末端执行器还包括喷灯、钻头和喷漆器。

工业机器人专门用来在受控环境下反复执行完全相同的工作。例如，某部机器人可能会负责给装配线上传送的花生酱罐子拧上盖子。为了教机器人如何做这项工作，程序员会用一只手持控制器来引导机器臂完成整套动作。机器人将动作序列准确地存储在内存中，此后每当装配线上有新的罐子传送过来时，它就会反复地做这套动作。

机器臂是制造汽车时使用的基本部件之一，大多数工业机器人在汽车装配线上工作，负责组装汽车。在进行大量的此类工作时，机器人的效率比人类高得多，因为它们非常精确。无论它们已经工作了多少小时，它们仍能在相同的位置钻孔，用相同的力度拧螺钉。

制造类机器人在计算机产业中也发挥着十分重要的作用，它们无比精确的"巧手"可以将一块极小的微型芯片组装起来。

机器臂的制造和编程难度相对较低，因为它们只在一个有限的区域内工作。如果要把机器人送到未知的外部世界，事情就变得有些复杂了。

首要的难题是为机器人提供一个可行的运动系统。如果机器人只需要在平地上移动，轮子或轨道往往是最好的选择。如果轮子和轨道足够宽，它们还适用于较为崎岖的地形。但是机器人的设计者往往希望使用腿状结构，因为它们的适应性更强。制造有腿的机器人还需要研发人员具备自然运动学的知识。

机器人的腿通常是在伺服电机（液压或气动活塞）的驱动下前后移动的。各个伺服电机（活塞）连接在不同的腿部部件上，就像不同骨骼上附着的肌肉。若要使所有这些伺服电机（活塞）都能以正确的方式协同工作，这无疑是一个难题。在婴儿阶段，人的大脑必须弄清哪些肌肉需要同时收缩才能在直立行走时不会摔倒。

同理，机器人的设计师必须弄清与行走有关的正确伺服电机（活塞）运动组合，并将这一信息编入机器人的计算机中。许多移动型机器人都有一个内置平衡系统（如一组陀螺仪），该系统会告诉计算机何时需要校正机器人的动作。

两足行走的运动方式本身是不稳定的，因此在机器人的制造中实现难度极大。为了设计出行走更稳的机器人，设计师们常会将眼光投向动物界，尤其是昆虫。昆虫有六条腿，它们往往具有超凡的平衡能力，对许多不同的地形都能适应自如。

某些移动型机器人是远程控制的，人类可以指挥它们在特定的时间从事特定的工作。遥控装置可以使用连接线、无线电或红外信号与机器人通信。远程机器人常被称为傀儡机器人，如图 5.4 所示，它们在探索充满危险或人类无法进入的环境（如深海或火山内部）时非常有用。有些机器人只是部分受到遥控。例如，操作人员可能会指示机器人到达某个特定的地点，但不会为它指引路线，而是任由它找到自己的路。

图 5.4　NASA 研发的可远程控制的太空机器人 R2

自动机器人可以自主行动，无须依赖任何控制人员。其基本原理是对机器人进行编程，使之能以某种方式对外界刺激做出反应。极其简单的碰撞反应机器人可以很好地诠释这一原理。

这种机器人有一个用来检查障碍物的碰撞传感器。当启动机器人后，它大体上是沿一条直线曲折行进的。当它碰到障碍物时，冲击力会作用在它的碰撞传感器上。每次发生碰撞时，机器人的程序会指示它后退，再向右转，然后继续前进。按照这种方法，机器人只要遇到障碍物就会改变它的方向。

高级机器人会以更精巧的方式运用这一原理。机器人专家们将开发新的程序和传感系统，以便制造出智能程度更高、感知能力更强的机器人。如今的机器人可以在各种环境中大展身手。

较为简单的移动型机器人使用红外或超声波传感器来感知障碍物。这些传感器的工作方式类似于动物的回声定位系统：机器人发出一个声音信号（或一束红外光线），并检测信号的反射情况。机器人会根据信号反射所用的时间计算出它与障碍物之间的距离。

较高级的机器人利用立体视觉来观察周围的世界。两个摄像头可以为机器人提供深度感知，而图像识别软件则使机器人有能力确定物体的位置，并辨认各种物体。机器人还可以使用音频传感器和气味传感器来分析周围的环境。

某些自动机器人只能在它们熟悉的有限环境中工作。例如，割草机器人依靠埋在地下的界标确定草场的范围；用来清洁办公室的机器人则需要建筑物的地图才能在不同的地点之间移动。

较高级的机器人可以分析和适应不熟悉的环境，甚至能适应地形崎岖的地区。这些机器人可以将特定的地形模式与特定的动作相关联。例如，一个漫游机器人会利用它的视觉传感器生成前方地面的地图。如果地图上显示的是崎岖不平的地形模式，机器人会知道它该走另一条道。这种系统对于在其他行星上工作的探索型机器人是非常有用的。

有一套备选的机器人设计方案采用了较为松散的结构，引入了随机变量，当这种机器人被卡住时，它会向各个方向移动肢体，直到它的动作产生效果为止。它通过力传感器和传动装置紧密协作完成任务，而不是由计算机通过程序指导一切。这和蚂蚁尝试绕过障碍物时有相似之处：蚂蚁在需要通过障碍物时似乎不会当机立断，而是不断尝试各种做法，直到绕过障碍物为止。

5.1.3 家庭自制机器人

机器人世界中最引人注目的领域是人工智能和研究型机器人。多年来，这些领域的专家们通过研究和实践，使机器人科学有了长足的进步，但他们并不是机器人的唯一制造者。几十年中，以此为爱好的人尽管为数很少，但充满热情，他们一直在世界各地制造各种机器人。

家庭自制机器人是一种正在迅速发展的亚文化，在互联网上具有相当大的影响力。业余机器人爱好者利用各种商业机器人工具、邮购的零件、玩具甚至老式录像机组装出他们自己的作品。

和专业机器人一样，家庭自制机器人的种类也是五花八门。一些到周末才能工作的机器人爱好者们制造出了非常精巧的行走机械，另一些则为自己设计了家政机器人，还有一些爱好者热衷于制造竞技类机器人。在竞技类机器人中，人们最熟悉的是遥控机器人战士，就像在《战斗机器人》（BattleBots）节目中看到的那样。这些机器算不上"真正的机器人"，因为它们没有可重新编程的计算机大脑，它们只是加强型遥控汽车。

比较高级的竞技类机器人是由计算机控制的。例如，足球机器人在进行小型足球比赛时完全不需要人类输入信息。标准的机器人足球队由几个单独的机器人组成，它们与一台中央计算机进行通信。这台机算机通过一部摄像机"观察"整个球场，并根据颜色分辨足球、球门以及己方和对方的球员。计算机随时都在处理此类信息，并决定如何指挥它的球队。

个人计算机革命以其卓越的适应能力为标志。标准化的硬件和编程语言使计算机工程师和业余程序员们可以根据其特定目的制造计算机。计算机零件与工艺用品有几分相似，它们的用途不计其数。

迄今为止的大多数机器人更像是厨房用具，机器人专家们将它们制造出来以专门用于特定用途，但是它们对完全不同的应用场景的适应能力并不是很好。

这种情况正在改变。一家名叫 Evolution Robotics 的公司开创了适应型机器人软硬件领域的先河。该公司希望凭借一款易用的"机器人开发人员工具包"，开拓出自己的利基市场。

这个工具包有个开放式软件平台，专门提供各种常用的机器人功能。例如，机器人学家可以很容易地将跟踪目标、听从语音指令和绕过障碍物的能力赋予它们的作品。从技术角度来看，这些功能并不具有革命性的意义，但不同寻常的是，它们集成在一个简单的软件包中。

这个工具包还附带了一些常见的机器人硬件，它们可以很容易地与软件相结合。标准工具包提供了红外传感器、马达、一部麦克风和一台摄像机。机器人专家可以利用一套加强型安装组件将这些部件组装起来，这套组件包括一些铝制身体部件和结实耐用的轮子。

当然，这个工具包不是让初学者制造平庸作品的，它的售价超过 700 美元，绝不是廉价的玩具。不过，它向新型机器人科学迈进了一大步。在不远的将来，如果要制造一个可以清洁房间或在无人的时候照顾宠物的新型机器人，研发可能只需编写一段 BASIC 程序就能做到，这将为研发者节省时间、物力和财力。

5.1.4 人工智能机器人

人工智能（AI）无疑是机器人学中最令人兴奋的领域，无疑也是最有争议的：所有人都认为，机器人可以在装配线上工作，但对于它是否可以具有智能则存在分歧。

就像"机器人"这个术语本身一样，很难对"人工智能"进行定义。终极的人工智能是对人类思维过程的再现，即一部具有人类智能的人造机器。人工智能包括学习任何知识的能力、推理能力、语言能力和形成自己观点的能力。目前，机器人专家还远远无法实现这种水平的人工智能，但他们已经在有限的人工智能领域取得了很大进展。如今，具有人工智能的机器已经可以模仿某些特定的智能要素。

计算机已经具备了在有限领域内解决问题的能力。用人工智能解决问题的执行过程很复杂，但基本原理却非常简单。首先，人工智能机器人或计算机会通过传感器来收集关于某个情景的事实。计算机将此信息与已存储的信息进行比较，以确定它的含义。计算机会根据收集来的信息计算各种可能的动作，然后预测哪种动作的效果最好。计算机只能解决程序允许它解决的问题，它不具备一般意义上的分析能力。象棋计算机就是此类机器的一个范例。

某些现代机器人还具备有限的学习能力。学习型机器人能够识别某种动作是否实现了所需的结果，并存储此类信息，当它下次遇到相同的情景时，会尝试做出可以成功应对的动作。同样，现代计算机只能在非常有限的情景中做到这一点。它们无法像人类那样收集所有类型的信息。一些机器人可以通过模仿人类的动作进行学习。在日本，机器人专家们通过向一部机器人演示舞蹈动作，让它学会了跳舞。

有些机器人具有人际交流能力。Kismet 是麻省理工学院人工智能实验室制作的机器人，如图 5.5 所示。它能识别人类的肢体语言和说话的音调，并做出相应的反应。Kismet 的研发者们对成人和婴儿之间的交互方式很感兴趣，他们之间的交互仅凭语调和视觉信息就能完成。这种低层次的交互方式可以作为类人学习系统的基础。

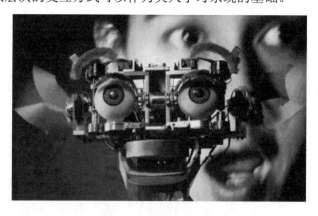

图 5.5 Kismet 机器人

Kismet 和麻省理工学院人工智能实验室制造的其他机器人采用了一种非常规的控制结构。这些机器人并不是计算机集中控制所有动作，它们的基础动作由分布式计算机协同控制。项目主管罗德尼·布德克斯（Rodney Brooks）相信，这是一种更为准确的人类智能模型。人类的大部分动作是自动做出的，而不是由最高层次的意识来决定做这些动作。

人工智能的真正难题在于理解自然智能的工作原理。开发人工智能与制造人造心脏不同，科学家手中并没有一个简单而具体的模型可供参考。我们知道，大脑中含有上百亿个神经元，思考和学习是通过在不同的神经元之间建立信息连接来完成的。我们并不知道这些信息连接如何实现高级的推理能力，甚至对基础操作的实现原理也并不知情。

因此，人工智能在很大程度上还只是理论。科学家们针对人类学习和思考的原理提出假说，然后利用机器人来实验他们的想法。

正如机器人的物理设计是了解动物和人类解剖学的便利工具，对人工智能的研究也有助于理解自然智能的工作原理。对于某些机器人专家而言，这种理解是设计机器人的终极目标。

有人则在幻想人类与智能机器共同生活的世界，在这个世界里，人类使用各种小型机器人来从事手工劳动、健康护理和通信。许多机器人专家预言，机器人的进化最终将使我们彻底成为半机器人，即与机器融合的人类。也许未来的人类会将他们的思想植入强健的机器人体内，存活几千年的时间。

无论如何，机器人都会在我们未来的日常生活中扮演重要的角色。在未来的几十年里，机器人将逐渐扩展到工业和科学之外的领域进入日常生活，这与计算机在 20 世纪 80 年代开始逐渐普及到家庭的过程类似。

5.1.5　经典机器人基础

经典机器人一般由执行机构、驱动单元、控制系统和智能系统四部分组成。

机器人控制系统由控制计算机、驱动装置和伺服控制器（servo controller）组成。

- 控制计算机：根据作业要求接受编程发出指令控制协调运动并根据环境信息协调运动。
- 伺服控制器：控制各关节的驱动器，使其按移动的速度加速度，或按轨迹要求进行运动。

1. 经典机器人按控制方式分类

- 非伺服控制机器人：这种机器人按照事先编好的程序进行工作，使用限位开关、制动器、插线板和定序器控制机器人的工作。主要涉及"终点""抓放""开关"式机器人，尤其是有限顺序机器人。
- 伺服控制机器人：通过反馈传感器取得的反馈信号与来自给定装置的给定信号用比

较器加以比较后，得到误差信号，经过放大后用以触发机器人的驱动装置，并带动末端装置以一定的运动规律运动，实现所要求的作业。

2．经典机器人的自由度

确定点在空间位置：3 个坐标。确定刚体在空间的位置：6 个坐标，其中，3 个用来确定空间位置，3 个用来确定空间姿态。

需要 6 个自由度才能将物体放到空间任意指定位置（即位置和姿态）。少于 6 个自由度，机器人的能力将受到相应限制（自由度越少，限制越多）。

- 三自由度机器人：只能沿 X、Y、Z 轴运动，不能指定机械手姿态。
- 五自由度机器人：沿 X、Y、Z 轴移动和绕 X、Y 轴的转动（焊接、磨削机器人，不要求 Z 轴转动）。
- 七自由度机器人：七自由度的解有无穷多。机器人要有附加决策程序，从这些解中选择一个（检验所有解，根据决策找出所求解，实际生产不用）。

3．机器人的坐标系

机器人运动学中，通常定义以下 3 种坐标系：

1）全局参考坐标系：这种情况下机器人是通过各关节的组合运动产生沿 X、Y、Z 的 3 个坐标轴直线运动和绕它们的转动，如图 5.6 所示。

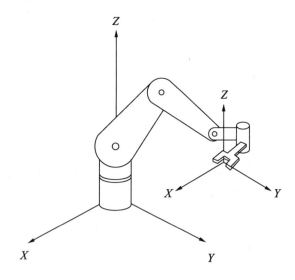

图 5.6　全局参考坐标系

2）关节参考坐标系：此时，机器人是通过各关节独立运动产生期望运动，如图 5.7 所示。

3）工具参考坐标系：是一个活动坐标系，随机器人手运动而随之运动。在机器人控制中，它便于对机器人靠近、离开物体或安装零件进行编程，如图 5.8 所示。

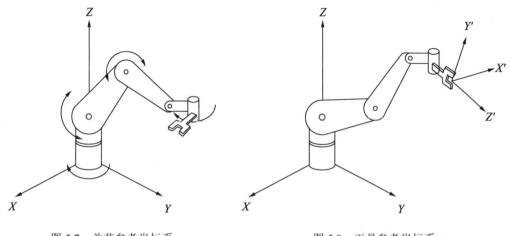

图 5.7 关节参考坐标系   图 5.8 工具参考坐标系

5.2 智能机器人设计

智能机器人能创建周围环境的抽象模型，如果遇到问题，能够从抽象模型中寻找解决办法。机器人是由计算机控制的复杂机器，它具有类人的肢体及感官功能，动作灵活，有一定程度的智能性，在工作时不依赖人的操纵。机器人传感器在机器人的控制中起到了非常重要的作用，正因为有了传感器，机器人才具备了类似人类的知觉功能和反应能力。

机器人设计过程，首先是根据基本要求确定机器人的种类，选定了机器人的种类也就确定了控制方式，也就有了在有限的空间内进行设计的指导方向；其次是设计任务的确定。

5.2.1 机器人设计原则

机器人系统是一个典型、完整的机电一体化系统，是一个包括机械结构、控制系统、传感器等部件的整体。对于机器人这样一个结合了机械、电子、控制的系统，在设计时首先要考虑的是机器人的整体性、整体功能和整体参数，然后再对局部细节进行设计。

1. 机器人设计的整体性原则

1）机器人系统任何一个部件或者子模块的设计都会对机器人的整体功能和性能产生重要的影响。

2）机器人的工作环境对机器人的整体设计也有较大影响。如果机器人工作在宇宙空间的环境里，那么无论是机械结构设计还是控制系统都要考虑温度的变化、重力的影响或者电磁干扰强度等；若机器人工作在颠簸的环境，那么机械结构及控制系统的整体抗振则是设计时要注意的；若机器人用于医疗领域，则对机器人的噪声污染有着严格的要求。

3）控制系统设计优先于机械结构设计，理论设计优先于实际设计的原则。

设计机器人之初，首先考虑的是机器人要实现的功能，然后根据功能要求来设计机器人的性能参数。控制系统的设计更多的是对现有资源的整体和集成，总体方案设计完成之后，先确定控制系统的基本方案，在进行理论推导及实验仿真等验证是否满足设计要求后，根据控制硬件的尺寸才能进行机械结构设计。

这一设计原则的缺点是机械设计部分放在最后，机械加工周期影响了机器人的总体研制进度，总体设计周期比较长。

5.2.2 机器人设计阶段

1. 第1阶段 总体方案设计

首先要明确机器人的设计目的，根据设计目的确定功能要求，其次根据功能要求明确机器人的设计参数。设计参数对机器人而言是表征设计方案的关键物理参数，可以表示为机器人的各个子模块组件，将设计参数以集合的方式表述为整体设计方案。最后进行设计方案比较，在初步提出的若干方案中通过对工艺生产、技术和价值分析之后选择最佳方案。

2. 第2阶段 详细设计

在总体方案确定之后，根据控制系统设计优先于机械结构设计的原则，首先要做的就是根据总体的功能要求选择合适的控制方案。

从控制器所能配置的资源来说，有两种控制方式：集中式和分布式。集中式是将所有的资源都集中在一个控制器上，分布式则是让不同的控制器负责机器人不同的功能。

在控制方案确定之后，根据选定的控制器方案选择驱动方式。

机器人的驱动方式有液压、气动和电动3种，设计者可以根据机器人的负载要求来进行选择。电动驱动方式还可以分为伺服电机、步进电机和普通电机。根据机器人的电源类型选择交流电机或者直流电机。确定电机之后，可以选择相应厂家提供的配套驱动器，也可以选择通用驱动器。正确选择驱动器能够给电机提供足够大的电流和对电机进行保护。

控制系统的设计及驱动方式确定以后，就可以开始机械部分的设计了。机器人的机械设计一般包括末端执行器、臂部、腕部、基座和行走机构等的设计，在设计过程中可以采用模块化设计，这样做不但可以使整个机器人的设计采用并行设计，大大缩短设计和加工时间，而且即使机器人的某一模块损坏，也可以单独更换，甚至可以不影响其他模块的运行，这为机器人的调试、维护和检修带来了便利。

传动系统的优劣直接影响机器人的稳定性、快速性和精确性等。机器人的传动系统除了常见的齿轮、链轮、涡轮蜗杆和行星齿轮传动外还广泛采用滚珠丝杠、谐波减速装置和绳轮钢带装置。由于传动装置对控制性能的重要影响，在条件许可的情况下，传动系统避免自己加工制造，尽量采用知名厂家成熟的传动产品。现在有的电机厂家把传动系统做成一体，这种方式十分适合研制批量小、传动精度高、经费充足的机器人。

机器人的机械设计与一般机械设计的特殊之处如下：

1）机器人的机械结构一般可以是一系列连杆通过旋转关节（和移动关节）连接起来的开式空间运动链，也可以是类似并联机器人的闭式或混联空间运动。这样复杂的空间链机构使得机器人的运动分析和静力分析十分复杂，这样的机器人系统是一个多输入和多输出、非线性、强耦合、位置时变的动力学系统，动力学分析异常复杂。因此，即使经过一定程度的简化，也需要建立一套区别于一般结构的专门针对机器人空间机构的运动学、静力学和动力学分析方法。

2）在机器人的机械设计过程中除了要满足强度要求外，也要考虑刚度和精度的影响。虽然机器人的链结构形式在灵巧性和空间可达性方面有着巨大优势，但机械误差和弹性形变会在一系列串接或并接的悬挂杆件上形成误差和形变积累，使机器人的刚度和精度受影响，也就是说，这种形式的机器人在运动的传递方面存在先天不足。

3）机器人的机械设计需要从电机时间常数和提高机器人快速响应能力这方面来控制惯量。

对于机器人的机械结构，特别是关节传动系统，由于应用目的不同，机器人的机械设计与一般的机械有较大差异。例如，一般机械对于运动部件的惯量控制只是从减少驱动功率来考虑的。

4）机器人的机械设计在结构的紧凑性、灵巧性及特殊要求等方面与一般机械相比，有更高的要求。

在机械设计中，利用 CAD 工具建立三维实体模型，并在计算机上实验虚拟装配，然后进行运动学仿真，检查是否存在干扰和外观的不满意。也可使用动力学仿真软件进行仿真，从更深层次发现设计缺陷。

3. 第3阶段 制造、安装、调试和编写设计文档

在详细设计完成之后，先筛选标准元器件，对自制零件进行检查，对外购的设备器件进行验收，然后对各个子系统调试后总体安装，整机联调，最后是编写设计文档。

机器人机械结构设计过程中烦琐的绘图可用 CAD 工具解决；运动学、动力学仿真软件（solidwork,adams pro/E，UG）提供了模拟实际的仿真环境，在这个虚拟环境中，设计者不需要制造出实际的机器人样机，就能够仿真机器人的运动学、动力学特性。可以在计算机环境下开发虚拟数字化样机。

由于机器人的特殊功能要求和趋向智能化，仿生设计思想也应用于机器人设计方面，这是一种概念上的创新。

5.2.3　机器人手腕设计

对于工业机器人的设计，与大多数机械设计过程相同：

首先是根据基本要求确定机器人的种类，是行走的提升（举升）机械臂，还是三轴的坐标机器人，或者是六轴的机器人等。选定了机器人的种类也就确定了控制方式，就有了在有限的空间内进行设计的指导方向。

下面以六轴工业机器人（如图 5.9 所示）作为设计对象来阐述这一设计过程。

机器人的应用领域非常广泛，在自动化生产线上就有很多应用，如垛码机器人、包装机器人和转线机器人等；在焊接方面也有很多应用，如汽车生产线上的焊接机器人等。现在机器人的发展是非常的迅速，机器人的应用也在民用企业的各个行业得以延伸。机器人的设计人才需求也越来越大。

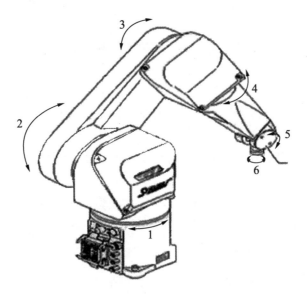

图 5.9　六轴工业机器人设计案例

六轴机器人的应用范畴不同，设计形式也各不相同。目前，世界范围内生产机器人的公司也很多，结构各有特色。在我国应用最多的是 ABB、Panasonic、FANUK、莫托曼等国外进口的机器人。

1．目标要求

六轴机器人是多关节、多自由度的机器人，动作多，变化灵活，是一种柔性技术较高的工业机器人，应用面也最广泛。怎样从头开始设计？工作范围怎样确定？动作怎样编排？位姿怎样控制？各部位的关节又有怎么样的要求呢？

首先设定：机器人是六轴多自由度的机器人，手爪夹持二氧化碳气体保护焊标准焊枪，完成点焊、连续焊等不同要求的焊接部件。最大伸长量 1700mm，转动 270°，底座与地平线水平固定，全电机驱动。

有了基本要求，就可以做初步的方案规划。

首先是全电机驱动，那么我们在考虑方案的时候就不要去考虑液压和气压的各种结构，也就是传动机构只能用齿轮齿条、连杆机构等机械机构。

机器人是用于焊接的，就去考察有人工行为下的各种焊接手法和方法。这里就有一个很复杂的工艺在里面，那就是焊接工艺。在常用焊接里有单点点焊、连续断点点焊、连续平缝焊接、填角焊接、立缝焊接、仰焊和环缝焊等复杂的焊接工艺。

搞清了各种焊接工艺，也就明白了要实现这些复杂的动作就要有一套可行的控制方式才行。在机械没有完全设计出来之前可以不做太多的控制方案思考，有一个大概的轮廓概念即可，待机械结构做完，各关节的驱动功率确定下来之后再做详细的程序。

焊枪是常用的标准焊枪，也就是说焊枪是随时可以更换下来的，要求我们要做到对焊枪的夹持部分进行快速锁定与松开。

焊枪在焊接过程中要进行各种焊接姿态调整，那么机械手腕就要很灵活，在各个方位角度上都可调节。

有了上面的基本要求和设定条件，方案设计也有了条理，接下来就把设计要求明确下来，设计方向就基本确定了。

2．设计任务

设计要求：机器人适用于焊接领域，可以完成各种焊接动作；为了机器人能适应各种焊接工艺，快速在线调整工艺，编制控制程序时采用柔性控制程序，自适应在线、离线示教程序；焊缝、焊池、焊道成像跟踪，自动调节焊机的各项参数。

机器人采用全伺服驱动，地面固定安装。六轴控制，各关节运动灵活，按工艺描述表设计各轴动作范围，尽量使机构紧凑，整体外形美观。

3．设计内容

机械设计：根据设计要求及工艺描述设计各关节的机械机构，确定各部件的材料和加工工艺；制作计算书，验算机械强度、驱动功率和给出最大抓（举）重量，各运动路径的惯量计算，位姿的控制计算；验算机器人各关键部件的使用寿命；结合控制程序及电路制作机器人维修保养说明书。

程序控制设计：根据设计要求与机械工程师最后制定的工艺路线设计控制流程；结合机械结构与驱动、信号反馈方式，设计机器人运动程序；程序要具有自适应功能，自动定点跟踪，对焊机电流、电压实时监测，并自动调节；焊道、焊池用成像监测判别技术。

4. 设计电路图

有了设计规划文件，就要开始绘制机器人运动简图，规划机器人的运动轨迹，进行机械机构的设计，同时可以考虑软件程序和电路图。

先设计机器人运动简图，如图 5.10 所示。

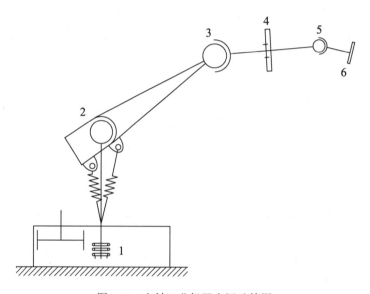

图 5.10　六轴工业机器人运动简图

机械运动简图画好后，一般情况下是先对简图进行分析，研究一下运动轨迹。虽然简图不能全部反映机械结构的组成，但是却表现出了要设计的模块总体轮廓。

那么对于这个机器人的简图，从哪里着手分析才合理呢？

首先，我们看一下设计任务书的内容。从任务书中知道，6 个轴中有 3 个轴是做旋转运动的，其余做摆角运动。

结合任务书和简图，第 1 轴、第 4 轴和第 6 轴是做转动的，检查一下所画的简图是否与任务书中的要求相符合，如符合，就代表设计思路与客户要求相同，可以进行下一步工作；如果不符合，需要重新画简图。从简图可知：

1）机器人的手臂伸缩范围较大，如果把手臂全部伸直，假设地把它们看成同一钢体，就形成一端固定的悬臂梁。通过应用力学知识体系中有关梁的分析知道，要搞清悬臂梁的形变量，首先要知道梁的重量和截面惯量。

2）机器人有多个关节连接，要知道截面形状和惯量不太容易，只有把所有的机构都设计完成后才会知道想求的参数。

3）第二轴担负着手臂的上下运动，而且手臂又比较长，在运动的过程中必然存在着惯性冲量，即当大臂的运动速度很慢时，惯性就很小。如果速度加快，惯性就加大，惯性冲量与速度有着线性关系。怎样保持一定的速度，又不让惯性随着变化呢？大家都知道，增加阻尼可有效消除这种关系，这样就可以理解简图上两个弹簧的用意。

即然是这样，就从手腕开始设计，也就是大家所说的从上到下的设计方法。

设计手腕要考虑负荷问题，焊接机器人有一把焊枪，焊枪的重量不是很重，同时要有夹持焊枪的手爪。手腕在转动时的负载=焊枪重量+手爪重量，选择驱动功率合适元件即可。

要让手腕在360°范围内转动，而且后面紧跟着又有一个上下摆动的关节，手腕是在机器人手臂的最前端，总体质量（重量）不能太重。

机器人手腕机构的几个设计方案：

1）如图5.10所示，采用行星齿轮传动。电机驱动太阳轮，行星轮绕太阳轮转动，内齿轮经行星轮减速与太阳轮反向运动，电机与太阳轮同轴安装。

2）多级齿轮减速传动，电机安装于手腕一侧。

3）摆线针轮减速传动，电机与偏心轴同轴安装。

4）涡轮蜗杆减速传动，电机有两种安装方式：一种与输出轴呈90°安装，另一种与输出轴同轴线反向错位安装。

有很多种方式方法，到底选哪一种最好呢？从上面的方案看，第2种方法是不行的；如果采用第4种方法，手腕的结构就会很大，不利于机器人在运动时做精密定位。我们再比较一下第1种和第3种方法。

第1种，行星齿轮传动，传动比大，结构复杂，齿轮副配合有间隙，不能自锁。如果采用，就得提高齿轮精度，由于是精密传动，齿轮材料也不能按常规齿轮选用材料，加工工艺相对常规齿轮复杂得多。

第3种，摆线针轮传动，传动比大，结构复杂，传动间隙小，可以自锁。如果采用，手腕的尺寸不会太小，并且零件加工困难，精度不易保证。

比较各个方案后，决定采用行星齿轮传动机械结构。行星齿轮在传动的过程中有装配间隙和机械磨损所造成的间隙，要消除这些机械间隙，首先要求让齿轮副的配合间隙要小，齿轮材料经热处理后表面要耐磨，因此行星齿轮副的设计计算不能按常规行星齿轮的设计方法去计算。机器人的手腕是很灵活的关节，而且是要做正反两个方向的回转。安装电机、行星齿轮传动机构与手腕俯仰关节连接这两个问题具有挑战性。

手腕的运动速度可能是非等速的，那么怎样控制电机调速？怎样采集速度、位置反馈信号？控制信号到执行单元的传输过程中有没有外部干扰？它来自哪里？

手腕在空间做相对运动时，怎样实现运动精度？影响运动精度的因素有哪些？

在设计手腕之前一定要清楚影响手腕的各方面的因素，在问题有了解决办法后再真正开始手腕的设计。下面给出伺服电机的技术参数：

- 型号：MSMD04ZS1V；
- 额定输出功率：400W；
- 额定最大转矩：1.3/3.8N.m（牛米）；
- 额定转速/最高转速：3000/5000rpm（每分转）；
- 电机惯量（有制动器）：$1.7 \times 10\text{-}4 Kg.m^2$（千克平方米）。

既然选用了行星齿轮传动，就要进行星齿轮的相关计算。首先选定模数，由于机器人手腕部分结构要求尽量地小，输出的转矩也相应不是很大，但是在正反两个方向上会存在着高速换向的可能，也就是说，在换向时齿轮要克服很大的惯性力，因此模数的选择计算要按输出转矩的数倍来计算，即在按强度计算模数时，安全系数选大些。

行星齿轮传动，必定有一个结构是浮动的，哪一部分做输出？哪一部分浮动？

首先，机器人手腕做360°转动，结构又比较小，其次是它的输出部分要有一个法兰，用来安装夹持执行部件。如果让行星架浮动，行星齿轮分布在太阳轮圆周上，当它浮动时，在运转过程中不是绕定轴转动，也就是说它不满足输出法兰的转动条件。

现在我们考虑一下让内齿转动，法兰固定在内齿轮上，这样就可以保证法兰的转动条件。下面给出手腕的结构图，如图5.11所示。无浮动部件，内齿轮转动。

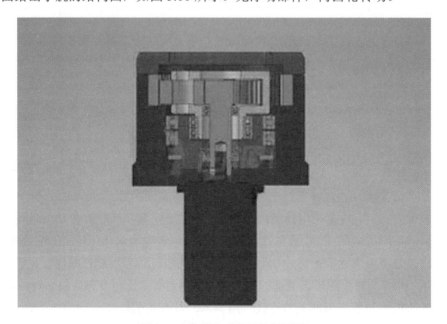

图 5.11　机器人手腕结构刨面图

5.2.4　机器人设计研究发展

近年来，国内机器人产业发展迅猛，机器人数量快速增长，并逐渐渗透到人们生活的各领域，展现出了巨大的经济活力。随着机器人设计研究的多领域开发，智能化、情感化是未来机器人设计研究的主要方向。

智能化是机器人设计研究的主要趋势之一。随着机器人的应用范围的扩大，建筑、农业、采矿、灾难救援、国防军事、医疗、日常生活等领域对机器人的需求也越来越大。因此，适应需求的更为智能的机器人必将成为未来研究的热点。未来机器人技术研究趋势有如下几点：

- 机器电子结构的标准化、模块化、微型化、可重构。
- 新型传感器和多传感器融合技术。
- 伺服驱动技术的数字化、集成化及分散化。
- 控制技术的开放化、网络化及 PC 化。

情感化、拟人化是机器人外观设计的主要潮流之一，是未来机器人设计的必然选择。随着机器人逐渐深入到人类生活中，与人们的接触增多，人们对机器人设计也有了更高的要求。机器人不仅要在功能上满足人们的使用需求，还要在形象上满足人们的审美、情感需求，能够反馈给人们亲切、舒心、积极向上的信息，方便人们的情感交流。僵硬、冰冷的工业机器人形象已经不能满足时代的审美需求，人们需要更加类人化的机器人。人形机器人是大多数人心中的理想形态，相比于传统的机器人，人形机器人在外观上更加倾向于拟人化，质感也更丰富，看起来更亲和，如图 5.12 所示。

图 5.12　类人智能机器人

尽管我国机器人技术发展很快，甚至在某些方面已经跻身世界领先行列，但是与发达国家相比还有很大的差距。未来，国内机器人设计研究应该把重点放在核心技术的研发上，以市场为导向，从用户需求出发，提高机器人的核心技术水平和国际竞争力。

5.3 智能机器人技术

智能机器人不同于传统机器人，在技术方面有了许多新的要求，主要表现在下面几个方面。

1. 语音交互技术

语音交互已经成为人工智能领域最成熟也是落地最快的技术，尤其是深度学习的发展，将语音识别、语音合成及自然语言理解的处理速度提升到了一个新的高度。国内外企业都在不断深入探索，结合了人工智能领域技术开发出来的人工智能语音识别机器人产品，已经成功替代了人工服务和销售工作，现代的语音识别技术正在改变人们进行搜索、购物和发现娱乐内容的方式。随着语音助手应用范围不断扩大，对机器说话像对人说话一样司空见惯。

2018年3月，微软（亚洲）互联网工程院推出了新一代的语音交互技术"全双工语音交互感官"（Full-duplex Voice Sense），并已完成产品化落地。全双工本来是通信传输领域的一个专业技术，即允许数据在两个方向上传输，与之对应的就是半双工。

传统语音识别和机器对话时类似于半双工，无论单轮还是多轮连续识别，都需要你说完一句话，机器人才能理解并给出回应。

全双工语音交互感官有四项核心技术：边听边想、节奏控制、声音场景的理解、自然语言理解与生成模型。

语音交互技术可以预测人类即将说出的内容，实时生成回应，并控制对话节奏，从而使长程语音交互成为可能。采用该技术的智能硬件设备，不需要用户每轮交互时都说出唤醒词，仅需一次唤醒就可以实现连续对话，使人与机器的对话更像人与人的自然交流。

2. 大数据分析

在大数据时代，数据越来越多，而人类的解读能力是固定的。计算机可以帮助人类找到自己的盲点，数据化让计算机和人类得以沟通和结合。人们迫切希望在由普通机器组成的大规模集群上实现高性能的以机器学习算法为核心的数据分析，为实际业务提供服务和指导，进而实现数据的最终变现。基于大数据的分析模式最近只在全球制造业大量出现，其优势在于能够优化产品质量、节约能源，提高设备服务。

AI 智能产业的发展脚步已越来越接近市场，在云计算、互联网技术、计算机移动硬件等的支撑下，用数据决策，经验逐步让位的观点被政府与社会各界接受并采用。机器人作为集成 AI 的产品代表，其自身功能自然而然与大数据高度融合。

3. 激光雷达导航技术

传统的 AGV 机器人大多采用磁轨导航技术，即在地面上贴好固定的磁带，在电磁感应装置能感受到磁场的情况下，AGV 便可在预先设定的路线上运动，除了不美观之外，还非常容易受损，维护成本高。

激光雷达是以发射激光束探测目标的位置、速度等特征量的雷达系统。其工作原理是向目标发射探测信号（激光束），然后将接收到的从目标反射回来的信号（目标回波）与发射信号进行比较，进行适当处理后，就可获得目标的有关信息，如目标距离、方位、高度、速度、姿态甚至形状等参数，从而对目标进行探测、跟踪和识别。

激光雷达导航技术不仅可以实现路径规划、避障，还可实现小于 10mm 的精度，同时还不用额外安装反光板，具有定位精度高、路径柔性高和智能化程度高的优点。

4. 电波控制技术

远程临场机器人在未来会成为人们生活中不可或缺的一部分。用户需要佩戴一项可以读取脑电波数据的帽子，然后通过想象来训练机器人的手脚做出相应的反应，换句话说就是通过意念来控制机器人的运动。它不仅可以通过软件来识别各种运动控制命令，还能在行进过程中主动避开障碍物，灵活性很高，也更容易使用。

麻省理工学院计算机科学和人工智能实验室（CSAIL）与波士顿大学的研究人员正在试图建立一个反馈系统，借助该系统，机器人不需要学习复杂的人类语言或以其他方式从人类那里获得命令，取而代之的是，人类依靠脑电波和一个特殊的电极帽就可以指挥机器人。

5. 人工智能技术

人工智能技术辐射效应，正在将人工智能推向全球经济发展的制高点。足以比肩历史上其他几种通用技术所带来的变革性影响，例如 19 世纪的蒸汽机、20 世纪的工业机器人和 21 世纪的信息技术。

真正的人工智能，体现在其卓越的学习能力，核心是算法。对于真正的人工智能而言，最重要的永远是大数据。只有拥有完整的数据，人工智能才能真正地发展起来。

6. 3D视觉技术

机器人智能化已成为"中国制造 2025"的核心环节之一，视觉技术代表着机器人的眼睛。在过去的生产中，机械臂抓取的物体都是固定位置的工件，而 3D 视觉可帮助机器人对物件进行 3D 扫描，获取建模数据，不需要固定位置就可自动获取物体的立体信息，再通过算法精准定位，然后给出机器人手臂最佳移动路线，使得对目标的控制更加精准和高效。

3D 机器视觉技术整合人工智能正成为主流趋势，让工业机器人具备人脑思维，以执行更高精度、更复杂的工作。比如日本的安川机器人 MH24 配备了 3D 视觉系统，能使机器人准确地抓取放在料框内杂乱的工件，并且准确地摆放，可广泛应用于汽车零部件、3C（计算机、通信、消费）行业、家电等行业的无序分拣作业。中国的爱普生六轴机器人通过 3D 视觉能识别不规则物品，柔性度高，对于混料的情况也能准确识别抓取，已经应用于玩具生产等领域。此外，3D 视觉可配置洁净型机器人，用于医疗行业的物料抓取。

随着 3D 视觉的应用越来越广泛、技术发展越来越快，3D 视觉技术将被应用到更多类型的机器人和智能硬件上，视觉产品也会逐渐小型化、智能化。

7. 仿生技术

仿生机器人是机器人研究中一个热门的领域，人们试图从动物界的生物身上获取灵感，并运用到机器人身上，使之可以应对一些复杂地形的场景。仿生机器人从诞生到发展短短数十年，但积累的研究成果已经非常丰厚，开辟了机器人领域独特的技术和研究方向。

除了越来越逼真的仿人机器人，各种各样的仿动物机器人同样令人眼界大开。例如曼彻斯特大学团队受到蜘蛛超强弹力启发，开发出来了弹跳距离能够达到身体长度 6 倍以上的蜘蛛机器人；美国斯坦福大学还研发出了一款"壁虎"仿生机器人，主要是依据壁虎四只脚吸附墙壁就可以承担整个身体重量的特点，这类机器人可以应用在需要强大抓取力的场景中，例如拾取太空垃圾等。陆地之外还有水下仿生机器人，它们外形逼真，摆脱了线缆控制后进入水中更加自如且不易被察觉，更方便近距离观察海洋生物，帮助渔民进行水下作业。

8. 自动驾驶技术

自动驾驶汽车是汽车界与机器人界技术碰撞、融合的产物，它汇集了机电一体化、环境感知、电子与计算机、自动控制及人工智能等一系列高科技技术。汽车作为人类重要的交通工具，随着这些技术的融合、发展与突破，必将变得越来越智能，最终实现全天候无人驾驶。

通过互联网+大数据技术，能有效实现人、车、路的有机协同。未来，除了单一车辆能实现自动驾驶之外，包括道路、行人在内的整个云端城市交通系统，都将与大数据平台相连。

9. 虚拟仿真技术

虚拟仿真技术是再造一个虚拟现场，以非常逼真的模拟手段虚拟出现场机器人的工作状态。该技术使用真正的机器人程序和配置文件，与现场机器人一致，可实现操作者对机器人的虚拟遥控操作。比如在工作岗位的机器人，导入工作模型后可自动生成跟踪加工曲线需要的机器人路径，大大缩短任务时间。在维修检测、娱乐体验、现场救援、军事侦察等领域有应用价值。

智慧工厂机器人控制系统能够实现触控功能，用户可以实现生产场景漫游，通过人机交互技术实现观看整体生产流水线与局部细节。

另外，结合三维模型构建，基于图像建模的方法在控制成本的情况下，让视觉体验达到真实感强、交互体验自动化程度高的效果。最重要的功能是生产线设备运行数据的读取与处理，可通过编程控制实时读取真实设备运动数据量，并按照统一频率进行刷新控制。虚拟系统根据运动数据控制设备运转，保证与实际生产工序流程、状态同步。

10. 驱控一体化技术

近年来，随着国内 3C（计算机、通信、消费）电子、新能源汽车等产业的高速增长，市场对制造设备的智能化要求高涨，驱动运动控制行业在技术革新和市场运营方面的发展速度加快，越来越多的伺服系统厂家已经运用驱控一体化系统替代传统的 PLC+驱动器控制方法。

机器人也越来越多样化，小型化的机器人成为新趋势，"驱控一体化"技术不仅节省成本，更是提高性能的一种新方式，机器人的成本主要是由机器人控制系统+伺服驱动系统+低压电气设备+安全继电器+线缆+电控柜+人工成本构成，驱控一体设备可以有效降低机器人的成本。

5.4　智能机器人控制

机器人的控制在经典传统机器人领域是伺服控制，机电一体化技术。现代智能机器人控制在原来控制系统的基础上又增加了人工智能的部分，使机器人在视觉、听觉、触觉、味觉方面更发达、完善，机器人大脑更聪明、智慧。

5.4.1　机器人控制概述

机器人的结构采用空间开链接结构，其各个关节的运动是独立的，为了实现末端点的运动轨迹，需要多关节的运动协调，所以其控制系统要比普通的控制系统复杂得多。

1.　机器人控制系统介绍

1）机器人的控制与结构、运动学及动力学密切相关。机器人手爪的状态可以在各种坐标下进行描述，根据需要选择不同的参考坐标系并做适当的坐标变换。

2）经常要求解运动的正问题和逆问题。除此之外还要考虑惯性力、外力（包括重力）、哥氏力、向心力的影响。

3）一个简单的机器人至少也有3～5个自由度，比较复杂的机器人有十几个甚至几十个自由度。每个自由度一般包含一个伺服机构，它们必须协调起来，组成一个多变量控制系统。

4）把多个独立的伺服系统有机地协调起来，使其按照人的意志行动，甚至赋予机器人一定的智能，这个任务只能由计算机来完成，因此机器人控制系统必须是一个计算机系统。

5）机器人本质是一个非线性系统。引起机器人非线性的因素很多，如结构、传动件、驱动元件等都会引起系统的非线性。描述机器人状态和运动的数学模型是一个非线性模型，随着状态的不同和外力的变化，其参数也在变化，各变量之间还存在耦合。各关节间具有耦合的作用，表现为某一个关节的运动会对其他关节产生动力效应，使得每一个关节都要承受其他关节运动所产生的扰动。机器人控制系统是一个时变系统，动力学参数随着关节运动位置的变化而变化。

6）机器人的运动可以通过不同的方式和路径来完成，因此存在一个"最优"的问题。较高级的机器人可以用人工智能的方法，用计算机建立起庞大的信息库，借助信息库进行控制、决策、管理和操作。

传统的自动机械是以自身的动作为重点，而工业机器人的控制系统的重点在于本体与操作对象的互相关系。所以，机器人控制系统是一个与运动学和动力学原理密切相关、有耦合、非线性的多变量控制系统。随着实际工作情况的不同，可以有各种不同的控制方式，从简单的编程自动化、微处理机控制到小型计算机控制等。

2.　机器人控制系统要求

从使用的角度来看，机器人是一种特殊的自动化设备，对它的控制有如下要求：

1）多轴运动协调控制，以产生要求的工作轨迹。因为机器人的手部运动是所有关节运动的合成运动，要使手部按照设定的规律运动，就必须很好地控制各关节的协调动作，包括运动轨迹和动作时序等多方面的协调。

2）较高的位置精度，很大的调速范围。

3）系统的静差率要小。

4）各关节的速度误差系数应尽量一致。

5）位置无超调，动态响应尽量快。

6）需采用加（减）速控制。

7）从操作的角度来看，控制系统要具有良好的人机界面，尽量降低对操作者的要求。

8）从系统成本来看，尽可能地降低系统的硬件成本，更多地采用软件伺服的方法来完善控制系统的性能。

3．机器人的控制方式

机器人控制方式的分类没有统一的标准，我们按运动控制、示教控制来分类。

1）机器人运动控制方式：运动力学的 3 个重要概念是位置、速度、力。从运动力学的角度控制机器人有 3 种方式。

- 机器人位置控制方式：固定位置方式、多点位置方式、伺服控制方式、路径控制方式（连续轨迹控制、点到点控制）；
- 机器人速度控制方式：固定速度控制、可变速度控制、固定加速度控制方式，可变加速度控制；
- 机器人力控制方式：机器人动作顺序控制方式；

2）机器人示教控制方式分类如下：

- 用实际机器人示教：直接示教法（功率级脱离示教、伺服级接通示教）、遥控示教法（示教盒示教法、操纵杆示教法、主从方式示教法）；
- 不用机器人示教：间接示教法（模型机器人示数、专用工具示数）和离线示教法（数值输入示教、图形示数、软件语言示教）。

5.4.2　工业机器人控制技术

工业机器人系统通常分为机构本体和控制系统两大部分。构成机器人控制系统的要素主要有计算机硬件系统及操作控制软件、输入/输出设备及装置、驱动器系统、传感器系统。

工业机器人的控制系统是机器人的重要组成部分，以完成待定的工作任务，基本功能有：记忆功能、示教功能、与外围设备联系功能、坐标设置功能、人机接口、传感器接口、位置伺服功能及故障诊断安全保护功能等。

关于机器人控制的技术，比如有机器人单关节位置伺服控制技术、机器人的智能控制技术等。工业机器人控制技术包括以下基础知识：

1）开放性模块化的控制系统体系结构：采用分布式 CPU 计算机结构，分为机器人控制器（RC）、运动控制器（MC）、光电隔离 I/O 控制板、传感器处理板和编程示教盒等。机器人控制器和编程示教盒通过串口/CAN 总线进行通信。机器人控制器的主计算机完成机器人的运动规划、插补和位置伺服、以及主控逻辑、数字 I/O、传感器处理等功能，而编程示教盒完成信息的显示和按键的输入。

2）模块化层次化的控制器软件系统：该软件系统建立在基于开源的实时多任务操作系统 Linux 上，采用分层和模块化结构设计，以实现软件系统的开放性。整个控制器软件系统分为 3 个层次，分别是硬件驱动层、核心层和应用层。三个层次分别面对不同的功能需求，对应不同层次的开发。系统中各个层次内部由若干个功能对应的模块组成，这些功能模块相互协作共同实现该层次所提供的功能。

3）机器人的故障诊断与安全维护技术：通过各种信息，对机器人故障进行诊断并进行相应维护，是保证机器人安全性的关键技术。

4）网络化机器人控制器技术：目前，机器人的应用工程由单台机器人工作站向机器人生产线发展，机器人控制器的联网技术变得越来越重要。控制器上具有串口、现场总线及以太网的联网功能，可用于机器人控制器之间和机器人控制器同上位机之间的通信，便于对机器人生产线进行监控、诊断和管理。

5.4.3　驱动控制一体化

5.3 节提到驱动控制一体化技术，是伺服系统的技术进步。伺服系统（Servomechanism）又称随动系统，是用来精确地跟随或复现某个过程的反馈控制系统。伺服系统使物体的位置、方位和状态等输出被控量能够跟随输入目标（或给定值）任意变化。它的主要任务是按控制命令的要求，对功率进行放大、变换与调控等处理，使驱动装置输出的力矩、速度和位置控制非常灵活。伺服系统结构组成和其他形式的反馈控制系统没有原则上的区别，最初用于国防军工，如火炮的控制，船舰、飞机的自动驾驶和导弹发射等，后来逐渐推广到国民经济的许多部门，如自动机床、无线跟踪控制等。

为使伺服驱动系统的设计更加功能化，驱动控制一体化成为伺服驱动系统新的发展方向，即集成运动控制器、驱动器控制电路、工控机管理功能、示教盒的 CPU 处理及安全控制多功能为一体的运动控制器。

1. 驱控一体化的概念

机器人零部件设备之间的连接和信息的输送就像人与人之间的联系一样，需要信号传输。正常情况下，伺服驱动器和控制系统是通过总线来连接的，传输信息需要一定的时间，但是驱控一体设备中伺服驱动器和控制系统的联系就像口耳一样，通过看不见的神经网络来传输信息，这样几乎就等于信息是共享的。

机器人要走向哪个角度，控制器是预先知道的，"驱控一体"设备能够实现在机器运动之前让控制器把预先知道的情况告诉伺服驱动器，而不是让伺服驱动器凭借其走动的轨迹来计算。"驱控一体"化的结果就是能够做到提前反馈，伺服驱动器对于机器人运动到哪个位置的速度和惯量都提前计算好，增加了伺服驱动器和控制器之间的交互，从而把工作做得更好。

真正的"驱控一体"本质应该是总线连接的，驱动器跟控制器能实现数据共享，并且形成闭环回路。

"驱控一体"应该包含两个方面：一方面是硬件层面的一体化设计，另一方面是软件层面上的一体化设计。只有同时实现了硬件一体化设计及软件一体化设计，软硬协同工作才能称为真正的"驱控一体化"。

在传统的控制柜里有一个 CPU 控制系统和 6 个单轴的控制电路。CPU 及 6 个大电流驱动模块组成简单捆绑式的"驱控一体"。在 CPU 的数量上并没有变化，只是将控制系统 CPU 和 6 个单轴的控制电路、6 个大电流驱动模块集合在一个模块上。更高程度的集成是将一个 CPU 和 6 个单轴的控制电路整合成一个全新的 CPU 控制系统，这种架构里只有一个全新的 CPU 控制系统和 6 个大电流驱动模块，这是集合程度最高的"驱控一体"。

用过"驱控一体"模块的企业，普遍反应就是"驱控一体"模块的稳定性还有待进一步提升，比如偶发性的死机问题、抗干扰问题还是存在。

相较于传统的较大的落地式控制柜，"驱控一体"模块能够将控制柜的体积缩小到台式机大小，从而节省了空间。

2. 驱控一体化的优点

"驱控一体"设备在轻载机器人上的使用具有优势，比如 SCARA 机器臂、并联机器臂、桌面小型六轴机器人。这类机器臂所用关节功率较小，在 400W 左右，容易做集成化设计。而且这些机器臂对空间的要求也比较高，所以"驱控一体"的优点能得到充分体现。

未来，3C 行业的爆发将极大推动轻载型机器人的发展，而轻量化和小型化是未来发展趋势。"驱动一体"将驱动器跟控制器进行集成化设计，成本大概能下降 20%～30%。

"驱控一体"相比驱控分体的伺服，性能更好。对于一个质优、价廉的产品，市场前景没有理由不看好。

3. 驱控一体化的应用

选择一些具有成长性、代表性的行业市场，对其提取共性需求点，并基于"驱控一体化"平台为客户提供一整套电控解决方案，克服应用中的"痛点"和难点，从两方面体现系统的使用价值和应用效果，一是降低整体使用成本，二是提高方案的控制效果。

某企业开发的新能源电池卷绕方案具备卷针形状自学习能力，任意形状卷针均能保持卷绕线速度的稳定，还具有自适应卷绕模式，可自动调节卷绕速度，维持卷绕线速度的稳定。

某公司开发的贴标系统在成本和控制效果上都取得了明显的改善，系统使用内置 PLC 编写逻辑程序，编程调试简单，通过嵌入式软件实时进行对标计算，贴标进度更高；不同运行速度下贴标位置恒定，并且支持启停对标和连续对标。

从行业需求来看，要求企业要有挖掘行业需求的强大实力，有时需要研发人员也要参与其中，要求他们能够理解客户的工艺流程。例如，一个算法工程师可能还需要对传感器、机械加工等方面的知识有所了解，企业需要大量的复合型人才。

在目前的机器人市场上，影响客户做出采购决策的因素除了价格之外，最重要的就是系统的使用难易度。与标准的机器人方案不同，在"驱控一体化"平台上将机器人的控制部分（内置 PLC）分布到 4 个轴上，电控方案仅包括驱动部分，因此在编程上更容易，只要懂 PLC 编程，就能进行开发，"驱控一体"在硬件成本上也较低，使用上也更简单、容易。

针对物流行业对移动机器人和直流供电的应用需求，某企业推出了低压直流伺服驱动器。这款产品将运动控制器与高功率密度的驱动器整合在一个较小体积的模块中，方便服务各种移动设备。其中，运动控制器集成了高级运动控制和逻辑控制功能，驱动器支持多种编码反馈类型及多种总线通信协议，兼容多种同步电机及安装方式，非常适合物流系统、无人机、机器人系统、医疗设备等行业应用。

4. 驱控一体化的系统结构

将伺服驱动技术、运动控制技术和机器视觉技术融合在一台机器上，通过内部高速并行总线进行信息交换，可以充分满足细分行业的应用定制和工艺定制要求。

3C 行业机器人对细微技术处理、柔性化以及集成化等方面要求更高。QC 驱控一体系统融合了 DSP 运动控制技术，可以实现各种直线和圆弧插补、样条教导、轨迹跟随、速度前瞻，以及 T、E、S、C 型加减速模式等功能，让机器人运动更加稳健平滑。驱控一体化模块结构图如图 5.13 所示。

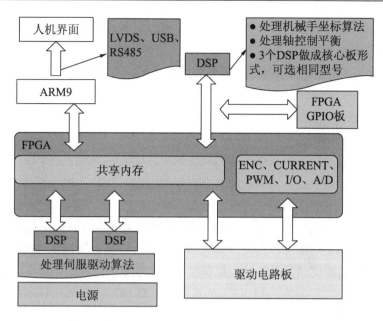

图 5.13　驱控一体化模块结构示意图

5．驱控一体化的稳定性

- 速度自适应：在实际应用中，存在很多不规则运动，驱控一体系统提出了一个自适应速度控制队列模型，通过对各种约束条件的判断，计算出一个合理的速度衔接值，从而无须做减速也能实现速度连贯。

- 位置速度前瞻：伺服在急速加、减速时会产生大的震动，导致误差加大，驱控一体系统通过预知速度变化信息，推算轴转矩变化，动态送入伺服电流环来控制误差。

- 实时计算惯量：驱控一体系统可以实时获取各关节的扭力变化，使机器人的一些控制算法可以发生改变，例如现在研究中的机器人动力学，柔性机器人运动控制等。

- 驱控一体系统拥有海量存储空间，支持 G 代码、AR 等多种开发方式，让无论是编写 PLC、数控机床还是 C/C++的工程师，都能够选择自己熟悉的开发方式，大大缩短了开发时间。

- 支持在线、离线三维轨迹仿真，提高机器人现场应用的安全性。

6．驱控一体化的前沿技术

1）兼容性强

不同种类的机器人对电机的要求不一样，对于控制系统而言，电机的选择尤为重要，驱控一体系统通过支持不同的编码器来有效解决电机选择问题。

- 编码器可选择性：目前编码器的通信并没有统一的格式，而是由各大编码器厂家自定协议。市面上主要的高分辨率编码器厂家有日本的松下、尼康、多摩川等品牌。驱控一体系统可以兼容这些品牌编码器。

- 电机可选择性：驱控一体系统的开放性满足了客户在不同应用场合对电机性能的选型需求，不仅支持众为兴公司的系列电机，还支持山洋、多摩川、松下等公司的系列电机。

2）高速、高精度响应

伺服的精度来源于编码器和位置环的响应频率。从编码器角度上来说，驱控一体系统通过支持不同编码器的协议，从而获取高分辨率的控制。例如，配合松下 20 位的绝对式伺服马达，控制分辨率能达到一百万分之一圈（1/1048576），精度相当高。

要达到高速度下的高精度，就要靠伺服的位置环刷新周期了。由于是驱控一体化的原因，伺服的位置环刷新周期可以简单理解为插补周期，最高可以做到 16K，以 10 米/分钟的速度来算，16K 插补周期的插补轴控制精度可以做到 0.01mm 插补精度，是真正意义上的高速度、高精度。这是驱控一体化技术的优势，因为 16K 刷新率只有在内部高速总线上才能实现。

🔔 **说明**：周期寄存器采用 N 位寄存器的容量为 2^N-1。

3）可视化数据采集

传统伺服通过脉冲或模拟量的方式与控制器连接，控制器只能获得位置信息。驱控一体系统具有现场总线通信的优越性，能实时获取伺服驱动器位置、速度、电流、加速度等参数，同时通过驱控调试软件，可实时监控多个伺服驱动器的运行信息，比如电流、速度、位置大小及跟随状态等，并以波形的形式呈现参数变化趋势。

4）振动抑制

在需要实现高精度制造的场合比如手机装配、电路板焊接、精密仪器加工等，振动抑制显得尤为重要。这不是速度环和位置环的调整就能解决的，需要在控制方法上有所革新。驱控一体系统通过两套方案来实现振动抑制，抑制效果如图 5.14 所示。

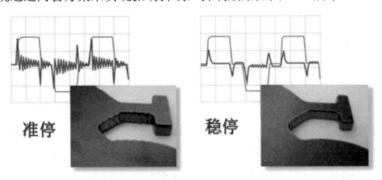

图 5.14　运动轨迹波动及加工效果

- 平台振动抑制：通过陷波滤波实现机械高/低共振抑制；
- 末端振动抑制：通过反向叠加算法，实现末端振动抑制。

5）机器视觉通信

驱控一体系统已经集成了在视觉控制领域的许多研究成果，使驱控一体配合视觉时更具兼容性和便利性。

- 直接九点标定接受像素坐标，对视觉的选择兼容性更强。
- 三点标定法，可以快速建立一个和视觉坐标相匹配的机器人坐标系，试用更便利。

综上可以看出，驱控一体化系统是从最终产品的角度着手，结合细分行业的特性进行运动控制产品的定位和设计，配合不断丰富的适用于不同应用工艺的软件包来促进机器人在各领域的广泛应用。

当前，驱控一体化技术是工业机器人发展的潮流和趋势，已被机器人企业广泛验证和接受。

5.5　机器人传感器

机器人运动时，要靠位置传感器、速度传感器、加速度传感器和力敏传感器来感知机器人的运行工况。听觉、视觉、味觉、嗅觉是智能机器人的必备能力。聪明的大脑、严密的逻辑推理、精巧的模糊控制，需要人工智能、机器学习技术支撑。本节主要讲述机器人传感器的基础知识。

5.5.1　运动传感器

根据检测对象的不同，机器人传感器分为内部传感器和外部传感器。

- 内部传感器：用来检测机器人本身状态的传感器，以及检测位置三维坐标和角度的传感器。
- 外部传感器：用来检测机器人所处的环境及状况的传感器。具体有物体识别传感器、物体探伤传感器、接近觉传感器、距离传感器、力觉传感器和听觉传感器。

根据测定项目分类，传感器分为很多类别，例如：

- 明暗觉传感器的检测内容为是否有光，亮度多少；检测目的是判断有无对象，并得到定量结果。传感器件有光敏管和光敏电阻等。
- 色觉传感器的检测内容是对象的色彩及浓度；检测目的是利用颜色识别对象的场合。传感器件有彩色摄像机、滤波器和彩色 CCD 等。
- 位置觉传感器的检测内容是物体的位置、角度和距离；检测目的是物体空间位置、判断物体移动。传感器件有光敏阵列和 CCD 等。

- 形状觉传感器的检测内容是物体的外形；检测目的是提取物体的轮廓及固有特征，识别物体的场合。传感器件有光敏阵列和 CCD 等。
- 接触觉传感器的检测内容是对象是否接触、接触的位置；检测目的是确定对象的位置，识别对象的形态，控制速度，进行安全保障，发现异常停止，寻径。传感器件有光电传感器、微动开关、薄膜特点和压敏高分子材料等。
- 压觉传感器的检测内容是对物体的压力、握力和压力分布；检测目的是控制握力，识别握持物，测量物体弹性。传感器件有压电元件、导电橡胶和压敏高分子材料等。
- 力觉传感器的检测内容是机器人有关部件所受外力及转矩；检测目的是控制手腕移动，伺服控制，正解完成作业。传感器件有应变片和导电橡胶等。
- 接近觉传感器的检测内容是对象物是否接近，接近距离，对象面的倾斜；检测目的是控制位置，寻径，进行安全保障，发现异常停止。传感器件有光传感器、气压传感器、超声波传感器、电涡流传感器和霍尔传感器等。
- 滑觉传感器的检测内容是垂直握持面方向物体的位移后重力引起的变化；检测目的是机械手是否握牢。传感器件有球型接点式光电旋转传感器、角编码器和振动检测器。

5.5.2　机器人听觉

人类真正解剖听觉系统是在文艺复兴时期，著名的医学家维萨里（Andreas Vesalius，1514－1564）在 1543 年发表了划时代的著作《人体的构造》，被认为是最早的耳科解剖学家。随后，很多科学家都对人类听觉的认知都做出了贡献。1961 年，贝克西因发现了耳蜗内部刺激的物理机制，荣获诺贝尔医学和生理学奖。这些研究成果足以推动至今仍在快速发展的各声学相关学科。显然，机器人或者智能设备必须拥有一副仿真的人类耳朵，这样才能解决机器人自动适应环境以及与人类的自然交流问题。通俗来说，就是要让机器人听得到，但这个要求必须解决远程拾音、声音定位、语音增强、噪声处理、语音识别和声纹识别等众多技术问题。

其次，机器人听觉还要解决听觉智能的问题，也就是听得懂。我们人类的听觉系统是和神经紧密相连的，大脑中专门有个部分处理声音信号，医学上常称为语言中枢。机器人也需要这种中枢，很多语音识别厂商包括 Apple、Google、Nuance、百度、科大讯飞等也都希望建立这种听觉中枢系统。

最后，机器人听觉当然要解决自动对话的问题，也就是说得出。机器人不同于其他设备，不能听到或者听懂了后一直默不作声。人机对话自然也是声学相关的领域，人类的发音系统同样也是一个复杂的结构。目前，这方面的研究应用主要是语音合成技术，虽然近几年进步很大，但是离我们的要求还差之甚远，机器人的对话自然也需要注入语调和情感，目前看来难度有点大。

虚拟现实和机器人领域涉及的声学技术太过庞杂，简单概括来说，虚拟现实不仅需要虚拟视觉，也需要虚拟听觉，至少要让虚拟现实中的场景和声音适配起来，否则由于眼睛和耳朵的失调更容易引起观看虚拟现实的疲劳感。机器人和人工智能则更需要声学技术来实现最可能落地的人机交互，我们知道，识别声学特征明显的物理环境和采用语言传递信息是我们人类最有效的保护手段和交互手段，而真正的机器人必须能够完全从环境中提取丰富的声音信息，以及像人类一样使用语言进行自然的信息通信。

机器人要和人对话，首先必须能听见人说话，否则就会既聋又哑，不能实现与人的对话。因此，智能机器人的听觉是科学家研究的重点之一。

1. 区别于人耳的机器人耳朵

人的耳朵和眼睛一样是重要的感觉器官，声波叩击耳膜，刺激听觉神经的冲动，之后传给大脑的听觉区，形成人的听觉。机器人的耳朵通常是用"收音器"或"录音机"来做的。被送到太空的遥控机器人的耳朵就是一架无线电接收机，如图 5.15 所示。

图 5.15　机器人的耳朵

人的耳朵是十分灵敏的。我们能听到的最微弱的声音，对耳膜的压强每平方厘米只有一百亿分之几千克。可是，用一种叫作钛酸钡的压电材料做成的"耳朵"比人的耳朵还要灵敏，即使是火柴棍那样细小的东西反射回来的声波也能被它"听"得清清楚楚。如果用这样的耳朵监听粮库，那么即使 2 公斤的粮食里有一条小虫爬动的声音也能被它准确地"听"出来。

日本京都大学奥乃博教授和科学技术振兴团中台一博研究员在这方面取得了突破进

展，发明出带有"人耳"的机器人。"人耳"机器人利用了仿生学原理，它的耳朵形状和人耳一样，对各个方向传来的声音均有聚音作用，而且分辨能力超过人耳，可以同时听清3个人的讲话。这种"人耳"的制作材料是硅，前后左右装有驱动装置，耳朵深处装有话筒。耳朵起天线的作用，对周围的声音有接收功能。耳朵表面由硅胶包裹，可以防止声音反射，进而增强了聚音效果。

另外，用压电材料做成的机器人"耳朵"也能够听到声音，原理是压电材料在受到拉力或者压力作用时能产生电压，这种电压能使电路发生变化，称为电效应。当它在声波的作用下不断被拉伸或压缩的时候，就产生了随声音信号变化而变化的电流，这种电流经过放大器后送入电子计算机进行处理，这样机器人就能听到声音了。

2. 机器人耳朵可以识别声音

听觉传感器是机器人的耳朵，如图 5.16 所示。能听到声音只是做到了第一步，更重要的是要能识别不同的声音。目前，人们已经成功研制出了能识别连续语音的装置，它能够以 99% 的比率，识别不是特别指定的人所发出的声音。这项技术使得电子计算机具有了"听话"的功能，这将大大降低计算机操作人员的工作复杂度。操作人员可以用嘴直接向计算机发布指令，改变了人们以往操作机器时手和眼睛忙个不停而嘴巴和耳朵却是闲着的状况。利用"机器耳"，一个操作者可以用声音同时控制四面八方的机器，还可以对楼上、楼下的机器同时发出指令，而且不需要照明，这样就使得机器人可以在夜间或地下工作。比如管道清理机器人、排爆机器人、装卸机器人等都可以在夜间工作，这样既可以提高工作速度又能节省时间。

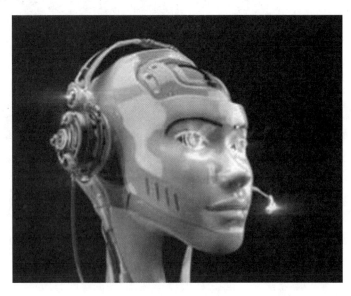

图 5.16　机器人听觉

仅仅要求对声音产生反应的听觉传感器是比较简单的，只需用一个声电转换器就能办到。但若让家用机器人听懂主人的语言指令，根据指令去打扫房间、开/关房门、倒垃圾等，那就很困难了。若要进一步要求机器人能与主人对话，区别主人和其他人的声音，从而只执行主人的命令，更是困难重重。

3. 声音传感器

声音传感器实际上就是一个类似话筒或耳麦的设备，用它来接收声音信息，如图 5.17 所示。声音的大小用音量表示，单位是分贝。

一般的声音传感器只能感受到有无声音和音量的大小，而不能分辨语义。比如，一个声控机器人听到声音就开始前进，再次听到声音后就停止运动。声音传感器能够检测到的声压大于 90 分贝。声压的等级非常复杂，一般情况下，在传感器上的数字越小，就表明声音越小。目前的研究水平只

图 5.17　声音传感器

是通过语音处理及辨识技术识别人的讲话，还可以正解理解一些极简单的语句，与人交流的机器人如图 5.18 所示。

图 5.18　具有听力的机器人

由于人类的语言非常复杂，词汇量相当丰富，即使是同一个人，其发音也会随环境及身体状况变化而变化。因此，要使机器人的听觉系统具有接近人耳的功能，除了扩大计算机容量及提高其运算速度外，还需人们在其他方面做大量艰苦的研究和探索工作。另外，人们还在研究使机器人能通过声音鉴别人的心理状态，希望未来的机器人不光能够听懂人

说的话，还能够理解人的喜悦、愤怒、惊讶和犹豫等情绪。这些都给机器人的应用带来了极大的发展空间。

5.5.3　机器人触觉

能感受"细腻的触感"和"疼痛"，E-dermis 电子皮肤让机器人更像人类的触觉，如图 5.19 所示。约翰-霍普金斯大学的研究人员研发出了一种新型电子皮肤 E-dermis，让我们离目标又更进了一步。当把 E-dermis 用在义肢上时，指尖能给患者带回真正的触感。

人类的皮肤是一个非常复杂的系统，给人带来各种触觉和感觉。尽管现在的义肢也有部分感觉，但离人类皮肤还有很大的距离。

由织物和带有传感器的橡胶来模拟神经末梢，E-dermis 通过感知刺激并将脉冲传递回周围神经来重建触觉和疼痛感。

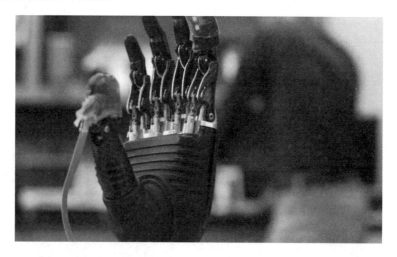

图 5.19　电子皮肤

生物医学工程研究生 Luke Osborn（如图 5.20 所示）说，"我们已经制造了一个传感器，它在义肢的指尖上，就像自己的皮肤一样。"它受人类生物学中的启发，有触觉和疼痛的感受器。

Osborn 表示，"这是一种创新，也非常有趣，因为我们现在可以买市场上正在销售的义肢，然后再配上这种电子皮肤，就可以让佩戴者感受到他/她捡起的东西是圆的还是有尖角的。"

Luke Osborn 在《科学机器人学》杂志上发表的研究成果表明，有可能为使用义肢的截肢者恢复一系列自然的、基于触觉的感觉。感受疼痛的能力对人来说非常有用，可以警告用户有损坏设备的潜在可能。电子皮肤的原理如图 5.21 所示。

图 5.20　生物医学工程研究生 Luke Osborn 研发的 E-dermis 义肢

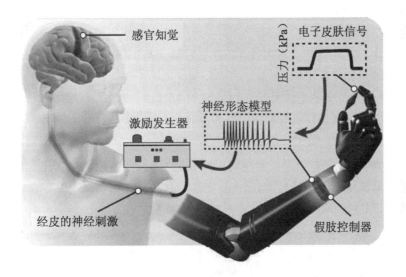

图 5.21　E-dermis 技术原理

　　人类皮肤包含一个复杂的传感器网络，将各种感觉传递给大脑。该网络为研究团队提供了生物模板，这个团队包括来自约翰-霍普金斯大学生物医学工程、电气和计算机工程、神经病学的成员，以及来自新加坡神经技术研究所的成员。

　　Osborn 表示，给现代假肢设计带来更多的人性化元素是至关重要的，尤其是当它融入了感觉疼痛的能力时。

　　疼痛当然是令人不快的，但它也是一种重要的、保护性的触觉，在截肢者目前可用的假肢中缺乏这种触觉。假肢设计和控制机制的进步，可以帮助截肢者恢复丧失功能的能力，但他们往往缺乏有意义的、触觉的反馈或感知。这就是 E-dermis 存在的意义，通过刺激手臂中的周围神经向截肢者传达信息，使所谓的"幻肢"变得栩栩如生。E-dermis 装置是通过非侵入性方式借由皮肤电刺激截肢者的神经。

第一次，假肢可以提供一系列的感知，从细腻的触感到截肢者的刺激，使它更像是一只人类的手。

受人类生物学的启发，E-dermis 使使用者能够感觉到连续的触觉感受，从轻触到痛感或痛苦刺激。研究团队创造了一个"神经形态模型"，模仿人类神经系统的触觉和疼痛感受器，让 E-dermis 能够像皮肤中的触觉一样，对触觉进行电子编码。通过脑电图追踪大脑活动，团队确定测试对象能够感知到他假肢手上的这些感觉。

研究人员通过使用经皮神经电刺激或 TENS 的无创方法将 E-dermis 的输出连接到志愿者。在疼痛检测任务中，研究小组确定，受试者和假体在触摸一个尖锐物体的同时能够体验到自然、本能的反应，而在触摸圆形物体时无疼痛。

E-dermis 对温度不敏感，这项研究集中于检测物体曲率（触摸和形状感知）和锐度（用于疼痛感知）。E-dermis 技术可以用来使机器人系统更人性化，也可以用来扩展或延伸到宇航员的手套和太空服。

研究人员计划进一步开发这项技术，并更好地了解如何为截肢者提供有意义的感觉信息，以期使系统能够广泛应用。

约翰-霍普金斯大学是上肢灵活假肢领域的先驱。十多年前，该大学的应用物理实验室领导开发了先进的模块化假体肢体，截肢患者可以像控制真实的手臂或手一样控制肌肉和神经。

E-dermis 在约翰-霍普金斯大学神经工程实验室的一名截肢志愿者身上测试了一年，志愿者经常重复测试以证明通过 E-dermis 获得一致的感官知觉。该团队与其他 4 名截肢志愿者一起进行了其他实验，以提供感官反馈，如图 5.22 所示。

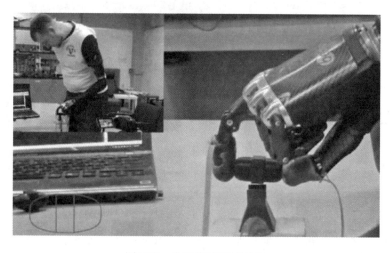

图 5.22　电子皮肤测试试验

5.5.4　机器人视觉

机器人视觉系统是指用计算机来实现人的视觉功能,也就是用计算机来实现对客观的三维世界的识别。人类接收的信息 70% 以上来自视觉,人类视觉为人类提供了关于周围环境最详细可靠的信息,如图 5.23 所示。

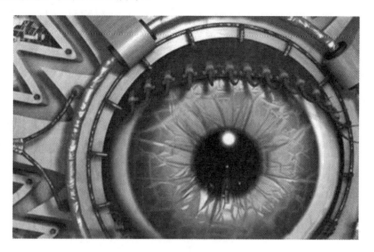

图 5.23　计算机视觉研究

人类视觉所具有的强大功能和完美的信息处理方式引起了人工智能研究者的极大兴趣,人们希望以生物视觉为蓝本研究一个人工视觉系统用于机器人中,期望机器人拥有类似人类感受环境的能力。机器人要对外部世界的信息进行感知,就要依靠各种传感器。就像人类一样,在机器人的众多感知传感器中,视觉系统提供了大部分机器人所需的外部相关信息。因此视觉系统在机器人技术中具有重要的作用。

依据视觉传感器的数量和特性,目前主流的移动机器人视觉系统有单目视觉、双目立体视觉、多目视觉和全景视觉等。

1.　单目视觉

单目视觉系统只使用一个视觉传感器。单目视觉系统在成像过程中由于从三维客观世界投影到 N 维图像上,从而损失了深度信息,这是此类视觉系统的主要缺点。尽管如此,单目视觉系统由于结构简单、算法成熟且计算量较小,在自主移动机器人中已得到广泛应用,如用于目标跟踪、基于单目特征的室内定位导航等。同时,单目视觉是其他类型视觉系统的基础,如双目立体视觉、多目视觉等都是在单目视觉系统的基础上,通过附加其他手段和措施而实现的。

2．双目立体视觉

双目立体视觉系统由两个摄像机组成，利用三角测量原理获得场景的深度信息，并且可以重建周围景物的三维形状和位置，类似人眼的体视功能，原理简单。双目视觉系统需要精确地知道两个摄像机之间的空间位置关系，而且场景环境的 3D 信息需要两个摄像机从不同角度同时拍摄同一场景的两幅图像并进行复杂的匹配，这样才能准确得到立体视觉。双目立体视觉系统能够比较准确地恢复视觉场景的三维信息，在移动机器人定位导航、避障和地图构建等方面得到了广泛的应用。然而，立体视觉系统的难点是对应点匹配的问题，该问题在很大程度上制约着立体视觉在机器人领域的应用前景。

3．多目视觉系统

多目视觉系统采用 3 个或 3 个以上摄像机，三目视觉系统居多，主要用来解决双目立体视觉系统中匹配多义性的问题，以提高匹配精度。多目视觉系统最早由莫拉维克所研究，他为 Stanford Cart 研制的视觉导航系统，采用了单个摄像机的"滑动立体视觉"来实现。雅西达提出了三目立体视觉系统解决对应点匹配的问题，真正突破了双目立体视觉系统的局限，并指出以边界点作为匹配特征的三目视觉系统中，其三目匹配的准确率比较高。用多边形近似的边界点段作为特征的三目匹配算法，用到移动机器人中取得了较好的效果。三目视觉系统的优点是充分利用了第三个摄像机的信息，减少了错误匹配，解决了双目视觉系统匹配的多义性，提高了定位精度，但三目视觉系统要合理安置 3 个摄像机的相对位置，其结构配置比双目视觉系统更烦琐，匹配算法更复杂，需要消耗更多的时间，实时性更差。

4．全景视觉系统

全景视觉系统是具有较大水平视场的多方向成像系统，突出的优点是有较大的视场，可以达到 360°，这是其他常规镜头无法比拟的。全景视觉系统可以通过拼图像的方法或者通过折反射光学元件实现。图像拼接的方法使用单个或多个相机旋转，对场景进行大角度扫描，获取不同方向上连续的多帧图像，再用拼接技术得到全景图。折反射全景视觉系统由 CCD 摄像机、折反射光学元件等组成，利用反射镜成像原理，可以观察 360°场景，成像速度快，能达到实时要求，具有十分重要的应用前景，可以应用在机器人导航中。

全景视觉系统本质上也是一种单目视觉系统，也无法得到场景的深度信息。其另一个特点是获取的图像分辨率较低，并且图像存在很大的畸变，从而会影响图像处理的稳定性和精度。在进行图像处理时首先需要根据成像模型对畸变图像进行校正，这种较正过程不但会影响视觉系统的实时性，而且还会造成信息的损失。另外，这种视觉系统对全景反射镜的加工精度要求很多，若双曲反射镜面的精度达不到要求，利用理想模型对图像校正则会存在较大偏差。

5. 混合视觉系统

混合视觉系统吸收各种视觉系统的优点，采用两种或两种以上的视觉系统组成复合视觉系统，多采用单目或双目视觉系统，同时配备其他视觉系统。混合全景视觉系统由球面反射系统组成，其中，全景视觉系统提供大视角的环境信息，双目立体视觉系统和激光测距仪检测近距离的障碍物。研究人员使用一个摄像机研制了多尺度视觉传感系统 POST，实现了双目注视、全方位环视和左右两侧的全景成像，为机器人提供导航。混合全景视觉系统具有全景视觉系统视场范围大的优点，同时又具备双目视觉系统精度高的长处，但是该类系统配置复杂，费用比较高。

在不久的将来，智能机器人一定会走入我们的生活。

5.6 工业机器人设计

5.6.1 工业机器人基础知识

工业机器人设计涉及：机械基础、机械制图与 CAD 绘图、公差配合、电工电子基础、钳工工艺、电路原理、焊接工艺、焊条电弧焊技术、焊接机器人工作站基础等知识。

国际知名厂商发那科、ABB、安川、库卡四大家族的产品非常流行，近几年国产工业机器人也有了很大的发展，图 5.24 所示为工业机器人在工作。

图 5.24 工业机器人在劳动

5.6.2　工业机器人的控制器

控制器是工业机器人的几大核心零部件之一，工业机器人控制器的核心算法，在产品稳定性、故障率、易用性等关键指标中至关重要。

控制器是影响机器人稳定性的关键部件，软件相当于语言，把"大脑"的想法传递出去。要将语言表达准确，就离不开底层核心算法。控制器核心算法是机器人驱动软件的精髓。如果核心算法不好，就算伺服系统、减速器等零部件是顶级的产品，工业机器人产品依然在精度和稳定性等方面存在不足。

应用到航天航空、军工、汽车制造等高端领域，对于工业机器人的精度和稳定性要求都很高。

5.6.3　工业机器人的伺服系统

机器人每完成一个动作，**需要核心控制器、伺服驱动器和伺服电机三方协同工作**。伺服系统如果核心算法不好，会导致响应速度低很多。就单台伺服系统来说，工业机器人响应速度还算不错，但高端机器人一般同时有 6 台以上伺服系统模块，传统的控制方法就很难取得想要的控制效果，响应速度与多轴协同的表现不满意。

通过底层算法，控制器可以通过伺服系统的电流环直接操作电机，实现高动态多轴非线性条件下的精密控制，因此工业机器人响应速度更快、定位更准确。如果不掌握核心算法，就相当于一个四肢健全、大脑简单的人，始终无法处理复杂的工作任务，致使工业机器人工作时稳定性不高，故障率居高不下，不能胜任工作。

5.6.4　工业机器人的减速器

机器人使用的精密减速器也有了较大的突破，尤其是谐波减速器已经有量产的产品，在精度和寿命方面还有比较大的上升空间。减速器的发展依赖于国家装备制造业的提高，这是一个系统性的问题。

减速器和伺服电机对轴承、齿轮的精度要求非常高，其加工精度取决于高端数控机床的能力，与数控机床等设备的精度密切相关，在数控机床领域，我国尚处于技术追赶阶段，加工工艺的差距涵盖了基础材料和制造工艺水平两方面。

国外企业经过近半个世纪的技术沉淀，对于工艺的理解和功能的优化精益求精。国产工业机器人在核心算法、减速器、工艺软件等方面要努力取得重大性突破，以加强工业机器人的综合竞争力。减速器有 3 种流行产品，分别为行星减速机、RV 减速机和谐波减速机，下面分别介绍。

1．行星减速机

行星减速机是一种用途广泛的工业产品，该减速机体积小、重量轻，承载能力高，使用寿命长，运转平稳，噪声低，具有功率分流、多齿啮合独用的特性。其最大输入功率可达 104kW，适用于起重运输、工程机械、冶金、矿山、石油化工、建筑机械、轻工纺织、医疗器械、仪器仪表、汽车、船舶、兵器和航空航天等工业部门。行星减速机如图 5.25 所示。

图 5.25　行星减速机

- 级数：行星齿轮的套数。由于一套行星齿轮无法满足较大的传动比，有时需要 2 套或者 3 套来满足用户较大的传动比的要求。由于增加了行星齿轮的数量，所以 2 级或 3 级减速机的长度会有所增加，效率会有所下降。
- 回程间隙：将输出端固定，输入端顺时针和逆时针方向旋转，使输入端产生额定扭矩±2%扭矩时，减速机输入端有一个微小的角位移，此角位移就是回程间隙。单位是"分"，就是 1°的 1/60，也有人称之为背隙。

行星减速机的主要传动结构为：行星轮、太阳轮、外齿圈和行星架。
- 工作方式 1：齿圈固定，行星架主动，太阳轮被动，如图 5.26 所示。
- 工作方式 2：齿圈固定，太阳轮主动，行星架被动。
- 工作方式 3：太阳轮固定，齿圈主动，行星架被动。
- 工作方式 4：太阳轮固定，行星架主动，齿圈被动。
- 工作方式 5：行星架固定，太阳轮主动，齿圈被动。
- 工作方式 6：行星架固定，齿圈主动，太阳轮被动。
- 工作方式 7：把三元件中任意两元件结合为一体。

当把行星架和齿圈结合为一体作为主动件，太阳轮为被动件，或者把太阳轮和行星架结合为一体作为主动件，齿圈作为被动件的运动情况，这种组合行星齿轮间没有相对运动，作为一个整体运转，传动比为 1，转向相同。汽车上常用此种组合方式组成直接挡。

- 工作方式 8：三元件中任一元件为主动，其余的两元件自由。

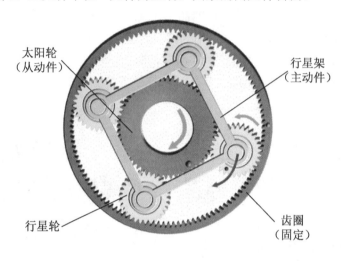

图 5.26　行星减速机工作方式 1 原理示意图

2．RV 减速器

精密减速器是工业机器人的重要核心零部件之一，具有传动链短、体积小、功率大、质量轻和易于控制等特点，应用在机器人关节的减速器有 RV 减速器和谐波减速器两类。

RV 减速器用于转矩大的机器人腿部、腰部和肘部 3 个关节。负载大的工业机器人，1、2、3 轴都是用 RV 减速器。相比谐波减速器，RV 减速器的关键在于加工工艺和装配工艺。RV 减速器具有更高的疲劳强度、刚度和寿命，不像谐波传动那样随着使用时间增长，运动精度会显著降低；其缺点是重量大，外形尺寸较大，如图 5.27 所示。RV 减速器是由摆线针轮和行星支架组成，以其体积小、抗冲击力强、扭矩大、定位精度高、振动小、减速比大等诸多优点被广泛应用于工业机器人、机床、医疗检测设备和卫星接收系统等领域。

3．谐波减速器

谐波减速器用于负载小的工业机器人或大型机器人的末端几个轴中。谐波减速器是谐波传动装置的一种，谐波传动装置包括谐波加速器和谐波减速器。谐波减速器主要包括刚轮、柔轮、轴承和谐波发生器，四者缺一不可。柔轮的外径略小于刚轮的内径，通常，柔轮比刚轮少两个齿。谐波发生器的椭圆形形状决定了柔轮和刚轮的齿接触点分布在介于椭圆中心的两个对立面。在谐波发生器转动的过程中，柔轮和刚轮齿接触部分开始啮合。谐波发生器每顺时针旋转 180°，柔轮就相当于刚轮逆时针旋转 1 个齿数差。在 180° 对称的两处，全部齿数的 30%以上同时啮合，这也造就了其高转矩传送。

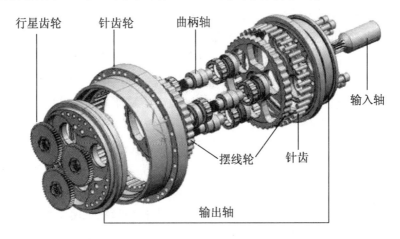

行星齿轮　针齿轮　曲柄轴

输入轴

摆线轮　针齿

输出轴

图 5.27　RV 减速器

谐波减速器可应用于小型机器人中，特点是体积小、重量轻、承载能力大、运动精度高，单级传动比大。谐波减速器剖面结构图如图 5.28 所示。

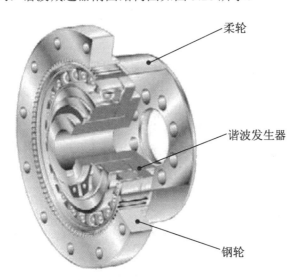

柔轮

谐波发生器

钢轮

图 5.28　谐波减速器结构剖面图

4．RV减速器和谐波减速器的比较

RV 减速器刚性好、抗冲击能力强、传动平稳、精度高，适合中、重载荷的应用，但RV 减速器需要传递很大的扭矩，承受很大的过载冲击，为了保证预期的工作寿命，因而在设计上使用了相对复杂的固定位结构，制造工艺和成本控制难度较大。RV 减速器内部

没有弹性形变的受力元件，所以能够承受一定扭矩。RV 减速器的轴承是其薄弱环节，受力时很容易突破轴承受力极限而导致轴承异常磨损或破裂。在高速运转时这个问题更突出，所以 RV 减速器随输入转速的上升额定扭矩下降非常明显。

RV 减速器较机器人中常用的谐波传动具有高得多的疲劳强度、刚度和寿命，而且回差精度稳定，不像谐波传动那样随着使用时间增长，运动精度就会显著降低。所以许多国家的高精度机器人传动多采用 RV 减速器，因此，RV 减速器在先进机器人传动中有逐渐取代谐波减速器的发展趋势。

本节所介绍的几类减速器产品在某些型号上确实存在替代关系，但这几类减速器只能实现部分替代。绝大部分情况下，各类减速器很难实现替换。比如在速比方面，谐波减速器和 RV 减速器的速比都要远远大于行星减速器，所以小速比领域是行星减速器的天下。当然，行星减速器的速比是可以做大的，但是很难去替换谐波减速器和 RV 减速器。再比如刚性方面，行星减速器和 RV 减速器的刚性要好于谐波减速器，在体现刚性的使用工况下，谐波减速器很难有好的表现。

谐波减速器的特点是轻和小，在这个方面，行星减速器和 RV 减速器却很难做到。所以各类减速器只能在一部分情况下可实现替换，但如果是一种产品全方位替换另一种产品是不现实的。各类减速器之间不能相互取代，而是一种互补的关系。

5.7　家用机器人设计

家用机器人可以做到开/关门、拎东西、端茶、倒水、控制智能家居设备等动做。机器人一直被誉为"制造业皇冠顶端的明珠"，大型仿人服务机器人更是一个国家机器人研究水平的标志。美国波士顿动力从 1992 年开始相关技术的研发，至今已 27 年；日本 ASIMO 从 1986 年开始相关技术研发，至今已 33 年。我国对人形机器人的研究相对较晚。

Walker 机器人是我国深圳企业优必选公司研发的一款大型仿人服务机器人。通过多种传感器，使 Walker 具备定位导航、机器视觉等自主功能，实现了上/下楼梯、全向行走、踢球、跳舞等多种运动能力。

Walker 不仅增加了双臂，还全面升级了伺服关节，减小了传动比和运行噪音，伺服精度更高，控制性能更优。并且 Walker 升级了运动控制算法，能在复杂地形中灵活行走，具备优良的自平衡能力，可以实现手眼协调操作及柔性安全交互。

Walker 最出彩的地方不仅仅在于行动能力和手眼协调等能力，更在于商业化能力。

国外机器人厂商往往将机器人的运动能力做得很酷炫，但由于成本高，很难实现商业化。Walker 是在单位成本可控的平台上研发，特别针对家庭服务需求进行了一系列技术研发，最终的落地方向和目标是家庭场景，未来，零售价格会在一台普通家用中型轿车（小几十万人民币）价格区间内。在这之前会先推出 Walker 的科研版本，和合作伙伴一同提升性能，让它早日走进千家万户。

短短 3 年多时间，Walker 受到了全球关注，填补了中国没有真正的大型仿人机器人的空白。这得益于优必选公司坚持硬科技自主研发，从而掌握了多项核心关键技术。

我国在智能制造领域拥有很好的优势，而且总体来看，我国机器人产业基本形成了较完整的产业链条，还有富足的中高端劳动力市场和巨大的国内市场。

智能硬件创业者需要从技术创新到商业智慧的全要素支持。在深圳，已经有华为在通信领域、大疆在无人机领域实现了超越。

人工智能和机器人的结合为我国企业带来了新的机遇，企业应凭借着扎实的研发技术把握住市场机会。

5.8　建筑机器人设计

建筑机器人的开发应用始于 20 世纪 80 年代，以日本较为领先。韩国、美国、德国、西班牙等国家的建筑机器人发展迅速，而且目前对于极限环境下智能建造（NASA）也越来越被重视。建筑机器人应用在四个方面：设计、建造、破拆和运维。设计方面，主要指 Autodesk，目前一直在筹划如何让机器人来代替 CAD，成为设计师的合作伙伴，而不是单纯地成为设计师的辅助工具。建造方面是建筑机器人需求量最大的一部分，涉及所有工艺的机械化、自动化与智能化，分为工厂和现场两个领域。运维方面是建筑机器人的持久性应用领域，涉及管道检测、安防、清洁和管理等众多运行维护的场合。破拆方面是除了爆破以外大型建筑的破拆，资源再利用将是未来巨量建筑的一个难题，机器人将会派上用场。

5.8.1　建筑机器人的关键技术

建筑机器人与工业机器人相比主要特征有所不同。对于工业机器人而言，机器人是固定的，物料是移动的；对建筑机器人而言是机器人移动，建筑物固定。建筑机器人主要技术要求是具有移动功能或较大的工作空间、具有较大的承载能力、运动具有空间约束性和时变性、具有交互智能和环境适应性。

建筑施工机器人共性关键技术包括：高承载能力的机器人机构设计、人机交互意图理解与协调控制、约束空间下的轨迹规划与增强现实技术传感器的环境适应性（视觉的环境适应性）、非稳定基础的精确作业。

在现场装配作业中，由于存在作业空间、设备自重等约束问题，约束空间下大承载能力的机器人机构设计是当前的主要研究方向。目前主要面临两个问题，分别是建筑施工机器人构型设计原理与运动性能优化，以及机器人能耗最优运动控制机理。

日本建筑公司清水建设公开了一处实验设施，那里汇集了一批将"上岗"的建筑机器人，包括"天花板安装工""焊接工""搬运工"，如图 5.29 所示。

图 5.29　日本自动焊接机器人和天花板施工机器人

可自行判断施工点后完成建材搬运的"建材搬运机器人"，有点像京东全流程无人仓里的运输机器人。

澳大利亚科技公司 Fastbrick Robotics 设计的 3D 建筑机器人 Hadrian X，工作效率是人工的 4 倍。24 小时连续工作的话，Hadrian X 两天内就可以建好一座房子。它可以读懂图纸，通过 3D 扫描技术，精确地计算出每一块砖头的位置，比建筑工人精准不少。

拥有更强能力的建筑机器人，不只是搬更重的砖、砌更整齐的墙，还应拥有更棒的创造力。砌墙机器人如图 5.30 所示。

图 5.30　澳大利亚建筑机器人在砌墙

传统的作业方式依靠人工＋冲击钻，效率低下，缺乏精度并且成本高。挪威 nLink 的移动机器人是专为解决钻孔问题而设计的，可适用于各种建筑工地环境，如图 5.31 所示。

图 5.31　挪威钻孔机器人

研发人员使用成本相对低廉的标准化元件进行生产，操作系统则完全由自己设计。与现有的工业机器人控制系统相比，他们研发的系统更友好，工人们只需经过简单培训，就可以通过 iPad 来遥控指挥机器人了。

目前租用钻孔机器人一天的花费大概为 2000 美元。在各种实际操作中，挪威 nLink 的钻孔机器人比传统的人工方式普遍快 5～10 倍。

在科罗拉多州恩格尔伍德市的一个建筑工地上，工人们花了几周时间学习如何操作砌砖机器人 SAM（SeMI Automated Mason，半自动泥水匠）。该机器人由纽约的 Construction Robotics 公司研发，价值 40 万美元（约 253 万元），能在 8 小时内砌好 3000 块砖石，是普通工人工作量的数倍，如图 5.32 所示。

图 5.32　美国砌墙机器人 SAM

SAM 并非完全无须人力支援，建筑工人需要将砖块运送到输送带上，然后 SAM 才能以机械手臂将砂浆打浆，再把砖块放到墙上，并且还需要有建筑工人清理多余的砂浆，所以暂时不会导致工人无工可做。

5.8.2 建筑机器人产业发展的基本策略

1. 加速传统建筑设备的机器人化改造

对现有的建筑施工设备进行机器人化改造，是发展建筑机器人技术并使其快速投入应用的一条捷径。例如，对于建筑用工程施工车辆，如挖掘机、推土机、压路机和渣土车等，可基于遥控操作、自主导航与避障、路径规划与运动控制、智能环境感知、无人驾驶等技术对其进行改造，实现相关车辆操作的遥控化、半自主化，甚至完全自主化，减少操作人员的工作负担，优化工作环境、提升作业安全性和效率，推进施工作业的标准化和精细化。参照这一模式，也可考虑对塔吊、起重机等提举系统进行遥控操作改造，通过远程遥控操作彻底解除施工人员的安全威胁。

2. 促进即有机器人技术在建筑业中的应用

目前研发的很多机器人技术均属于通用技术。它们在建筑业中具有广阔的应用前景。例如，在环境感知与建模方面，可利用无人飞行器（UAV）、轮式/履带机器人等移动平台搭载激光雷达、结构光摄像头、3D 视觉等环境感知设备，基于多源信息融合、同时定位与地图创建（SLAM）等环境建模技术，实现建筑物内外结构及周边环境的自主列绘与3D 建模；利用 UAV 并配合 SLAM 技术，实现土方开挖、废料清运及结构物施工进度及工程量的实时监测，为大尺度施工作业中多设备任务优化与协调提供铺垫。再如，基于机械手，移动机器人底盘搭建的通用移动操作平台，有望替代人工完成诸如砌筑、抹灰、平整、抛光、编织、铺贴、钻孔等很多操作。

3. 推动建筑业专用机器人系统研发

毋庸置疑，建筑业有其独有的特殊性，故通用技术不可能解决所有问题。为了能够更好地实施营建，根据建筑业特性研发专用建筑机器人是极其必要的。例如，3D 打印建筑机器人的突出代表"轮廓工艺"技术，针对房屋施工的各种特殊需求，进行了有效的针对设计，最终才成就了该系统直接打印包括水/电管线在内的完整房屋的能力。喷浆机器人、ERO 混凝土回收机器人等，均是针对建筑业的特殊需要定制研发的。这方面的工作，后续要进一步加大力度。

4．协同推进适应机器人施工的新型建筑结构及建材

为了充分发挥建筑机器人的优势，传统的建筑形式与施工模态必然要做出相应的改变。目前来看较为可行的选径是采用模块化结构，利用机器人进行模块的预制、组装，这将大幅减小机器人的作业难度，同时可有效提高新建筑的营建速度。另外，新型建材的研发也要同步推进。例如，3D 打印建筑机器人对于混凝土的流动性、凝固速度等有很高的要求；实施飞行营建则要求各模块间具有主动结合的能力。

建筑机器人作为一个具有极大发展潜力的新兴技术，有望实现"更安全、更高效、更绿色、更智能"的信息化建造，推动整个建筑业完成跨越式发展。建筑业在我国属于支柱产业，这一庞大的内需市场为我国建筑机器人的发展壮大提供了强有力的保障。

5.9　智能机器人

5.9.1　智能机器人分类

1．按功能分类

1）传感型机器人

传感型机器人的本体上没有智能单元，只有执行机构和感应机构，它具有利用传感信息（包括视觉、听觉、触觉、接近觉、力觉和红外、超声及激光等）进行传感信息处理、实现控制与操作的能力。传感型机器人受控于外部计算机，目前机器人世界杯的小型组比赛使用的机器人就属于这样的类型。

2）自主型机器人

自主型机器人在设计制作之后，无须人的干预，能够在各种环境下自动完成各项拟人任务。自主型机器人的本体上具有感知、处理、决策和执行等模块，可以像一个自主的人一样独立地活动和处理问题。许多国家都非常重视全自主移动机器人的研究。智能机器人的研究从 20 世纪 60 年代初开始，经过几十年的发展，目前基于感觉控制的智能机器人（又称第二代机器人）已达到实际应用阶段，基于知识控制的智能机器人（又称自主机器人或下一代机器人）也取得了较大进展，已研制出多种样机。

3）交互型机器人

交互型机器人可以通过计算机系统与操作员或程序员进行人机对话，如图 5.33 所示，实现人对机器人的控制与操作。交互型机器人虽然具有了部分处理和决策功能，能够独立

地实现一些诸如轨迹规划、简单的避障等功能，但是还要受到外部的控制。

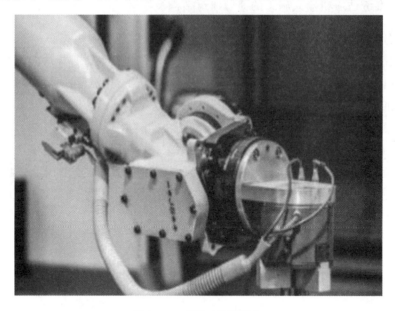

图 5.33 对话工业机器人

2．按智能程度分类

1）工业机器人

工业机器人只能死板地按照人给它规定的程序工作，不管外界条件有何变化，自己都不能对程序即对所做的工作做相应的调整。如果要改变机器人所做的工作，必须由人对程序做相应的改变，因此它是毫无智能的。

2）初级智能机器人

初级智能机器人具有像人一样的感受、识别，推理和判断能力。可以根据外界条件的变化，在一定范围内自行修改程序，它能适应外界条件变化对自己做相应调整，不过修改程序的原则由人预先规定。这种初级智能机器人已拥有一定的智能。

3）高级智能机器人

具有感觉、识别、推理和判断能力，同样可以根据外界条件的变化，在一定范围内自行修改程序。所不同的是，修改程序的原则不是由人规定的，而是机器人自己通过学习总结经验来获得修改程序的原则。所以它的智能高出初级智能机器人。这种机器人已拥有一定的自动规划能力，能够自己安排自己的工作。这种机器人可以不需要人的照料，能完全独立地工作，故称为高级自律机器人。这种机器人也开始走向实用性，如图 5.34 所示。

图 5.34　智能机器人在操作设备

5.9.2　智能机器人关键技术

1. 多传感器信息融合

多传感器信息融合技术是近年来十分热门的研究课题，它与控制理论、信号处理、人工智能、概率和统计相结合 ，为机器人在各种复杂、动态、不确定和未知的环境中执行任务提供了一种技术解决途径。机器人所用的传感器有很多种 ，根据不同用途分为内部测量传感器和外部测量传感器两大类。多传感器信息融合就是指综合来自多个传感器的感知数据，以产生更可靠 、更准确或更全面的信息。经过融合的多传感器系统能够更加完善、精确地反映检测对象的特性，消除信息的不确定性，提高信息的可靠性。融合后的多传感器信息具有冗余性、互补性、实时性和低成本性的特点。目前，多传感器信息融合方法主要有贝叶斯估计、Dempster-Shafer 理论、卡尔曼滤波、神经网络和小波变换等。

多传感器信息融合技术是十分活跃的研究领域，主要研究方向有：

1）多层次传感器融合。由于单个传感器具有不确定性、观测失误和不完整性的弱点，因此单层数据融合限制了系统的能力和鲁棒性。对于要求高鲁棒性和灵活性的先进系统，可以采用多层次传感器融合的方法。低层次融合方法可以融合多传感器数据；中间层次融合方法可以融合数据，得到融合的特征；高层次融合方法可以融合特征，得到最终的决策。

2）微传感器和智能传感器。传感器的性能、价格和可靠性是衡量传感器优劣与否的重要标志，然而许多性能优良的传感器由于体积大而限制了应用市场。微电子技术的迅速发展使小型和微型传感器的制造成为可能。智能传感器将主处理、硬件和软件集成在一起。

例如，Par Scientific 公司研制的 1000 系列数字式石英智能传感器；日本日立研究所研制的可以识别 4 种气体的嗅觉传感器；美国 Honeywell 研制的 DSTJ23000 智能压差压力传感器等，都具备了一定的智能。

3）自适应多传感器融合。在现实世界中，有时很难得到环境的精确信息，也无法确保传感器始终能够正常工作。因此，对于各种不确定情况，鲁棒融合算法十分必要。目前已研究出了一些自适应多传感器的融合算法，来处理由于传感器的不完善带来的不确定性。例如控制论学者 Hong 通过革新技术提出一种扩展的联合方法，能够估计单个测量序列滤波的最优卡尔曼增益；Pacini 和 Kosko 也研究出了一种可以在轻微环境噪声下应用的自适应目标跟踪模糊系统，它在处理过程中结合了卡尔曼滤波算法。

2. 机器人视觉

机器人视觉是其智能化最重要的标志之一，对机器人智能及控制都具有非常重要的意义。目前国内外都在大力研究，并且已经有一些系统投入使用。

3. 智能控制

随着机器人技术的发展，对于无法精确解析建模的物理对象及信息不足的病态过程，传统控制理论暴露出缺点，近年来许多学者提出了各种不同的机器人智能控制系统。机器人的智能控制方法有模糊控制、神经网络控制、智能控制技术的融合（模糊控制和变结构控制的融合；神经网络和变结构控制的融合；模糊控制和神经网络控制的融合；智能融合技术还包括基于遗传算法的模糊控制方法）等。

近几年，机器人智能控制在理论和应用方面都有较大的进展。在模糊控制方面，J. J. Buckley 等人论证了模糊系统的逼近特性，E. H. Mamda 首次将模糊理论用于一台实际机器人。模糊系统在机器人的建模、控制、对柔性臂的控制、模糊补偿控制及移动机器人路径规划等各个领域都得到了广泛的应用。在机器人神经网络控制方面，CMCA（Cere-bella Model Controller Articulation）是应用较早的一种控制方法，其最大特点是实时性强，尤其适用于多自由度操作臂的控制。

智能控制方法提高了机器人的速度及精度，但是也有其自身的局限性。例如机器人模糊控制中的规则库如果很庞大，推理过程的时间就会过长；如果规则库很简单，控制的精确性又会受到限制；无论是模糊控制还是变结构控制，抖振现象都会存在，这将给控制带来严重的影响。神经网络的隐层数量和隐层内神经元数的合理确定仍是目前神经网络在控制方面所遇到的问题。另外神经网络易陷于局部极小值等问题，都是智能控制设计中要解决的问题。

4．人机接口技术

人机接口技术是研究如何使人方便、自然地与计算机交流。为了实现这一目标，除了最基本的要求机器人控制器有一个友好、灵活、方便的人机界面之外，还要求计算机能够看懂文字、听懂语言、说话表达，甚至能够进行不同语言之间的翻译，而这些功能的实现又依赖于知识表示方法的研究。因此，研究人机接口技术既有巨大的应用价值，又有基础理论意义。目前，人机接口技术已经取得了显著成果，文字识别、语音合成与识别、图像识别与处理、机器翻译等技术已经开始实用化。另外，人机接口装置和交互技术、监控技术、远程操作技术和通信技术等也是人机接口技术的重要组成部分，其中远程操作技术是一个重要的研究方向。

5.9.3　智能机器人发展趋势

帮我们扫地板、在公共场所担任导引员、拆除炸弹的机器人可能感觉比较有趣。那些负责组装汽车以及在工厂生产线帮忙拾取物品的机器人，在整体价值上要高得多，而且也有越来越多的工、商业或消费性应用产品由这种机器人制造出来。

工业机器人趋势研究报告指出，在亚洲市场特别是电子制造业，对于工业机器人的需求不断增长，而预期在接下来几年，技术进展将使得这些机器人具备更多的能力。

从区域市场来看，亚洲仍是全球工业机器人市场中发展最快的，我国近年来一直是全球最大的工业机器人市场。

全球排名前两名的工业机器人购买国是我国与韩国；市场增长率最高的是我国与美国，其次为日本与韩国，排名第 5 的德国销售表现持平。

从应用来看，汽车制造（市占率 35%）与电气/电子制造（市占率 31%）一直是最大的两个工业机器人应用领域。电气/电子制造应用在过去几年迅速成长，在大多数亚洲市场，电气/电子制造也是最大的工业机器人应用领域。

IFR 报告指出，从汽车制造业来看，韩国汽车制造业机器人密度达到 2145；美国与日本的汽车制造业机器人密度则分别为 1261 与 1240。

此趋势在汽车制造领域特别明显。美国制造业采用的工业机器人大多数是从日本、韩国以及欧洲进口。

5.9.4　更具智慧的工业机器人

市场研究机构 IDC 的分析师指出，有数种技术会在接下来的几年内为工业机器人带来新的能力，甚至会催生其他种类的机器人。新安装的机器人至少会具备一种智能功能，例如预测性分析、系统健康状况意识、自我诊断、同伴学习（Peer Learning），或是自主感知（Autonomous Cognition）等。

智能机器人将额外的技术如机器学习、智能功能、工业物联网链接功能，还有因为链接能力而带来的可预测性维护功能导入现有的机器人中，将来会有智能机器人工头（Intelligent Robotics Agents）负责监督工业机器人干活，并将工业机器人的整体效率提升30%。

汽车制造目前仍是最大的智能工业机器人应用领域，如图 5.35 所示，但有分析师预测该市场的成长将趋缓，原因是全球汽车产业在过去几年表现低迷，食品/饮料制造领域对机器人的需求快速增长，预测该应用市场在同期间的 CAGR 可达到 6.9%。

图 5.35　汽车制造生产在线的工业机器人

5.10　机器人研究前沿

机器人研究前沿以智能机器人为主，包括机器人设计方法与共性技术研究，机器人系统动力学控制方法研究、机器人认知与行为控制研究、人机交互与和谐共存研究，以及机电一体化系统集成研究等。

5.10.1　机器人设计方法与共性技术

1．机器人结构的创新及优化设计

机器人结构研究范畴包括以下几个领域：

- 机器人结构原理与数学描述理论与方法；
- 机器人结构多尺度效应和跨尺度运动的设计理论；
- 极端环境（真空、高低温、强辐射、微重力、高压强等环境）下机器人机构的设计理论、失效理论及可靠性分析和全生命周期设计。
- 机器人仿生形态、仿生结构与仿生功能的集成，以及跨越宏观、微观乃至纳观尺度的多层次结构和功能的仿生机器人结构系统的相关理论与优化设计技术。

2. 机器人系统动力学及控制方法

机器人动力学及其控制方法涉及优化控制和智能控制等领域，涉及范围有：
- 复杂机器人的动态特性及参数识别，特别是极端环境下各种非线性和不确定性参数变化耦合特征对机器人系统动力学的影响规律；
- 高速、高加速度、精密、重载机器人弹性机构动力学、柔顺机构动力学、含铰链间隙的机构动力学综合理论；
- 机器人系统中复杂多参数耦合特征对系统控制性能的敏感性和影响规律，高度复杂的不确定问题的处理理论和方法，以及复杂多通道闭环控制规律的简化设计方法；
- 分布式、非线性、强耦合、多变量、随机性和时变性复杂机器人系统控制的新方法。

3. 机器人新型功能部件及单元技术

随着科学技术的发展，机器人新型部件、新型单元不断推出，主要研究方向有：
- 集机构、驱动、感知、控制为一体的机器人数字化关节设计理论及集成技术；
- 基于智能材料的易于集成在结构中的新型驱动技术的工作原理和设计方法；
- 电磁、记忆合金、压电等多种驱动方式的复合驱动系统的设计理论与集成技术；
- 其他先进机器人领域所需的新型高性能功能部件。

5.10.2　机器人认知与行为控制

1. 机器人自治行为理论与方法

机器人的主要特征之一是能够自治、自理，即没有人为干预也能自动工作。这个领域的研究要点如下：
- 复杂结构化、非结构化和静态、动态未知环境的感知方法，环境建模与重构的理论，以及多种目标信息识别与计算的理论与方法；
- 全方位和局部信息相结合的自主导航与定位的理论和方法；
- 完整约束和非完整约束条件下的机器人轨迹、任务和路径的静态、动态智能规划与决策的理论与方法；

- 基于行为特征的机器人系统智能建模理论与方法，模型存在不确定性和与未知环境交互作用的智能控制方法；
- 机器人的生物感知与行为的仿生理论与仿生控制技术。

2．多机器人智能技术相关理论与方法

多机器人协同工作是机器人大量部署必须要解决的问题，除了要解决互相干扰问题、碰撞问题，还要解决协同工作问题和群体智能问题。当前要解决的问题有：

- 多机器人系统的群体体系结构、面向多机器人系统的机器人个体体系结构，以及两者的有机结合方法；
- 基于动态、分布式局部环境的不完整信息的全局环境构建的理论与技术；
- 多机器人系统中机器人群体强化智能学习及群体行为的理论与方法；
- 多机器人系统合作及协调控制策略与机制。

5.10.3　机器人人机交互与和谐共存

1．人机合作与交流机器人技术

智能机器人的特征是人与机器交互要类似人与人间的交互。人与机器人交互技术主要解决以下问题：

- 人与机器人之间通过手语、图像和语音等新型多通道的信息交互技术；
- 新型的人机交互设备和交互过程中的安全机制；
- 从生物感知的角度研究交互信息的获取和理解；
- 利用多源信号的生物/机电系统接口的基础理论和技术。

2．遥控操作与网络遥控操作的机器人技术

机器人完全自主运动还没有实现，目前，机器人的操作手段主要是遥控。遥控操作与网络遥控操作的机器人技术要解决的问题是：

- 遥控操作系统的体系结构及拓扑关系；
- 解决大时延条件下的遥控操作控制理论与方法；
- 遥控操作虚拟现实技术；
- 遥控操作系统性能评价理论与方法。

5.10.4　机器人及机电一体化系统集成

如果认为机器人仅用于家庭服务、游戏，那么这个观点未免有些肤浅。其实机器人在国防军事、科学实验、化工污染、防灾救灾中都能发挥重要的作用。面向国家层面的机器人其功能需求、结构特征与普通机器人有所不同，要适应高温、严寒、潮湿、剧毒等苛刻的环境条件。这种机器人的机电一体化集成技术研究领域包括以下几方面：

- 面向国家重大科学工程的机器人技术与系统，包括核、极地、空间探测的自主机器人系统，以及重大模拟与仿真装备；
- 面向国防安全的机器人技术与系统，包括军用、反恐侦查机器人化无人作战平台；
- 面向安全生产、防灾救援需求的机器人技术与系统，包括煤矿井下矿难搜救机器人、油井及油气管线巡检机器人等；
- 面向国民经济重大行业（机械制造、石化、冶金、汽车等）的机器人及自动化生产装备；
- 面向光电制造与生命科学实验的精密作业设备；
- 纳米级微驱动与微操作机器人、微小型机器人、仿生机器人、智能服务机器人、遥控操作与网络操作机器人、移动操作机器人、多机器人协作系统等。

5.11　本章小结

本章介绍了机器人研发的相关知识，包括智能机器人设计、控制、机器人传感器、以及工业机器人设计等知识，智能机器人在机器人听觉、视觉、触觉等方面有较大突破，人工智能、大数据技术的渗透，使现代机器人设计中信息电子设计任务变得与机械力学设计任务同等重要。

5.12　本章习题

1. 机器人的组成部分有哪些？
2. 简述机器人的伺服系统的作用。
3. 简述减速器的类型及其工作原理。
4. 简述机器人设计步骤。
5. 简述智能机器人前沿发展趋势。

第6章 智慧校园

2018 年 6 月 7 日，国家标准《智慧校园总体框架》发布，智慧校园建设方案也犹如雨后春笋般不断涌现。智慧校园（Smart Campus）、物理空间和信息空间有机衔接，使任何人、任何时间、任何地点都能便捷地获取资源和服务，使数字校园进一步发展和提升，使教育信息化具有更高级的形态。

6.1 概　　述

智慧校园建设并不简单，是一项复杂的工程。总体框架包括基础设施、支撑平台、应用平台和应用终端，信息安全覆盖全部环节，如图 6.1 所示。

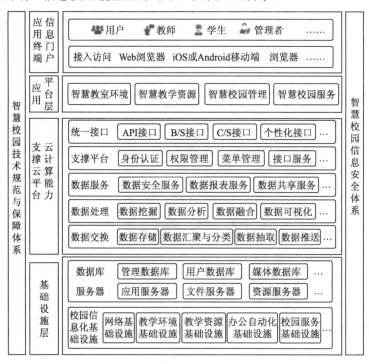

图 6.1　智慧校园框架结构

1．基础设施

基础设施层是智慧校园的保障，提供异构网络通信、物联网感知和海量数据汇集存储，为各种应用提供基础支持，为大数据挖掘、分析提供数据支撑。基础设施层包括校园信息化基础设施、数据库和服务器等。

2．支撑平台

支撑平台是体现智慧校园云计算及其服务能力的核心层，为智慧校园的各类应用提供驱动和支撑，包括数据交换、数据处理、数据服务、支撑平台和统一接口等功能单元。

3．应用平台

应用平台是智慧校园应用于服务的内容体现，在支撑平台的基础上，构建智慧校园的环境、资源、管理和服务等应用，为师生员工及社会公众提供方便的服务，包括智慧教学环境、智慧教学资源、智慧校园管理、智慧校园服务 4 个部分。

1）智慧教学环境

智慧教学环境（Smart Instructional Environment）是集智能化感知、控制、管理、互动反馈、数据分析和智能化视窗等功能于一体的用于支持教学、科研活动的现实空间环境或虚拟空间环境。

2）智慧教学资源

智慧教学资源（Smart Instructional Resources）能通过自动分类与编目、检索与导航、汇聚与扩展、共享与推送等方式实现跨终端获取和应用的资源。

3）智慧校园管理

智慧校园管理（Smart Campus Management）是集智能化感知、控制、管理、互动反馈、数据分析和智能化视窗等功能于一体的用于实现校园信息管理的系统。

4）智慧校园服务

智慧校园服务（Smart Campus Service）是集智能化感知、控制、管理、互动反馈、数据分析和智能化视窗等功能于一体的用于实现校园信息服务的系统。

4．应用终端

应用终端是接入访问的信息门户，访问者在各种浏览器及移动终端上安全访问通过统一认证的平台门户，随时随地共享平台服务和资源。应用终端包括用户和接入两个方面。

6.2 智慧校园——智能管理

智慧校园管理是指学校行政管理部门的行政管理、教学管理、人力资源管理、资产设备管理和财务管理等协同办公的管理信息系统。

智慧校园管理分为以下模块：协同办公系统、人力资源系统、教学管理系统、科研管理系统、资产管理系统和财务管理系统等。

智慧校园管理可以作为智慧校园总体架构的一部分进行构建，也可以独立部署构建。作为智慧校园总体方案的一部分，其应用平台层和基础设施层感知系统如图 6.2 所示，其他部分可参考图 6.1。

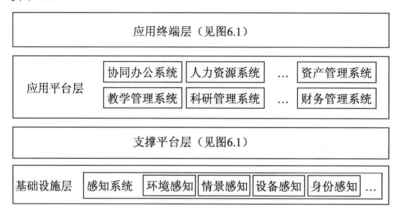

图 6.2　智慧校园管理系统结构框图

基础设施层是智慧校园大数据管理信息生产的源头，包括感知系统、通信网络系统、数据库与服务器等基础设施模块。感知系统包括环境感知、状态位置感知、情景感知、用户身份感知等传感功能模块。网络通信系统包括互联网接入，例如无线网接入、有线网接入。

应用平台是智慧校园管理应用于服务的内容体现，在支撑平台层的基础上，构建智慧教学资源的管理和服务等应用，为在线用户提供支撑服务。应用平台包括协同办公系统、人力资源系统、教学管理系统、科研管理系统、资产管理系统和财务管理系统等应用单元。

1. 协同办公系统

协同办公系统是智慧校园的新型办公方式，系统具有收发文件管理、个人邮箱、会议管理、日志管理、督察督办、校务要报、视频点播、内部办公短信服务、网上业务办理等多种功能模块，并具备与下述功能模块链接和导航的功能。

协同办公系统包括党政管理、人事管理、学生管理、财务管理、资产管理、教学管理、实验管理和科研管理等。

2. 人力资源系统

人力资源系统应统筹管理校内所有人的相关信息，具有自动生成各类表格和基于内容的查询功能。

1）教职员工信息涵盖教职员工的入职、在校、退休（离职）全过程，建立包括以下信息的教工人事档案。

- 基本信息：姓名、年龄、性别、学历、社会关系和政治面貌等信息。
- 动态信息：工作履历、任职资格及其变迁、荣誉或成果等动态变更信息。

2）学生信息涵盖学生的入校、在校、毕业全过程，建立包括以下信息的学生档案。

- 基本信息：姓名、年龄、性别、学历、社会关系和政治面貌等信息。
- 动态信息：学习履历、升学及其变迁、学习轨迹、荣誉和奖励等动态变更信息。

3. 教学管理系统

1）教师指南：包括教师个人信息、教学设计和备忘录等功能模块，具体要求如下。

- 个人信息：具备从人力资源系统导入教师档案的功能。
- 教学设计：具备资源导入、网上备课、在线辅导、网上组卷和在线评价等功能。
- 备忘录：具备重大事项、重要通知、课程安排等动态信息提醒和变更提示功能。

2）学生指南：包括学生信息、选课课表和备忘录等功能模块，具体要求如下。

- 个人信息：具备从人力资源系统导入学生档案的功能。
- 在线注册：具备在线注册功能。
- 学习计划：具备资源导入、网上学习、在线答疑和在线评价等功能。
- 备忘录：具备重大事项、重要通知、课表安排等动态信息提醒和变更功能。

3）教务管理：包括教务公告、专业信息、培养方案、课程信息、教学过程、教室资源、学生三助、表格下载和数据统计等功能模块，具体要求如下。

- 教务公告：具备重大教学教务活动、重要事项信息发布和动态变更功能。
- 专业信息：仅适用于高等院校和职业院校，具备院系专业设置及相关信息查询功能。
- 培养方案：仅适用于高等院校和职业院校，具备培养方向、课程设置、教学培养模式等知识信息查询功能。
- 课程信息：包括新开课申报、开课信息、课程库信息、教学评估和教学建议等功能模块。
- 教学过程：包括网络课堂、电子课表、考试安排、成绩录入、公开课信息、教学评估和教学建议等功能模块。
- 教室资源：包括使用情况和教室预约等功能模块。

4）学生三助：仅适用于高等院校和职业院校，具备学生在线提交三助（助教、助研、助管）申请及其在线评审审核功能。

5）表格下载与数据统计：具备教学教务各类表格填写、提交和数据统计功能。

4. 科研管理系统

科研管理系统仅适用于高等院校和职业院校，包括科研公告、科研人员基本信息、项目管理、成果管理、论文管理、奖励管理、保密管理，以及表格下载、报表数据统计等应用单元，具体要求如下。

- 科研公告：具备重大科研活动、科研项目申报，以及重要事项信息发布和动态发布等功能。
- 科研人员基本信息：具备从人力资源系统导入参与科研的教师档案的功能。
- 项目管理：包括新建项目、在研项目、汇款认领、到款历史、项目授权和项目组成员等栏目。
- 成果管理：包括成果查询、成果统计、著作查询、著作录入、专利查询和专利申请等栏目。
- 论文管理：包括论文查询、论文认领和论文统计等栏目。
- 奖励管理：包括项目奖、新建项目奖、人物奖、新建人物奖和奖励统计等栏目。
- 保密管理：包括规章制度、保密措施和保密知识教育等栏目。
- 表格下载：包括科研各类表格下载、填写、提交和数据统计功能。

5. 资产管理系统

资产管理系统主要包括设备、家居和图书资产管理。资产管理系统应具备购置管理、设备建档、家居建档、图书建档等功能模块，具体要求如下。

- 购置管理：建立包括购置申请、购置过程、合同办理与执行等功能栏目。
- 设备建档：建立包括购置日期、合同或发票编号、设备名称、设备编号、主要技术规格、存放地点、管理人员信息、备注（报废日期等）存档栏目的表格。
- 家居建档：建立包括购置日期、合同或发票编号、家居名称、家居编号、主要技术规格、存放地点、管理人员信息、备注（报废日期等）存档栏目的表格。
- 图书建档：建立包括购置日期、发票编号、图书名称、图书编号、存放地点、管理人员信息、备注（报废日期等）存档栏目的表格。

6. 实验室管理系统

实验室管理系统包括实验室开放基金申请、实验室安全标识系统、仪器共享服务平台和实验室信息统计上报等功能模块。

7. 房屋资产管理系统

房屋资产管理系统涵盖全校房屋资产从立项计划、审批、招标、使用、维护及分配的全过程，包括公用房屋档案、个人住房档案和租赁房屋档案等。

8. 财务管理系统

财务管理系统包括个人收入查询、汇款查询、项目经费查询、校园卡查询、公积金查询、纳税申报查询、工资查询、统一银行代发和自助报账等功能模块。

6.3 智慧校园——公共服务

智慧校园服务是指以信息技术为手段，为师生、员工提供基于互联网的智慧化校园公共服务，它可以作为智慧校园总体框架的一部分进行构建，也可以独立进行部署。

智慧校园公共服务是智慧校园的一个模块，在应用平台层和基础设施层的结构如图 6.3 所示。

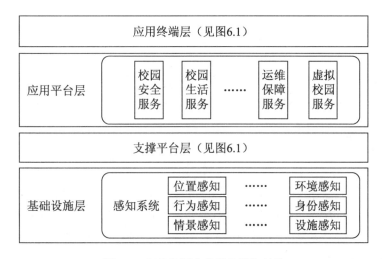

图 6.3 智慧校园公共服务框架结构

智慧校园的感知系统包括位置感知、行为感知、情景感知、环境感知、身份感知、设施感知等功能模块。支撑平台层保持不变。

应用平台层包括校园安全服务、校园生活服务、运维保障服务、虚拟校园服务等公共功能模块。应用终端层不变。

智慧校园服务的应用平台体现了校园服务的各个方面，包括数字图书馆、校园生活服务、校园安全服务、运维保障服务和虚拟校园服务等应用模块。校园服务在支撑平台的基础上构建智慧校园服务体系的管理、服务等应用。

1．数字图书馆

数字图书馆具备下述功能：
- 师生、员工能够根据权限实现数字化图书与期刊的在线检索、浏览、下载功能。
- 师生、员工能够根据权限访问、查阅或下载馆藏的相关档案和资料。

2．校园生活服务

- 校园一卡通：根据设置的权限，具备考勤、门禁、图书馆借阅和消费等功能，为师生和员工提供校内的支付通道和统一的收费管理服务。
- 家校互联：适用于中小学，学生家长能够便捷地在线了解学生在校的轨迹记录，并具备家校互联服务和互动信息数据记录保存等功能。
- 文化生活：具备提供在线娱乐系统及服务等功能。
- 个性化服务：具备在线咨询、在线求助和在线订购等功能。

3．校园安全服务

- 校园安全教育：具备师生、员工在线学习安全知识、点播相关安全节目和在线接收安全培训等功能。
- 校园监控：建立校园重要或敏感区域全覆盖的音频或视频监控系统及可视化报警系统，具备实施人员预警管控、车辆预警管控、应急指挥及应急方案等功能。

4．运维保障服务

1）日常巡视服务

日常巡视服务是智慧校园安全、稳定、高效运行的根本保证，适宜采用在线远程监控和现场巡视相结合的方式，并建立巡视档案单元，其功能模块具备以下内容。
- 巡视日志：包含巡视日期、巡视技术人员、巡视时间、巡视区域、设施状态、设施预警和处理结果等。
- 远程监控日志：包含监控日期、监控技术人员、监控时间、监控状态，以及设施预警区域、地点和处理结果等。
- 服务质量评价：设置服务质量评价栏目，列出优良、中、差等级和意见与建议等栏目。
- 自动生成各类表格和基于内容的查询功能。

2）现场技术保障

现场技术保障是指学校重大活动、重要会议的技术保障工作，其功能模块具备以下内容。

- 时间预约：设置"议程导入""活动期限（起止时间）""举办地点""人员规模""备注"栏目。
- 装备预约：设置"设备系统需求"栏目（列出常规应用系统选择）和"特别说明"等栏目。
- 服务质量评价：设置服务质量评价栏目，列出优良、中、差等级和意见与建议等栏目。

3）维护保养

智慧校园具备基于监控系统设备感知的智能报警、智能检测、现场巡视、故障排除条件、设施维修保养服务功能模块，具备下述内容。

- 设备保养日志：包括设备编号、设备名称、保养日期、保养人员、保养时间、维修申请和意见建议等信息。
- 设备维修日志：包括设备编号、设备名称、维修日期、维修人员、维修时间和验收人员等信息。
- 服务质量评价：设置服务质量评价栏目，列出优良、中、差等级和意见与建议等栏目。
- 自动生成各类表格，并基于内容进行查询的功能。

5. 虚拟校园服务

虚拟校园服务应具备下述功能：

- 校园展示：可全方位三维立体展示局部或校园全景，并可进行快速放大或缩小。
- 校园导航：通过校园搜索引擎快速查询校园布局设计、交通布局、教学及生活环境、建筑物内外情景和人文景观，并定位展示相应目标的路线导引。

6.4　智慧校园——信息安全

1. 信息安全体系

智慧校园信息安全体系包含信息安全管理体系、信息安全技术防护体系、信息安全运维体系。其中，信息安全技术防护体系又包括物理安全、网络安全、主机安全、应用安全、数据安全等，如图 6.4 所示。

图 6.4   智慧校园信息安全体系

2. 信息安全技术防护体系的要求

- 物理安全：从校园网络的物理连接层面进行物理的隔离和保护，包含环境安全和设备安全等部分。
- 网络安全：按照信息等级保护的原则，进行逻辑安全区域的划分和防护，包含结构安全、访问控制、安全审计、边界完整性检查、入侵防范、恶意代码防护及网络设备要求等部分。
- 主机安全：信息系统的计算机服务器等设备要部署在安全的物理环境和网络环境中。
- 应用安全：对智慧校园的各应用系统如科研系统、门户网站、招生系统、校园一卡通系统、教务系统和财务系统等进行技术防护，免受攻击。
- 数据安全：包括多个层次，如制度安全、技术安全、运算安全、存储安全、传输安全、产品和服务安全等。数据安全防护系统保障数据的保密性、完整性和可用性，按照信息安全保护等级，对数据安全从三方面进行防护，对敏感数据进行加密，保障数据传输安全，建立安全分级身份认证。

3. 信息安全防护要求

- 结构安全保障：信息网络分域分级，按用户业务划分安全域，并根据安全域支撑的业务，通过有效的路由控制、带宽控制，保障关键业务对网络资源的需求。
- 网络行为审计：提供可视化管理，对信息网络关键节点上的业务访问进行深度识别与全面审计，提供基于用户访问行为、系统资源等实时监控措施，提升信息网络的透明度。

- 边界完整性保护：具备与第三方终端系统整合功能，可以对非法接入的终端进行识别与阻断。
- 攻击和入侵防范要求：提供基于应用的入侵防范，实现对攻击行为的深度检测。同时通过应用知识来锁定真实的应用，并以此为基础进行深度的攻击分析，准确、快捷地定位攻击的类型。
- 恶意代码防护要求：提供基于流的病毒过滤技术，具有病毒检测性能，在边界为用户提供恶意代码过滤的同时，有效保障业务的连续性。
- 远程数据安全传输要求：利用虚拟（专用）网络技术对远程访问的数据包进行实时机密性和完整性保护，防止数据在传输过程中被窃取和篡改。

4．信息安全防护架构

智慧校园信息安全防护结构如图 6.5 所示。

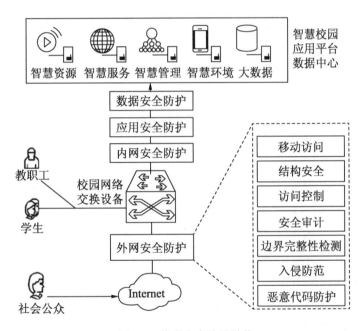

图 6.5　信息安全防护结构

1）网络安全防护要求

内网的防护功能包括：

- 互联网协议地址与物理地址静态绑定；
- 物理地址与端口静态绑定；
- ARP 反向查询；
- 每个 MAC 的互联网协议地址数限制；

- 自动发送免费 ARP 包；
- 为主机代发 ARP 包。

2）外网的防护功能

对于外网的安全防御，需要在外网与核心交换设备之间部署相应的防火墙设备，并部署相关的安全策略。外网防护功能包括结构安全、访问安全、安全审计、入侵防范和恶意代码防护等。

针对互联网对校园网内业务系统的访问，执行严格的访问控制策略，可依据源/目标地址、协议、端口，限制互联网不同级别的终端，按照权限访问不同服务器的不同应用，并有效禁止非法访问。

3）VPN 访问控制

对于内网用户通过公众网络访问智慧校园内部系统，配置 VPN 功能，对数据进行机密性、完整性保护，避免数据被窃取，保障数据在传递过程中不被非法篡改。

4）应用访问控制

部署的防火墙设备还根据具体的应用类型来配置访问控制策略，针对用户多业务的特点，区分不同的业务类型，确定外网终端可进行的具体应用，杜绝非法的访问，保障业务访问的合规性。

5）数据安全防护要求

数据中心出口针对具体应用，部署入侵防御系统，对访问数据包的内容进行深度检测，提升对攻击检测的准确性。

6）移动访问安全防护

- 移动身份认证：移动身份认证管理服务为智慧校园系统移动端提供统一身份管理，实现移动端的应用系统单点登录。
- 移动数据安全传输：移动数据安全防护是通过控制移动用户访问智慧校园内部的数据资源，适宜地对受信任的移动应用建立 SSL 安全传输通道，进行数据的传输和访问。
- 移动应用控制：根据智慧校园应用系统的保护等级，对移动应用进行相应的应用接入控制。只有经过系统认证的移动应用 App，才能通过安全网关访问授权管理智慧校园的资源和服务。对非法的应用 App 访问，会拒绝访问并给出相应提示。

6.5　智慧校园——智能教学

智慧校园建设中，智慧教学单元包括智慧教学环境和智慧教学资源两部分。智慧教学环境除了教室、会议室、实验室的智能硬件建设，还包括教室预约使用、调度安排、运维服务等内容。

6.5.1　智慧教学环境

1．智能教学环境的功能要求

- 智能感知：能够实现对环境内所有装备（软硬件设备）及状态的信息采集，对环境指标及活动情况的识别、感知和记录。
- 智能控制：能够实现对教学设备的控制与管理，并且能实现对控制全过程及效果的监视。
- 智能管理：能够实现环境内各类信息或数据的生成、采集、汇聚和推送，便于实现对环境内的所有装备（软硬件设备）、环境指标及教学活动进行管理。
- 智慧教学环境总体架构：智慧教学环境可以作为智慧校园总体架构的一部分进行构建，也可以独立进行部署。

进行独立部署的智慧教学环境架构如图 6.6 所示，支撑平台层和应用终端层与图 6.1 一致，在图 6.6 中，细化了应用平台层和基础设施层的传感网络信息感知部分。

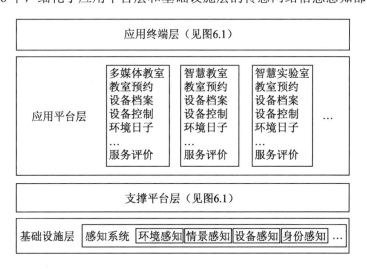

图 6.6　智慧教学环境结构框图

智慧教学环境应用平台是智慧教学应用于服务的内容体现，在支撑平台的基础上，构建智慧教学环境的管理和服务等应用，为师生教学活动提供支撑服务。智能教学环境包括多媒体教室、智慧教室、智慧实验室、创客空间和实训基地等应用单元。

2．多媒体教室的功能单元

- 教室预约：包括使用日期、具体时限、课程或活动名称、使用教室等信息。

- 设备档案：包括名称、品牌型号、规格参数、使用记录、维修保养记录和耗材统计等信息。
- 设备控制：包括在线状态、开关控制和调节操作等信息。
- 环境日志：包括系统状况、能耗、空气质量、温度和湿度等环境信息数据。
- 服务评价：包括师生对教学现场技术保障与服务评价等信息。

智慧教室、智慧实验室、创客空间、实训基地的功能模块与多媒体教室的功能模块一致。

3. 应用终端

应用终端是接入访问的信息门户，访问者通过统一认证的平台门户，使各种浏览器及移动终端安全访问，随时随地掌控智慧教学环境的运行状态，包括用户和接入访问两个方面。

- 用户：指教师、学生、管理者和操作员等用户群体。
- 接入访问：用户可以通过计算机网页浏览器或移动终端系统接入访问。

6.5.2 智慧教学资源

智慧教学资源的使用者可通过多种接入方式访问资源管理平台，并可以搜索、浏览和下载所需资源。

智慧教学资源可以作为智慧校园总体框架的一部分（如图 6.7）进行构建，也可以独立进行部署。

智慧教学资源的基础设施层感知系统包括资源环境感知、资源位置感知、资源状态感知、用户身份感知、用户行为感知等功能模块。网络接入层、支撑平台层、应用终端层不变，可查阅图 6.1。

智慧教学资源的应用平台层是教学资源应用与服务的内容体现，在支撑平台层的基础上，构建智慧教学资源的管理和服务等应用，为在线用户提供支撑服务，包括资源制作、资源库和资源应用等应用单元。

资源制作包括实时生成资源和课下加工制作资源两个方面。

1. 资源实时生成的具体要求

- 分类编目：能实现实时生成资源的即时分类编目。
- 上传入库：实时生成资源具备同步上传存入资源数据库的条件。

2. 资源加工制作的具体要求

- 工具库：根据教学设计需求，建立完备的编辑、加工的工具库（图库、应用软件库等）。

第 6 章 智慧校园

- 素材库：根据教学设计需求，建立完备的素材库（知识点文档、音视频资料、图片等）。
- 分类编目：能实现对加工制作资源的即时分类编目。
- 上传入库：加工制作的资源具备同步上传入资源数据库的条件。

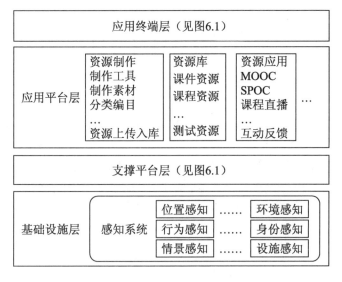

图 6.7 智慧校园资源结构框架

6.6 智慧校园——智能实验

智慧校园环境下的智慧实验室系统设计研发方案，包括实验教务、课程、环境、实验过程、结果和实验报告 6 个部分。

6.6.1 背景与需求

物联网技术逐渐成熟，智慧城市、智慧校园建设项目大有全面铺开之势。实验室在高等学校的地位，是除了教室之外的第二个学生学习活动场地，实验条件的完善和实验水平的高低，直接影响培养的学生质量。

1．高校实验系统特点

1）高校实验教务管理、实验设备管理分属不同部门。

2）实验分类：学生验证实验、教师科研实验、学生创新实验。

• 245 •

3）不同学科、不同专业下，实验设备类别众多。

2. 高校实验系统存在的问题

如果实验室管控不到位，会造成很多的资源浪费。对于实验室管理存在的问题，部分列举如下：

1）预约缺陷：在实验室开放方面，学生很难查看实验室的空闲时段，管理员也很难为学生预备实验条件；在选择实验课方面，总是以班级或者专业为单位进行排课，使得教学缺乏自主化、人性化。

2）资产管理缺陷：实验室资产也出现了数量大、种类多、价值高、使用周期长、使用地点分散等问题。传统的人工管理模式不仅造成了人员工作量大、时间长，而且容易出错。

3）实时监控缺陷：传统的监控模式都是以人为本，依靠轮流值班、人工巡回等方式查看，不仅效率低下，而且存在各种弊端。人工维护缺乏完整的管理模式造成了各种事故。

6.6.2 设计目标

以智慧校园环境为设计依据，从不同专业、不同学科的实验室中提取共性部分，进行实验教务管理、实验教学服务、实验环境管控设计；提取其个性部分进行实验设备智能化、网络化、视频化、虚拟化和特色化设计。

1. 实验教务管理

以学校实验室管理流程和管理基本事务为核心，以规范实验室管理、实现信息化为准则，充分利用学校实验室资源，更好地服务于学生。

利用预约管理手段解决现有实验教学计划分散凌乱不易管理的问题，实现实验教学计划信息化、集中化管理，提升实验教学管理效率。

2. 实验教学服务

- 实验教学讲义和实验指导书电子化、网络化。
- 实验操作过程通过视频直播。
- 学生实验报告网上写作，网上提交。
- 实验教师网上批阅实验报告，网上录入成绩。
- 仿真实验，虚拟实验。

3．实验环境管控

实现实验室环境管控包括：电气环境、安全环境、自然环境、电磁环境和网络环境等方面。

4．实验设备测控

- 实验参数采集；
- 实验过程控制；
- 实验过程观测；
- 不同专业、不同学科的实验设备，有不同的测控策略；
- 采用功能模块设计，方便辨识，方便用户选择；
- 采用统一普适接口设计，方便施工安装。

6.6.3　智慧实验室系统拓扑

智慧校园环境下的智慧实验室系统拓扑结构如图 6.8 所示。

硬件部分包括：

- 校园网基础装备；
- 实验云服务终端；
- 实验环境云控制器；
- 实验设备云控制器。

软件部分包括：

- 管理部分；
- 预约部分；
- 实验教学部分；
- 嵌入式驱动实时控制软件。

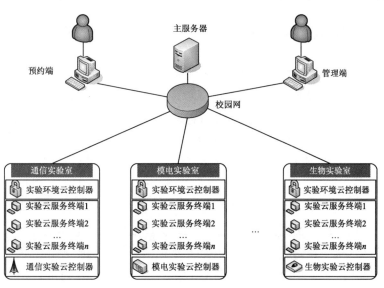

图 6.8　智慧校园环境下的智能实验室拓扑结构

智慧实验室建设可以与智慧校园同步建设，作为智慧校园的一个单元模块。其中，感知层与智慧校园的基础设施层对应；网络层与智慧校园的支撑平台层对应；应用层与智慧校园结构的应用门户层对应。智慧实验室建设也可以独立单独部署，自行施工建设。智慧实验室拓扑结构细化如图 6.9 所示，实验室的智慧业务模型由实验人员管理、实验教学管理、实验资源管理和实验环境管理 4 个部分组成。

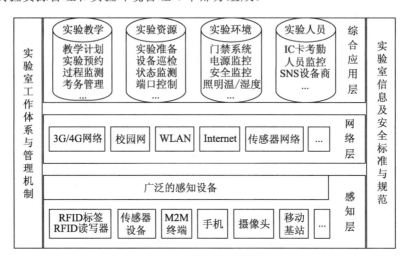

图 6.9　智慧实验室业务模型

6.6.4　智慧实验室功能设计

整个实验室信息化、智能化管理平台依托校园网络，以学校实验室管理的核心业务流程和重要管理事务为基础，从实验室的门户网站建设、实验室基础信息管理，到开放、创新实验教学，以及设备仪器、物资耗材管理方面，构建信息化、智能化管理平台。

整个实验室信息化智能化、管理平台由实验室门户网站系统、实验教务（预约）管理系统、实验动态资产管理（设备管理、耗材管理、大型仪器管理）系统、实验室环境监控系统、实验设备智能控制系统（实验自动化）等多个子系统构成。

1. 实验教务（预约）管理系统

实验室预约管理系统可以与教务系统对接，获取实验教学计划的课程安排，并根据课程安排和相关人员申请，实现实验室平台预约，如图 6.10 所示。

实验室预约系统主要由门户网站和移动客户端两种方式构成。

门户网站给了学生一个很好的学习平台和丰富的网络资源，提高学生的学习兴趣，门户网站可以对实验资源合理分配，提高教学效率，降低成本。

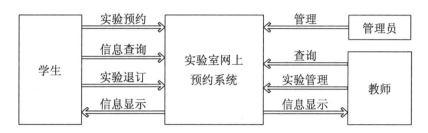

图 6.10　实验室预约管理系统框图

为方便用户使用，专为 Android 平台开发客户端软件，满足用户的移动办公需求，使用户随时随地都能了解应用平台的运行状态及监测区域的实时状况。

实验室在线预约系统是一款典型的后台管理系统，分为四大权限用户，包括校教务员、实验室管理员、老师和学生用户，该系统功能如图 6.11 所示。

图 6.11　预约界面

1）学校教务员
- 个人密码修改：对教务员的个人密码信息进行修改。
- 专业信息管理：针对学校的专业信息进行管理，包括专业名称和专业的介绍描述。
- 班级信息管理：班级信息包括班级名称和某专业下某某班级信息的管理。
- 老师信息管理：对学校教师的信息进行管理，包括对教师信息的增、删、改、查。
- 学生信息管理：对学生的基本信息进行管理，包括学生的姓名、班级和专业等进行管理。
- 实验员管理：对实验室的实验员信息进行管理、信息修改、删除、查询和新增等操作。
- 实验项目管理：对实验室的实验项目进行管理，包括对项目的新增、修改和删除等操作。

2）学生
- 实验项目申请：申请要参加的实验项目，填写相关的申请书。
- 我的申请记录：对申请的情况进行查看，查看上级的审批结果。

- 在线预约老师：在线预约实验室的老师，对老师信息进行预约管理。
- 我的预约信息：针对"我的预约信息"进行查看，查看个人的预约情况。

3）教师

我的预约信息：对教师本人的预约信息进行查看，查看某个时间段预约的教师信息。

4）实验室管理员

实验室预约信息：可以查看实验室的预约情况信息，对申请表下载查看并进行预约信息的审核。

预约管理系统支持开放预约模式，系统向用户开放选定的工位时段资源，支持集体预约和个人预约，可以使用实验云服务终端进行预约查询。预约流程如图 6.12 所示。

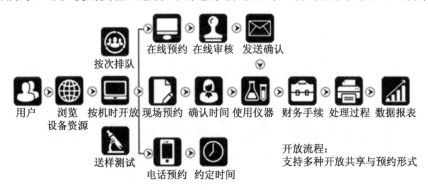

图 6.12　预约流程

预约管理软件设计面对教务员、课程主讲教室、实验员和学生 4 种不同的人群。对教师、学生和管理员的预约软件设计模块如图 6.13、图 6.14 和图 6.15 所示。

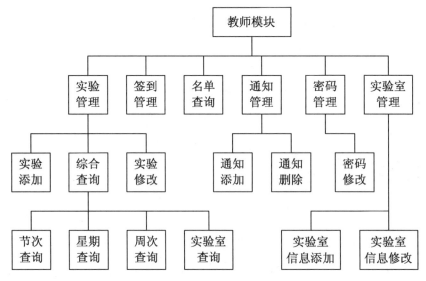

图 6.13　教师预约模块

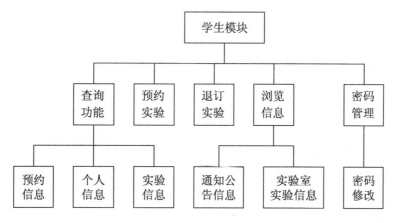

图 6.14　学生预约模块

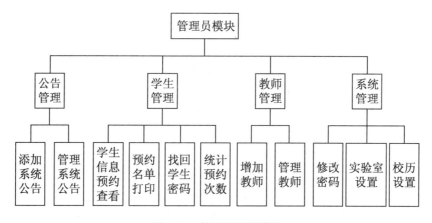

图 6.15　管理员预约模块

2．动态资产管理系统（可选）

动态资产管理系统针对固定资产和易消耗资产进行统一管理，如实验仪器、笔、计算机和桌椅等。为方便客户，资产管理还有 Android 移动客户端监控管理。

管理对象：新增管理、调拨分配管理、借用管理、维修管理、任务分发式盘点管理、处置管理、查询/统计/报表管理。实验设备（资产）管理界面如图 6.16 所示。

3．实验教学管理系统

实验教学管理系统主要实现实验课程管理和实验报告管理等功能。

1）实验课程管理：实现实验教学视频、实验指导书、实验课件上传及下载等功能。

2）实验报告管理：实现实验报告上传、报告打分和成绩查询等功能。

学生实验完成，提交实验报告，教师根据学生实验结果给出成绩。同时，学生成绩可以按照课程和班级等多种维度导出到本地，作为实验教学的评估、检查和考核的依据。

图 6.16　实验设备（资产）管理界面

4．实验环境管理系统（智能控制与实时监测系统）

实验环境管理系统主要包括门禁管理、电源管理、环境管理（通风、光照、温控、湿度等）和监测系统等。

检测系统主要由以下几个功能构成。

1）实验设备监测。设备监测系统利用网络技术对数量众多的技术设备进行远程监测管控。

监测对象：照明控制、空调控制、远程电源管理、网络设备监测和大型仪器设备管理等。

2）配电监测。动力监测管控系统针对实验室设备的供配电进行监测，对实验室内的通信电源、配电柜、UPS、蓄电池组、发电机、防雷系统等动力设备实施远程集中监测管控，充分保障了实验室内动力系统的正常运行。

监测对象：电力参数监测，断电检测，配电柜、空开状态监控，UPS 联动整合监控和远程管理功能等。

3）自然环境监测。环境监测管控系统针对实验室设备的运行环境进行监测。

监测对象：温/湿度、消防系统、侧漏（漏水、漏油）、空调、新风机、空气质量、尘埃粒子和粉尘等。

4）人员监测（可选）。人员监测管控系统可对维护人员进出设备间进行授权，并可实施监测设备间内的人员状况，在非正常时间段进出设备间的人员可以及时告知管理员，同时记录人员进出情况，保证设备运行环境安全。

监测对象：双鉴（人员移动）监测，门禁、视频监测。

5）对讲/广播（可选）。对讲系统可分通道的广播对讲，同时可对教室内的声音进行收听，了解教室内的声音情况，配合视频全方位一体监控。教室门口配置对讲终端，可按"呼叫"键与值班室对话。教师机位配置对讲终端，有需求可呼叫值班室人员。

6.6.5　智慧实验室硬件部分设计方案

智慧实验室硬件系统主要包括 3 个部分：实验云服务终端、实验环境云控制器和实验设备云控制器。

1. 实验云服务终端

实验云服务终端具有服务管理员、服务教师、服务学生的功能，包括教师、学生身份识别，预约管理，实验讲义电子化，演示实验视频化，实验报告网络提交几部分。

实验云服务终端硬件结构如图 6.17 所示，具体包括以下硬件。

- 嵌入式微型计算机主机为触摸屏输入。
- 校园卡读卡器。
- Wi-Fi 同屏推送器：教师可把实验内容、要求、实验步骤演示视频通过 Wi-Fi 同屏推送器推送到学生实验台的屏幕上。
- 无线键盘、鼠标接口：用于学生提交实验报告，师生信息交互。
- 无线 Wi-Fi 联网部件。

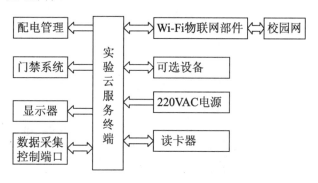

图 6.17　实验云服务终端设备结构框图

实验云服务终端软件由 3 部分组成：

- 嵌入式实时控制驱动软件，如图 6.18 所示；
- 网络预约管理软件；
- 实验教学内容及其无线 Wi-Fi 同屏推送软件。

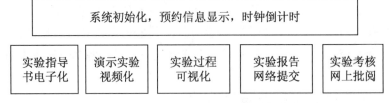

图 6.18　实验云服务终端嵌入式实时控制驱动框图

2. 实验环境云控制器

1）实验环境云控制器的功能要求如下：

- 安全环境：门禁系统。
- 用电环境：配电管理。
- 自然环境：调节控制、灯光、通风、温度、湿度及防尘功能。
- 电磁环境：屏蔽干扰。
- 网络环境：多协议互联互通。

2）实验环境云控制器硬件结构如图 6.19 所示，具体包括以下硬件。

- 嵌入式微型计算机主机。
- 无线 Wi-Fi 联网部件。
- 门禁、配电和环境控制执行部件（统一接口）。

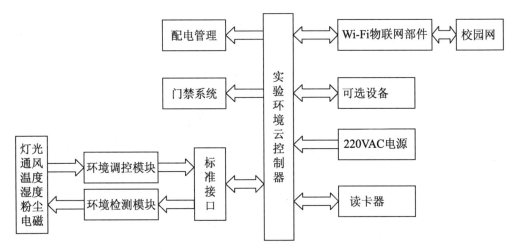

图 6.19　实验环境云控制器硬件结构框图

实验环境云控制器的软件功能框图如图 6.20 所示。

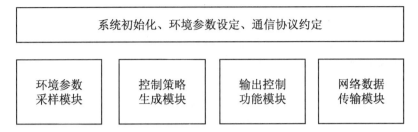

图 6.20　实验环境云控制器的软件功能框图

3．实验设备云控制器（可选）

1）实验设备云控制器的功能要求如下：

- 电工电子类实验箱、实验仪器的实验数据采样；
- 化学、生物、医学实验培养箱的温湿度控制；
- 智能仪器仪表远程网络监控监管（大型实验和长周期实验，如晶体生长、植物新品种培养等）。

2）实验设备云控制器的硬件结构框图如图 6.21 所示。

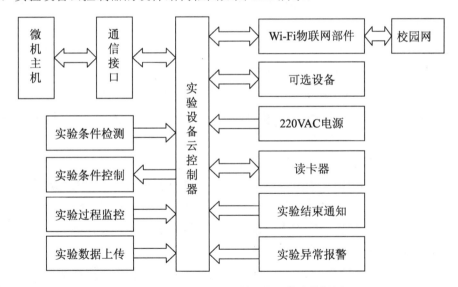

图 6.21　实验设备云控制器的硬件结构框图

不同的实验，如电工电子、生化实验、医学实验、植物培养、成分分析、水质化验、机械电子设备的疲劳老化实验等，对控制要求和控制策略不尽相同。实验设备云控制器硬件一般包括：

- 嵌入式微型计算机主机；

- 无线 Wi-Fi 联网部件；
- 实验流程控制执行部件。

实验设备云控制器的软件功能框图如图 6.22 所示。

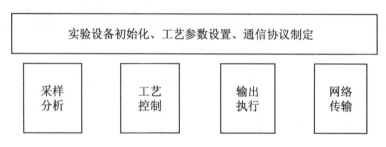

图 6.22　实验设备云控制器的软件功能框图

6.6.6　智慧实验室云服务

智慧实验室功能设计：整个实验室信息化、智能化管理平台依托校园网络，以学校资产与实验管理部的核心业务流程和重要管理事务为基础，从实验室的门户网站建设、实验室基础信息管理，到开放信息、创新实验教学方法，设备仪器、物资耗材信息，全方位构建信息化、智能化管理平台。

整个实验室信息化、智能化管理平台由实验室门户网站系统、实验教务（预约）管理系统、实验动态资产管理（设备管理、耗材管理、大型仪器管理）系统、实验室环境监控系统和实验设备智能控制系统（实验自动化）等多个子系统构成。系统分步实施，逐步推进。

实现实验室环境安全管控包括以下方面。

- 安全环境管控：以消防为主要设计目标，同时监控不同时段的人员异动。
- 自然环境管控：以空气污染、化学气体为主要管控目标，给出防治预案。
- 电气环境管控：以实验需求为依据，智能用电管理，实验设备供电、照明供电。
- 电磁环境管控：研究强电磁场对实验结果的影响，给出解决方法。
- 网络环境管控：在网络入侵、断网等情况下，保障信息畅通的预案。

6.6.7　智慧实验室系统优点

智慧实验室系统优点如下：

1）集中管理，易于控制。管理方（校方和教务）、教师方（实验教师和实验员）、学生方三方互联互通。预约系统实现实验教师空闲、学生空闲、设备空闲（三空闲预约）

条件，解决了教务员实验课安排困难、学生课程冲突、实验员加班加点的被动局面。

2）接口兼容互联。智慧实验室设计，对于不同学科、专业，不同类型实验重复验证实验，创新研发实验，长周期、多流程、有工艺曲线的生化培养实验，我们提取了实验控制的共性问题，使控制部件模块化、普适化，冠以不同的实验软件，实现不同实验设备的管控。

3）安全可靠，使用简便。

- 门禁安全、用电安全和实验数据（秘密）安全，均有考虑。
- 校园卡一卡通，刷卡即开机，实验内容和步骤立即推送到实验台面。实验过程、实验数据和实验报告通过网络即时提交给实验教师。

4）模块设计、灵活拓展。

- 实验室设备种类繁多，控制部件模块化设计，易于扩展，易于安装。
- 面向管理人员、面向实验教师、面向学生（三个面向），实现智能管理；智能化实验教学过程，提高实验教学管理水平，提高实验教学质量，提高学生动手能力（三个提高），培养创新人才。智慧实验室建设是智慧校园的组成部分，与智慧教室同等重要。

6.7　智慧校园——生态健康

随着空气质量的日益恶化，雾霾天气越来越高频率地出现，人们对周围的生存环境开始担忧，急切寻求能够净化空气、调节空气的设备来改善自己和家人的生存环境。

我国北方的雾霾分布面积大、季节性鲜明，和伦敦、洛杉矶历史上的事件都不一样。雾霾成分也是"复合型"的，成分非常复杂，并且60%～70%都是二次污染物。

雾霾污染已经严重影响了师生健康和正常的教学秩序。为了师生的身心健康，为了青少年学习环境的净化，教学环境的雾霾治理是利国利民、造福后代的大事。据专家测定，学习环境的最佳温度是20℃，在这一温度下，人脑加工处理信息和思考问题能力最强；当气温低于10℃时，人的头脑虽然清醒，但解决问题的能力相对较差；当气温高于35℃时，大脑的能量消耗增加，疲劳程度随之增加，学习效率受到影响。

1. 教室空气调节需求

目前市场上虽然已经有空气净化器、制氧机和空调等一些电气设备，它们可以净化室内的空气，增加室内的含氧量，调节室内的温度和湿度。但是这些电器都是离散存在的，要经过人们对环境的亲身感受之后，再人工去开启设备。这种方式调节空气质量是不精确的，可能会造成能源的浪费。教室空气质量智能调节系统，是在教室内外各安装

PM2.5 传感器、温度传感器、二氧化碳传感器、湿度传感器和亮度传感器等设备，对教室空气环境进行测量，再开始空气调节控制。在室外环境温度在 18℃～28℃之间时，PM2.5 空气污染指数在 100 以下，教室空气质量智能调节系统会通过物联网智能设备控制打开窗户，自然通风。室外传感器阵列测得：在严寒、酷暑、PM2.5 污染指数严重污染时，教室空气质量智能调节系统会通过物联网智能设备控制关闭门窗，打开智能温控设备、空气 PM2.5 过滤设备、空气干湿设备、负离子抑菌设备、灯光自动控制设备，对教室自然环境进行平衡调节。良好的教室空气环境使我们的幼儿园小朋友、中小学学生、大学青年学生，免受 PM2.5 污染之苦，享受清新健康的空气。清新的空气可以保证学生们大脑清醒，提高学习效率。负离子抑菌设备的抑菌功能还可以抑制病菌的传播，保证学生们的身体健康。

2. 教室空气质量智能调节系统

基于物联网边缘计算技术的教室环境测量分布控制系统，利用在教室内外安装 PM2.5 传感器、温度传感器、二氧化碳传感器、湿度传感器、亮度传感器等设备，对室内外空气进行监测，根据传感器阵列采集到的参数进行分析后，对室内设备进行操控来控制净化设备、空调设备和照明设备等。通过对室内环境参数的优化，给出环境优化平衡调节策略。

室外环境测量单元将室外环境质量参数通过无线网络发送到每个室内环境测控单元，每个室内环境测控单元实时检测各自所在的室内环境质量参数，并与室外环境质量参数进行比对计算，发送给环境调节驱动模块一个调节控制信号，驱动室内环境调节设备动作。室外环境测量单元采用嵌入微处理器 ESP8266EX Wi-Fi SoC 主板，室外多参数传感器阵列包括微尘传感器、温度传感器、湿度传感器、室外噪声传感器和室外有害气体传感器。室内环境测控单元采用嵌入微处理器 ESP8266 Wi-Fi SoC 主板，室内环境感知测量阵列包括室内甲醛传感器、室内二氧化碳传感器、室内人体红外传感器、室内 PM2.5 传感器、室内温度传感器、室内湿度传感器、室内亮度传感器、室内噪声传感器、室内苯氨气体传感器。

室内环境调节设备阵列包括空调机、加湿器、净化器、日光灯和电动窗，环境质量参数显示模块包括触摸式串口 LCD 液晶屏、串口电路和网络设置单元。室内环境测控单元包括声光报警装置和红外人体探测装置。

建立室外环境云服务平台，由多参数传感器阵列、Wi-Fi 路由器和测控软件组成。无线云服务平台的信号覆盖整个教学区范围。室外气质传感器阵列对校内环境进行常规监控，将传感器采集到的数据传输给云服务平台进行处理，控制室外大气污染对学生的影响。

1）PM2.5 控制。通过 PM2.5 传感器对室内和室外的空气分别进行数据采集，并将采集到的数据传输给云服务平台，如果室外 PM2.5 采集数据高于标准值就关闭窗户启动 PM2.5

过滤设备。

2）温度、湿度、亮度调节。通过温度、湿度、亮度传感器对室内外的温度分别进行数据采集，并将采集到的数据传输给云服务平台进行处理。

3）二氧化碳排除。通过二氧化碳传感器对室内二氧化碳含量进行数据采集，并将采集到的数据传输给云服务平台，如果二氧化碳采集数据高于标准值就打开通风设备。当检测到环境质量严重恶化时，就启动报警机制。

4）无人操作。系统工作时，首先通过室内的红外人体探测装置判断室内是否有人，如果有人，则启动环境质量测控系统并进行室内环境测控；如果没有人，则先关闭电动窗，再关闭该环境质量测控系统。

智慧教室空气平衡调节系统采用的程序设计语言是 Arduino C。Arduino 软件通过传感器阵列来感知环境，通过控制灯光、温度、湿度、含氧量和其他的装置来调节环境质量。电路板上的微控制器可以通过 Arduino 编程，编译成二进制文件，然后烧录进微控制器。智慧教室空气质量智能调节系统的人机接口控制界面如图 6.23 所示。

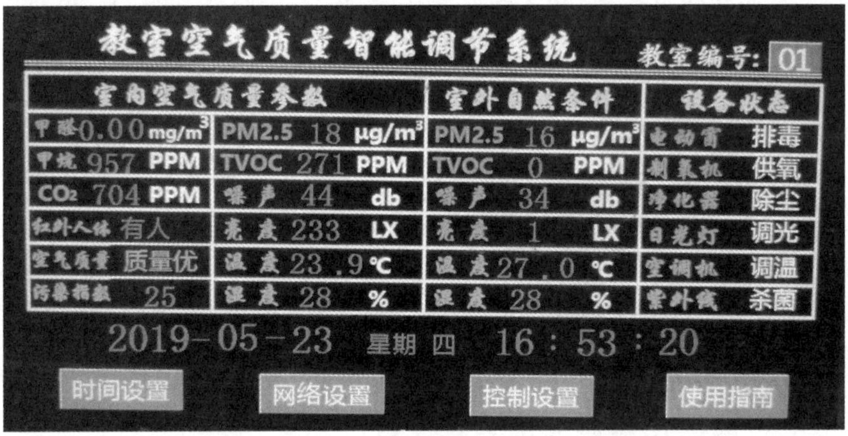

图 6.23　智慧教室空气质量智能调节平衡系统人机接口控制界面（产品屏幕截图）

6.8　中小学智慧校园解决方案

中小学智慧校园是指以促进信息技术与教育教学深度有效融合、提高学与教的效果为目的，以物联网、云计算和大数据分析等新技术为核心技术，提供一种环境全面感知、智慧型、协作型、数据化、网络化以及一体化的教学、科研、管理和生活服务，并能对教育教学、教育管理进行洞察和预测的智慧学习环境。

6.8.1　概述

1. 中小学智慧校园建设背景

2018 年 4 月教育部关于发布了《中小学数字校园建设规范（试行）的通知》，贯彻落实、积极推进"互联网+"行动，《国家中长期教育改革和发展规划纲要（2010—2020）》把教育信息化建设列为重要内容，并列为教育信息化建设亟待实施的十大工程之一。运用云计算、顶层设计等先进技术和理念进行智慧校园的建设，依托物联网先进技术，结合教育智慧化、云服务化的实际需要，打造基于信息技术的智慧校园。

2. 中小学智慧校园建设现状

随着我国教育改革的不断深化，教育领域信息化取得了长足的进步，学校也购买或研发了一些教育信息化应用系统，但大多为"按需、逐个、独立"的建设。另外，由于独立进行数字校园建设，导致学校间的资源无法进行共享，最终形成了以"数据孤岛""应用孤岛""硬件孤岛""资源孤岛"组成的"孤岛架构"，主要表现在：

- 硬件资源（如服务器、网络资源等）不能共享，当本身资源剩余的时候，无法分配给其他应用系统；而当本身资源不足时，也无法从其他服务器获取资源。
- 每个系统都有独立的安全和管理标准，增加了运维管理难度，造成管理混乱。
- 各自有独立的数据库，数据无法共享与交换，无法形成有效的统计报表。
- 独立的展现层，信息分散，用户获取信息在不同系统间穿梭往返，增加了使用难度。
- 地区内的优质资源无法共享，导致各校的教学水平落差越来越大。

6.8.2　中小学智慧校园解决方案整体设计

1. 中小学智慧校园建设目标

中小学智慧校园是利用物联网和云计算技术，强调对教学、科研、校园生活和管理的数据采集、智能处理，为管理者、教师、学生、员工等各个角色按需提供智能化的数据分析或教学、学习的智能化服务环境。中小学智慧校园内容如表 6.1 所示。

中小学智慧校园通过以用户为中心，以需求驱动为目标，智能化地满足校园网络用户的个性化需求和功能服务。中小学智慧校园从学校发展、教师发展、学生发展和教育改革发展的实际需求出发，结合智能一卡通、电子班牌和电子阅览室等物联网产品，通过统一用户中心的数据同步及单点登录，为教育管理部门、学校、教师、学生和家长提供"一站式"教育应用服务。

中小学智慧校园的技术特点是数字化、网络化、智能化和多媒体化,基本特征是开放、共享、交互、协作。以教育信息化促进教育现代化,用信息技术改变传统模式。

表 6.1 中小学智慧校园项目

项　　目	要　　求
智慧环境	教室、图书馆、实验室等学习场所的温度、湿度自动感知、自动调整,灯光亮度自动调节,空气污染、噪音自动检测,自动通风、自动降低噪音,恶劣气候环境的智慧提醒,细菌超标自动提醒
智慧管理	校园安全自动智慧监控,师生心理问题动态化智慧干预,智慧考勤,智慧门禁,水电暖等能源的自动节能监控,办公文件流转,重要事情智慧提醒,图书智慧借阅,仪器设备的智慧借用,财务智慧转账(如校园卡内低于100元时,自动从银行转账),网络故障、服务器故障的自动报警,网络流量智慧管理,教室、体育场、会议室等智慧管理
智慧教学	教学内容的智慧聚合,教学方法和模式的智慧推荐;依据学生水平智慧组卷、智慧协同备课、智慧教研和教学能力的智慧训练,智慧教学方式
智慧学习	学习情境智慧识别,学习资料的智慧推送,学习过程的智慧分析,学习结果的智慧评价人生成长的智慧记录,职业生涯的智慧咨询,相同兴趣的学习伙伴的智慧聚合,无处不在的智慧学习和学习内容难度的自适应,智慧学习方式,智慧综合评价,智慧型、创新型人才培养
智慧科研	科研资料,尤其是最新研究进展、学术会议信息的智慧推送,科研团队的网络化聚合,科研数据资料的智慧分析处理,科研论文的智慧协同写作,科研创新的智慧发现
智慧生活	旅游路线的智能设计,购物、就餐智慧推荐,血压、血糖等智慧监控,用药智慧提醒,基于共同兴趣、个性化需求的智慧交友,团体活动、娱乐信息推送

2. 中小学智慧校园建设原则

1) 统筹规划、分步实施。从智慧校园建设目标统筹考虑,统一规划,明确工作任务,有序推进信息化综合应用平台建设。顶层设计,合理分工,分步实施,既能做到与区县公共服务平台兼容,又与学校独立平台形成资源互通,防止重复建设,避免资源浪费。

2) 先进性原则。保证建设的先进性,数据通过应用自动产生,安全、稳定,不需要单独建设。应用多级私有云和大数据分析技术,将学校打造成一流、实用、满足未来信息化应用的智慧校园。

3) 资源最优化原则。充分利用原有网络、硬件和软件资源,实现最低的投入,最大的收益。

4) 统一标准,保障安全。标准规范是智慧校园建设的重要前提,在统一应用开发标准和数据交换接口标准的前提下,在统一的网络平台下,实现各业务系统的互联互通、数据共享。在智慧校园建设中采取相应措施,建立有效的安全保障体系和规范的安全管理体系,保护个人隐私和政务安全。

3. 中小学智慧校园建设思路

中小学智慧校园整体设计采用弹性构架。所谓弹性架构，是将所有的硬件设施集中起来，根据各系统的忙/闲情况动态分配，统一管理、安全、标准、规范和扩展接口；建立统一的数据管理、统一的数据规范、统一的展现层。总体架构如图 6.24 所示。

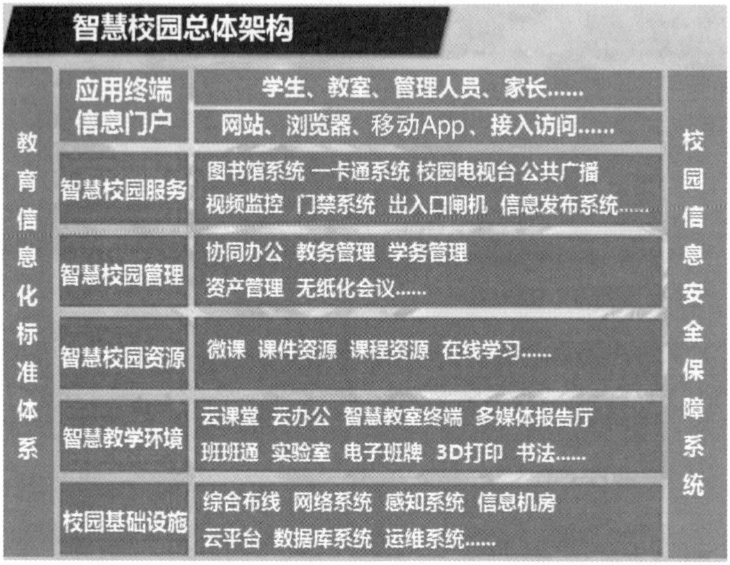

图 6.24　教育部智慧校园总体架构概览

6.8.3　中小学智慧校园系统平台功能

智慧校园数据中心是智慧校园建设的核心，它就如同一栋大楼的地基和框架。智慧校园数据中心是各应用系统公共运行的环境，提供底层及集成服务，各类应用系统运行于平台之上，实现统一的系统登录、安全认证、数据交换与共享、服务入口。

1. 统一用户中心

所有软件只有一个用户中心，即学校添加和管理师生信息时，只需在用户中心进行操作即可，不需要在多个软件中进行操作。用户中心采用实名制管理，对教师职务、任课信息等进行设置，实现用户身份的全生命周期管理。

2. 统一认证中心

统一身份认证是平台门户网站功能的重要特征，是为用户提供"一站式"服务的基础和前提。根据自身特点和条件制定统一认证方案（IP 认证、账号加密码认证、第三方系统认证等），包括认证整合、统一用户授权和单点登录。所有软件实现充分互联，即师生在任何一个模块登录后，都可以无缝进入他所拥有的其他软件模块，不需要重复登录。同样，选择退出系统时，所有其他能操作的业务系统都将同时退出。

3．统一数据中心

为了避免各应用系统反复录入数据，消除各应用系统间的"信息孤岛"局面，智慧校园采用统一数据中心。所有子系统和各模块之间是高度集成的，并且可以和学校其他的第三方系统进行集成，也可以兼容以后的第三方系统。平台有多种标准接口，使各数据中心之间可以进行数据传输和转换，实现数据的交换、共享与整合；实现上下贯通、左右衔接、互联互通、信息共享、互有侧重、互为支撑和安全畅通的智慧校园应用平台。

4．大数据报表中心

大数据报表中心提供一站式大数据分析产品及解决方案，综合各业务系统数据，结合大数据算法，对数据进行统计、分析、输出，使之对老师、学生和管理者的工作、学习提供支撑作用，可以帮助使用者快速搭建大数据分析平台，敏捷制作专属分析报告，并为使用者提供灵活的交互式分析操作，在业务协作过程中快速释放数据价值。

6.8.4　移动智慧校园

智慧校园移动平台是一个集校园服务云平台、学生智能学习终端、家长手机客户端于一体的综合性移动平台，包括网络 App、微信智慧校园、钉钉智慧校园，使智慧校园不再局限于学校和家庭，而是随时随地融入生活。通过智慧校园移动平台，学校可发布校园动态，教师可将班级动态、学生动态及时传递给家长，学生可通过智慧校园移动平台进行学习、发布自己的生活日志，家长可通过智慧校园移动平台及时了解孩子在校动态，及时沟通、参与孩子的学习和生活。

1．微信智慧校园

微信智慧校园深度对接微信平台，以学校、教师、学生、家长为中心，利用微信使用的普及率，通过微信入口，帮助用户搭建畅通的学习和互动平台，扩展了家、校之间的沟通方式，提高沟通效率。

2．钉钉智慧校园

钉钉智慧校园深度对接钉钉，以学校、教师、学生、家长为中心，结合钉钉优质的用户体验，快速进入所需要的业务模块，实现单点登录，操作安全又快捷。

3. 智慧校园App

智慧校园 App 是根据平台需求开发的帮助用户搭建畅通及时的学习、互动平台，扩展了家、校之间的沟通方式，提高沟通效率的移动手机 App，可在线即时沟通交流、发布动态，可通过接口快速进入业务模块进行相关的操作管理，既是一个智能、方便的沟通平台，又可无缝操作智慧校园的相关业务系统。

6.8.5 智慧校园门户

智慧校园信息门户对外向公众提供各种服务、展示校园风采、传递校园动态，对内信息集成智慧校园上各类业务应用系统、数据资源，为各类用户提供统一的服务入口，用户根据其不同的权限登录和访问系统，进行相关的系统操作。校园门户是具有全新的框架式结构、功能模块化、具备智能化的门户系统。系统具备良好的兼容性、优秀的用户体验，同时支持 Web、WAP 两种门户展现形态，并提供模板定制、栏目定制、内容管理、消息管理、评论管理、投票管理等智能化工具，使管理人员可以快速、便捷地对门户进行更新维护。

1. 智慧校园信息门户网站

智慧校园门户可独立于基础平台以外使用，通过采用响应式设计，可满足不同终端浏览要求。它是面向教师、学生、家长、公众的统一信息发布与展示窗口，汇聚学校咨询服务、校园建设、校内动态，公开校务公务，展示办学理念等功能。门户网站是学校、教师、家长、学生、社会了解学校的一个重要窗口和互动平台，为公众提供了良好的信息服务。

2. 智慧校园微信公众号

微信公众号是指将单位信息、服务、活动等内容，依托微信平台，通过微信公众号的形式进行展现。随着智能移动终端的普及，通过手机、平板电脑等设备进行网上浏览、查阅资料所带来的便捷性，受到了越来越多的人们的喜爱，人们更喜欢通过这种方式来获取信息和交流。微信是目前最流行的通信方式之一。微信平台不仅使人们的通信方式更方便和快捷，也使信息的展现方式更加多样化，不仅可以通过语音展现，还可以通过文字展现，进一步改善了用户体验。

3．智慧校园信息平台集成登录门户

为有管理权限的用户提供统一的访问入口，用以访问各个业务系统，以及处理来自外部门户的业务和服务请求，校园信息门户与内部办公流程、数据高度集成，形成了一套一体化的教育信息化应用平台，促进了各管理部门的信息沟通，有效提高了信息门户的应用价值。综合信息平台使学生、教师和管理部门能够通过统一渠道访问其所需要的个性化信息。这些都可以极大提高信息的通畅性和交互性。

在智慧校园的建设过程中，将数据统一存放于数据中心，方便管理的同时却增加了数据安全的风险。因此，系统容错、高可用性、冗余及灾备恢复建设也是智慧校园建设的必备环节。

智慧校园应用包括：移动校园、校园自助服务终端软件系统和网上服务大厅。上网权限管理示意图如图 6.25 所示。

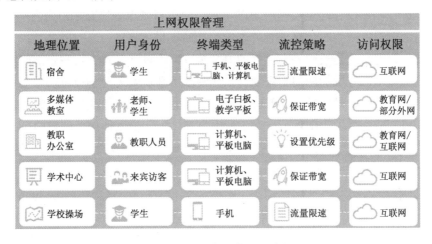

图 6.25　上网权限管理示意图

6.8.6　智慧办公管理

1．OA办公管理

教育 OA 管理系统是为配合学校内部办公自动化的实施而研发的一套稳定、安全、灵活而实用的办公自动化管理系统。OA 办公管理系统由"我的桌面、办公应用、事务管理、个人办公、系统设置、后台配置"6 个功能模块构成，实现网络协同办公、个人日常事务管理等功能，解决学校各部门之间沟通的有效性，实现校园"无纸化，零电话"的高效率办公。

2. 成绩分析

成绩分析系统可以提供强大的成绩管理和对成绩数据处理的强大分析功能，方便学生家长在线查询，及时了解学生学习进步情况。成绩分析系统应具备"增长率"计算功能，体现"标准分"，并纳入学校现行的成绩统计模式，除此之外还应具备作业收交统计功能。

3. 招生报名

招生报名系统能够根据区域的报名需求，将学校或区域内报名作为一个整体，采用数字化手段管理和控制报名的各个环节，从毕业生信息导入、报名信息采集、志愿发布、学生录取、统计等方面结合所属区域招生报名制度形成一套完整的区域报名解决方案。

4. 资产设备管理

资产设备管理主要管理学校资产的出入库、调拨和盘点等情况，可为老师在线申领、申购物品提供方便，并为学校管理者管理学校物品提供依据。

资产设备管理系统是采用当前流行的 B/S 模式，针对学校及上级主管部门对使用、管理等实际使用需求而开发的应用管理软件。学校应用端可实现对学校资产编目、流通、查询、统计、订购、报损和数据上报等功能。通过使用本系统，可以充分发挥装备为一线教学服务的作用，做到装备管理规范，设备利用率高，统计报表便捷、准确的目的，同时也有利于对本地装备应用水平的监督、指导及管理，推动装备应用管理工作数字化和网络化的高效开展。

5. 数据上报

通过数据上报功能将每年产生的大量数据，如考试成绩、学校资产、经费使用情况进行上报、汇总、查看和分析，校领导可通过上报数据及时了解情况，并通过对数据的分析辅助其决策。

6. 智慧排课

通过设置相关的排课规则和限制条件，系统即可通过智能优化算法进行自动排课，再通过所见即所得手工排课，直接拖动教师或课程到指定的课表，自动提醒排课冲突，使课表的编排更加合理和人性化。系统按需求自动生成全校、年级、班级、教师、教研组、场地等各种课表，可以方便地在线实时查询、导出、打印，同时提供日常调课管理及相关信息的统计等功能，最大限度地减轻教务处的排课工作量。

7．智慧选课

在线智慧选课管理系统是以科学的管理方法为基础，结合学校管理特点，适应新课改课程建设和教学体系要求的信息化管理软件。系统能对学生选课时间、选课条件进行设置，对学生选课进行审核，并对选修课的教师、班级进行管理。

6.8.7　智慧资源管理

智慧校园资源管理是集资源分布式存储、资源管理、资源共享、知识管理为一体的资源管理平台，以资源共建共享为目的，以创建精品资源和进行网络教学为核心，对学校的海量资源进行优化管理。系统基于目前先进的网络流媒体技术，融合了媒体格式分析，转码优化负载、点播等服务，实现资源的快速上传、检索、归档，并运用到教学中。

1．智慧资源管理平台

智慧资源管理平台按照学校使用的教材建立教材目录，面向教学备课、教学研究、公开课等平台的用户群体。用户可以按照实际的教学课程上传和查询教学资源，包括教案、微课、课堂实况、习题等。用户无须登录即可进行搜索、浏览、查看等操作，实现教育资源的共建、共享。

2．智慧资源库

智慧资源库充分发挥互联网科技力量优势，定位于为中小学教师、学生提供专业的教育资源，融教育资讯、互动交流、在线拓展于一体，内容涉及试卷、试题、课件、教案、导学案、素材和视频等，可最大限度满足教师教学及学生学习对资源的需求，同智慧资源管理平台结合，采用在线教育"资源分享—资源传播—交流互动"的资源模式，以用户为核心，主打由学校和教师第一时间上传分享独家资源，精打名师原创，策划精品资源，支持新课程改革和课程深度整合。

目前，智慧资源平台已对接中央电化教育馆教学资源库资源，该资源库适用于新课程背景下的备课、课堂教学和进修等一系列教学活动。

3．电子图书

电子图书馆精选的书目，除专业书籍之外还涵盖了学生必读课外书目，包括古今中外的文学名著、诗词鉴赏和理工类科普读物等，为学生和老师节省了一大笔费用及选择读物的时间。学校建设数字图书馆，不仅惠及老师的学术研究，也为学生的课余生活提供了选择，不仅为学校提供丰富的数字图书资源，还可以将学校的特色教育资源数字化，建立特色的教育平台。

6.8.8　智慧教学活动

1．智慧教研管理平台

智慧教研管理平台整合了中小学教学服务系统，实现将教学准备、教学实施、备课检查等常规的各个教学环节有机组织起来，形成定位到课堂的教案库、素材库和习题库，组建校本资源库，实现校内、校际间备课共享，备课相互评论。智慧教研管理平台充分利用网络和现代化的教学设备，把教师从传统的备课模式中解脱出来，提升学校内整体教育教学质量，为教师搭建了一个备课、资源与网络化学习三位一体的教学平台。

2．智慧课堂

智慧课堂是结合智能学习平台、移动平台端工具，通过互联网、物联网和大数据等新一代信息技术打造的智能、高效的课堂学习平台。通过课堂上教师与学生手持设备的无缝对接，教师可通过学生手持终端的数据及时获取学生信息，学生可及时接受教师推送的资源。智慧课堂全面改变了课堂教学的形式和内容，构建大数据时代的信息化教与学模式，符合当下倡导的翻转课堂模式和新型学习模式，这种模式的理念是"先学后导、互助展评"，强调"以学定教，先学后教，多学少教，因学活教"。这种模式有三大特征：自学、互学、展学。

3．智慧阅卷

智慧阅卷主要由可视化答题卡编辑、答题卡扫描、网上阅卷、阅卷进度管理、评卷质量控制、样卷抽取管理及异常卷处理等功能组成。

考试完成后，通过高速扫描仪将考生答卷扫描到系统服务器，试卷或答题卡上传至阅卷服务器后会根据选择上传的考试计划及科目自动进行答题卡的分类，无须再进行手动设置，并同步完成客观题的自动识别阅卷，对主观题作答区域进行识别切割，由测试人员组织教师在线阅卷。

6.8.9　教师专业发展

1．教师业务档案管理平台

教师业务档案管理平台主要是实现对教师的任课信息、个人信息、教师获奖、论文、进修培训、教学成果等综合信息的管理，给学校提供教学科研、课题管理、工作统计等信息，建立教师的工作档案，动态了解教师全方面的准确数据资料，为学校的人才培养、使用和综合评估及职称评定提供准确依据。

2. 教师综合评估平台

教师综合评估平台从教师的育人、教学常规管理、教学质量、教师业务学习、教师业务获奖及课堂教学等考核项出发，通过灵活预设评价项，支持领导评价、同行评价、学生评价等多维度评价方式，以教师个人发展为立足点，建设一款促进教师间交流分享的全方位校园成长平台。

3. 远程教研培训系统

教师远程教研培训系统主要是为方便教师的日常教研培训活动而研发的一款管理系统。该系统通过信息化手段，打破传统的教研工作方式，使教研工作可以不受时间、地域的影响，随时随地根据工作需要开展。教研小组的教研工作，教师之间的互相学习、集体备课，以及教师的公开课评鉴，都可以通过在线教研应用来实现。同时，还可以提供专门定制的评分标准模板，来有效地根据教研工作、公开课效果、备课质量等进行客观有效的评分，帮助教师提高工作效率，提升教学质量。

6.8.10 学生个性发展

1. 综合素质评价平台

学生综合素质评价管理致力于培养学生综合素质的能力，帮助学生客观地认识自我、规划人生，辅助学校切实转变人才培养模式，推动教育主管部门转变以考试成绩为唯一标准评价学生的做法。

综合素质评价平台设计科学、全面，智能、灵活，简明、实用。采用规范化的评价流程、多元化的评价主体，以自评、组评、师评、互评和家长评等方式，结合定量评价和定性评价、形成性评价和终结性评价对学生日常表现进行客观公正的评价。平台还提供学业成绩、体质健康、荣誉申报及实践活动等个性化的模块，对学校、教师、学生及家长等多方数据进行实时的采集和记录，遵循过程与结果并重的原则，最终形成涵盖学生德、智、体、美、劳等各方面的学生综合素质报告单。

2. 体质测评

依照教育部提出的《国家体质健康标准（2014 年修订）》文件，并且与国家体制健康数据上报平台实现数据同步对接，科学有效地记录、分析、统计学生的体质健康情况。系统提供不少于 15 项国家评分标准表，输入原始实际评测数据，按照国家标准自动转换成百分制分数，并提供各项数据分析。

3．荣誉申报

荣誉申报是学生将学校内外所获得的荣誉上报到云平台中，学生上传的荣誉即会自动进入班级的荣誉墙和学校荣誉墙上，并在每学期期末自动统计汇总到学生成长档案袋中。

学生和家长可以随时随地上传学生每学期的荣誉获奖情况，在选择获奖类型时可以选择国家级、省级、市级、区县级和校级，通过审核后上传的荣誉将自动记录在班级荣誉墙上。

4．学业测评

学业测评是由学科任课教师在每次考试结束后，导入学生的成绩到学业测评功能模块中，云平台可以统计和分析学生学业成绩的总体情况，以及学生个人在各个科目中的考试情况，为教师提供各个年级和班级的成绩对比分析信息，为教务处提供全校学生、年级、班级的成绩统计分析信息。

6.8.11　智慧家校

云校通空间是学生、教师、家长、管理者和教育机构等多个主体之间交流、分享、沟通、反思、表达和传承等活动的载体，是一个实现信息发布和互动、资讯和资源订阅、推送分享、留言评论、网络教学互动、自主学习、在线作业的互动平台。数字教育公共服务平台的所有教学应用、管理应用等都应分权限、分类别地以模块的形式展现在个人空间中。

6.8.12　智慧终端

1．一卡通

智慧一卡通是校园中的基础设施之一，与统一基础云平台协调共存，可以为各种信息化应用系统综合提供统一的身份识别，凡是需要确认身份的各种应用都可以用一卡通来实现，如消费、打卡、门禁和车辆等，可提供多级安全认证强度。

2．智能班牌

智能班牌是安装于每个班级中集信息发布、信息查询、学生互动为一体的一款智能交互终端。智能班牌利用移动互联网、智能传感器与高清触摸屏的完美配合，可为学生提供一个更好的信息获取途径，为班级提供一个更丰富的教学成果展示窗口，为教务提供更智能、更高效的管理手段，为学校提供更快捷、更优质的信息发布渠道。

6.8.13　智慧管控系统

1．设备管控

设备管控主要包括对核心 MCU 设备和教室端的终端、录播、互动录播一体机的在线状态监控、版本查询和远程操作等；对监控设备的管理和配置；对触控一体机的远程监控、信息发布、文件传输、远程维护及数据查询等管控功能。

2．音/视频超融合

音/视频超融合模块满足了日常教学、教研、课堂等应用之外，还对校园监控系统应用进行了整合，可以在管理界面对不同的监控镜头进行实时的图像抓取，远程查看各个监控点的实时状态（主要包括学校大门、校园周边、校园主要道路、教学楼道等），并可以有效地控制监控镜头的相关指令。

对于系统建设的平台，互动录播教室数量较多，领导会希望通过远程的方式对所建设的每一个互动录播教室进行实时观看。

另外，主管基础教育的部门利用该功能模块可以更好地进行巡课，与传统的巡课相比，在线巡课更方便、快捷，涉及内容更全面，更有益的是，在线巡课系统可以及时帮助分析师生的课堂行为，有利于规范学校的课堂教学行为，提高学校的课堂教学效率。

3．直播互动课堂

学校各班级的上课实况可以实时转播，这种转播可以作为同年级学生的观摩课和补习课，也可以作为教务巡课的新手段，在不影响教师授课、学生学习的条件下，真实地反映了师生课堂的互动情况，有利于教务人员及时掌握教学情况，及时纠正不良问题，提高教学质量。

随着国家教育信息化的逐渐普及，对于偏远学校、教学点的资源是否到位一直是摆在教育资源均衡化的首要任务。未来的云教室系统就是利用网络，在原先一个个独立的学校的基础上，打造一个"以点带面"的远程教学应用系统，主要包括：

- 中心学校（优质学校）的直播课堂对于偏远教学点学生的帮扶课堂。
- 直播课堂作为固定帮扶关系下的日常远程教学。

- 针对各种师资短缺课程，利用中心学校的优质教育教学资源，对周边资源短缺学校进行教学资源的辐射等。利用智能化设备，优秀教师可在本地通过远程课堂同时和某个学校或多个学校的学生上课，解决了教育条件较差地区教学质量过低导致的学生素质不达标问题，真正实现资源均衡发展。
- 建设及应用统计。建设及应用统计模块可以让教育管理人员对目前建设的学校和班级的设备进行实时的数据统计，如设备类型、开课情况、设备故障和故障解决率等。

6.9　本　章　小　结

本章介绍了智慧校园建设的各个层次包含的功能模块，给出了智慧校园的整体架构和建设标准。关于智慧实验室和智慧校园生态健康的内容，是"物联网工程实战丛书"创作团队的工程实践项目，具有较强的实战意义。

6.10　本　章　习　题

1. 简述智慧校园的基本概念。
2. 智慧校园有几个层次？分别是什么？
3. 智慧教学包括哪些功能单元？
4. 智慧校园的门户是什么？
5. 智慧校园环境中教室空气质量对师生健康、学习效率有什么影响？

第 7 章　智　慧　工　厂

智慧工厂（Smart Factory）是现代工厂信息化发展的新阶段。智慧工厂在数字化工厂的基础上，利用物联网技术和设备监控技术，加强信息管理和服务，能清楚掌握产、销流程，提高生产过程的可控性，减少生产线上人工的干预，及时、正确地采集生产线数据，合理地编排生产计划与生产进度，是集高效节能和智能控制技术于一体、绿色环保、环境舒适的人性化智慧工厂。

7.1　概　　述

智慧工厂是现代工厂信息化发展的新阶段，包括智能仓储、智能车间和追溯管理等功能模块。

智慧工厂以产品全生命周期的相关数据为基础，在计算机虚拟环境中对整个生产过程进行仿真、评估和优化，并进一步扩展到整个产品生命周期的新型生产组织方式。智慧工厂主要解决产品设计和产品制造之间的"鸿沟"，实现产品生命周期中的设计、制造、装配和物流等各个方面，降低设计到生产制造之间的不确定性，在虚拟环境下将生产制造过程压缩和提前，并得以评估与检验，从而缩短产品设计到生产转化的时间，并且提高产品的可靠性与成功率。

7.1.1　智慧工厂的实现技术

1. 智慧感测

智慧感测是智慧工厂的基本构成要素，无线传感器将是未来实现智慧工厂的重要"利器"。如果要让制造流程有智慧判断的能力，仪器、仪表和传感器等控制系统是关注焦点。仪器和仪表的智能化主要是以微处理器和人工智能技术的发展与应用为主，包括运用神经网络、遗传算法、进化计算和模糊控制等智能技术，使仪器和仪表实现高速、高效、多功能、机动灵活等性能。

2．专家控制系统

专家控制系统（Expert Control System，ECS）是一种具有大量的专门知识与经验的软件系统。它运用人工智能技术和计算机技术，根据某领域一个或多个专家提供的知识和经验进行推理和判断，模拟人类专家的决策过程，解决那些需要人类专家才能解决好的复杂问题。

3．模糊控制

模糊控制器（Fuzzy Controller，FC），也称模糊逻辑控制器（Fuzzy Logic Controller，FLC），也是智慧工厂技术关注的焦点。由于模糊控制技术具有处理不确定性、不精确性和模糊判断的能力，对无法建造数学模型的被控过程能进行有效的控制，能解决一些用常规控制方法不能解决的问题，使模糊控制在工业控制领域得到了广泛的应用。

4．工厂系统网络化

随着工厂制造流程连接的嵌入式设备越来越多，通过云端架构部署控制系统，无疑已是当今最重要的趋势之一。

在工业自动化领域，随着应用和服务向云端运算转移，数据和运算装备的主要模式都已经被改变了，由此也给嵌入式设备领域带来颠覆性变革。随着嵌入式产品和许多工业自动化领域的典型 IT 元件的网络化，如制造执行系统（Manufacturing Execution Systems，MES）、生产计划系统（Production Planning Systems，PPS）的智能化，以及联网程度日渐提高，云计算可提供更完整的系统和服务，生产设备将不再是过去单一而独立的个体，而是网络系统的组成部分。将嵌入式设备接入工厂制造流程甚至是云端，其实具有颠覆性，必定会对工厂的生产和制造流程产生重大的影响。一旦完成联网，一切制造规则都可能会改变。包括体系结构、控制方法以及人机协作方法等，都会因为控制系统网络化而产生变化，如控制与通信的耦合、时间延迟、信息调度方法、分散式控制方式与故障诊断等。在网络环境下，自动控制理论的控制方法和运算方法都需要不断地创新。

此外，由于影像和语音信号等大数据量、高速率传输对网络带宽有要求，这对控制系统网络化构成了严峻的挑战。工业生产流程不容许有一点点差错，网络传递的封包数据不能有一点点漏失，而且网络上传递的信息非常多样化，哪些数据应该先传（如设备故障信息），哪些数据可以晚点传（如电子邮件），都要依靠控制系统的智慧能力进行适当地判断才能得以实现。

5．工厂通信无线化

工厂通信无线化也是当前智慧工厂探讨比较热烈的问题。随着无线技术的日益普及，各家供应商正在提供一系列软/硬件技术，协助在产品中增加通信功能。这些技术支持的通信标准包括蓝牙、Wi-Fi、GPS、LTE 及 WiMAX 等。

无线通信虽然在布线便利性方面比有线通信有优势，但无线技术的可靠性、确定性、即时性和兼容性等还有待加强。因此，对于工业无线通信技术的定位，目前仍然是对传统有线技术的延伸，大多数仪表及自动化产品虽会被嵌入无线传输的功能，但不会舍弃有线技术。

7.1.2　智慧工厂的特征

智慧工厂是智能工业发展的特征，体现在制造生产上，主要有如下 5 个特征：

- 系统具有自主能力：能自主采集与理解外界及自身的信息，并分析、判断及规划自身的行为。
- 生产监控可视技术：结合视频信号处理、推理预测、仿真及多媒体技术，将实时视频扩展到设计与制造过程中。
- 协调、重组及扩充特性：系统中各模块承担各自的工作任务，自行组成最佳系统结构。
- 自我学习及维护能力：通过系统的自我学习功能，在制造过程中进行资料库补充和更新，自动执行故障诊断，并具备对故障排除或通知系统执行维护的能力。
- 人机共存系统：人机之间具备互相协调的合作关系，各自在不同层次之间相辅相成。

智慧工厂通常由以下几部分组成：

- 智能仓储：自动备料、自动上料；
- 智能车间：自动生产、组装和包装；
- 智能品质管控：自动品质管控；
- 集成其他系统：与 ERP（企业业务运营系统）和 MES（制造执行系统）系统集成；
- 追溯管理：对材料、生产和品质管控等各个环节进行追溯。

智慧工厂一般具有如下优点：

- 优化供应链：分析风险与机遇，构建以客户为中心的供应链，并持续优化供应链。
- 提升运营质量：传统制造流程的控制准确性低，而智慧工厂云端规范性分析可及时检测质量问题，提高制造流程、材料、组件和产品的质量，通过规范性分析持续提升运营质量。
- 改善资产管理：高昂的宕机和运维成本是制造企业的巨大难题，通过智慧工厂强大的分析技术，可了解资产信息，开展预测性维护，为企业资产管理系统增值。

7.2 智慧工厂结构

国内某企业云（Clouds）工业互联网平台为用户提供立体的全方位服务，包括社区、文档、基于平台的工业 App 体系、多种套件（API、BigData、AEP、IoT、Fog、Edge），以及围绕平台而搭建的运维体系及安全防护体系，如图 7.1 所示。

图 7.1 某企业的智慧工厂系统架构

7.2.1 系统套件

某企业的开发套件可以让创客和用户快速了解智慧工厂云平台，生成应用，实现创意。边缘计算平台的工业开发板套件产品集成了各类常见的工业数据接口、通信模组及配套工程源代码。基于开发板套件，用户可快速熟悉平台协议和接入设备，实现协议适配、应用生成和原型验证，较传统接入方式节约了开发时间和开发成本。

工业互联网开发套件使用 STM32 单片机，集模拟量、开关量、RS485 和 RS232 多种接口于一体，支持 Wi-Fi（ESP8266 模组）和 GPRS（SIM808）联网两种模式，开发者等平台只需简单操作，便可极速接入云工业互联网平台，与平台进行数据传输并实现对设备的反向控制。

1．API套件Clouds APIs

基于 Restful 规格对外提供 API，支持 HTTPS。对外开放的能力包括：设备管理、产品管理、数据管理和命令管理等。基于这些 API，可以让工业互联网 SaaS 应用开发变得更加轻巧、快速和个性化。

2．大数据套件BigData

Clouds BigData 云大数据套件具备数据处理、数据分析和决策控制三大功能，提供建模工具和建模开发，基于设备数据、资产数据、运营数据等开展工业业务场景数据分析，实现工厂自动化，助推设备、生产线、车间、工厂甚至是整个供应链的降本增效和质量提升，关注制造业的核心痛点，解决制造业的核心问题。

3．工业应用加速器套件AEP

AEP 工业应用加速器套件面向广大工业互联网领域的应用开发者，提供强大的可视化应用开发工具和开发环境。借助加速器套件，用户通过可拖曳方式编程，无须编写代码便可创建、生成并发布一个完整的应用，助推工业互联网开发者快速搭建工业 App，快速生成应用。

4．流计算

云平台支持用户按照自己的需求配置流计算的步骤和功能，支持采用图形化界面对流计算步骤进行编排，支持流计算编程环境，在编程环境中对流计算的具体操作进行编程。流计算的结果可以查询，也可以生成告警、发送邮件或者发送短信告警。

5．工业物联网基础平台IIoT

IIoT 工业物联网基础平台采用功能模块化设计和服务化封装，提供海量设备接入，完成数据采集、命令下发、数据推送、设备管理和产品管理等功能，支持以 MQTT 和 HTTP 等协议直接接入和以雾计算方式接入两种方式。

6．MQTT接入

MQTT 具有平台推送、设备管理、命令管理、数据存储和安全策略等功能。

工业互联网支持开放的 MQTT 协议，自研实现，支持分布式部署、横向扩展及 TLS 1.2，并支持对 MQTT Payload 数据进行 AES 128 位加密，单台服务器支持 10 万以上的设备接入。

7.2.2 雾计算平台

Fog 雾计算平台向客户提供工业级雾计算接入，支持各种不同工业现场协议的接入，如 ModBus 和 OPC 等；实现可配置雾计算协议适配的数据模型和鉴权模型等；可以通过各种不同现场控制协议把设备接入云平台。除协议适配外，Fog 雾计算平台还支持任务调度、远程升级、TSN 时间敏感网络标准、数据采样等功能。

雾计算实现了协议适配、任务调度、远程升级 FOTA、TSN 时间敏感网络和数据采样功能。

雾计算平台支持多种网络接入协议，可轻松接入数控机床、工业网关和制造终端等各种工业设备。

7.2.3 边缘计算平台

Edge 边缘计算平台提供工业网关和开发套件系列产品。保障在场景驱动下，计算可以在近场和云端布署，实现云计算和雾计算的智能协同工作。开发套件工业网关系列产品，集成了云平台支持的多种物联网与工业场景接入协议，适配多种通信接入方式，支持固件在线升级、协议更换等丰富功能，适用于多种工业互联网应用场景，助力各类制造企业设备上云，产线上云，车间上云，企业上云，助力开发者、行业专家和爱好者等平台用户快速、无缝接入工业互联网云平台，快速变现创意。

边缘计算的硬件载体是各种工业开发板和工业网关。

7.2.4 工业网关概述

工业网关在智慧工厂中扮演控制中枢角色。

1. 工业网关功能与组成

1）联网功能。工业网关集成了两种用户可自行选择的联网功能，包括 GPRS 和 Wi-Fi。GPRS 模组采用 SIM808（支持 GPS 定位）模块，Wi-Fi 模组采用 ESP8266 模块，两者都可方便地接入云工业互联网平台。SIM808 模块采用外置 Micro SIM 卡。开发套件只可二选一进行联网，并通过跳线帽进行选择。

2）传感器接入功能。设备防水、防尘、防静电、防震动，适应相对复杂的工业场景和各种工业环境。

3）LED 灯指示功能。工业网关有 3 个 LED 跑马灯，分别接入单片机的 3 个 I/O 口，可以通过编程实现跑马灯或者信号灯功能。

　　4）下载接口。STM32 单片机核心板调试下载口采用 4PIN 的 SWD 接口，在使用时需要注意线序。

　　5）调试接口。云开发套件 V1.0 版将串口调试接口引出，用 USB_TTL 工具即可调试。

　　6）通用 I/O 接口。

2．工业网关的优点

- 工业网关底板预留 I/O 引脚的扩展，开发者和平台用户可根据 I/O 引脚功能自行扩展相关应用，以节省开发时间和成本。
- 功耗低、体积小，专为工业物联网、智慧工厂场景设计，选配防水、防尘、防静电外壳。
- 支持 TCP 和 UDP 协议数据传输，支持移动、电信和联通运营商。
- 支持模拟量、开关量、RS485 和 RS232 等多种常用外设接口。

3．工业网关规格

工业网关硬件规格如表 7.1 所示，软件规格如表 7.2 所示。

表 7.1　硬件规格

电源接口	直流9-36电压
静电放电抗扰度	15kV ESD
内置通信卡	是
复位按键	是
SMAconnector	SMA母头 ＊1
工作功耗	250mA@12V
外形尺寸(mm)	230×120×46
安装方式	导轨、壁挂
冷却方式	无风扇散热
材质	金属结构
防护等级	IP30
POWER	电源指示灯显示
STATUS	运行状态灯显示
WARN	警告指示灯

表 7.2　软件规格

通信方式	GPRS，Wi-Fi
网络制式	GSM
IP服务	支持TCP/UDP
网络安全	过滤多播/Ping探测包、端口映射、访问控制功能
数据安全	AES 128bit加密，sha1加密
链路检测	支持发送心跳检测包检测，断线自动连接
软件看门狗技术	防跑死，保证硬件稳定运行
工业协议	支持Modbus协议、CANBUS、RS485、RS232和RS422等
可编程	YES
固件升级	YES

4．工业网关的应用场景

工业网关套件可广泛地应用于研究机构、高职院校和教育机构中开展物联网、工业物联网相关培训，也可以应用于智慧实验室、智慧校园、智慧社区、智慧交通、智慧楼宇、智慧安防、智慧环保、智慧健康、智能穿戴和智能家居等应用场景。

7.3　智慧工厂方案

所谓的德国工业 4.0 是指利用物联信息系统（Cyber Physical System，CPS）将生产中的供应、制造、销售信息数据化、智慧化，最后达到快速、有效和个人化的产品供应。

工业 4.0 概念已席卷全球，被认为是以信息物理系统（CPS）技术为核心的第四次工业革命。作为工业 4.0 的最大主题，智慧工厂可谓贯穿产业升级全过程。智慧工厂主要研究智能化生产系统和生产过程，以及网络化分布生产设施的实现。

7.3.1　智慧工厂管理

智慧工厂管理平台是集合多种自动化硬件设备、MES（生产执行系统）、ERP（生产管理系统）、QMS（品质管理系统）和 SCM（物流管理系统）等众多强大软、硬件集成的管理控制平台，实现管理信息系统与现场设备的无缝对接，真正使生产设备自动化。智慧工厂管理平台集"排产"与"生产调度"、在线质量控制、车间物料规划与控制、生产过程追溯、可视化过程监控和生产状态分析等功能于一身，通过实现高度的自动化和信息化，打造智慧工厂，最终达到成本削减、生产效能提升和品质保证的目的。智慧工厂管理平台结构如图 7.2 所示。

　　智慧工厂管理平台的优点如下：

- 生产效率成倍提升：对生产信息的智能化进行跟踪和分析，不断挖掘设备及作业潜能，提高生产效率，持续改善管理目标。
- 产品品质的持续改善：实时采集生产信息，记录生产数据，管控生产过程，关注生产品质，事后分析，持续改善产品品质。

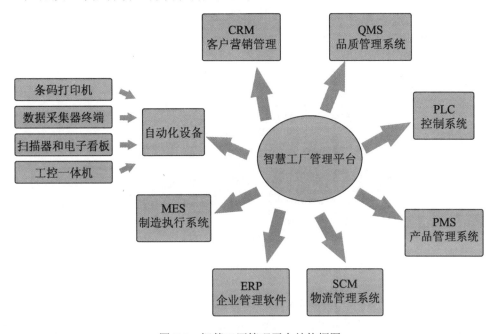

图 7.2　智慧工厂管理平台结构框图

- 实现双向质量追溯：通过生产期间的预防、监控和分析等质量管控方法，提高产品质量水平。
- 实现精益生产：触发式自动数据采集，减少录入环节，为各级生产管理人员提供所需的实时生产数据。
- 实现生产透明化：实时采集生产信息，全面了解生产进度，实现生产的全程透明化管理。
- 提高生产执行能力：采用先进的工业物联网技术，规范车间管理，生产透明化，提高企业的核心竞争力。

7.3.2　系统解决方案

　　智慧工厂解决方案是以制造为中心的数字制造，以设计为中心的智慧制造，并且考虑了原材料、能源供应、产品销售供应等因素的工程技术、生产制造、供应链三个维度的全部活动。通过建立和描述三个维度的信息模型，利用适当的软件，能够完整表达围绕产品设计、生产制造、原材料供应、销售及相关环节的活动。通过实时数据的支持，实时下达指令指导这些活动，在三个维度之间交互，我们称之为数字化工厂或智慧工厂，如图 7.3 所示。

在图 7.3 中，与生产计划、物流、能源和经营相关的 ERP\SCR\CRM 等，以及和产品设计、技术相关的 PLM 处在最上层，与因特网紧紧相连。与制造生产设备和生产线控制、调度、排产等相关的 CPM、MES 功能通过 CPS 物理信息系统实现。这一层和工业物联网紧紧相连。

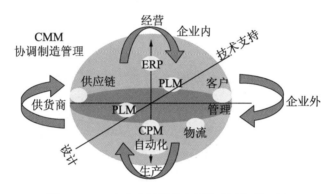

图 7.3　CPS 在生产过程的实现构成了智慧工厂

信息物理系统（Cyber Physical Systems，CPS）是一个综合计算、网络和物理环境的多维复杂系统，通过 3C（Computation、Communication、Control）技术的有机融合与深度协作，实现大型工程系统的实时感知、动态控制和信息服务。

智慧工厂的基本架构如图 7.4 所示。其中，物联网和因特网是智慧工厂信息技术的基础。

从半成品形成产品，产品生命周期服务的维度还需要原材料供应、售后服务，构成实时互联互通的信息交换。原材料供应和售后服务需要充分利用服务网和物联网的功能。

智慧工厂由许多智能制造装备、控制系统和信息系统构成，而智能制造设备则由许多智能部件和其他相关的基本部件构成，如图 7.5 所示。

现实中，工程技术、生产制造和供应链的数字化还不成熟，没有广泛推广应用。数字化工厂可理解为：

- 在生产制造的维度发展基于制造智能化的自动化生产线和成套装置；
- 将自动化生产线和成套装置纳入企业业务运营系统（ERP）和制造执行系统（EMS）的管理之下；
- 建立完善的 CAD、CAPP、CAM 基础上的 PMD、PLM，并延伸到产品售后的技术支持和服务。

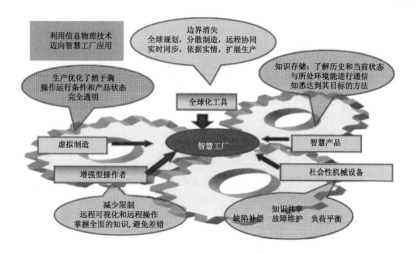

图 7.4　智慧工厂基本架构

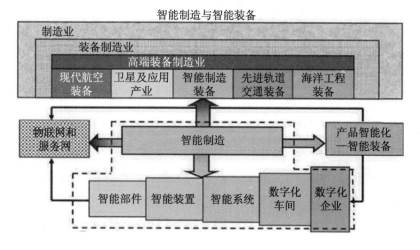

图 7.5　智能制造控制信息系统结构图

7.3.3　智慧工厂产品

智慧工厂建设可以一步建成，也可以分布实施。可以把智慧工厂分解成不同模块，分别实施，量力而行，也便于随时纠正偏差，避免造成损失。

- 运维管理产品：包括集成质量信息管理系统（IQS）、企业资源计划管理系统（ERP）、成本管理系统（CST）、制造执行系统（MES）及多项目管理系统。
- 工程信息化管理产品：包括集成研发平台解决方案、数据转移协议和数据采集 Agent。

- 综合管理产品：包括数字档案馆一站式解决方案、知识工程、企业标准信息化解决方案、固定资产投资项目管理系统、保密业务管理系统、客户关系管理系统、运营管控系统、档案资源管理系统、知识管理系统、网上报销系统和财务管理系统。
- 客户服务信息化产品：包括维护维修管理信息系统和装备技术保障信息化系统。
- 信息安全产品：包括企业 IT 运维管理与支持系统。

智慧工厂的业务范围为信息化咨询，如图 7.6 所示。

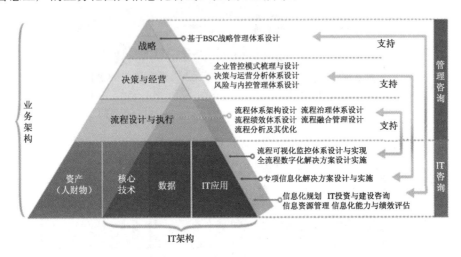

图 7.6　智慧工厂实施策划咨询示意图

智慧工厂建设要选择装备综合保障、客户服务信息化的整体解决方案，跟踪国内外综合业务最新发展和前沿技术，立足行业、服务企业生产，在性能分析/仿真、维修技术保障、售后服务、MRO、IETM、CBT 和 PMA 等领域形成智慧工厂的核心能力，智慧工厂研发者为用户提供装备全生命周期综合保障的体系规划、项目定制和系统软/硬件设备研发与集成服务。

智慧工厂建成后，要继续提供以下服务：

- 智慧工厂操作运营培训/训练：包括辅助培训系统、CBT 课件制作与发布系统和 CBT 素材管理系统。
- 装备维护保障与管理：包括维修技术保障管理信息化系统、备件信息化系统、装备维修/大修/维护信息化系统（MRO）、外场信息管理系统和远程技术支持系统。
- 数字化保障装备/设备：包括加固编写计算机设备、便携式维修辅助系统（PMA）和便携式手持维修辅助系统（PDA）。
- 数字化保障支援：包括技术出版物数字化解决方案（IETM）、主承制商信息技术服务系统（CITIS）和数字化客户综合服务解决方案（CIS）。

其他：包括数字化检验、运营服务平台。

7.4　智慧工厂管理

智慧工厂建设完成后，其效果要在企业运营管理中体现出来，因此需要对工厂技术人员进行培训，使全体员工融入智慧工厂运维体系非常重要。

7.4.1　管理信息化

智慧工厂建设以集团管控、行业适用、平台集成为发展理念，融合了百余家大型企业的服务模型，吸纳了千余家先进企业的最佳实践经验，形成了全面、完整、成熟的装备制造业管理信息化解决方案。该方案覆盖企业生产运营管理、人力资源管理、财务管理、技术基础管理、决策管理和项目管理等业务领域，贯通企业战略决策、计划控制和业务执行三个层次，是装备制造业的首选，如图 7.7 所示。

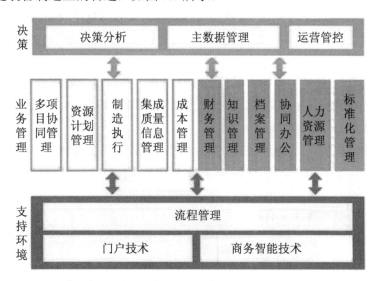

图 7.7　智慧工厂管理的三个层次

在智慧工厂三个层次的框架下，分解出各种解决方案。

- 企业决策管控解决方案：包括决策分析、主数据管理平台和运营管控平台。
- 运营管理信息化解决方案：包括多项目协同管理系统、企业资源计划管理系统、制造执行系统、集成质量管理系统和成本管理系统。
- 综合管理信息化解决方案：包括财务管理、知识管理、档案管理、协同办公系统、人力资源管理和标准化管理。

- 应用集成解决方案：包括集成研发平台、数字化设计与制造、数字化实验与仿真等一系列解决方案。通过与信息化技术、工程技术、管理技术、标准化技术相结合，为用户提供咨询规划、应用开发和系统实施等专业化服务。

- 系统工程解决方案：在产品研制早期阶段，定义需求和系统功能，进行综合设计和系统验证，通过模型执行实现需求的确认和验证，在流程执行过程中实现需求的跟踪管理。

- 需求管理：基于模型的系统工程、嵌入式软件工程，以及系统工程与 Simulink、MATLAB、PDM 等的集成。

- 集成研发平台解决方案：采用工程中间件技术，构建集成化、流程化和知识化的集成研发平台，有效提升产品研发体系的创新和智能化水平。

- 研制协同平台解决方案：利用 PLM 软件构建支撑产品研制过程中各业务环节的协同业务平台，实现跨专业、跨地域的并行协同工作和工程数据管理。具体包括产品设计协同平台、产品制造协同平台、跨企业协同研制平台、PDM 实施与应用开发。

- 数字化设计/制造解决方案：利用数字化技术实现数字化产品设计、工艺设计、工装设计、工艺仿真、产品加工和检测。具体包括 CAD/CAM 应用开发、MBD 技术应用开发、工艺仿真、厂房布局、NC 仿真、容差仿真分析，以及工艺设计与制造过程的管理应用开发。

- 数字化仿真/实验解决方案：利用数字化分析软件实现工业过程或产品特性进行研究、分析和实验，并实现仿真数据管理和实验数据管理，包括工程仿真分析应用开发、仿真数据管理和实验数据管理。

- 基础数据库：提供产品研制过程中所需的基础数据库。具体包括 MBD 技术注释库管理系统、标准件库管理系统、零件库管理系统、材料库管理系统、通用制造资源库管理系统、飞机总体参数库，典型翼型布置数据库。

- 数字化设计制造软件工具集：提供基于 CAD 平台的用于数字化设计制造的软件工具。具体包括 MBD 模板工具、三维模型质量检查系统、钣金专用建模工具和三维工艺设计平台。

- 系统集成套件：采用 SOA 等先进的集成技术，实现异构 PDM 集成及 PDM 与其他系统的集成应用。具体包括异构 PDM 集成适配器、PDM 与 ERP 系统集成、PDM 与 MES 系统集成、PDM 与 CAPP 系统集成、PDM 与 PM 系统集成。

智慧工厂运营要实现精益生产，需要高效配置生产资源，减少浪费，提升工厂交付能力，实时管控生产流程，做到质量问题能精准追溯。通过云端协同，降低了沟通成本，各个部门无缝合作，全流程实现电子信息化，并可规范保存，便捷查找。通过对生产数据进行智能分析，可以指导生产、发现问题。智慧工厂运营系统如图 7.8 所示。

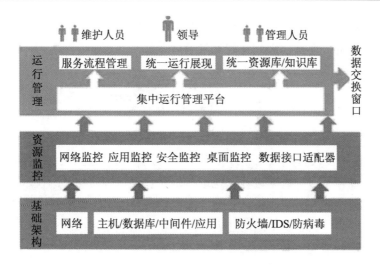

图 7.8　智慧工厂运营系统

7.4.2　生产管理

可视化的自动生产过程适应多样化生产需求。可以在线发布生产任务，通过移动端接单和报工，降低了沟通成本；通过云端数据实时更新，轻松把控生产进度，交付期更准确；对异常事件进行报警，并自动将事件推送至相关负责人优先处理；智能报表汇总功能，使生产数据轻松追溯。

7.4.3　设备管理

设备台账全电子化、规范化保存，方便追溯和分析；实时记录设备运转效率，进行预测性维护；支持现场照片、语音和文字的记录功能并能实时反馈；支持移动端推送维（修）保（养）任务，使维修保养需求能得到快速响应；支持现场扫码获取设备信息的功能。

7.4.4　物料管理

通过扫码可以查看物料状态，杜绝误操作。通过扫描条码或二维码，实现原料成品可追溯；手机扫码出/入库，避免库存不准确；在制品库存可查询，规划库存更准确。
- 生产看板：生产数据精准传递，科学指导生产制造过程，对车间生产状况实时把握；
- 质量看板：快速发现质量问题，提升良品率；
- 物料看板：设备状态监控，提升运转效率；

- 设备看板：实时库存波动，降低安全库存；
- 支持手机 App：各部门之间实时沟通合作。

7.5 智慧工厂案例

目前，工厂的很多设备是独立运行并不相连，设备运行状态、生产周期数据无法共享，导致形成信息孤岛，无法对数据进行系统地分析和优化。借助物联网技术，可以实现对人员（权限管理）、机器（监控设备）、物（数据采集）、生产环境（监测和能耗）的互联互通链接和智慧管理，在智慧工厂的建设中结合物联网技术，可以有效降低生产成本，优化工艺流程，是由制造向"智造"转变的必然选择。

智慧工厂是利用物联网技术实现对工厂人员和设备进行信息管理和服务，使得工厂形成万物互联和管理统一的模式，实现数据信息的互联互通，提高工厂的生产效率，降低生产成本，优化设备运行状态和节能降耗，将工业制造与物联网应用结合起来构建"智造"生产区。

智慧工厂解决方案采用网关基站进行工厂无线信号全覆盖，同时在工厂各个数据采集节点安装传感模块，实现对生产周期的数据动态全采集，并根据工厂的实际需求实时采集、传输相关信息。信息传输到系统管理平台后进行数据系统分析和优化，然后准确传输到 WEP 服务系统或者手机 App 系统，实现生产管理人员同步了解生产过程中需要的信息，做到信息存储的高度安全，信息获取的灵活及时。通过云端的平台，实现多个不同应用终端的远程接入如表计、资产设备和人员等，利用传感器模块对工厂生产过程和工厂环境进行全方位的监控；实现流程标准化、监控可视化、过程智能化、系统高度集成、信息高度共享，物流、信息流协同运转，助力传统制造生产升级。

7.5.1 智能工厂案例 1——福耀玻璃

福耀玻璃工业集团（以下简称福耀玻璃）成立 30 余年来一直专注做好一片玻璃，属于专注型企业，为了与全球客户进行智能协同，福耀玻璃在 2017 年正式开启了"上云"之旅。传统制造企业在转型升级的路上往往会遇到很多的痛点。福耀玻璃希望通过大数据、AI、云计算等新兴技术方案的部署，从"制造"迈向"智造"。

众所周知，汽车制造业的产业链非常长，一辆汽车在研发过程中可能涉及成千上万的汽车零部件以及几千家汽车零部件制造商，这几千家制造商协同研发又是一个漫长而复杂的系统工程，往往需要两年以上的时间，漫长的研发周期意味着巨大的研发成本。如何运用新技术缩短研发周期是摆在福耀这样的传统制造商面前的巨大挑战。

　　早在 2015 年，福耀玻璃就提出要把工业 4.0 落户在福耀。随后，福耀玻璃成为"中国智造"的第一批示范企业。福耀玻璃开始思考通过上云解决企业传统架构面临的瓶颈。然而，对于传统制造型企业来说，把业务迁移到公有云颇有挑战。工业互联网时代产生的数据量比传统的信息化要多数千倍甚至数万倍，并且是实时采集、高频度、高密度的，动态数据模型随时可变，这么大规模且复杂的数据上传到公有云，能够给出恰当的处理办法和合理价格的云服务商并不多。要想把制造业套上数字化的外衣，传统的信息化思路行不通，而要根据业务场景的实际需求来搭建云环境。其实做这种决定（上云）很难，因为很多软件要重构，意味着前期的投资就可能打水漂了。福耀玻璃内部进行过很多次讨论，如果再在旧系统上投资，迟早会被市场淘汰。新的业务系统要在云端用新的技术开发，传统业务则是要一步一步上云。福耀玻璃利用微服务架构及一些数据接口，将传统技术和应用利用起来，让未来的业务能够复用和共享。福耀玻璃作为制造业企业，对大数据、AI、云计算、微服务、DevOps 敏捷化开发等方面的技术都十分关注。

　　福耀玻璃利用 IBM 云平台实现快速上云，由此带来了价值和效率的改变。其从一个传统的玻璃制造商逐步迈向智能制造，正是因为有这样的云平台，赋予了工厂有敏捷制造和流程有序的能力，使得企业更有信心去应对市场的快速变化。

　　以云计算为突破口，解决智能化转型痛点。经过慎重的选型，福耀玻璃最终选择了 IBM Cloud Private，首先，IBM 整个云平台都是基于开源的；其次，福耀玻璃在进行云服务选型时，期望能跟云供应商一同成长，期望这个云平台在业界有着强大的能力，能够不断添加新的技术。从前瞻性的角度来看，福耀玻璃对 IBM 架构更加认同，它不需要一直去关注这些前沿技术，只要跟着平台成长就可以将新技术为己所用。再次，在数据安全方面，它看中 IBM 私有云平台的可靠性和安全性。最后，福耀玻璃原有的系统比较分散，在集成时十分困难，缺乏一个管理平台或者平台型的工具，而 IBM 的私有云平台恰好具备这样的能力。工业 4.0 包含三项集成，企业间的横向集成、生产流程的纵向集成及贯穿整个价值链的端到端集成。此前福耀玻璃用企业服务总线 ESB 做纵向集成，用 Portal 做横向的集成，用业务流程管理 BPM 把所有的异构系统进行跨系统、跨组织的端到端集成，这三项集成均由 IBM 的软件实现，在这样的基础之上，把整体基础架构迁移到 IBM 私有云平台，更加水到渠成。

　　福耀玻璃借助 IBM 私有云平台等产品，将研发及三维设计工具率先部署在 IBM 云 PaaS 层的容器上，搭建起端到端的数据平台，将福耀之前就在用的 IBM 的 SOA 架构、企业服务总线 ESB、业务流程管理 BPM、主数据管理 MDM 等全部上云。

　　同时，福耀玻璃正在进行微服务应用方面的尝试，将原有的 MIS 系统重新用微服务的方式去实现。福耀玻璃将从研发开始，到工艺、制造、交付、服务，再到整个产品生命周期管理，也将全部上云。

7.5.2　智慧工厂案例2——华星光电

LCD屏幕是当今许多电子设备的关键组件，作为LCD屏幕制造商，其面临的压力在于如何制造高品质的产品来满足需求。

1．企业需求：改善质检流程

要在竞争激烈的LCD制造业中取得成功，华星光电必须在短时间内交付高品质的产品，但耗时的产品检验削弱了它的敏捷性。

对于总部设在深圳的显示器组件制造商华星光电而言，要在这个瞬息万变、竞争激烈的行业保持领先优势，需要持续改善生产流程和质量标准。目标是先于竞争对手向市场推出先进的优质组件，同时降低成本以保护利润率。

为了实现这些目标，华星光电一直在努力打造智能工厂、优化流程并采用最新技术，以实现更快速、更高效的运营。该公司成功将多达95%的LCD制造流程实现了自动化。不过，有一个瓶颈仍然存在：极其重要的质量检验阶段。

可以说，目视检验是整个制造流程最关键的部分。如果未能在发给设备制造商前发现瑕疵，可能导致代价高昂的产品退货和返工，更不用说这将对产品声誉造成损害。

手动检验方法难以优化、扩展。质量检验人员不得不分别检查每个LCD屏幕，以检查产品是否存在瑕疵。这需要花费相当多的时间，尽管检验人员训练有素，但仍有可能漏掉产品缺陷。同时，培训一名经验丰富的员工需要花费大量时间和资源。

2．实施方案

为了实现更智能的质量控制方法，华星光电引入了IBM IoT Visual Insights，这是一款AI支持的检验解决方案，通过将产品图像与已知缺陷图像库做比对，智能地检测缺陷。IoT Visual Insights可与现有检验流程轻松集成，让华星光电能够迅速启动和运行该解决方案。

通过与IBM研发团队合作，华星光电打造了一个产品图像库，其中包含大量在其生产线拍照的图片。该团队对图像进行了分类，包括合格产品和各种不同缺陷的产品。然后使用IoT Visual Insights训练AI模型，该模型可以区分这些类别。

在车间的检验点，华星光电将此模型应用到与超高清相机相连的边缘计算服务器上。相机在检验点拍摄产品图像，IoT Visual Insights利用AI模型将这些图像与相应的缺陷图像进行快速比较，并相应地对图像进行分类。分类的结果随后会发送到云中，供检验人员检查和评估。

IoT Visual Insights会对它分类的每张图像分配置信水平，从0（无匹配）到100%（完全匹配）不等。如果置信水平低于可接受的阈值，系统会提示检验人员检查此项目并确定是否确实存在缺陷。这项能力有助于减少检验时间和成本，让华星光电可以仅将人员专业知识应用到真正需要的地方，同时在多数情况下依靠智能视觉识别。

作为一款 AI 解决方案，IoT Visual Insights 将会不停地进行学习。它会持续地从检验团队获取反馈信息，检验团队利用他们多年积累的专业知识检查并评估 IoT Visual Insights 的自动化分类，然后纠正信息并把来自车间的图像添加到 AI 模型的下次训练周期中，从而改善 IoT Visual Insights 检测缺陷的能力。

3. 商业效益

提升生产速度和质量，通过整合 AI 技术与专业人员知识，推动实现更准确的产品检验，有助于最大限度地降低可能有缺陷的产品离开生产线的风险，从而提高整体产品的质量。这将降低成本、提高产量，并支持公司保持高质量的标准，从而保护公司的卓越产品声誉。

此外，借助智能检验功能，华星光电可以加速处理以往单调乏味、耗费时间的手动任务。IoT Visual Insights 可以在数毫秒内完成产品图像分析，比操作人员快数千倍。这有助于华星光电快速、自信地识别缺陷，从而缩短检验交付周期。

在华星光电，首要任务是利用创新性技术，向消费者提供最优质的产品。IBM IoT Visual Insights 将帮助华星光电将卓越运营提升到更高水平。华星光电期望继续与 IBM 合作，并利用 IoT Visual Insights 全面实现智能制造。

IBM 是物联网领域的公认"领导者"，在 170 个国家和地区建立了 6 000 多项客户合作关系，并创建了一个不断壮大的生态系统，其中包含 1 400 多名合作伙伴和 750 多项 IoT 专利，这都有助于从全球数以亿计的互连设备、传感器和系统中获取可行的观察信息。

7.5.3 智慧工厂案例 3——海尔卫玺

2018 年 9 月 14 日，以"安全呵护，共同见证"为主题的海尔卫玺"净水洗"智能马桶 H7 下线仪式正式举行，来自全国各地的卫玺智能马桶盖潜在客户齐聚海尔卫玺智慧工厂，共同见证了一台更安全的智能马桶盖的诞生。

对于海尔卫玺来说，客户不仅是产品的消费者和使用者，更是产品迭代的驱动者。针对智能马桶盖在中国"水土不服"的问题，海尔卫玺深挖用户痛点，依靠海尔三十多年的技术积累并整合全球研发资源，推出了第一代智能马桶盖产品。海尔首款无线供电智能洁身器攻克了智能马桶盖电线布局给消费者"不安全、不美观"印象的行业难题，解决了卫生间电源远的安装难题，颠覆了消费者对于该产品的认知，引发了行业的高度关注。

针对很多消费者对马桶盖的用电安全问题存在的顾虑，海尔卫玺率先将海尔热水器应用了十多年的"防电墙"专利技术应用于智能马桶盖产品的设计中，研发出了卫玺 V3 系列智能马桶盖，消除了用户对用电安全的顾虑。

针对女性用户关心的水质卫生问题，海尔卫玺成功将海尔独创的已经在洗衣机、热水器上推广使用的"净水洗"技术应用到智能马桶盖产品上，推出"净水洗"V5 系列智能马桶盖，凭借紫外线杀菌、银离子抑菌、电解水灭菌三重杀菌，配合进水管前后双重过滤的净水工艺，为水质安全提供保障。图 7.9 所示为正在生产海尔卫玺智能马桶盖。

图 7.9　正在生产海尔卫玺智能马桶盖

在卫玺智慧工厂的防电墙实验室、净水洗实验室和卫玺智慧工厂的生产车间，可以实地见证海尔卫玺智能马桶盖研发、生产、质检、下线的全流程，见证智慧工厂的智能马桶盖的生产过程。实验室总面积 600 平方米，拥有一系列先进的仪器设备，如步入式恒温恒湿试验机、高低温试验箱、盐水喷雾试验机、盖板负重试验机、综合性能测试机等均一应俱全。在工厂中，每一件产品都被贴上独一无二的识别码，在每一个工序区间都配有一个扫描器，只需扫一扫识别码，就能跟踪产品的生产流程并知悉每一个工序的经手人。此外，通过配备在厂房显眼位置的控制中枢，工厂负责人能清楚看到每件产品进入了哪项工序、哪个环节出现问题，从而对生产流程、设备、能耗等进行更高效的管理。

在海尔卫玺智慧工厂的一面墙上贴满了与产品有关的"雷区"报告及客户提出的改进意见，上面详细列出了反馈日期、来源渠道、产品型号和问题图片等信息。这几年来，海尔卫玺就是通过这些用户反馈，一步步完善产品，并以用户为核心，推动智能马桶行业一次又一次的技术革新。

每一台海尔智能马桶盖的生产，都要经过一道道严格的工序和严苛的质检流程。在海尔卫玺实验室，技术人员进行了阻燃演示、防水实验、摇摆实验、撞击实验、安全性能演示等实验展示。在质检中心，客户见证了卫玺智能马桶盖出厂的每一个环节。秉承对"精工制造"的孜孜追求,海尔卫玺围绕高标准、精细化,零缺陷的目标制定出 8 个大项、27 个小项检测实验标准,从每一个零部件到每一道工序,处处体现着国际化品牌的匠心品质。

海尔卫玺 H7 智能马桶一体机的诞生也是来自客户的反馈交流。一位购买海尔智能马桶盖的客户反馈说产品烘干时间长,效果不好。其实海尔卫玺技术人员深知这是一个困扰行业 30 多年的难题,短时间内很难改变。

海尔卫玺的研发人员积极整合海尔全球的研发资源,参考海尔空调送风原理,创造性把空调的摆动暖风技术应用到智能马桶盖的烘干方案上,经过多轮技术攻关,终于成功开发出了 3 分钟快速干爽的智能马桶 H7,解决了智能坐便器行业存在 30 多年的烘干时间长、烘干不均衡的难题。H7 还采用前瞻性的纯平一体式外观,隐藏式水箱设计,外观高端、大气。H7 还实现了智慧物联自动排风功能,用户可通过 U+App 实现智能马桶与智能浴霸的联动,如厕结束后将自动开启排风功能。另外,自动翻盖、智能数据显示、智能夜灯等功能也是这款产品的基本功能点。H7 智能马桶一体机还继承了海尔净水洗和防电墙技术,做到过滤、净水双重保障,并通过水温过热、座温过热、烘干过热、低温冻伤、高温断水、漏电、防干烧、防虹吸八重安全保障,来保证用户使用的安全性。

作为海尔智能互联平台研发生产的智能浴室电器专业品牌,海尔卫玺一直秉承"让中国每一个家庭都用上智能马桶盖"这一品牌使命,致力于做洁身生活的倡导者和健康生活的引领者。未来,海尔卫玺智慧工厂将继续以高品质的精细化产品和贴心的服务,为全球用户带来舒适的产品体验。

7.6　智慧工厂发展趋势

智慧工厂建设势在必行。随着智能化成为各国制造业的发展方向,企业生产管理和竞争格局发生巨变,智慧工厂建设得到了前所未有的重视,有望成为未来制造业的新模式。

智慧工厂并没有严格的定义,其主要特征包括以下方面:

- 利用物联网技术实现设备间高效的信息互联,数字工厂向物联网工厂升级,操作人员可实时获取生产设备、物料、成品等相互间的动态生产数据,满足工厂 24 小时的监测需求。
- 基于庞大的数据库实现数据挖掘与风险预测,令智慧工厂具备自我学习能力,并在此基础上完成能源消耗的优化生产决策的自动判断等任务。
- 引入计算机数控机床、机器人等高度智能化的自动生产线,满足个性化定制柔性化生产需求,有效缩短产品生产周期,同时大幅降低生产成本。
- 配套智能物流仓储系统,通过自动化立体仓库、自动化分拣系统、智能仓储管理系统等实现仓库管理过程中各环节数据录入的实时性及对货物出入库的高效管理。

- 工厂内配备电子看板显示生产的实时动态。同时，操作人员可远程参与生产过程的修正或指挥。
- 系统具有自主能力：可采集与理解外界及自身的数据，并分析及规划自身行为。
- 整体可视技术的实践：结合信号处理、推理预测、仿真及多媒体技术，将实时展示现实生活中的设计与制造过程。
- 协调、重组及扩充特性：系统中各模块自行承担工作任务，自行组成最佳系统结构。
- 自我学习及维护能力：通过系统自我学习功能，在制造过程中落实资料库补充、更新及自动执行故障诊断，并具备对故障排除与维护或通知对方的系统执行能力。
- 人机共存的系统：人机之间具备互相协调合作关系，各自在不同层次之间相辅相成。

毫无疑问，具备上述特征的智慧工厂，是现代工厂信息化发展的新阶段，对各国制造业竞争力的提升至关重要。

对于我国而言，智慧工厂建设的驱动力来自三个方面：即产业升级、劳动力成本及节能环保。在产业升级方面，我国正大力推动智能制造转型，《中国智能制造"十三五"规划》的颁布，确立了到2020年，传统制造业完成数字化改造，到2025年，重点企业实现智能化转型。在政策引导推动下，中国智能制造业在制造业中扮演着越来越重要的角色。

在劳动力成本方面，自2008年以来，我国劳动力成本的增速明显快于工业生产效率增速，相对于印度、越南和泰国等国家的人力成本优势逐渐减弱。因此，需要积极推动智慧工厂建设，避免因劳动力成本上升而失去竞争力。

在节能环保方面，推动绿色制造一直是我国制造业转型的重中之重，《中国制造2025》中明确提出全面推行绿色制造，到2020年，建成千家绿色示范工厂和百家绿色示范园区，部分重化工行业能源资源消耗出现拐点，重点行业主要污染物排放强度下降20%。

智慧工厂建设是大势所趋，由于我国自动化水平相对较低，企业信息化建设不足，智慧工厂在我国仍处于早期阶段，未来还有很长一段路要走。

1. 智慧工厂发展趋势

首先，为便于推广智慧工厂建设，有关部门、协会及企业将共同建立一套标准。例如，业务流程管理规范、设备点检维护标准和智能工厂评估标准等管理规范，以及智能装备标准、智能工厂系统集成标准、工业互联网标准及主数据管理标准等技术标准。

其次，人机协作将成为智慧工厂未来发展的重要趋势之一。智慧工厂建设的目的是追求在合理成本的前提下，满足市场个性化定制的需求。人机协作的最大特点是可以充分利用人的灵活性完成复杂多变的工作任务，实现利益最大化。因此，人机协作将成为智能工厂未来发展的主要趋势。

最后，智慧工厂应用更多新兴技术。随着智慧工厂的进一步发展，自动化、机器人，系统集成、工业物联网、边缘计算、雾计算、云计算及工业安全，还包括大数据分析、增材制造、仿真技术、虚拟现实 VR 技术和增强现实 AR 技术都将应用在智慧工厂的实际运行中。

2. 智慧工厂需求强烈

在 3C 电子制造等领域，近几年自动化和信息化实现了最快速的增长，反映出智慧工厂在制造业的强烈需求。随着需求逐步释放，智慧工厂的前景将更加明朗。

此外，个性化定制需求也刺激传统工厂向智慧工厂升级。互联网改变了需求一刀切的局面，人与人，人与厂商，可以低成本地实现连接，从而让每个人的个性需求被放大，人们越来越喜欢个性化的东西。但是个性化的东西需求量没有那么大，这就需要工业企业能够实现小批量的快速生产。传统工厂的生产线转换效率和计划协调能力将毫无疑问无法支撑大规模的定制化，而智慧工厂可从需求搜集和产能调度两个角度满足个性化需求。

政策的大力支持也令智慧工厂前景更广阔，未来国家和地方将出台更多的支持政策，推动产业快速进步，具体将从软件和硬件两个方向切入。软件方面，将从产品研发类、生产管理类、生产控制类、协同集成类和嵌入式类 5 个软件方向加强工程技术、生产制造和供应链这三个维度的数字化。硬件方面，瞄准智能制造主攻方向，推动智能化深度融合发展；实施智能制造工程，支持高档数控机床与工业机器人、增材制造（指通过离散-堆积使材料逐点、逐层累积叠加形成三维实体的技术）、智能传感与控制、智能检测与装配、智能物流与仓储五大关键装备创新应用；深化"互联网+"制造业创新发展，指导编制互联网与制造业融合发展路线图等。

增材制造技术融合了计算机辅助设计、材料加工与成型技术，以数字模型文件为基础，通过软件与数控系统，将专用的金属材料、非金属材料及医用生物材料，按照挤压、烧结、熔融、光固化、喷射等方式逐层堆积，制造出实体物品的制造技术。相对于传统的对原材料去除、切削、组装的加工模式，增材制造技术是一种"自下而上、从无到有"通过材料累加的制造方法。这使得过去受到传统制造方式的约束而无法实现的复杂构件制造变为可能。

7.7　本章小结

本章阐述了智慧工厂的基本概念、系统组成、实现目标和发展趋势，给出了智慧工厂的几个案例。其中，不论是我国的智慧工厂解决方案，还是西方发达国家的智慧工厂解决方案，笔者抱着借鉴和学习的态度进行了适当的介绍。总之，智慧工厂的建设目标是以满足个性化定制、缩短工期，提高效益为主要目的。

7.8 本章习题

1. 智慧工厂有哪些特征？
2. 智慧工厂的物联网和因特网各发挥什么作用？
3. 智慧工厂的无线网和有线网各有什么互补特性？
4. 智慧工厂的建设目标有哪些？
5. 智慧工厂对管理人员、工程人员和普通工人有什么要求？

第8章 智慧农业

物联网技术的快速发展催生了农业物联网的迅速崛起。通过信息化智能监控系统,农民只需按个开关或者轻触电脑屏幕,就可实现"呼风唤雨",这绝不是天方夜谭。一部手机在手,就可以完成所有的事,这就是颠覆传统农业耕种方式的农业物联网。

8.1 农业物联网的定义

随着信息技术和计算机网络技术的不断发展,物联网技术与农业领域逐渐紧密结合,形成了农业物联网的具体应用。目前,农业物联网尚未形成官方定义。按照百度百科的解释,农业物联网是通过各种仪器仪表实时显示或作为自动控制的参变量参与到自动控制中的物联网,可以为温室精准调控提供科学依据,达到增产和改善品质,调节农作物的生长周期,提高农作物经济效益的目的。

中国农业大学李道亮教授认为,农业物联网是物联网技术在农业生产、经营、管理和服务中的具体应用,是通过应用各类传感器、RFID、视觉采集终端等感知设备,广泛采集农业生产、农产品流通及农作物本体的相关信息,通过建立数据传输和格式转换方法,利用无线传感器网络、移动通信无线网和互联网进行信息传输,将获取的海量农业信息进行数据清洗、加工、融合、处理,最后通过智能化操作终端,实现农业产前、产中、产后的过程监控,以及科学决策和实时服务,进而实现农业集约、高产、优质、高效、生态和安全的目标。

当今,农业物联网技术已作为实现现代农业不可或缺的主角,被相关的企业科研机构和高校科研团队大力深入开发并应用。科学研究和实践应用证明,农业物联网技术是实现现代化的重要途径,是推动我国农业向"高产、优质、高效、生态、安全"的现代农业发展的重要驱动力。

8.2 发展农业物联网的意义

8.2.1 发展农业物联网的政策机遇

2015 年 05 月 27 日，农业部发布的《全国农业可持续发展规划（2015—2030）》中提出，到 2020 年，农业科技进步贡献率达到 60%以上，主要农作物耕、种、收综合机械化水平达到 68%以上。这些都需要物联网技术的支持。

2016 年 12 月 11 日，农业部发布《农业物联网发展报告 2016》，明确提出：推动农业物联网技术集成创新和应用；推广应用全产业链的农业物联网技术；适应农业产业发展和市场需求，提高农业物联网设备的量产水平；推动思路创新、理念创新、技术创新和模式创新，科学谋划、因地制宜、健康有序地推进农业物联网发展；加强农业物联网技术装备的融合、物联网与农业经营的融合、物联网与农业农村大数据的融合、物联网与生产生活生态的融合。

2017 年 10 月 18 日，党的十九大报告中指出，农业农村农民问题是关系国计民生的根本性问题，必须始终把解决好"三农"问题作为全党工作的重中之重。要坚持农业农村优先发展，按照产业兴旺、生态宜居、乡风文明、治理有效、生活富裕的总要求，建立健全城乡融合发展体制机制和政策体系，加快推进农业农村现代化。10 月 21 日，农业部党组成员、中国农业科学院院长、中国工程院院士唐华俊在十九大新闻中心举行的"农业科技创新"集体采访中提到，在技术方面要加强研发，比如人工智能技术在农业中的应用、农产品精深加工的技术等，区域性的技术集成方面也需要加强。

2018 年 1 月 26 日，由中国工程院联合中国农业科学院发起的中国农业发展战略研究院在北京成立。该研究院研究制定国家"三农"发展的总体战略、发展路线和周期性规划，围绕农业农村发展重大战略问题等重点领域开展研究，探索农业科技创新联盟紧密合作发展的新机制和新模式。中国农业发展战略研究院的成立，为推动农业科技率先进入世界先进行列、加快推进农业农村现代化、实现乡村全面振兴提供了重要的科技创新与政策创设支撑。

8.2.2 农业物联网加速传统农业的改造升级

农业物联网是推进我国精密农业在实际应用中的主要驱动力，是农业信息化优先发展的范畴，它将变成未来农业经济社会发展的主要方向。农业物联网正在引领农业传统生产经营模式的变革和升级，成为改变农业、农民、农村的新力量。近年来，国际上许多发达国家正在加速推进农业物联网的技术研发和产业化应用，在信息感知、数据处理、技术应用和智能服务等领域取得了重要进展，产生了很多新型的传感装备、软件系统和产业化应用模式。

农业物联网可以实现农业生产自动化，告别传统的低效率人力工作场景，显著提高农业资源的利用率和劳动生产率，促进农业产业升级，实现农业现代化的跨越式发展；农业物联网可以实现精准操控，经过布置的各种传感器迅速依照作物生长请求对栽培基地的温度、湿度、二氧化碳浓度和光照强度等进行调控；农业物联网可以实现科学栽培，通过传感器数据可断定土壤适合栽培的作物种类，实时收集作物生长环境数据，栽培方法主动化、智能化、精准化和高效化；农业物联网可以实现绿色农业，将栽培过程中的监测数据一一记录下来，经过各种监控传感器和网络系统将数据保存下来，便于农业商品的追根溯源，从而实现农业的绿色无公害化。

8.3　农业物联网的体系架构

农业物联网产业是以物联网技术在农业领域及其相关服务领域的应用为核心，以提高农业生产效率为目的而形成的一整套相关产业链。根据物联网的技术体系架构，可将农业物联网分为 3 个层次：基础感知层、信息传输层和终端应用层，如图 8.1 所示。整个农业物联网从基础感知层到终端应用层形成了一个巨大的产业生态系统，从而带动产业集群效应。

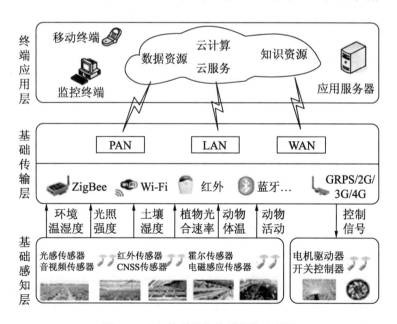

图 8.1　农业物联网的体系架构示意图

8.3.1 基础感知层

基础感知层在物联网整个体系架构中处于基础支撑地位，它由各种传感器（如温湿度传感器、光照传感器、二氧化碳传感器、风向传感器、风速传感器、雨量传感器和土壤温湿度传感器等）节点组成。通过先进的传感器技术，多种需要过程精细化管理的参数可由物联网获取，如土壤养分、作物苗情长势，以及动物个体产能、行为和健康等信息。基础感知层衍生出的传感器产业具有技术含量高、经济效益好、市场前景广等特点。传感器产业关键技术包括通信技术、无线传感技术、情感感知技术、大数据技术、信息感知与识别技术。农业现代化的快速发展，对农业先进信息感知产品与传感器设备的需求日益增大。基础感知层将是农业物联网技术创新研究的优先领域和研究重点。

8.3.2 信息传输层

信息传输层是整个物联网的中枢，负责传递和处理基础感知层获取的信息，通过有线或无线方式获取各类数据，并以多种通信协议，向局域网、广域网发布，包括互联网、广电网、网络管理系统和云平台等。信息传输层是衔接农业物联网传感层和应用层的关键环节，也是三层架构中标准化程度高、产业化能力较强的一层。信息传输层的主要作用是利用现有的各种通信网络来传输底层传感器收集到的农业信息。信息传输层的相关产业包括无线传感网络、M2M 信息通信服务和行业专网信息通信服务等。

8.3.3 终端应用层

终端应用层是物联网和用户的接口，与行业需求相结合，实现物联网的智能应用。终端应用层收集每个节点的数据并对其进行融合、处理后制定科学的管理决策，对农业生产过程进行控制。终端应用层的产业包括应用基础设施组件服务、大田生产、畜牧养殖、设施农业、质量安全溯源、云计算服务与应用集成服务等。

8.4　农业物联网关键技术

农业物联网集成了地理信息系统、全球定位系统、传感技术、遥感技术、通信技术、物联网技术和计算机自动控制技术等。对应农业物联网架构体系，其技术支撑包括农业信息感知技术、农业信息传输技术和农业信息处理技术 3 部分。

8.4.1　农业信息感知技术

信息感知技术是农业物联网的基础和关键，也是我国发展农业物联网的技术瓶颈。农业信息感知技术是指利用农业传感器、RFID、条码、GPS 和 RS 等方式，在任何时刻或任何地点对农业领域内的物体进行信息采集和获取。

农业现代化的快速发展，对农业先进信息感知产品与传感器设备的需求也日益增大。从精准农业技术和装备农业的研究与发展来看，农业感知技术及设备是决定农业装备化和现代化的主要因素。

1. 农业传感技术

农业传感技术是农业物联网的核心技术，农业传感器主要用于采集各种农业要素信息，包括种植业中的光、温、水、肥和气等参数，畜/禽养殖业中的二氧化碳、二氧化硫和氨气等有害气体含量，空气中尘埃、飞沫及气溶胶浓度、温度、湿度等环境指标参数，以及水产养殖业中的溶解氧、氨氮、酸碱度、电导率和浊度等参数。

2. RFID技术

RFID（Radio Frequency Identification），即射频识别技术，也称电子标签，指利用射频信号通过空间耦合（交变磁场或电磁场）实现非接触（无须识别系统与特定目标之间建立机械或光学接触）信息传递，并通过所传递的信息达到自动识别目标的技术。RFID 技术在农产品质量安全及监测过程中起着至关重要的作用，可以对农产品进行产地、加工、物流等全面的跟踪定位。

3. 条码技术

条码技术是集条码理论、光电技术、计算机技术、通信技术和条码印制技术于一体的一种自动识别技术。条码技术在农产品质量追溯中有着广泛的应用。

4. GPS技术

GPS（Global Positioning System），即全球定位系统，是指利用卫星在全球范围内进行实时定位、导航的技术。利用 GPS，用户可以在全球范围内全天候、连续地实时三维导航定位和测速，还可以进行高精度的时间传递及精密定位。GPS 技术在农业上对农业机械田间作业和管理起导航作用。

5. RS技术

RS（Remote Sensing）技术利用高分辨率传感器，采集地面空间分布的作物光谱反射或辐射信息，在不同的作物生长期实施全面监测，根据光谱信息进行空间定性、定位分析，为农业提供大量的田间时空变化信息。RS 技术在农业上主要用于作物长势、养分、水分和产量的监测。

8.4.2　农业信息传输技术

农业信息传输技术指将涉农物体通过感知设备接入传输网络中，借助有线或无线通信网络，随时随地进行高可靠度的信息交互共享。农业信息传输技术分为无线传感网络技术和移动通信技术。

1. 无线传感网络技术

无线传感网络（WSN）是以无线通信方式形成的一个多跳式自组织的网络系统，由部署在监测区域内大量的传感器节点组成，负责感知、采集和处理网络覆盖区域内被感知对象的信息，并将其发送给观察者。无线传感网络是无线网络监测区较为灵活、便于管理的网络。

2. 移动通信技术

随着农业信息化水平的提高，移动通信技术逐渐成为农业信息远距离传输的重要及关键技术。农业移动通信经历了三代技术的发展：模拟语音、数字语音和数据。我国农民的收入较低，农村的网络设施环境较差，普及计算机和互联网还有很大困难，而手机等移动设备价格相对低廉，移动网络设施也较为完善，因此农业移动通信技术的开发与使用，对于实现我国农业信息化的战略目标有着举足轻重的作用。

8.4.3　农业信息处理技术

农业信息处理技术以农业信息知识为基础，采用各种智能计算方法和手段，使物体具备一定的智能性，主动或被动地实现与用户的沟通，是物联网的关键技术之一。农业信息处理技术在农业生产监控的过程中将会采集大量的生产数据，并且数据具有实时、动态、海量等特点，然后通过人工智能技术将采集的数据进行收集和处理分析。农业信息处理技术包括农业预测预警、农业智能控制、农业智能决策、农业诊断推理和农业视觉信息处理等。

1. 农业预测预警技术

农业预测技术以土壤、环境、气象资料、作物或动物生长资料、农业生产条件、化肥与农药、饲料、航拍或卫星影像等实际农业资料为依据，以经济理论为基础，以数学模型为手段，对研究对象未来发展的可能性进行推测和估计。

2. 农业智能控制技术

农业智能控制技术是在农业领域中将人工智能、控制论、系统论、运筹学和信息论等多种学科综合与集成，使被控系统性能指标得到最优化地控制。

3. 农业智能决策技术

农业智能决策技术是智能决策支持系统在农业领域的具体应用，它综合了人工智能（AI）、商务智能（BI）、决策支持系统（DSS）、农业知识管理系统（AKMS）、农业专家系统（AES），以及农业管理信息系统（AMIS）中的知识、数据和业务流程等内容。

4. 农业诊断推理技术

农业诊断推理技术是指运用数字化表示和函数化描述的知识表示方法，构建基于"症状—疾病—病因"的因果网络诊断推理模型。

5. 农业视觉处理技术

农业视觉信息是利用相机、摄像头等图像采集设备获取的农业场景图像，如鱼病视觉诊断图像、水果品质视觉检测图像等。农业视觉信息是农业物联网信息的一种。

8.5　农业物联网的应用

李道亮说，农业现代化水平的高低关键看物联网的应用。美国农业在利用物联网技术上处于全球领先地位。目前，美国大农场对物联网技术的采用率高达 80%，美国的农业基本实现了从耕地、播种、灌水、施肥、喷药，到收割、脱粒、加工、运输、精选、烘干和贮存等几乎所有农作物生产领域的机械化，各种深松机械、整地机械、播种机械、植保机械，以及各种联合作业机械、沟灌、喷灌、滴灌设备等应有尽有，如图 8.2 所示。

图 8.2　美国农场大面积耕作场景图例

　　近年，荷兰、日本、以色列等国开始建设连栋式现代大型温室，如荷兰大型温室就有
1.1 万平方公顷，日本温室发展方向是单栋面积超过 5000 平方米，温室高于 4.5 米，室内
可进行立体栽培。奥地利、丹麦、日本等国建立了世界最先进的"植物工厂"，采用营养
液栽培和自动化综合环境调控。加拿大的大草原区域面积占据了加拿大耕地面积的 80%，
虽然冬季漫长严寒，夏季酷热光照足，少雨，但加拿大通过发展一种全新的耕作技术，把
该区域改造成为富饶的良田，每年生产超过 5960 万吨的小麦、燕麦、大麦、油菜和麻籽。

　　我国农业物联网技术也在智能灌溉、设施大棚、大田精细作业、病虫害防控、畜禽水
产养殖、农产品安全追溯和农业资源环境监测等方面发展成效显著。不仅实现精细化种植
管理、智能节水灌溉、精准施肥施药、土壤墒情检测、旱情天气预警等单系统物联网控制，
还涵盖了育苗、种植、采收、仓储和物流的全过程复合系统管理控制，实现了智能化管理、
科学化生产、精准精量化控制及农业生产的高效控制、统一调度和合理分配。

8.5.1　智能节水灌溉方面

　　在智能节水灌溉方面，利用传感器探测地形、土壤结构和含水量，通过无线装置把实
时数据发送到网络服务器上，结合不同作物根系对水吸收速度和需求量的不同，有针对性
地设计特定地块的灌溉实施方案，帮助农户精准灌溉，节约大量的水资源。2016 年，河
南农业大学国家小麦研究中心研制出了一喷一控精准灌溉项目，通过对不同的灌水量及时

间的控制，达到影响小麦生长的目的。山东农业工程学院也在研发一个新型的高效水肥一体化喷灌机项目（山东省农机局项目）。

8.5.2　设施农业方面

在设施农业方面，通过使用温度传感器、湿度传感器、pH 值传感器、光传感器、离子传感器、生物传感器和二氧化碳传感器等设备，实时监测温室大棚内环境参数，在专家决策系统的支持下运用智能化决策系统（如自动灌溉系统、自动降温系统、病虫害预警系统等），通过计算机、手机、触摸屏等终端，远程实时调控喷淋滴灌、加温补光、湿帘风机、内外遮阳等设备，以调节大棚内生长环境至适宜状态，从而增加作物产量、改善作物品质、调节作物生长周期，提高农业综合经济效益。典型的农业大棚环境监测系统原理图如图 8.3 所示。

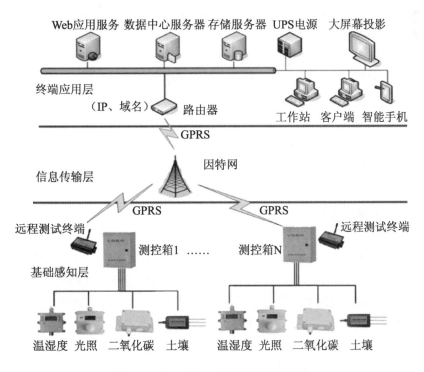

图 8.3　农业大棚环境监测系统原理图

美国有着世界上最大的农业种植规模，基本实现了大型农田全机械化，有 15% 的农户使用了装有 GPS 的农业机械设备；日本开发出了农田作物测绘系统、水稻出苗数检测系统和作物叶色检测系统等农用智能系统，并且应用广泛；荷兰建成了温室农业高效生产体系，温室的光照、需水量和需氧量等均由计算机自动控制，定时、定量供给，每个农户通过使用计算机控制的喷淋、滴管灌溉和人工气候系统，实现了农业生产经营全过程自动化和机械化。在荷兰，130 个专营温室育苗的科技公司依靠其育种资源优势，为各种温室供应专用的耐寒、耐热、高湿、光照等多种抗性及高产的优质良种。在加拿大，农业设备制造商可提供种类齐全的整地、排灌、牲畜养殖、奶类生产、旱地耕作、粮食处理、储藏和加工、园艺和特产作物的生产设备。

在我国，中国农业大学于 2012 年研发了国内第一台黄瓜采摘机器人，该机器人能在温室内自主行走，根据黄瓜和叶子的光谱学特性差异实现黄瓜的有效识别，采用双目立体视觉对黄瓜的位置进行三维空间定位后，通过柔性机械手实现对黄瓜的无损抓取；山东农业工程学院研究开发出了新型智能花生联合收获机（山东省农机局项目）。

8.5.3 大田精细种植方面

在大田精细种植方面，通过各类传感器对农作物生长环境及状况（如空气温湿度、二氧化碳浓度、土壤结构、土壤温湿度、pH 值、光照强度等）、环境气象信息（包括降雨量，日照气温记录和热量积累等）等进行实时采集，通过系统分析，自动记录、统计和分析灌溉、施肥、生产、病虫害情况等数据，为作物提供最佳的生长环境，在提高农产品质量和产量的同时，还有效节约资源，保护农业生产环境。例如美国的 StarPal 公司生产的HGIS 系统能进行 GPS 位置、土壤采样等信息采集，并在许多系统设计中进行了应用；Masayuld 等人基于无线传感网络，开发了农业和土地检测系统，实现了对农田信息的检测。在国内，何龙等人基于无线传感网络，研发实现了对"杭州美人"紫葡萄栽培的实时监控。

8.5.4 畜禽养殖方面

在畜禽养殖方面，物联网技术也发展迅速。通过动物生长模型管理系统、传感器设备、智能化监控系统、营养搭配与优化系统来收集动物生长环境和生长情况等生长过程的实时信息，建立信息档案，通过对智能控制系统进行动态分析，针对性地给出动物在生长过程中所需的合理化管理建议，包括定时喂食、调整食量和改进营养等，真正实现科学精细的养殖和管理。

智能化畜禽养殖管理系统主要通过传感器，无线传感网、无线通信、智能管理系统和视频监控系统等专业技术，在线采集畜/禽舍养殖环境参数，并根据采集数据分析结果，远程控制相应设备，使畜/禽舍养殖环境达到最佳状态，实现科学养殖、检疫、增收的目标。智能化畜禽养殖管理系统包括养殖舍环境信息智能采集系统、养殖舍环境远程控制系统和数据库系统、智能养殖管理平台，适用于牛棚、养猪场、鸭舍、鸡舍、养羊场等场所，有利于技术人员进行科学的管理。智能禽/畜养殖监控系统示意图如图 8.4 所示。

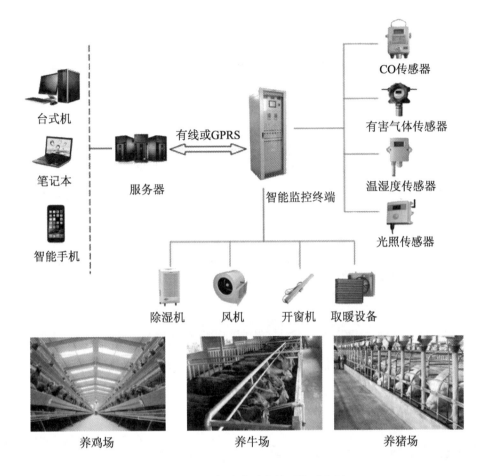

图 8.4　智能禽/畜养殖监控系统示意图

　　国外，Bishop-Hurlen GL 等人进行了耕牛自动放牧试验，实现了基于无线传感器网络的虚拟栅栏系统；Nagl 等人基于 GPS 传感器设计了家养牲畜远程健康监控系统；Taylor 等人基于无限传感器，实现动物位置和健康信息的监控。国内，保定市春利农牧业奶牛场应用物联网养殖技术，先后采用了奶牛发情监测系统、奶牛生产性能测定与现代化牧场管理信息系统等，取得了良好的应用效果。

8.5.5　水产养殖方面

　　智能化水产养殖管理主要是通过具有自识别功能的监测传感器、无线传感网、无线通信、智能管理系统和视频监控系统等专业设备和技术，对水体温度、pH 值、溶解氧、盐度、浊度、氨氮、COD、BOD 等参数（对水产品生长环境有较大影响的水质参数及环境参数）和鱼类生长状况进行全方位的检测管理，实时监测养殖环境信息，预警异常情况，及时采取措施，降低损失。水产养殖监控系统的重要组成如图 8.5 所示。

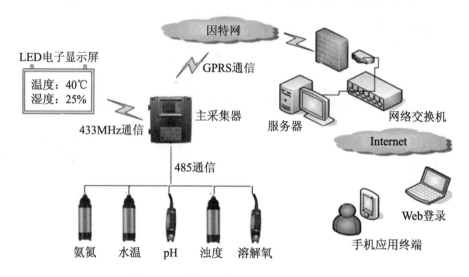

图 8.5　水产养殖监控系统的重要组成

由中国农业大学中欧农业信息技术研究中心开发的节约化水产养殖智能管理系统，可以实现溶解氧、pH 值、氨氮等水产养殖水质参数的监测和智能控制，并在全国十几个省市开展了应用示范和科技合作。

8.5.6　农产品质量安全追溯方面

RFID 技术可以对农产品的产地、收获运输等信息进行分类和编码，确定农产品质量问题所在。利用移动智能读取设备，通过无线网络传输数据，中央数据库存储数据，对动物从出生到屠宰过程中的饲养和疫病等情况进行监控、防御、治疗和产品追溯服务，大大提高了各养殖环境信息和生产过程信息的实时感知能力，提高了生产管理效率，以及数据汇聚与决策能力，为政府监管和消费者溯源提供了良好支撑。

8.5.7　病虫害防控方面

在病虫害防控方面，美国农场利用传感器、红外摄像头等检测设备实时监控农场中害虫的密度。当害虫的密度超过警戒密度时，则会发出警报，然后智能控制安装在农田中的另一个装置喷洒信息素，这些信息素可以干扰昆虫的交配，从而达到控制虫害的效果。

8.6　农业物联网的发展趋势及前景展望

目前，我国农业物联网发展仍处于起步阶段。未来几年，农业物联网的发展或将呈现四大趋势。

第一，传感器将向微型智能化发展，感知将更加透彻。农业物联网传感器的种类和数量将快速增长，应用日趋多样。近年来，微电子和计算机等新技术不断涌现并被采用，将进一步提高传感器的智能化程度和感知能力。

第二，移动互联应用将更加便捷，网络互联将更加全面。中国工程院院士汪懋华表示，移动宽带互联正在成为新一代信息产业革命的突破口。宽带化、移动化、智能化、个性化和多功能化正引领着信息社会的发展。新的互联网技术将在更大范围应用于农业物联网，农业物联网的容量将大大增加，通信质量和传输速率将大大提高。

第三，物联网将与云计算大数据深度融合，技术集成将更加优化。陈建华说，云计算能够帮助智慧农业实现信息存储资源和计算能力的分布式共享，大数据的信息处理能力将为海量的信息处理和利用提供支撑。

第四，物联网将向智慧服务发展，应用将更加广泛。随着物联网关键技术的不断发展和产业链不断成熟，物联网应用将从行业应用向个人、家庭应用拓展。农业物联网的软件系统将能够根据环境变化和系统运行的需求及时调整自身行为，提供环境感知的智能柔性服务，进一步提高自适应能力。

物联网技术应用市场正在全球范围快速增长，随着农业物联网技术和产业链的不断发展和成熟，农业物联网应用将实现生产、加工、运输、仓储、销售、服务一体化，向智慧服务方面发展，使农业现代化建设实现全面感知、稳定传输、智能管理的愿景。各大高科技技术企业、科研院所、高等院校、运营商等社会力量将共同参与农业物联网项目建设，创建一个以政府为主导，政企联合、合作共赢的智慧农业发展新模式，完善农业物联网应用技术产业链，实现农业物联网智能、高效地全面发展。

8.7　农业信息感知技术

农业信息感知技术是智慧农业的基础，作为智慧农业的神经末梢，其是整个智慧农业链条上需求总量最大和最基础的环节。

8.7.1　农业信息感知概述

农业信息感知技术是指采用物理、生物、材料、电子等技术手段，获取农业中水体、土壤、小气候等环境信息，以及农业中的动植物个体、生理信息及位置信息，揭示动植物生长环境及生理变化趋势，实现农业产前、产中、产后信息全方位、多角度的感知，为农业生产、经营、管理和服务决策提供可靠信息来源及决策支持。

农业信息感知技术通过对养殖水体溶解氧、pH、电导率、温度、水位、氨氮、浊度、叶绿素信息传递、土壤水分及氮磷钾等养分信息传感，动植物生存环境温度、湿度、光照度及降雨量、风速风向、CO_2、H_2S、NH_3 等信息传感，动植物生理信息传感，动植物生理信息感知，RFID、条码等农业个体识别感知，以及作物长势信息、作物水分和养分信息、作物产量信息和农业田间变量信息、田间作业位置信息和农产品物流位置等信息感知，实现农业生产环境及动植物生长生理信息可测、可知，为农业生产自动化控制和智能化决策提供可靠数据源。农业信息感知技术主要涉及农业传感器技术、RFID 技术、GPS 技术及 RS 技术等。

8.7.2　农业信息感知技术结构框架

农业信息感知技术结构框架如图 8.6 所示。农业信息感知的关键技术领域包括农业生产环境信息感知、农业生产目标个体识别信息感知、农业空间信息感知、动植物生理信息感知等。其中，农业生产环境信息感知包括农业水体环境信息感知、农作物生长土壤环境信息感知、农业气象信息感知。农业信息感知涉及农业产前、产中、产后从环境信息到获取动植物个体信息的过程，有效解决了农业物联网信息获取问题，为农业智能管理决策提供了可靠的数据来源和技术支撑。

水质信息传感器通过实时采集、获取农业水体溶解度、氨氮、pH、浊度和叶绿素等参数信息，结合养殖区环境气象信息，为养殖水体环境智能调控提供决策依据。

土壤信息传感器通过实时采集、获取土壤环境水分、电导率、氮、磷和钾等信息，结合农业气象信息、作物生理信息、遥感监测信息等农业环境多尺度信息，为指导农业精准灌溉、变量施肥、干旱疾病预警、作物估产等提供信息和技术支撑。

畜禽信息传感器通过获取设施化养殖环境参数信息，并结合动物生理监测信息，为设施化畜禽养殖环境智能监控、精心化喂养提供技术支撑。借助 RFID 及条码识别技术，可快速溯本逐源，确定农产品质量问题。

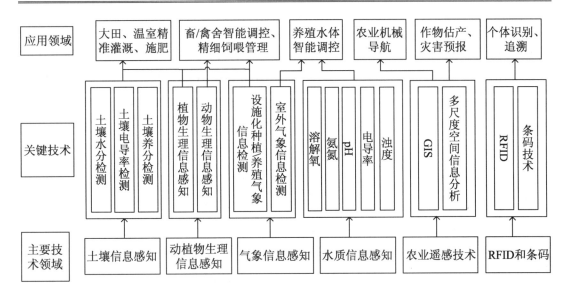

图 8.6　农业信息感知技术结构框架

农业信息感知技术通过获取动植物生长环境信息（水质、土壤、气象）、个体生理信息和空间信息，实现对农业生产全过程的链条信息监测，有效提高农业生产效率，促进农业生产高效、健康、安全、环保和可持续发展。

当前在农业方面应用较为广泛的 3 类传感器分别是：物性型传感器、生物传感器和微机电传感器。物性型传感器是通过传感器本身材料的敏感性的物理变化实现信号的转换，主要有温度、湿敏、气敏传感器；生物传感器是通过生物本身作为敏感元件，根据生物对外界的反应来传递信息，主要有酶传感器、微生物传感器等；微机电传感器是传感器领域新一代研发技术的体现，具有体积小、功耗低、成本低、可靠性高、性能优异的优点。

8.7.3　土壤信息传感技术

土壤是农作物赖以生存和生长的物质基础。土壤信息传感技术是指采用物理、化学等技术手段，采集土壤水分、电导率及氮、磷、钾等土壤理化参数信息，对影响作物生长的关键环境因素进行在线监测分析，为精准灌溉、变量施肥等提供可靠的决策依据。土壤既是一种非均匀、多相、分散、颗粒化的多孔系统，又是由惰性固体、活性固体、溶质、气体及水组成的多元复合系统。

1. 土壤含水量传感技术

土壤作为一种非均一性多孔吸水介质，对其含水量测量方法的研究涉及应用数学、土壤物理、介质物理、电磁场理论和微波技术等多种学科的并行交叉。土壤水分的测定方法研究经历了很长的时间，衍生出了多种方法，目前仍处于发展中。土壤水分的测定方法主要有3类，第一类是直接测量土壤的重量含水量或容积含水量，如测量土壤的传导性、烘干法、中子仪法等；第二类是测量土壤的基质势，如电阻法、电容法、张力计法和干湿计法等；第三类是非接触式间接测量方法，如热扩散法、声学方法和远近红外遥测法等。

2. 土壤电导率传感技术

电导率是指一种物质传导电流的能力，单位为西门子/毫米（mS/m）。土壤电导率的测量是包含反映土壤品质与物理性质的介电损耗测量理论与方法的研究。土壤里的电流传导是由潮气通过土壤微粒之间的小孔产生的，所以土壤电导率由土壤的性质决定，包括孔隙度、湿度、含水量、盐分水平和阳离子交换能力。其中，土壤的孔隙度越大，就越容易导电；当温度降低到冰点附近时，土壤电导率会有微弱的下降，而冰点以下土壤孔隙彼此之间会越来越绝缘，导致整体电导率急剧下降。潮湿的土壤要比干燥的土壤导电率高很多，电导率适中的土壤具有适中的土壤结构，能够适度地保持水分，此时的农作物产量最高。提高土壤水分中电解液（盐分）的浓度，会急剧增加土壤电导率。矿物质土壤包含很高的有机物或黏土矿物（如伊利石、高岭石或蛭石），这种有机物或黏土矿物有较高的保持阳离子（如钙、钠、镁、钾、氨或氢）的能力，这些阳离子存在于土壤潮湿的气孔中，和盐分一样能够提高土壤电导率。

土壤电导率的常用测量方法可分为实验室测量法和现场测量法两大类。实验室测量法就是制取各土壤浸提液，利用电极法测量土壤浸提液的电导率，用测量值表征土壤电导率的变化，这种传统的实验室理论化分析手段虽然过程烦琐、耗时长，无法满足实时监测的要求，但具有较高的测量精度，是评价土壤电导率高低的基准。现场测量法具有非扰动或者小扰动和实时测量的优点，是国内外研究的热点。现场测量方法包括接触式测量和非接触式测量，接触式测量包括电流-电压四端法和时域反射法，非接触测量主要是指电磁感应法。

3. 土壤养分传感技术

土壤养分测试的主要对象是氮（N）、磷（P）和钾（K），这3种元素是作物生长的必要营养元素，一般需要以施肥的方式补充这些养分。

氮是植物体中许多重要化合物（蛋白质、氨基酸和叶绿素等）的重要成分。土壤氮的测试项目主要有全氮、有效氮、铵态氮和硝态氮，通常每年或每季测试一次。全氮量用来衡量氮素的基础肥力，有效氮亦称水解氮，主要包括铵态氮、硝态氮、氨基酸、酰胺和易分解的蛋白质氮等，反映土壤近期氮素供应情况，指导施肥情况。我国土壤全氮量一般为每千克1.0~2.0克。肥力较低的土壤每千克硝态氮含量一般为5~10毫克；肥力较高的土壤每千克硝态氮含量可超过 20 毫克，土壤铵态氮含量一般每千克为 10～15 毫克。

磷是植物体内许多重要化合物（如核酸核蛋白、磷脂、植素和腺三磷等）的成分，并以多种方式参与植物的新陈代谢过程。土壤磷的测试项目主要有两个：全磷和有效磷，通常每两到三年测试一次。全磷量，即土壤中各种形态磷素的总和，其高低受土壤母质、成土作用和耕作施肥的影响很大。有效磷是土壤中可被植物吸收的磷成分，能较为全面地反映土壤磷素肥力的供应情况，直接指导施肥情况。我国土壤中全磷量一般为 0.44～0.85 克，高的可达 1.8 克，低的为 0.17 克，有效磷含量大致为每千克 1～100 毫克，一般为 5～10 毫克。

钾是许多植物新陈代谢过程所需酶的活化剂，能促进光合作用，增强作物的抗倒伏和抗病虫能力，提高作物的抗旱和抗寒能力。土壤钾的测试项目主要有全钾、速效钾和缓效钾，通常每两或三年测试一次。我国土壤中全钾量一般为每千克 16.6 克左右，高的达 24.9～33.2 克，低的为 0.83～3.3 克；速效钾含量每千克为 25～420mg，仅占 1%左右；缓效钾含量为每千克 40～1400 毫克，占 1%～10%；矿物钾占全钾量的 90%～98%。

目前，土壤氮磷钾养分测试主要采用常规土壤测试方法，具体涉及田间采样、样本前处理和浸提溶液检测 3 个部分，也可以采用光谱分析技术直接对田间的原始土壤进行分析，从而获取土壤养分信息。

8.7.4　农业动植物生理信息传感技术

农业动植物生理信息传感技术是指利用传感器来检测农业中动物和植物的生理信息。农业动植物生理信息传感器是将生理信息转换为易于检测和处理的电量设备和仪器，是物联网获取动植物生理信息的唯一途径。

1．植物生理传感器

植物生理信息即为植物内部所固有的信息，植物生态信息即为外部环境所具有的信息。植物本身所固有的生理参数主要是形态学参数，包括茎秆直径、叶片厚度、植株高度、叶绿素含量、氮素含量、果实的生长和膨大过程信息等，为作物水分含量分析和精确灌溉等提供数据源，为变量施肥等提供技术支撑，以便更精确地判断和评价植物的长势和各项经济指标。精准农业的核心思路就是通过先进的测量手段，获取植物内部和外部的信息来指导灌溉和施肥过程。

2．动物生理传感器

动物生理传感器主要用于检测动物机能（消化、循环、脉搏、血压、呼吸、排泄、生殖和刺激反应性等）的变化发展，以及对环境条件所起的反应等。动物体的各种机能是指它们的整体及其各组成系统、器官和细胞所表现的各种生理活动，为疾病预警及诊断提供数据源。

8.7.5 农业水体信息传感技术

农业水体信息传感技术是指采用物理、化学和生物技术，来检测养殖水体中的溶解氧、电导率、pH、氨氮、叶绿素、浊度和水温等影响养殖对象生长的关键影响因子（参数），掌握其变化规律，对其进行在线监测分析，为水产养殖自动化调控和决策提供可靠的数据和信息源。

1. 溶解氧传感器

溶解氧（Dissolved Oxygen）是指溶解于水中的分子态氧，用 DO 表示，其含量与空气中氧的分压、水的温度有密切关系。溶解氧是水生生物生存不可缺少的条件。对于水产养殖业来说，水体溶解氧对水中生物如鱼类的生存有着至关重要的影响，当溶解氧低于 3mg/L 时，就会引起鱼类窒息死亡。对人类来说，健康的饮用水中溶解氧含量不得小于 6mg/L。

目前，溶解氧的检测方式主要有碘量法、电化学探头法和荧光熄灭法 3 种。碘量法是一种传统的纯化学检测方法，测量准确度高且重复性好，在没有干扰的情况下，此方法适用于各种溶解氧浓度大于 0.2mg/L 和小于氧饱和度两倍（约 20mg/L）的水样。碘量法分析耗时长，水中有干扰离子时需要修正算法，程序烦琐，难以满足现场测量的要求。电化学探头法和荧光熄灭法可以长期在线检测溶解氧。

2. 电导率传感器

电导率（EC）以数字表示溶液传导电流的能力，表示水的纯度。纯水的电导率很小，当水中含有无机酸、碱或有机带电胶体时，电导率就增加。水溶液的电导率取决于带电荷物质的性质和浓度、溶液的温度和黏度等。

电导率的测量方法主要有超声波、电磁式和电极式 3 种。超声波电导率测量法是利用超声波实现测量；电磁式电导率测量法是利用电磁感应原理，通过产生交变磁通量的方法实现测量；这两种测量方法的检测元件与被测溶液之间是非接触的，一般用于测量强酸、强碱等腐蚀性液体的电导率。电极式电导率测量法是利用测量电极间的电阻，间接求得溶液的电导率，是目前最常用的电导率测量方法，具体实现方法有分压式、相敏检波法、动态脉冲法、双脉冲法和频率法等。

3. pH传感器

pH 传感器用来检测被测物中氢离子浓度并转换成相应的可用输出信号的传感器，常用来对溶液、水等物质进行测量，由化学部分和信号传输部分构成。在非强酸非强碱的稀溶液中，pH 定义为氢离子浓度的负对数表示：

$$pH = -\lg[H^+] = \lg\frac{1}{[H^+]} \qquad （式 8.1）$$

4．氨氮传感器

水体的氨氮含量是指以游离态氨 NH_3 和铵离子 NH_4^+ 形式存在的化合态氮的总量，是反应水体污染的一个重要指标，游离态氨氮达到一定浓度时对水生生物有毒害作用。氨在水中的溶解度在不同温度和 pH 下是不同的，当 pH 偏高时，游离氨的比例较高，反之，则铵离子的比例较高。一定条件下，水中的氨和铵离子用下列平衡方程式表示：

$$NH_3 + H_2O \Leftrightarrow NH_4^+ + OH^- \qquad （式 8.2）$$

测定水体中氨氮含量的方法有多种，主要有钠氏试剂分光光度法、光纤荧光法、蒸馏分离后的滴定法、光谱分析法、苯酚-次氯酸盐分光光度法及电极法（包括铵离子、氨气敏和电导法）等。其中，氨气敏电极法适于现场快速检测。

8.7.6　农业气象信息传感技术

农业气象信息传感技术是指借助物理、化学等技术手段，观察、测试农业小气候的关键环境因素，如太阳辐射、降雨量、温湿度、风速风向、二氧化碳、光照等的实时监测，并进行在线监测分析，为农业生产决策和智能调控提供可靠的数据源。

农业气象观测大致可分为传统农业气象观测和基于传感器技术的农业气象自动采集两种方法。基于传感器技术的农业气象自动采集是现代农业的重要技术手段，涵盖了农业气象采集的各个方面，如农田小气候、农作物物理化参数及农业灾害等，能够实时、自动地观测信息，不受地域限制。采集的气象信息主要包括太阳辐射、光照度、控制温湿度、风速风向、雨量、CO_2 和大气压力等。太阳辐射是决定气温分布的重要因子，主要采用光电效应和热电效应两种方式。光照是农作物进行光合作用的能量来源，对农作物的生长发育影响很大，目前大多采用光电检测方法。基于机械和空气动力学原理的风速风向是观测风能的两项指标，检测方法主要有超声波和热流速法等。降雨是室外大田种植水资源的来源之一。目前检测降水的方法主要有雨量计、光学探测、声波探测和雷达探测等多种类型。

8.7.7　农业遥感技术

农业遥感技术是指以电磁波为媒介，非接触远程对地球或其他星体表面进行观测，以农田作物、农业病虫害、农业资源、作物估产和环境为大范围监测对象，快速、实时获取大面积农作物信息的有效技术手段。农业遥感技术主要用于大面积农作物长势监测、病虫害的预测和农作物产量估算。

农业遥感关键技术主要包括基于 GIS 的农业机械导航定位技术、田块尺度农作物遥感动态监测技术、作物水分胁迫信息的遥感定量反演与同化技术、基于 LIDAR 数据和 QuickBrid 影像的树高提取方法、作物生长发育理化参量和农田信息遥感反演理论方法体系等。

农业遥感技术主要研究作物整个生育期的物候、水分、养分和温度等的生态环境参数，及作物病虫害、干旱、洪涝、冷冻、冰雪和火灾的动态监测等。农业遥感技术主要应用于包括资源调查、气象灾害评估、农业估产和生态环境监测领域。

8.7.8 农业个体识别技术

农业个体识别技术是指利用 RFID 和条码技术，实现农业物联网中的每个农业个体快速地精确标识与描述每个农业个体的身份、产地等相关信息，实现对动物跟踪与识别、数字养殖、精细作物生产、农产品流通等功能。农业个体的标识和识别是实现农业精准化、精细化和智能化管理的前提和基础，是农业物联网实现农业物物相连和农业感知的关键技术之一。国内利用 RFID 和二维码等技术，构建了猪肉追溯系统；利用构件技术和 RFID 技术等，实现了柑橘追溯系统；北京、上海、南京等地逐渐将条形码、RFID、IC 卡等应用到了农产品质量追溯系统的设计与研发中。

1. RFID技术

RFID 技术是一种非接触式的自动识别技术，具有读取速度快、数据存储容量大、可穿透物体、动态实时通信和安全性好等特点。基于 RFID 技术的智能电子耳标，可以将牲畜信息（畜别、特征、是否免疫、疫苗种类、接种方法、接种剂量、免疫数量等信息）写入芯片中，相当于安装在牲畜身上的电子身份证，为每头牲畜建立了一个永久、唯一的数码档案，可及时发现和精准处理疫情，降低有疫情造成的经济损失。

国外的 RFID 技术在农产品监督方面应用较为成熟，可对禽/畜生长、健康状况、流通等过程进行全程检测。国内 RFID 技术应用也较为广泛，主要包含农产品流通、智能化养殖、精细作物生产、动物识别及农畜产品的安全生产领域。RFID 技术的应用能够大大提高中国农产品管理能力、监督能力及跟踪能力，促进中国农业物联网技术的发展。RFID 广泛应用在农畜产品安全生产监控、动物识别与跟踪、农畜精细生产系统和农产品流通管理等方面，并由此形成了自动识别技术与装备制造产业。目前，中国 RFID 产业已进入成熟期，产业链辐射多个应用领域。

RFID 系统主要由电子标签、阅读器和天线三部分组成。如图 8.7 所示为基于 RFID 技术的智能电子耳标。电子标签由耦合元件及芯片组成，每个电子标签都有唯一的电子编码，附着在物体上标识目标对象。每个标签均对应着一个全球唯一的标识 ID 码。RFID 标签分为被动式、半被动式（亦称半主动式）和主动式三类。

图 8.7　基于 RFID 技术的智能电子耳标

阅读器主要用于读取或写入标签信息的设备，可设计为手持式或固定式等多种工作方式，对标签进行识别、读取和写入操作。一般情况下会将收集到的数据信息传送到后台系统，由后台系统处理数据信息。

天线用于在标签和阅读器之间传递射频信号，是 RFID 系统中一个非常重要的组成部分。阅读器发送的射频信号能量通过天线以电磁波的形式辐射到空间，电子标签的天线进入该空间时接受很小一部分的电磁波能量。

2．条码技术

条码是由宽度不同、反射率不同的条和空，按照一定编码规则编制成的粗细不均的黑色线条与空白间隔的图形标识符，用以表达一组数字或字母符号信息。条形码系统是由条形码符号设计、制作及扫描阅读所组成的自动识别系统。条码主要包括一维条码（如 UPC 码、39 码、交叉 25 码、EAN13 码、EAN128 码等）和二维码（如 MaxiCode、QR Code、CODE49、PDF417 等）。

1．一维条码

一维条码是用一个方向上的"条"与"空"排列组合而成的黑白相间、粗细不同的条形符号。这种数据编码可供机器识读，可以容易地被翻译为二进制或十进制数。但是其仅能用于对"物品"的类别进行标识，不能对"物品"的属性进行描述，若对"物品"的属性信息如生产日期、价格等进行描述，必须依赖数据库的存在。一维条码符号结构示意图如图 8.8 所示。

2. 二维码

二维码正是为了解决一维条码无法解决的问题而产生的，它能够将任何语言（包括汉字）和二进制信息（如签字、照片）进行编码。二维码用某种特定的几何图形，按一定规律分布黑白相间的图形，用于记录存储的数据信息，它使用若干个与二进制相对应的几何图形来表示文字或数值信息，通过图像输入设备或光电扫描设备自动识读，从而实现信息的自动处理。二维码示意图如图 8.9 所示。

图 8.8　一维条码符号结构示意图　　图 8.9　二维码示意图

8.7.9　农业导航技术

农业导航技术是农业位置信息服务技术之一，在现代农业生产中的应用越来越广，在农药肥料喷药、收割作业、中耕除草、插秧种植等方面有着广泛的应用。在农业物联网中，GPS 定位田间农机具的自主导航，还用于确定土壤信息、作物信息采样点的位置。土壤信息包括土壤中含水量、氯、磷、钾等有机质含量。作物信息包括作物中的病虫害、杂草分布情况等田间操作信息。

20 世纪 70 年代，美国陆、海、空三军联合研制出了新一代全方位、全天候、全时段、高精度的卫星定位系统 GPS，其空间分布由 24 颗卫星组成（包括 21 颗工作卫星和 3 颗备用卫星），如图 8.10 所示，每天 24 小时为全球的陆、海、空用户提供三维位置信息、速度和时间信息。在位于距地表 20000 千米的轨道上围绕地球运行，每颗卫星环绕地球一天运行两圈，均匀分布在 6

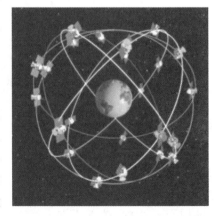

图 8.10　GPS24 颗卫星分布示意图

条轨道上，每条轨道上有 4 颗。

GPS 可在农业物联网中根据管理信息系统发出的指令，实施田间的精确定位，实现施肥机械作业的动态定位。根据参考点不同，GPS 接收方式可分为绝对定位（又称单点定位）和相对定位（又称差分定位）；根据用户接收机在作业中的运动状态不同，GPS 接收方式可分为静态定位和动态定位。在绝对定位和相对定位中，都包含静态和动态两种定位方式。目前，美国几乎所有的大中型农场的农机设备均已安装了全球定位系统，能准确接收卫星遥感遥测信息，从而进行精准的土壤调查、施药、施肥、作物估产、农业环境监测和土地合理利用等功能控制。

8.8　农业信息传输技术

8.8.1　农业信息传输概述

农业信息传输技术是指"信息采集终端—数据（信息）中心—信息服务终端"或者"信息采集终端—信息服务终端"之间的传输技术，即将农业信息从发送端传递到接收端，并完成接收的技术。无线移动通信技术和光纤传输是农业物联网领域未来一段时间内最重要的两种传输技术。

农业信息传输技术主要包括移动通信、光纤通信、数字微波通信和卫星通信，分为有线通信技术、无线通信技术和农业信息无线传感网络。有线通信技术是指利用电缆或者光缆作为通信传导的技术。无线通信技术是利用电磁波信号进行信息交换的一种技术。农业信息无线传感网络是指由大量的精致或移动的传感器以自组织和多跳的方式构成，能够协作地感知、采集、处理和传输网络覆盖区域内农业对象的监测信息，并报告用户的网络技术。

8.8.2　农业信息传输技术结构框架

农业信息传输系统是一个复杂的系统，包括信息采集中短距离信息传输、信息采集后长距离信息传输和信息接收后信息传播几部分。大多数的传感网应用相互之间没有关联和交互，彼此孤立。农业信息传输技术结构框架如图 8.11 所示。

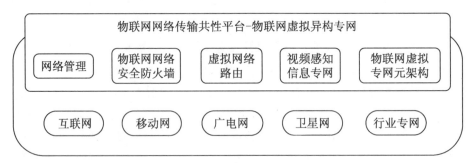

图 8.11　农业信息传输技术结构框架

8.8.3　农业有线传输技术

农业信息传输方式按照传输介质可分为有线通信和无线通信。有线传输技术适合测量点位置固定、长期连续监测的场合，接入点的形式较单一，扩展性较弱。有线传输技术包括现场总线技术和基于嵌入式技术的通信。

控制器局域网络（Controller Area Network，CAN）是国际上应用最广泛的现场总线之一。CAN 总线实时性强、可靠性高、抗干扰能力强，但不适合在远距离、恶劣的环境下工作。我国已成功地将 CAN 总线应用于农业温室控制系统、储粮水分控制系统、畜舍监视系统，以及温度及压力等非电量测量、检测等农业控制系统中。

8.8.4　农业无线传输技术

随着无线通信技术的不断发展，无线信息传输方式的优势越来越突出，采用无线方式不易受地域和人为因素的影响，接入方式灵活，如手持掌上电脑 Pad 和车载终端设备等。农业无线传输技术主要有蓝牙技术、ZigBee、RFID 技术、蜂窝无线通信技术 GSM/GPRS、4G、UWB 和 Wi-Fi 等。

其中，ZigBee 技术是基于 IEEE802.15.4 标准的关于无线组网、安全和应用等方面的技术标准，被广泛应用于无线传感网络的组建中，例如大田灌溉、土壤温湿度、农业资源监测、水产养殖和农产品质量追溯等。例如，河南郑州黄河滩温室大棚自动监测控制系统就是通过 GPRS 与远程数据控制中心通信，现场设备间通过 ZigBee 技术进行局域网组网通信，通过墒情和温/湿度数据对设备进行智能灌溉施肥，达到对温室大棚进行精准控制的目的，如图 8.12 所示。

4G 网络技术应用是现代农业发展的必备手段，也是提高农作物生长发育和高产量的重要保证。通过对农业小气候的远程测控，例如大棚温室监控，可远程采集获取小气候数据，再经模型分析后自行监控棚内温室温度，并自动控制内外遮阳、喷淋滴灌、顶窗与侧窗、加温补光及湿帘风机等设备,来充分满足农作物生长需求,实现精细化农业管理格局。

图 8.12　河南郑州黄河滩温室大棚自动监测控制系统实景

中国农业大学精细农业系统集成研究教育部重点实验室设计出了一款基于蓝牙的无线温室环境信息采集系统,由无线传感器、监控中心和采集模块组成。蓝牙技术在农业中的应用原理如图 8.13 所示。

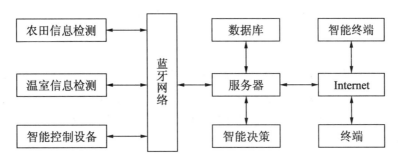

图 8.13　蓝牙技术在农业中的应用原理

8.9　农业信息处理技术

8.9.1　农业信息处理的关键技术

农业物联网信息处理是将模式识别、复杂计算、智能处理等技术应用到农业物联网中,以此实现对各类农业信息的预测、预警、智能控制和智能决策等。农业信息处理技术是指利用信息技术对农业生产、经营管理、生产决策过程中的自然、经济和社会信息进行采集、存储、传递、处理和分析，为农业研究者、生产者、经营者和管理者提供资料查询、技术咨询、辅助决策和自动调控等多项服务的技术总称。信息处理技术的目标是将传感器等识别设备采集的数据收集起来，通过信息挖掘等手段发现数据内在联系，发现新的信息，为用户下一步操作提供数据支持。当前的信息处理技术有云计算技术、智能信息处理技术。

农业信息处理的关键技术主要涉及基础农业信息处理技术（如数据存储技术、数据搜索技术、云计算技术等）和智能农业信息处理技术（如预测预警、诊断推理、智能控制等）。

1．数据存储技术

数据存储技术能够解决计算机信息处理过程中大量数据有效地组织和存储的问题，实现数据安全及高效检索数据的功能。

目前，我国已建立了 100 多个涉农数据库，具有代表性的有：中国农林文献数据库、中国畜牧业综合数据库、全国农业经济统计资料数据库、农产品集市科技成果数据库等。我国还引进了世界三大农业数据库，即农业和自然资源数据库（CAB）、国际农业科技情报系统（AGIS）、美国农业部农业联机检索数据库（AGRI-COLA）。这些数据库的运行和服务都取得了社会效益和经济效益，为农业生产提供了大量的农业信息资源和科学技术，推动了农业生产的发展。

2．云计算

云计算（Cloud Computing）是一种虚拟化、分布式和并行计算的解决方案。在应用层引入云计算机中心，可以实现信息的海量存储和处理，并为链接的物联网提供网络引擎和支撑。云计算通过编程模型的建立、海量数据的分布存储和管理技术及虚拟化技术，提供应用层（SaaS，软件即服务）、平台层（PaaS，平台即服务）和基础设施层（IaaS，基础设施即服务）三个层次的服务。

8.9.2　农业信息处理技术结构框架

农业信息处理技术在农业物联网中的应用主要分为三个层面：数据层、支撑层和应用服务层，如图 8.14 所示。数据层实现数据的管理，包括基础信息、种/养殖信息、种/养殖环境信息、知识库和案例库等。农业应用支撑层是组织实施信息农业的技术核心体系，主要包括农业预测预警系统、农业诊断推理系统、农业优化控制系统（各类农产品的市场信息及其不同区域间的平衡预测）和农业智能决策系统等。

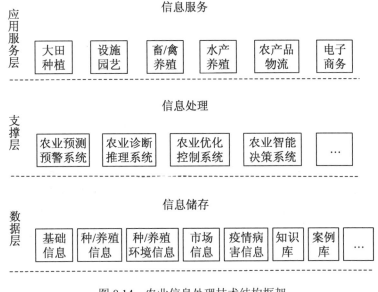

图 8.14　农业信息处理技术结构框架

8.9.3　农业预测技术

预测是以所获得的各类农业信息为依据，以数学模型为手段，对所研究的农业对象将来的发展趋势进行推测和估计。预警是在预测的基础上，结合实际，给出判断说明，预报不正确的状态及对农业对象造成的危害，最大限度避免或减少遭受的损失。欧美等发达国家研发了大量的预测预警模型，开发了大量的软件，并进行了许多的应用。国内，张克鑫等人基于 BP 神经网络对叶绿素 a 浓度进行了预测预警研究，并在湖南镇水库中进行应用；李道亮等人分别基于 PSO-LSSVR 和 RS-SVM 进行了集约化河蟹养殖水质预测模型和预警模型的研究及应用。

农业预测按照所涉及的范围不同分为宏观预测（以整个社会发展的总体趋势作为考核对象，研究经济发展中各项指标之间的关系及其发展变化）和微观预测（以某个经济单位的生产经营发展的前景为考核对象进行研究）；按照预测时间长短分为长期经济预测（5 年以上经济前景发展变化的预测）、中期经济预测（1～5 年）、短期经济预测（3 个月到 1 年）和近期经济预测（近 3 个月以下）；按照预测方法的不同分为定性预测（预测者根据自己的经验和理论知识，通过实际情况，做出判断和预测）和定量预测（在准确、实时等信息的前提下，做出定量预测）；按照预测时态是否变动分为静态预测和动态预测。

8.9.4　农业预警技术

农业预警技术是指对农业的未来状态进行测度，预报不正确状态的时空范围和危害程度以及提出防范措施，最大限度上避免或减少农业生产活动中所受到的损失，从而提升农业活动收益的同时降低农业活动的风险。农业预测预警是农业物联网的重要应用之一，也是核心技术手段之一。通过获得大量农业现场数据、农业生产数据、农业销售数据等进行数学和信息学处理，得到适于不同时期的农业研究对象的客观发展规律和趋势。

农业预警方法可以归纳为两大类：定性分析方法（如德尔菲法、主观概率法等）和定量分析方法（如统计方法、模型方法等）。定性分析方法是环境预测分析的基础性方法，是一种实用的预警方法。定量分析必须建立在定量的基础上才具有较强的可操作性，以对环境预测的基本性质判断为依据。数学模型预警方法是预警研究的核心。欧美等发达国家研发了大量的预测预警模型，开发了大量的软件，并进行了许多的应用。2012 年，Medycyny Pracy im 教授对家禽饲养过程中的真菌气溶胶进行了定量化和定性分析，评估生物制剂和刺激性气体对家禽饲养员工呼吸系统的影响。国内也出现了基于 BP 神经网络对叶绿素 a 浓度进行的预测预警研究，以及基于 PSO-LSSVR 和 RS-SVM 进行集约化河蟹养殖水质预测模型和预警模型的研究及应用。

8.9.5　农业智能控制技术

农业智能控制是农业信息处理技术的一个重要分支，是通过实时监测农业对象个体信息和环境信息等，根据控制模型和策略，采用智能控制方法和手段，实现农业生产过程的全面优化。目前，国内外对农业信息智能控制研究较多，如在温室温度和湿度智能控制、二氧化碳浓度控制、光源和强度控制、水质控制、农业滴灌控制和动物生长环境智能控制等方面研究和应用较多。农业智能控制作为生物速生、质优、高产的手段，是农业现代化的重要标志，越来越被重视。常用的农业智能控制方法有模糊控制（Fuzz Control，FC）方法、神经网络控制（Neural Network Control，NNC）方法和专家系统（Expert System，ES）控制方法。

1. 模糊控制

在实际农业生产过程中，很多系统的影响因素比较复杂，很难建立精确的数学模型，于是在自动控制中诞生了模糊控制的概念，即根据实际系统输入/输出的结构数据，参考现场操作人员的运行经验，对系统进行实时控制。模糊控制实际上是一种非线性控制，能够方便地解决农业生产领域常见的非线性、时变、大滞后、强耦合、变结构和结束条件苛刻等复杂问题。

2．神经网络控制

神经网络亦称为人工神经网络控制，即将人工神经元按某种方式连接组成的网络，用于模拟人脑神经元活动的过程，实现对信息的加工、处理和存储等。神经网络一般采用三层 BP 网络，即输入层、隐层和输出层，如图 8.15 所示。

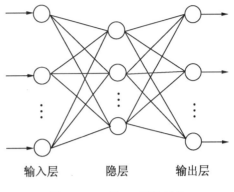

图 8.15　三层 BP 网络结构

3．专家系统控制

专家系统控制方法是在总结大量的行业领域专家的知识与经验基础上，利用人类专家的知识和解决问题的方法来处理行业领域的问题。专家系统应用人工智能技术和计算机技术进行推理和判断，模拟人类专家的决策过程，解决需要人类专家处理的复杂问题。专家系统是人工智能中最重要也是最活跃的一个应用领域，它实现了人工智能从理论研究走向实际应用，从一般推理策略探讨转向运用专门知识的重大突破，为农产品的生产过程提供可靠的分析手段和技术。2015 年，马来西亚科技大学联合日本东京农业大学农学部研制出了一款智能控制节水栽培的毛细管灌溉系统，其最佳深度的数据就是通过使用模糊专家系统控制的，可以实时控制供水深度。

8.9.6　农业智能决策技术

智能决策是预先把专家的知识和经验整理成计算机表示的知识，组成知识库，通过推理机来模拟专家的推理思维，为农业生产提供智能化的决策支持。目前，国内外对农业智能决策的研究主要表现在对农田肥力、品种、灌溉、病虫害预防和防治、农作物产量、动物养殖、动物饲料配方和设施园艺等方面。

农业智能决策是智能决策技术在农业领域的具体应用，其技术思想的核心是按需实施、定位调控，即"处方农作"。它以农业系统论为指导，以管理科学、运筹学、控制类和行为科学为基础，以计算机技术、仿真技术和信息技术为手段，以精准农业决策需求为出发点，以构建不同农业领域的智能决策支持系统为目标，实现农业决策信息服务的智能化和精确化。常用的智能决策方法有神经网络、贝叶斯网（图形模型的一种）和灰色系统理论（研究对象是小样本、不确定系统）。在国外，F.trai 将贝叶斯网应用于冬小麦产量预测，Kristian Kristense 等将贝叶斯网应用于大麦麦芽生产决策，均取得了很好的效果。

8.9.7 农业诊断推理技术

农业诊断推理是指农业专家根据诊断对象所表现出的特征信息，采用一定的诊断方法对其进行识别，以判定客体是否处于健康状态，找出相应原因并提出改变状态或预防发生的办法，从而做出合乎客观实际结论的过程。

按照不同的建模方法和处理手段的性质及特点，可将农业诊断处理方法分为基于解析模型的方法（利用数学、物理准确模型进行检测和评估）、基于信号处理的方法（利用相关函数、小波分析等进行诊断识别）和基于知识的诊断推理方法（以知识处理技术为基础，以推理为主要手段实现推理过程与算法的统一）三大类。基于知识的农业诊断推理方法是人工智能技术与农业诊断学科结合的产物，研究农业诊断问题的概念体系、产生的机理、诊断的过程、诊断知识处理与应用、诊断推理的策略等。

物联网硬/软件技术推动了生物识别、传感器、数字化医疗设备与动物疫病快速诊断及现代疫病诊断技术的发展。在动物医学方面，应用免疫酶、DNA、微生物、组织等生物感受器，可以借助仪器直接诊断如羊布氏杆菌病、新城疫、禽流感、小反刍兽疫等疫病，也可以测定免疫抗体效价，而且这些数据会通过计算机直接传到 PAD 等终端系统，便于管理者开展动物疫病防控。

8.9.8 农业视觉信息处理技术

农业视觉处理技术是指利用图像处理技术对采集的农业场景图像进行处理，从而实现对农业场景中的目标进行识别和理解的过程。基本视觉信息包括亮度、形状、颜色和纹理等。农业视觉信息处理系统通过构建相应的图像采集子系统、图像处理子系统、图像分析子系统、反馈子系统等来实现农业视觉信息的综合利用。

视觉信息处理的基本方法包括图像增强（得到易于后续图像处理的图像）、图像分割（实现目标与背景的分离）、特征提取（提取目标的颜色、形状、纹理等特征）和目标分类（通过构造分类器，利用得到的特征向量实现目标的分类）等。

图像增强是为了消除噪声、抑制背景并突出目标物，以便更加容易地实现图像分割，得到清晰的目标物。一般用空域图像增强或频域图像增强的方法来实现图像增强。图像分割是将目标从背景中分离出来，目的是通过把图像划分成有意义的区域来提取目标物的特征，主要遵循数值相似性或空间接近性原则。对分割出来的农业目标进行特征提取，得到用于描述该目标的初始特征集合，是实现农业目标分类的基础和关键。

8.10　农业物联网的应用案例

8.10.1　大田种植物联网应用案例

在大田精细种植方面，通过农业物联网技术对农作物的生长环境及状况、环境气象信息等进行实时采集、分析、调控，为作物提供最佳的生长环境，在提高农产品质量和产量的同时，还能有效节约资源，保护农业生产环境。

浙江大学何勇等人自主研制出了一个便携式植物养分无损快速测定仪和植物生理生态信息监测系统（如图 8.16 所示），率先提出了植物真菌病害早期四阶段的诊断方法，实现了典型病害侵入和感病初期的早期快速诊断（如图 8.17 所示）；建立了作物生长过程感知信息重构和可视化表达技术，实现了植株的生长过程重构和三维形态可视化表达；建立了作物信息不同尺度空间（近地、微小型无人机遥感、卫星遥感信息）的智能感知技术和数据融合技术，构建了农田多元异构感知信息的多级融合计算模型和多尺度信息融合模型；研发了基于多光谱相机的水稻作物营养状况及病虫害的实时检测技术、微小型无人机遥感信息智能感知技术和养分管理技术、目标识别定位技术及变量施肥施药控制技术装备，提高了作物信息智能感知技术的在线监测水平和环境适应能力，如图 8.18 所示。

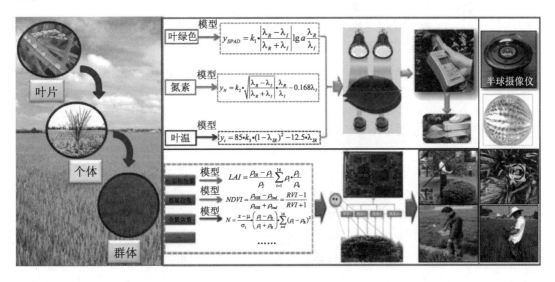

图 8.16　不同尺度植物养分快速检测方法和系统设备示意图

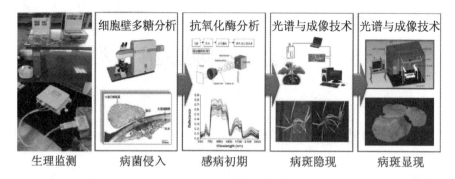

生理监测　　病菌侵入　　感病初期　　病斑隐现　　病斑显现

图 8.17　植物生理监测系统及病害早期诊断法示意图

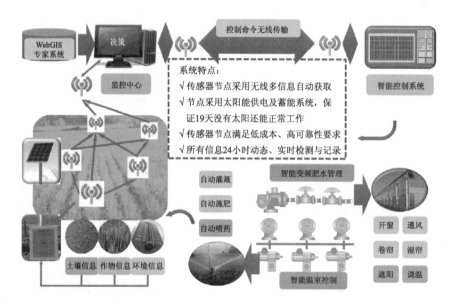

图 8.18　植物-土壤-环境信息快速感知与物联网实时监控系统示意图

8.10.2　设施园艺物联网应用案例

物联网技术的发展实现了种植业生产的智能化监测，尤其在设施园艺生产中应用最广泛。在青海大通县塔尔镇凉州庄村双新公路沿线，千亩蔬菜带、7000 平方米的智能化育苗中心、14 栋高标日光节能温室、20 栋塑料大棚，是农业部认定的第一批国家级现代农业示范区。示范区采用智能监控系统自动采集温室的环境信息，使温室保持一个恒定的环境，在家里就可以通过手机或者计算机查看所有温室的温湿度、土壤的温湿度，还可以通过摄像头查看蔬菜的生长情况。系统云平台还可以对温室的补光灯、卷被、排风设备进行自动化控制，通过对采集的环境数据进行科学分析、预测，工作人员在手机上就可以远程控制开灯、通风等操作，或是设定关键环境数据的临界值，一旦达到临界值，云平台就会自动打开或者关闭补光灯、卷被、排风设备等，完全不需要人工操作，既节约了大量的劳动力，又降低了人工失误导致的生产风险，使生产更规范标准、有序高效。例如，青海大通县的温室蔬菜一年四季都可投产，收益相比传统种植方式提高了 3～10 倍，如图 8.19 所示。

图 8.19　青海大通县国家级现代农业示范园硬件示例图

8.10.3　农产品溯源物联网应用案例

中山市逸岛生态农场是国家级农业标准化示范区，国家无公害农产品生产基地，农业部水产养殖渔情信息采集点，广东省水产养殖质量安全示范点。为了更好地将生态农场种植的天然、健康的农产品带给消费者，中山市逸岛生态农场于 2016 年开始应用基于物联网技术的农产品溯源系统，为生态农场的每一款当季产品建立一份详细的"档案"，面向消费者全面展示农产品的生产信息和质检信息等，让消费者吃得更安心，如图 8.20 所示。

图 8.20　产品扫码溯源

8.10.4　桑蚕养殖物联网应用案例

广西蚕业技术推广总站是世界上最大的桑蚕原种繁育场，也是我国重要的集蚕业技术示范推广、蚕桑新品种新技术研究与开发、桑蚕良种繁育等为一体的综合性蚕业机构。总站开发了可实现智能化、现代化养殖的智能桑蚕种养物联网系统平台，在桑蚕现代化养殖业中起到了带头示范作用，带动了广西桑蚕业规模化、产业化的发展，实现了全种植、养殖生产周期智能监控、节本增效、规范蚕种养殖，流程标准化，生产"工业化"管理，如图 8.21 所示。

图 8.21　蚕种养殖现场

8.10.5　防病虫害物联网应用案例

2017 年，中国峨县农作物重大病虫观测场正式投入运行。佳多农林 ATCSP 物联网系统，采集空气温度、空气湿度、地温、地湿、风速和风向等十五项因子和虫情信息自动采集系统所收集到的水稻虫情图片情况，然后通过图片上所采集的害虫种类和数量及时准确发布该县农作物病虫害防治情报，并科学指导农作物重大病虫害防控工作。目前，该系统主要是收集水稻"两迁"害虫（稻飞虱、稻纵卷叶螟）虫情，对水稻重大病虫中长期预报的准确率达 90% 以上，短期预报准确率达 95% 以上，预警信息覆盖全县 100% 的乡镇及 90% 以上的行政村，如图 8.22 所示。

图 8.22　峨县农作物重大病虫观测 ATCSP 物联网系统

8.11　本章小结

本章介绍了农业物联网技术的概念、基本原理和应用的相关内容，自下而上地展开介绍农业物联网每层的基本原理和技术框架，深入浅出地介绍了农业物联网的各种关键技术，并介绍了国内外先进的农业物联网技术，展望了农业物联网的未来。

8.12　本章习题

1．简述农业物联网的定义。
2．简述发展农业物联网的意义。
3．简述农业物联网的体系结构及其关键技术。
4．物联网技术在农业领域中的应用有哪些？
5．简述 RFID 技术及其在农业领域的应用。
6．现场调研：农业物联网在农业中的实际应用。

第9章 智慧城市建设

智慧城市（Smart City）是个宏观概念，它反映了社会对未来城市的知识化、信息化及高效益的一种愿望，它着眼于城市整体发展的总效果。信息化是智慧城市的重要内容，社会对智慧城市的期望并不局限于信息化，社会要求城市具有整体发展的智慧。

智慧城市包括智慧工厂、智慧校园和智慧医疗等行业，相关内容在前面几章已经介绍过。本章将从交通、电力、水务、生态环境、生态宜居和智慧社区几个方面阐述智慧城市建设的相关内容。

9.1 概　　述

智慧城市指的是以物联网为基础，通过物联化、互联化和智能化的方式，让城市中的各个职能部门彼此协调运作，以智慧技术高度集成、智慧产业高端发展、智慧服务高效便民为主要特征的城市发展新模式。智慧城市的本质是更加透彻的感知、更加广泛的连接、更加集中和有深度的计算，为城市"肌理"植入智慧"基因"。智慧城市的知识模型和和核心概念模型如图9.1所示。

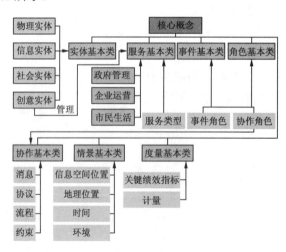

图 9.1　智慧城市的知识模型与核心概念模型

随着大数据、互联网和物联网的深度渗入，智慧城市已经成为城市现代化发展的首要任务和目标，即将大数据等数字技术融入城市生活和管理的各个方面，使城市的各项数据均能得到整合利用，令政府管理、城市治理、产业发展、社区规划和市民生活更方便、快捷和有序地进行。

智慧城市建设的运营服务商要融入城市并成为这个城市的本地化企业，要能够为这个城市提供可持续的业务运营和服务。智慧城市建设的"技术+服务"模式有 5 种，下面具体介绍。

1．大数据+机关政务服务

建设城市大数据中心，打造政务大数据平台，构建相关行业应用，帮助政府实现数据开放融合，可实现对城市运营的监测预警、应急指挥、多网格化管理、智能决策、事件管理及协同联动等综合服务，并通过"共建、共治、共享"的城市管理模式，为新时代智慧社会的可持续发展提供有力保障。

2．物联网+城市治理服务

未来城市的发展不仅强调人与人的连接，还有人与物、物与物之间的连接。城市物联网的部署实施，创造了更多的城市治理和管理决策。市民通过 App、微信公号、电话和视频等多种形式，可直接参与违章停车、治安事件、市政设施、道路维护、交通拥堵、违法犯罪、突发事件和环境污染等事件的监管和举报，与管理部门一起创造美好的城市生活环境。

3．大视频+公共安全服务

平安城市建设中，各类监控摄像头部署在城市的各个角落，成为城市的眼睛和触角，通过对城市视频监控数据的融合、分析和应用，将治安防范措施延伸到民众身边，真正实现治安防控"全域覆盖、全网共享、全时可用和全程可控"，实现城乡治安防控建设一体化，达到预警、预测和预防的效果。

4．云计算+传统产业服务

通过云计算技术带动传统产业转型升级。基于智慧旅游业务打造全域旅游大数据云服务平台，以景区智慧化为切入点，依托"文化旅游云"，为游客提供"全时域、全地域、全领域"的基于"吃、住、行、游、购、娱"六要素的综合服务，更好地支持大规模、多频次、大众化、定制化、移动化和自主化的旅游出行及休闲模式。

5．互联网+数字生活服务

将"互联网+"运用于城市管理和民生服务，利用互联网高速互通的技术手段为市民提供更多的便捷服务，让市民少跑腿，足不出户就可以办理业务，要做的仅仅是打开移动端 App 或者小程序而已。在政务服务 App 里，市民可以进行申办、补办证件，查询城市天气和交通等信息，查阅相关政策，充缴水电费等操作。

9.1.1　智慧城市治理理念

智慧城市已经成为城市发展的一种理念，受到各级政府和社会各界的高度重视。目前，100%的副省级城市、89%的地级以上城市、49%的县级城市都已经开展智慧城市建设，累计参与的城市数量达到 300 余个；智慧城市规划投资达到 3 万亿元人民币，建设投资达到 6 千亿元人民币。比如深圳市规划投资 485 亿元人民币，福州市 155 亿元人民币，济南市 97 亿元人民币，日喀则市 33 亿元人民币，银川市 21 亿元人民币。同时，有 1.2 万余家 ICT 厂商参与到智慧城市建设中，系统集成了三级资质以上的企业 7000 余家，包括传统的 CT 厂商如华为、中兴及互联网企业；有 10 余万家轻应用、微服务商提供了近 740 余万款与智慧城市相关的 App 软件。

在全面开展建设的同时，国家部委、行业协会及示范城市都先后组织了以"智慧城市"为主题的各类峰会、论坛和展览，政府官员、技术专家、企业翘楚对智慧城市面临的问题、核心技术的创新应用，以及未来发展的关键路径进行了充分讨论和交流，并积极献言献策。

新型智慧城市是以为民服务全程全时、城市治理高效有序、数据开放共融共享、经济发展绿色开源、网络空间安全清朗为主要目标，通过体系规划、信息主导、改革创新，推进新一代信息技术与城市现代化深度融合、迭代演进，实现国家与城市协调发展的新生态。

城市治理（管理）不仅是国家治理体系的重要组成部分，同时也是全球互联网治理体系的重要载体和构建网络空间命运共同体的重要基础。过去的几年间，我国近三百个城市开展了智慧城市建设试点，有效改善了公共服务水平，提升了城市管理能力，促进了城市的经济发展。

随着国家治理体系和治理能力现代化的不断推进，随着"创新、协调、绿色、开放、共享"发展理念的不断深入，随着网络强国战略、国家大数据战略、"互联网+"行动计划的实施和"数字中国"建设的不断发展，城市被赋予了新的内涵和新的要求，这不仅推动了传统城市向智慧城市的演进，更为新型智慧城市建设带来了前所未有的发展机遇。

智慧城市系统是依托于计算机网络、移动通信、计算机电信集成、空间信息、网络管理和城市部件管理等多种数字城市技术，整合应急、公安、交通、消防、城管等多方资源，实现各种业务数据的交换共享。智慧城市网络信息系统如图 9.2 所示。智慧城市网络信息系统能有效地提高政府的城市管理调控和突发应急事件的处理能力，为人们提供良好的数字化、智能化、人性化的工作和生活环境。

- 城市数据化：通过数据服务实现政府各部门的数据实时共享，以统筹建设的智慧城市底座支撑业务高效决策和科学治理。

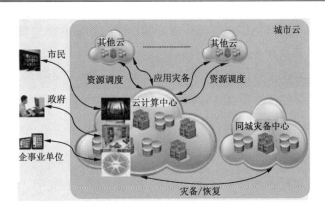

图 9.2　智慧城市网络信息系统

- 城市服务化：通过云计算、大数据及物联网平台，构建城市感知网络，全面升级市政及公共服务满意度。
- 城市智能化：大数据平台，包括数据资源池和深度学习系统，多维度数据建模，构建城市"智慧大脑"。

9.1.2　智慧城市建设重点

"智慧城市"建设的四个重点是物联网开放体系架构、城市开放信息平台、城市运行指挥中心、智慧城市技术体系。

1．物联网开放体系架构

具有自主知识产权的物联网开放体系架构方案，是以"物体命名解析系统（TNS）"和物联网为核心的物联网基础设施，要求掌握网络发展和网络空间安全的主导、主动和主控权。遵循体系建设规律，运用系统工程方法，构建开放的体系架构，通过"强化共用、整合通用、开放应用"的思想，指导各类新型智慧城市的建设和发展。

2．城市开放信息平台

以"平台+大数据"为策略，提供城市资源大数据通用服务平台，致力于实现数据共融共享，消除信息孤岛，保障数据安全，提高大数据应用水平，构建一个通用的功能平台，实施各类信息资源的调度管理和服务化封装，进而支撑城市管理与公共服务的智慧化平台，有效管理城市的基础信息资源，提高系统的使用效率。

3．城市运行指挥中心

全面透彻地感知城市运转，接入社会及网络数据，实现跨部门的协调联动，提升对突发事件的应急处置效率。在城市运行指挥中心的基础上构建新型智慧城市统一运行中心，实现城市资源的汇聚共享和跨部门的协调联动，为城市实现高效精准的管理和安全可靠的运行提供支撑，并且更便于对城市的市政设施、公共安全、生态环境、宏观经济和民生民意等状况进行有效地掌握和管理。

4. 智慧城市技术体系

1）安全体系

网络空间安全体系涵盖城市基础设施安全、城市数据中心安全、城市虚拟社会安全几部分。

2）标准体系

标准化是新型智慧城市规范、有序、健康发展的重要保证，需要通过政府主导，结合各城市特色，分类规划建设内容和核心要素，建立健全涵盖"建设、改革、评价"三方面内容的标准体系。

3）共享体系

建立一个开放、共享的数据体系，通过对数据的规范整编和融合共用，实现并形成数据的"总和"，形成决策支持数据，运用决策支持数据进一步提升城市治理的科学性和智能化水平。

目前，智慧城市建设仍然过度地强调行业系统的建设。在财政部入库的 PPP 示范项目中，排名前十位的行业应用包括教育、交通、旅游、农业、医疗、公安等，这些缺乏总体规划、各自为政的行业系统建设形成了新的"智慧孤岛"，不利于智慧城市的健康发展。应该构建一张"天地一体化"的城市信息服务栅格网，夯实新型智慧城市建设的基础，实现城市的精确感知、信息系统的互联互通和惠民服务。

智慧城市的建设需要城市资源赋智整合者、运营服务生态建立者和市场化运营主导者互相协调沟通。这三者是智慧城市可持续发展的基础、保障和核心。

智慧环境管理方案可对大气污染进行感知与智能认知，智慧环境管理平台面向各级环境保护部门、气象部门和政府决策部门，提供空气质量监测、大气污染预报和预警、污染物溯源分析及减排模拟与效果评估能力，实现大气环境的智慧化管理。

9.2 智慧城市设计

智慧城市架构面对城市管理涉及的城市部件、海量数据信息、异构处理平台和多样化业务系统组成的复杂系统，采用面向服务的架构，利用统一的基础设施和松耦合的服务结构，构建全局统一的信息服务平台，实现信息共享交换、系统互连互通，提高业务、服务、数据的复用性和互操作性。

9.2.1　智慧城市技术架构

　　智慧城市总体技术框架如图 9.3 所示。这个框架从业务和技术两个维度说明了如何把各种信息资源有效地整合在一起,业务方面:纵向实现从感知层到应用层的延伸,横向实现城市管理、产业、民生三大领域的业务联动;技术方面通过传感器、海量数据中心、统一信息服务平台、管理控制中心、信息发布渠道等构成一体化联动的信息共享与协同机制,为城市的精细化、准确化、实时化管理和运行提供保障。

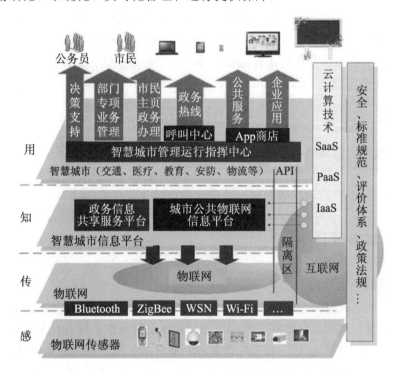

图 9.3　智慧城市总体技术体系框架

1. 感知层

　　最底层是感知层。感知层主要的功能是对物体的静态和动态属性进行标识,静态属性可以直接存储在标签中(比如物体的唯一编号),动态属性需要先由传感器实时探测(比如物体的温度、湿度和亮度等)。常见的感知设备包括 RFID 标签、二维码、视频、GPS和传感器等。通过感知设备所获得的信息需要转换为适合网络传输的数据格式,并通过红外线、蓝牙、ZigBee、Wi-Fi 等短距离传输协议传输到中间节点。通过这些设备采集到的大量感知数据，是使城市体现出"智慧"的基础。

智慧城市中的感知层又可分为感知对象子层、感知单元、传感网络和接入网关子层。

2．传输层

感知层之上是传输层。该层相当于人的神经系统，负责传送和处理感知层获取的信息。为了承担更多的数据量和更高的服务质量要求，传输层由多种网络系统组成。

3．知识层

传输层之上是智慧城市知识层。该层将感知层获取的原始数据（包括温度、湿度、视频等）按照智慧城市领域模型，整合到相应的领域数据库中，同时采用 ETL 数据仓库技术，按照时间维度、空间维度等进行城市信息仓库的建立。运用具有高吞吐率和高传输率的数据存储技术、大数据分析技术和云数据库，进行数据存储、处理和分析，从而能够满足上层应用的业务需求。

4．应用层

应用层直接面向智慧城市的最终用户，提供多样化的应用和服务。智慧城市三大核心领域应用系统（智慧城市管理、智慧产业、智慧民生）位于架构的应用层，通过与知识层的城市综合数据共享平台进行数据交互，实现各自的业务功能。

9.2.2　智慧城市设计原则

智慧城市基本原则如下：

1）以人为本：以为民、便民、惠民为导向。

2）因城施策：依据城市战略定位、历史文化、资源禀赋、信息化基础以及经济社会发展水平等方面进行科学定位，合理配置资源，有针对性地进行规划和设计。

3）融合共享：实现数据融合、业务融合、技术融合，以及跨部门、跨系统、跨业务、跨层级、跨地域的协同管理和服务。

4）协同发展：体现数据流在城市群、中心城市及周边县镇的汇聚和辐射应用，建立城市管理、产业发展、社会保障、公共服务等多方面的协同发展体系。

5）多元参与：开展智慧城市顶层设计过程中考虑政府、企业、居民等不同角色的意见及建议。

6）绿色发展：考虑城市资源环境承载力，实现"可持续发展、节能环保发展、低碳循环发展"为导向。

7）创新驱动：体现新技术在智慧城市中的应用，体现智慧城市与创新创业之间的有机结合，将智慧城市作为创新驱动的重要载体，推动统筹机制、管理机制、运营机制和信息技术的创新。

9.2.3　智慧城市架构设计

1）智慧城市总体架构包括业务架构、数据架构、应用架构、基础设施架构、安全体系、标准体系和产业体系等设计内容。

2）根据智慧城市建设的总体目标，依据 GB/T34678-2017 第 7 章的规定，从智慧应用、数据及服务融合、计算与存储、网络通信、物联感知、建设管理、安全保障、运维管理等多维角度设计智慧城市总体架构。

3）总体架构宜从技术实现的角度，以结构化的形式展现智慧城市的发展远景。

1. 业务架构

1）适宜考虑本地区的战略定位和目标、经济与产业发展、自然和人文条件等因素，制定出符合本地区特色的业务架构。

2）依据智慧城市建设的业务需求，分析业务提供方、业务服务对象、业务服务渠道等多方面的因素，梳理、构建、形成智慧城市的业务架构。

3）业务架构一般为多级结构，适宜从城市功能、政府职能、行业领域划分等维度进行层层细化与分解。

2. 数据架构

1）依据智慧城市数据共享的原则，交换城市现状和需求分析信息，结合业务架构，识别出业务流程中所依赖的数据、数据提供方、数据需求方。智慧城市的数据架构还包括数据加密和隐私保护等。

2）在分析城市数据资源、相关角色、IT 支撑平台和工具、政策法规和监督机制等数据共享环境和城市数据共享目标的基础上，开展智慧城市数据架构的设计。

3）数据架构设计的内容包括但不限于：

- 数据资源框架：对来自不同应用领域、不同形态的数据进行整理、分类、分层。
- 数据服务：包括数据采集、预处理、存储、管理、共享交换、建模、分析挖掘、可视化等服务。
- 数据治理：包括数据治理的战略、相关组织架构、数据治理域、数据治理过程等。

3. 应用架构

1）依据应用系统建设现状和需求分析，结合城市业务架构及数据架构要求等，对应用系统功能模块、系统接口进行规划和设计。

2）应用系统功能模块的设计应明确各应用系统的建设目标、建设内容和系统重要功能等，应明确需要新建或改建的系统，识别可重用的或者可公用的系统及系统模块，提出统筹建设要求。

3）应用系统接口的设计应明确系统、节点和数据交互的关系。

4．基础设施架构

1）依据智慧城市基础设施建设现状，结合应用架构的设计，识别可重用或者可公用的基础设施，提出新建或改建的基础设施，依据"集约建设、资源共享、适度超前"的原则，设计开放的面向服务的基础设施架构。

2）依据 GB/T34678-2017，针对以下 4 种基础设施进行设计：

- 物联感知层基础设施：包括地下、地面、空中等全空间的泛在感知设备。
- 网络通信层基础设施：包括城市公共基础网络、政务网络及其他专用网络等。
- 计算与存储层基础设施：包括城市公共计算与存储服务中心等。
- 数据与服务融合层基础设施：包括城市数据资源、应用支撑服务、系统接口等方面的基础设施。

5．安全体系

1）依据智慧城市信息安全相关标准规范，结合国家政策文件中有关网络和信息安全治理要求，从规则、技术、管理等维度进行综合设计。

2）结合城市信息通信基础设施规划，设计网络和信息安全的部署结构。

3）安全体系设计内容包括但不限于：

- 规则方面：提出应遵循的安全技术、安全管理的相关规章制度与标准规范。
- 技术方面：可依据 GB/T34678-2017 第 7 章规定的 ICT 技术参考模型，明确应采取安全防护保障的对象，以及针对各对象需要采取的技术措施。
- 管理方面：可对从事智慧城市安全管理的组织机构、管理制度及管理措施提出相应的管理要求。

6．标准体系

1）从智慧城市总体基础性标准、支撑技术与平台标准、基础设施标准、建设与宜居标准、管理与服务标准、产业与经济标准、安全与保障标准等维度开展本地区的规划与设计工作。

2）结合本地区的特点，注重实践经验的固化，在遵循、实施现有国家行业及标准的基础上，规划、设计可支撑当地智慧城市建设与发展的标准。

7．产业体系

1）围绕智慧城市建设目标，结合新技术、新产业、新业态、新模式的发展趋势，基于城市产业基础，提出城市智慧产业发展目标，规划产业体系。

2）通过定位城市的细分产业领域，从基础设施服务商、信息技术服务商、系统集成商、公共服务商平台企业、专业领域创新应用商、行业智慧化解决方案商等角度，梳理并提出重点发展培育的领域。

3）宜从创业服务、数据开放平台、创新资源链接、新技术研发应用等角度设计支撑产业生态的智慧产业创新体系。

8．运营模式

1）常见的智慧城市运营模式包括：政府投资建设政府运营、政府投资建设企业运营、企业投资建设企业运营、合伙投资建设企业运营。

2）宜通过对城市的投资/融资渠道与投资主体、市场能力、产业链、项目资金来源、财政承受能力、使用需求、市场化程度、汇报机制、风险管理等多个维度进行定量分析，提出智慧城市运营模式建议，明确不同角色的职责分工、投融资方式及运营方式。

智慧城市三级结构分类方法如表 9.1 所示。

表 9.1　智慧城市三级结构分类方法示例

一级	民生服务		城市治理			产业经济			生态宜居	
二级	市民服务	企业服务	安全管理	城市管理	市场监管	智慧园区	数字经济	高端物流	城市水环境	生态多样性保护
三级	医疗	融资服务	危险品管理	环境卫生管理	食品安全管理	基础设施服务	互联网+经济	供应商管理	城市给水	海洋生态多样性
	婚育	资助服务	用电安全管理	公园绿地管理	药品安全管理	物业服务	共享经济	货运管理	城市供水	陆地生态多样性
	教育	创业辅导	危险边坡管理	森林防火监管	医疗器械管理	…	数据交易	…	城市排水	…
	…	…	…	…	…		…		…	

9.2.4　智慧城市设计流程

智慧城市设计流程如图 9.4 所示，设计建模流程如图 9.5 所示。

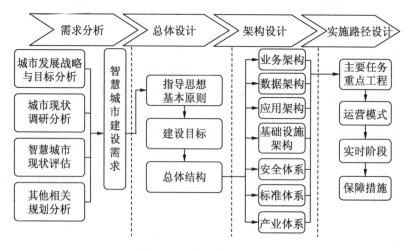

图 9.4　智慧城市设计流程

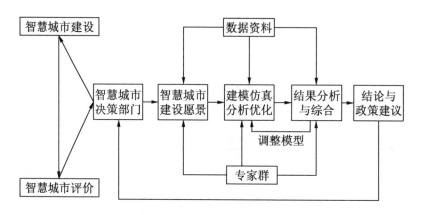

图 9.5　智慧城市架构设计过程模型

9.2.5　智慧城市大脑模型

智慧城市、智慧社会是近年来很多国家和地区提出的发展方向，而这也被认为是"人、机、物三元融合社会"的一种体现。在新科技革命的推动下，综合利用人类社会及信息空间、物理世界的资源，通过人、机、物智能技术，将形成以人为本的人、机、物三元融合的社会。智慧城市大脑模型如图 9.6 所示。

在人、机、物三元融合的社会里，每个人都成为一个创新的节点和资源组织的节点，他可以在一定程度上实现自由而全面的创新、创造和发展。

在实现经济转型和产业升级的过程中，新技术能否形成新动能，新动能能否带动新经济，已成为政府部门、产业界和学术界普遍关心的问题。人、机、物融合的智能技术是最有引领性的新技术,对于培育经济新动能、技术积累与技术创新同等重要。我国工业控制领域技术积累薄弱,国家应增加智能工控领域的科技投入,大力培养工控领域的科技人才。

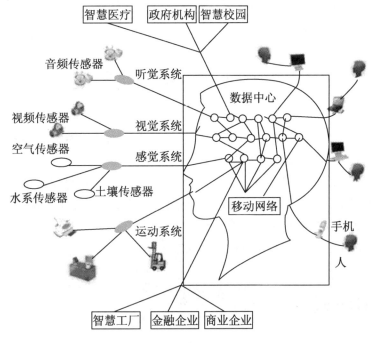

图 9.6　智慧城市大脑架构

人、机、物融合的智能技术为未来的发展重点,其主要特征是智能万物互联,即物与物之间、物与人之间能够互联,将智能融入万物,实现信息化与工业化无缝对接。传统的人工智能是让计算机具备人的智能,智能计算过程局限在信息空间,是一元计算。人、机、物智能将计算过程从信息空间拓展到包含人类社会(人)、信息空间(机)、物理世界(物)的三元世界中,是三元计算。物理世界与人类社会既是智能计算过程的对象,也是智能计算过程的执行体。

人、机、物智能的本质是:通过信息变换优化物理世界的物质运动和能量运动,以及人类社会的生产消费活动,提供更高品质的产品和服务,使得生产过程和消费过程更加高效、智能,从而促进经济社会的数字化转型。

人、机、物三元计算相关概念包括物联网、无缝智能、信息物理系统、"互联网"等。人、机、物智能可以理解为物联网之上的无缝智能计算技术,需要发展新的核心技术与生态系统。

发展人、机、物智能需要整合云计算、大数据、移动互联网和物联网等现有技术,主要内容包括人、机、物智能的计算机科学、物端计算生态系统、节能高效的智能计算平台、信任互联网与身份联绑。由于人、机、物智能直接涉及人类社会和物理世界，因此网络信息安全变得更加迫切和重要。我们要研究发展出这样一种智能万物互联网：它鼓励开放和分享，同时保障信息安全和用户隐私，又能接受政府依法监管。满足这 5 个条件的和谐人、机、物环境称为信任互联网。

9.3　城市指挥中心

城市运行指挥中心全面透彻感知城市运转，接入社会及网络数据，实现跨部门的协调联动，提升对突发事件的应急处置效率。

指挥中心值班调度系统将应用最先进的现代化通信技术、计算机多媒体网络技术，以公用电话网、电子政务专网为纽带，以计算机信息系统为支撑，逐步建成集有线通信系统、计算机辅助决策、集中综合控制等多种技术手段于一体的现代化、智能化的覆盖全市的值班指挥枢纽。指挥中心功能结构示意图如图 9.7 所示。

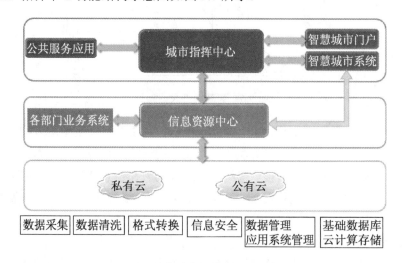

图 9.7　智慧城市运营中心功能结构

调度指挥系统遵循"安全稳定，规划合理，技术先进，适度超前"的原则，并充分考虑整个系统中各种角色用户的不同使用需求，提供具备极高的灵活性和实用性的解决方案，充分支持指挥中心的日常值班工作。

智慧城市一站式指挥调度中心利用信息整合技术，推动资源互联互通，实行部门集中办公，消除信息孤岛，实现资源共享，节约建设投资，是政府实施统一宣传、统一服务、创新服务，进行城市管理、指挥调度、处理应急事件的重要场所，是互联、协同、共享、智慧应用的平台。通过打造符合智慧城市标准的指挥中心，提高了领导决策能力、城市运行效率、城市的软实力及竞争力。智慧城市一站式指挥调度中心布置全景示意图如图 9.8 所示。

图 9.8 智慧城市一站式指挥调度中心布置全景示意图

智慧城市是运用信息和通信技术手段感测、分析、整合城市运行核心系统的各项关键信息，从而对包括民生、环保、公共安全、城市服务、工商业活动在内的各种需求做出智能响应。其实质是利用先进的信息技术，实现城市智慧式管理和运行，进而为城市中的人创造更美好的生活，促进城市的和谐与可持续成长。

智慧城市指挥中心集合了应急指挥应用系统、视频监控系统、无线通信系统、坐席管理系统、公安 GPS、GIS 系统、政府视频会议等，实现指挥中心与 119、120、区呼叫中心及政府其他职能部门，在语音、图像、数据等方面的互联互通，使应急指挥的决策指挥层面有一个先进的媒体工作平台，对发生在辖区范围内的突发事件能够"看得见、听得清、呼得出、信息准、反应快"，确保指令下得去，情报上得来，并在指挥中心可视化综合管理平台承上启下、内外融通，构建市、区、街道、社区等网络一体化联动平台，既为基层一线提供数据支撑，也为领导决策提供辅助。

在发达城市，流动人口比例大、年轻人多、城市区域范围广，社会公众对人口膨胀、交通拥堵、教育资源不均衡等问题的关注日益增强，城市管理者迫切需要通过智慧城市建设应对如下挑战：

1）实现城市管理由"粗放式"向"精细化"转变，由防范、控制型管理，向人性化、服务型管理转变。

2）运用现代科技手段，开展重大危险源监控及事故预警预防、应急救援、事故分析等工作，保障城市安全。

3）合理配置城市资源，缓解人口膨胀造成的交通拥堵、教育资源不均衡等问题，推进城区公共服务均等化。

4）加速物联网、大数据、云计算和移动互联网等新兴信息技术在经济发展各领域的深度应用，优化产业布局，拓展产业发展的新领域。

智慧城市指挥中心集成平台作为指挥中心系统的核心，所有子系统都将按照集成平台提供的接口无缝接入，融合成为一个功能齐全、信息丰富、相互联动的有机整体。其采用先进的 AIP 集成技术和智能集散控制理论，实现信息采集、指挥、调度、决策一体化的应急指挥中心集成作战体系，实现信息的统一收集、存储、整合与发布，保证指挥中心内部信息交流的可靠、快速和有序，避免子系统集成带来的信息"蛛网"效应。

智慧城市指挥中心系统使各个区域间信号可互联、互通，指挥中心对各管辖区域的信号可实时进行调取显示，以随时掌握管辖区的实际情况，一旦遇到突发事件，可针对突发事件进行紧急预案处理，应急预案也可即时进行全网通报发布，从而使突发事件得到应急联动协调处理。智慧城市指挥中心多屏幕布置如图9.9所示。

图 9.9　智慧城市指挥中心多屏幕拼接显示系统

智慧城市指挥中心系统的优点有：

1）具有可靠、安全和高效的异步消息传输及完善的消息路由机制，以及强大的在线信息融合处理能力，各业务系统信息统一收集、存储、整合与发布，确保联动中心内部信息高效、有序地共享、共用。

2）自动完成指挥中心内部的跨系统设备联动，根据不同的实时信号或周期信号自动触发完成相应的联动，以保证联动中心的快速反应、高效运行和应对突发事件的能力。

3）实时监控整个联动中心各重要设备的运行状态和环境状态，收集并管理平台内部各种系统设备的故障信息，保证联动中心真正做到"养兵千日、用兵一时"，减轻技术保障部门的维护压力。

4）一体化用户界面，可视化操作，可集中管控指挥中心的各项设备资源，可集中监视指挥中心各个子系统的运行状态，可灵活设定指挥中心的跨系统信息交换路由和联动运行模式。

5）具备良好的接入性能，支持标准的网络通信协议、COM/DCOM 组件和数据库及 Web 访问，可以与任何开放接口的指挥中心业务系统无缝集成。

6）标准的五层体系架构，兼顾高效性、稳定性、开放性、灵活性，并提供有丰富的二次开发接口和集成控件，可提供给第三方应用开发商使用。指挥中心层次结构如图 9.10 所示。

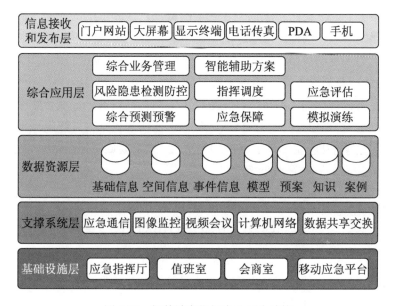

图 9.10　智慧城市指挥中心层次结构

7）分布与集中集成架构，可灵活部署，适应于各种服务器安装，没有特殊硬件要求，在系统设备接入方面同时支持 IP 组网连接和串口低速连接。

8）灵活的适配器和传感器技术，在完成外部系统和集成平台无缝衔接的同时，有效隔离内外技术差异，确保良好的平台扩展性，一次建成后仍可随时扩展接入新的技术系统，不会触及已有建设投资。

9）强大的消息交换引擎、可插拔业务组件，支持灵活定制业务流程的业务处理引擎，全面整合指挥中心的消息流、数据流和业务流。

智慧城市建设离不开指挥调度中心，如何合理运用数据流通，让指挥中心在城市管理中发挥出最大化的作用仍有一段较远的道路。未来，随着物联网、大数据、云计算在指挥中心中的更新迭代，城市的智能化管理水平将得到了有效提升。

智慧城市是基于数字城市、物联网和云计算建立的现实世界与数字世界的融合，以实现对人和物的感知、控制和智能服务。智慧城市对经济转型发展、城市智慧管理和对大众的智能服务具有广泛的前景，从而使得人与自然更加协调发展。

物联网技术的作用是把城市中的人和人、人和机器、机器和机器实现互联互通。智慧城市的实现需要开展更加完善的空间信息基础设计，不仅要依靠地面的网络基础设施，还要建立卫星组网，实现在轨处理、实时回传、及时反应，让天网和地网融合。

智慧城市是一把手工程，需要根据每个城市特点做好顶层设计和整理规划，建立智慧城市运营中心和运营脑。智慧城市运营脑具有顶层设计、制定标准规划、数据共享和监控功能。它有统一开放的云构架，以公共信息的云平台为核心，把云的基础设施、数据、平台、软件作为服务，上下关联起来，关联底层的数据，关联上层的应用，形成一个数据采集、加工、储存、清洗、挖掘、应用、反馈的生态链。但与此同时，智慧城市的大数据问题也带来了新机遇和新的挑战，需要抓好技术创新攻关研究，才能拉动数字服务产业发展，更好地实现"互联网+智慧城市"的各种智慧应用。

运营中心是智慧城市的"心脏"，它是城市大数据的资源池，城市物联网的枢纽，指挥并监控城市的运营，全面感知城市运营数据，从而实现跨部门、跨区域系统的高效协同与应急响应。通过面向社会企业与公众的服务平台，来降低城市信息化建设与运维的成本，最大程度降低政务成本，提升城市效率。

9.4 城市物联网

物联网自问世以来，就引起了人们的极大关注，被认为是继计算机、互联网、移动通信网之后的又一次信息产业浪潮。

物联网的发展空间虽然巨大，但是仍然有些问题需要解决。从系统架构角度来看，物联网横跨众多的行业领域且跨度相对较大，各行各业又有不同的特点需求，这就需要制定统一的体系架构标准，从而使参与其中的物与人及机构之间实现互联互通，协同开发。

要想实现这种大范围的物体协作与互联互通，有 4 个基本问题待解决：

- 物体是什么：如何对物联网物体进行语义互通的描述？
- 物体在哪里：如何在物联网中找到相应的物体？
- 物体怎么用：如何使用找到的物体？
- 使用可靠吗：如何保证物体的安全性？

在总结大量互联网发展的经验基础上，从能力的智慧互联出发，创新性地提出基于能力的物联网开放体系架构，旨在解决物体的描述、发现、使用与安全 4 个根本问题，提升网络的智慧能力，构建全国物联网基础设施，催生新形态物联网应用模式。

1. 架构理念

- 兼容：在互联网基础能力上提升，兼容发展，推进"互联网时代"迈入"物联网时代"。

- 开放：立足网络整体，提升网络对物体能力的描述与搜索，建立开放的公共基础设施。
- 弹性：可扩展，从解决现实需求入手，对未来发展留有空间，支持可持续发展。

物联网开放体系架构方案包括以"物体命名解析系统（TNS）"和物联网为核心的物联网基础设施，形成物联网体系结构。物联网开放的体系架构如图 9.11 所示。

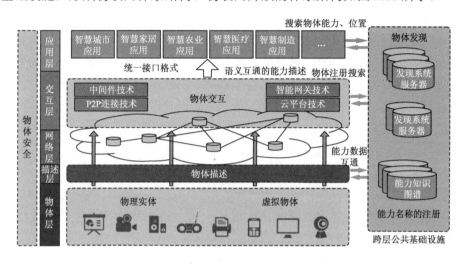

图 9.11　物联网开放体系架构

2．技术体系

物联网开放体系架构的技术体系包括物体描述、物体发现、物体交互和物体安全共 4 个核心部分。

- 能力知识图谱技术：是依靠语义网技术构建的基于能力本体的大型公共服务基础设施。它融合了所有领域的能力信息，以便于物体能力的语义互通。物体能力与知识图谱交互次数越多，范围越广，知识图谱就能获取越多的能力信息。物体描述关键技术按照统一的四段进行描述，实现了物体到虚拟世界的映射，物体之间可通过相互的描述元数据实现相互识别和互操作。四段分别为：属性（Attribute）、状态（State）、动作（Action）和能力（Capability）。
- 能力语义识别技术：通过 ASAC（Asian Standards Advisory Committee，亚洲标准咨询委员会）描述的物体，得到了描述实体，也就是物体在虚拟世界的映射，利用 ASAC 描述语言的能力段描述，对能力进行语义识别，实现能力描述的规范化。
- 能力本体自构建技术：以往的本体构建往往需物体描述方法实现物体与网络交互特征的抽象和归一化描述。一方面使得物联网应用系统开发人员能将主要精力集中在业务流程上，节约了开发和维护成本；另一方面，使得物联网应用系统能够对异构物体与网络的交互信息形成一致性理解，是实现异构物体在不同物联网应用中互联互通、协同工作的基础。物体描述技术解决物联网异构资源的统一描述，提升物体资源的统一性，并通过构建能力知识图谱来对能力信息进行语义识别和互通，保证所有机器对资源的能力能够语义识别。物体交互技术解决如何使用物体能力的关键问题，对不同物体分散的能力进行集成，实现单个物体无法实现的功能，提出了集中式和分布式的物体交互技术。物体发现技术解决物联网海量物体能力的匹配搜索，构建全新的物体能力搜索引擎，构建物体分布式存储文件系统，实现物体能力发现的自主、安全和可控。物体安全技术解决物联网设备不具备对抗常见网络攻击的保护机制，以及现有信息安全机制不适用于物联网设备的问题，为物体参与网络活动提供全方位的安全保护。在智慧农业、智慧社区、智慧园区、安全生产与危险品监控等典型行业/区域进行开放物联网体系架构示范应用，将"物联网开放体系架构"技术应用于新型智慧城市建设。

3．产品体系

基于物联网开放体系架构的理念，实现了一套 Ti 产品体系，包括物体描述工具 Ti3-Description、物体交互系统 Ti3-Interaction、物体发现系统 Ti3-Discovery、能力知识图谱 Ti3-Graph、物体安全系统 Ti3-Security 和物体域名系统 Ti3-Name 等产品。

Ti3-Description 提供了 ASAC 统一描述模型，将物体抽象成属性、状态、动作和能力四个字段，支持几乎所有类型物体的描述，通过扫描生成的二维码，可以获取物体的所有描述信息。

Ti3-Interaction 对下提供物体接入管理，对上提供物体能力封装。物体与 Ti3-Interaction 之间采用 Ti3-Link Protocol 协议保持通信，应用通过 Ti3-Interaction 与物体建立连接。Ti3-Interaction 统一了物体能力调用的接口形式，为物联网应用层屏蔽了物体访问的差异性，使应用在访问不同物体的时候像访问同一个物体一样方便。

Ti3-Discovery 提供海量物体能力的发布和搜索，采用了分布式架构设计，分为中心节点和分节点。中心节点负责对分节点的拓扑结构进行管理和资源监管，分节点负责所在区域物体的发布和搜索。分节点遍布全国，未来将部署到全球，让用户在任何时间、任何地点都能完成对物体能力的快速查找。

Ti3-Graph 为每个物体构建能力知识图谱，提供规范化物体能力名称、能力属性值和不同能力表述的语义互通，从能力的角度挖掘物体与物体之间的关系，为物体能力的搜索提供语义支撑，提高物体能力搜索的准确度。

Ti3-Security 是基于区块链技术实现的分布式物体安全系统，为物联网中物体的交互建立可信的通信环境，提供的功能包括物体密钥、认证、访问控制、异常检测和隐私保护等，保障了物体可信度和数据安全性，降低了入侵风险。

Ti3-Name 为接入到物联网的每个物体定义了全球唯一的域名，提供了一套采用分级结构设计的物体域名命名规则和一套高效的分布式物体域名解析系统，实现物联网物体的访问。

4．标准化成果

基于"物联网开放体系架构"理念，通过解决物体描述、物体标识解析与发现、物体连接协议、物体安全保障等核心关键问题，使万物实现智慧互联，并实现可管、可控。在重点突破物联网核心技术的同时，还要高度重视标准化工作，面向物联网、大数据、智慧城市等方向全面布局。国家物联网基础标准立项，主导参与国际电联 ITU 物联网与智慧城市国际标准，提升我国在国际物联网标准化舞台的地位。

9.4.1　智慧城市中的物联网建设

物联网发展的关键要素包括由感知、网络和应用层组成的网络架构、物联网技术和标准，包括服务业和制造业在内的物联网相关产业、资源体系、隐私和安全，以及促进和规范物联网发展的法律、政策和国际治理体系。

物联网网络架构由感知层、网络层和应用层组成，如图 9.12 所示。

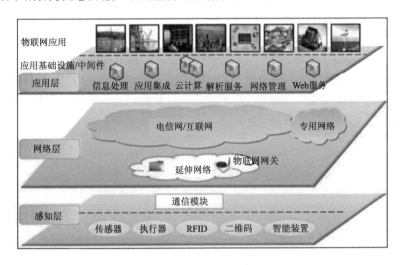

图 9.12　物联网网络架构

感知层实现对物理世界的智能感知识别、信息采集处理和自动控制，并通过通信模块将物理实体连接到网络层和应用层。感知层主要包含各种传感器设备，如水压监测设备，摄像头和地磁传感器等。

网络层主要实现信息的传递、路由和控制，包括延伸网、接入网和核心网。网络层可依托公众电信网和互联网，也可以依托行业专用通信网络，主要有 GGSN、GSN、HLR

等几种接入方式。

应用层包括应用基础设施/中间件和各种物联网应用。

应用基础设施/中间件为物联网应用提供信息处理、计算等通用基础服务设施、能力及资源调用接口，以此为基础实现物联网在众多领域的各种应用。应用基础设施/中间件通常由物联网平台提供，物联网平台集成了 Paas（平台服务），Saas（软件服务）。物联网平台种类繁多，比如被思科收购的 Jasper 物联网平台、小米开放平台，以及阿里云针对智慧城市的飞凤平台等。物联网平台可以实现数据集成管理、大数据计算、生命周期管理及收费管理等，可以为终端客户如政府、企业个人提供服务。例如，可以为监控指挥中心提供数据，从而实现相关调度；可以将停车位信息及家用电表信息等发送至手机客户端。

物联网平台下包含可扩展的如下应用子系统，其节点数量以数百亿计。

1. 智慧城市子系统

- 智能停车：监测可服务的停车位；
- 建筑结构状态：监测建筑、桥墩、纪念碑的结构状态；
- 都市噪音地图：实时监测都市闹区噪音；
- 智能手机监测：检测手机通信接口为 Wi-Fi 还是蓝牙；
- 电磁场强度：检测基地台或 Wi-Fi 路由器的强弱；
- 交通堵塞：监测车辆与行人状况并进行优化；
- 智能照明：根据天气状况自动调整照明情况；
- 废弃物管理：监测垃圾桶状况，优化垃圾车回收路线；
- 智能道路：根据气候与路况，提供高速公路警报与改道信息。

2. 智慧环境子系统

- 森林火灾：监测燃烧气体与火灾情形，以确定警示区域；
- 空气污染：控制工厂的二氧化碳、汽车废气或农场有毒气体的排放；
- 积雪程度：实时监测雪道状况，通知相关人员预防雪崩；
- 山崩：监控土壤水分、震动和地表密度，预防地表的危险情况发生；
- 地震提前侦测：根据地震分布区域进行控制。

3. 智慧水利子系统

- 自然水监测：监控城市自来水质量状况；
- 河川污染：监测河流里是否有工厂废水；
- 泳池状态：远程监控游泳池的水质状况；
- 海洋污染：监测海水是否遭污染；

- 管线泄漏：监测是否漏液以及管线的压力变化；
- 洪水状态：监测河流、水库的水流变化。

4．智能电表子系统

- 智能电网：监控与管理能源消耗情况；
- 储罐监控：监测储水罐水压或油气罐的油气状况；
- 太阳能设备部署：监测太阳能板安装效果；
- 仓储计算：测量供货压力状况。

5．安全与应变子系统

- 边界出入控制：控制受限区域，防止未经授权的用户访问；
- 湿度控制：监测重要建筑场地的漏水情况，避免断裂和腐蚀发生；
- 辐射程度：分布式监测核电厂周围的辐射状况，实时发出泄漏警报；
- 易燃物和有害气体：监测工厂或矿山周围的危险气体程度。

6．零售流通子系统

- 供应链控制：监测供应链的生产状况，提供产品追踪的能力；
- 电子付费 NFC：提供各种营业场所的付费服务；
- 智能购物：根据顾客的习惯、爱好等个人状况，提供购买建议；
- 智能仓储管理：监控商品在货架与仓库的变动情况，自动化管理进货。

7．物流子系统

- 货运状态：监测货品是否遇到震动、拍打、开封或冷藏等；
- 货物定位：从库房、港口大面积货场中寻找货物；
- 危险物品侦测：当易燃易爆物品接近则发出警报；
- 航线追踪：对特殊物品，如药品、珠宝或危险物品进行航线管理。

8．工业控制子系统

- M2M 应用：设备的自动诊断与资产管理；
- 室内空气质量：监测化工厂的气体水平，保障工人和物品安全；
- 温度监控：控制敏感商品的工业或医用冰箱的温度；
- 臭氧侦测：监测肉类加工过程中排放的臭氧状况；
- 室内定位：以主动式 ZigBee 或被动式 RFID/NFC 来定位资产；
- 车辆自动诊断：通过 CAN 总线搜集信息，给司机发送警报或建议。

9. 智慧农业子系统

- 葡萄酒质量改进：监测葡萄园土壤水分和树干直径，保障葡萄健康生长；
- 温室监控：控制温室内的温度，以及最大化作物的产出和质量；
- 土壤墒情：对干燥地域进行浇灌，以节省用水；
- 气象网络：研究地区的天气，预报各种气象的变化情形；
- 混合肥料：控制堆肥的湿度和温度，避免真菌和微生物污染。

10. 智慧畜牧子系统

- 水质栽培：控制水中植物的状况，提高收成；
- 家畜监测：监控牧场里家畜的生长情形，以确保家畜的存活率和健康状况；
- 动物追踪：定位开放牧场或大范围放牧的动物；
- 有毒气体监测：监测牧场通风情形，预防粪便堆积产生有害气体。

11. 智能家居子系统

- 水电使用：监控家庭的水、电使用状况，以获取建议，节省开销；
- 远程控制：远程遥控开关，避免事故及节省能源；
- 入侵检测系统：监测是否有强行入侵的状况；
- 重要物品监测：监测博物馆和美术馆的收藏品情形。

12. 电子化照护子系统

- 老年人照护：帮助独自居住的老年人或残障人士；
- 医药冰箱：控制需冷冻保存的疫苗、药品的存放情形；
- 运动员照护：进行运动中心生命特征监控；
- 病患监控：监测病人或养老院的状况；
- 紫外线监控：监测太阳紫外线，避免长期暴露在外面。

综上所述，物联网平台连接了前端的采集设备和后端的应用。按前端采集设备可以分为智能电表、智能交通、智能水位监测等子系统，这些子系统可以不断地在物联网平台上扩充。各个子系统可以设置共有的基础设施，比如在重要路段和公共场所的 LED 屏共享摄像头的数据、监控调度中心等。公共场所的 LED 屏如图 9.13 所示。

图 9.13 生态环境发布系统 LED 屏

9.4.2 物联网技术体系

物联网涉及感知、控制、网络通信、微电子、计算机、软件、嵌入式系统、微机电等技术领域，因此物联网涵盖的关键技术也非常多。为了系统地分析物联网技术体系，可以将物联网技术体系划分为感知关键技术、网络通信关键技术、应用关键技术、共性技术和支撑技术，如图 9.14 所示。

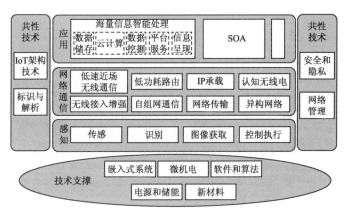

图 9.14 物联网技术体系

9.4.3 产业链条与应用案例

物联网产业链中以集成商为主角，产业链分布在各个行业和地域中，如图 9.15 所示。

图 9.15 物联网产业链

下面以智慧交通系统为例进行介绍。

交通运输行业信息化的需求热点可以主要归纳为 3 个方面：

- 车辆综合管理和调度系统：基于 GPS、GIS、无线通信等信息手段，通过建立私有或公共信息应用平台，能够为监管部门和企业实现定位管理，实现对运输工具、货物、人员的状态监控，提高运行效率，避免危险隐患，提高应急处理能力。

- 通过对城市道路、公路等交通网络的实时数据采集，交通管理部门能够实时发布交通信息，合理进行交通疏导，提高道路交通的通行效率和使用率。

- 对突发事件能够及时、快速处理，能充分利用现有的交通基础设施分析道路交通拥堵情况，制定交通建设规划和应对措施。

智慧交通系统包括智慧交通感知层、智慧交通网络层和智慧交通应用层。

- 智慧交通感知层：包括摄像头、地磁传感器、环形线圈车辆检测器等；
- 智慧交通网络层：包括互联网、物联网和移动通信等。
- 智慧交通应用层：包括车辆实时定位（客户可在监控平台监测所管理车辆的实时运行信息，以及轨迹回放情况）。报警管理（实现超速报警、围栏报警、防盗抢报警等多项功能）和其他情况（车辆调度、车辆工作状态显示和视频监控等）。

智慧交通系统总体框架如图 9.16 所示。

图 9.16　智慧交通总体框架

9.5　城市公共事业

9.5.1　智慧城市公共事业

1. 让基础设施智能化

城市中存在大量基础设施管理困难、老化需要维修等问题。如何提升公共资源的利用效率，降低各类污染，节省能源，就是这一类解决方案的重点。

1）开展环保设施建设。这里包括的范围很广阔，比如废水治理设施、废气治理设施、废渣治理设施、粉尘治理设施、噪声治理设施、放射性治理设施等，都可以在物联网应用中找到解决的方案。比较简单的硬件应用比如新型智能垃圾箱，通过在垃圾箱上装配电子芯片，实时采集并传送数据，一方面能有效改善垃圾乱扔导致的污染现象，另一方面也可以科学规划垃圾回收车的路线与频次。

2）能源设施绿色节能。随着国内 NB 网络的建设，智能水表、电表、路灯等都得到了极大发展，在方便了管理的同时，有助于城市在发展过程中解决能源方面的危机。在韩国的首尔，借助智能电网，减少了约 10%的能源消耗。在澳大利亚的纽卡斯尔，智能电表帮助用户节省了约 15%的日常用电。

3）监控设施组网互联。在智慧城市建设中，在城市电网、铁路、桥梁、隧道、公路、建筑等基础设施中嵌入监控感应器，包括射频识别、摄像头、GPS、红外感应器、激光扫描器等，将城市内物体的位置、状态等信息捕捉后再经互联网、移动互联网等传输以实现互联互通，建立起人与人、人与物、物与物的全面交互。

2．让社会管理精细化

政府在治理城市过程中，对于数据的需求，以及对于管理流程电子化、安全预警的需求都是非常旺盛的。在这样的背景下，电子政务便应运而生了。

一方面，政府有通过政务改革释放活力的需求，通过电子化办公，提升办公效率，减少审批时间。另一方面，政府有将"互联网＋"融入各类改革全过程的需求，借助于各类互联网工具，实现"实体+网上""线上+线下""网上+掌上"等多种形式相结合的审批服务，提升便民服务效率，不断激发和释放市场活力。

3．统筹各产业发展

城市与各类产业是一个密切相连的有机体，物联网在垂直行业的应用是与"智慧城市"平行展开的。而一旦产业进入消费端，就必将与城市产生非常多的互动，通过"智慧城市"就有利于统筹各产业的发展。

比如智慧农业能否与城市中的市场、物流、用户直供等服务连接，比如曾经非常热门的"新零售"盘活了夫妻店的同时，也带动了物流业的发展。车联网也一定需要城市相关部门的支持，将一系列的私家车、公交车、共享单车、共享汽车统一统筹考虑，才能把智慧出行系统化。

4．让公共服务均等化

1）便民服务。智慧城市可以便捷市民的交通出行、旅游等各方面的生活，从而提升政府城市管理的准确度，提升政府城市规划决策的专业性和透明度。比如美国就会在城市电子地图内标注曾发生犯罪的位置，帮助市民和旅游人员规避危险，帮助政府相关机构打击犯罪活动。

2）教育、医疗的公平透明化。世界各国在工业化和城市化进程中都面临着社会阶层资源不均的问题。智慧城市通过一系列技术与模式创新，将宽带网络、金融、商贸、医疗、教育等公共服务均等化推向一个新的高度，推进宽带网络服务普及率，平衡商贸金融的便民服务。

例如教育服务共享（在线职业培训、学位教育），学生可以通过互联网获得学习机会，老师通过互联网实现远程教学，打破了教育资源稀缺和地理位置限制的问题。再如医疗服务共享（在线会诊、培训），医疗人员通过互联网对病人进行远程会诊，并且可以实现在线医疗技能培训。

9.5.2 智慧城市四表联抄

纵观全球各国智慧城市的规划布局，会发现其中都少不了对智慧水利、智慧电力的大力投入。智慧水电以其在城市运行中的重要地位，成为了智慧城市建设的先行军。这并非偶然，而是大势使然。

水利和电力是城市维持生产生活正常运转所必须的物质基础。随着物联网技术的飞速发展，构建智慧城市的潮流在全世界范围内兴起，许多国家已经在这一领域取得了初步成就。

欧洲的智能电表普及率较高。意大利是在欧洲先推行智能电表的国家，智能电表覆盖率在 2014 年已超 80%，远高于欧盟 30%的平均水平，并居世界各国之首。意大利国家电力目前已为超过 30000 的意大利用户安装了智能电表，并在罗马尼亚和巴西开展了智能电表的安装。2016 年 4 月，霍尼韦尔国际宣布全球电力、气量和水表及相关软件和数据分析解决方案提供商埃尔斯特已被 Enexis 选中并签订了一份为期五年的合同。根据合同协议，埃尔斯特将为荷兰提供超过 100 万个智能电表，助力荷兰实现欧盟能源效率的目标。

早在 2009 年美国发布的《复苏计划尺度报告》中便宣布，将投资 40 多亿美元推动电网现代化，铺设或更新三千英里输电线路，并为 4000 万的美国家庭安装智能电表。在资金推动下，美国智能电表行业发展迅速，两年内实现部署 3000 万只，2011 年，美国智能电表部署达到高峰。随后，由于民众对智能电表的隐私安全及健康的影响产生顾虑，美国智能电表市场发展出现了障碍。但智能电表部署工作尚未完成，美国市场仍大有潜力可挖。

日本的物联网产业也十分发达，智能电表覆盖率也相当高。日本东京电力公司委托瑞士电表厂商 Landis+Gyr 架设的智能电网是目前全世界规模最大的公用事业物联网工程。

中国的智慧水电建设也早已起步且发展迅速。水表方面，在德国汉诺威 CeBIT 2017 上，中兴通信正式发布了两款 NB-IoT 智能水表。随后，中国电信、深圳水务集团和华为公司联合发布了《NB-IoT 智慧水表白皮书》，阐述了三方在 NB-IoT 智慧水表领域的行动计划及实施方案，并对未来智慧水务的发展进行了展望。中国电信、华为、深圳水务集团三方开展了户表集抄、管网监测、水务信息化应用整合等一系列创新合作，让深圳成为全球规模化运用 NB-IoT 物联网提供水务服务的城市。

政府政策的支持和相关企业的技术研发不断提升着智慧水电在城市水利、电力基础设施中的覆盖率。基础设施的智能化又不断促进着城市其他组成部分的智能互联与创新升级，推动智慧城市建设的步伐持续加速。因此，多个国家不约而同地选择以智慧水电作为智慧城市的先导并非偶然，而是大势使然。

四表联抄信息采集（抄表）收费系统是通过集抄系统将供电、供水、供热、燃气 4 种信息采集融合为一体，通过远程采集到本地服务器或云服务器中，再实现收费管理等功能。同时为用户提供完整、及时、准确的用能信息和多样化交费服务，改善客户用能服务体验，促进客户能源消费观念转变，推动构建公开、透明、高效、便捷的物联网+能源运营模式。信息采集收费系统有计量仪表、数据采集传输、计量收费、档案管理、人员管理、交费充值、异常报警、能耗分析、数据共享和手机 App 等功能。智慧城市四表联抄系统结构示意图如图 9.17 所示。

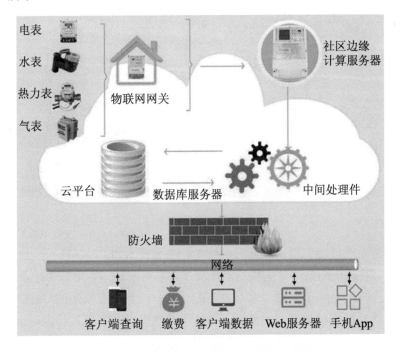

图 9.17　智慧城市四表联抄系统结构示意图

供电公司与水、气、热等功能公司进行合作，将"互联网"概念纳入"四表"采集建设中，充分发挥"大数据"共享平台的优势，力争多渠道应用、多方位展示，解决便民服务"最后一公里"的问题，真正实现"便民、为民、惠民"的目的，提升信息化社会建设水平，推进"智慧城市"建设。

国家电网公司重点推动"四表联抄"工程，利用电力系统现有的采集平台实现水、电、暖、气等公共事业数据一体化远程抄收模式，打造新型用能服务模式、全面支撑智慧城市建设，减少抄表工作量和重复建设。

9.5.3　智慧照明管理系统

科技在发展，社会在进步，随着科技技术的不断创新，社会发展逐渐向智能化和信息化迈进，在发展中追求高效益、高品质、低耗能、低成本，从而构建一个环保、节能的社会。城市建设的智慧路灯、智能洒水机和智能扫地机等，都实现了提高资源的使用率，降低城市建设成本的目标。智慧路灯是一项很多企业非常关注的项目，随着物联网技术应用的开发，智慧路灯的发展空间也越来越大，智慧路灯管理系统变得更加完善，如图 9.18所示。

图 9.18　城市路灯照明

智慧路灯是指通过通信技术、计算机技术、电子技术和 RFID 技术等组成一个完善的路灯管理系统，有效地降低路灯的资源消耗及维护和管理成本，同时保证了行人或车辆在夜晚出行的安全性，是城市建设中非常重要的一部分。复杂度增加的灯杆如图 9.19 所示。

实现智慧路灯必不可少的一部分技术支持就是物联网卡，通过物联网卡的通信功能，利用电脑终端或者手机终端，就可以及时了解路灯的运行状态，如果某个路灯出现问题，可以及时了解情况并采取维护措施，方便维护人员实时把握路灯的使用情况，一旦路灯出现异常情况，终端会发出故障警报以提醒维护人员，同时远程调控路灯的亮度，实现节能的效果。

图 9.19　灯杆上的各种设备

随着 5G 时代的到来，物联网技术应用会更加成熟，数据传输量更大，实现的智能化设备的功能越来越强，许多技术问题将会迎刃而解

1. 智慧路灯系统功能

- 多种控制方式：包括监控中心远程手动/自动、本机手动/自动、外部强制控制 5 种控制方式，使系统管理维护更加方便；
- 综合管理功能：包括数据报表、运行数据分析、可视化数据、路灯设备资产管理等完善的综合管理功能，管理运维更加智能化。
- 多种控制模式：包括定时控制、经纬度控制、光照度控制、分时分段、节假日控制等多种控制模式，实现路灯系统按需照明；
- 数据采集与检测：包括路灯灯具及设备的电流、电压、功率等数据检测，以及终端在线、离线、故障状态监测，实现系统故障智能分析；
- 多功能实时报警：包括灯具故障、终端故障、线缆故障，以及断电、断路、短路、异常开箱、线缆、设备状态异常等系统异常实时报警；
- 远程控制与管理：通过因特网、物联网实现路灯照明系统的远程智能监控与管理。

2. 智慧路灯系统架构

- 业务操作层：包括实时监控、设备管理、运维管理、任务管理、报警管理、数据中心、角色管理、统计分析和历史数据模块。
- 主站层业务服务：包括数据采集服务、数据存盘、数据处理、事项服务和算法服务。
- 通信层：前置通信（包括规则库、驱动库和通信控制库）；

- 设备终端层：包括集中控制器、单灯控制器、双灯控制器、传感器+数据传输终端、开关控制器和现场表计等设备。

智慧路灯层次结构示意图如图 9.20 所示。

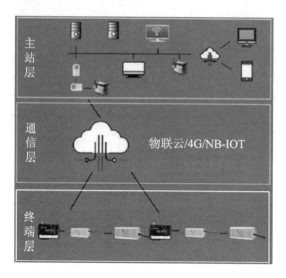

图 9.20　智慧路灯层次结构示意图

9.5.4　智慧照明云雾体系

随着物联网、云计算等新一代信息技术的广泛应用及 5G 网络的试点推广，发展智慧城市已成为必然趋势，智慧照明作为智慧城市基础设施的重要组成部分，其照明系统的合理配置和有效运行，已经成为一个城市市容市貌的重要标志，如图 9.21 所示。

图 9.21　城市景观照明

在谈智慧城市之前，不妨先回顾一下传统的城市照明。城市夜间照明功能单一，人工巡检，成本倍增检测不便，隐患潜藏，总之是只具备照明功能，让人丝毫感觉不到它的"智慧"之处。

理想中的智慧城市既能照亮夜色、美化城市，又能统一管理、自检故障，还能有更多的兼容性和扩展性。

正如世界科幻小说之父儒勒·凡尔纳所预言"但凡是人类想到的事，一定会有后人去实现它。"现如今，依托于物联网的大发展，人们正在将过去的想象一步步变成现实。

相较于传统的路灯照明，智慧路灯作为城市智慧照明的主体，以其独特的优势，自出现以来一直为政府、行业及公众所津津乐道。

近年来，越来越多的照明企业在积极探索智慧路灯的发展，对于国内智慧城市路灯照明控制系统，针对国内市场的需求，基于"创新、协调、绿色、开放、共享"的建设思维，基于全新的"路边接入网"，实现城市智慧化管理的智慧照明、视频监控、智能交通等众多功能，一体化建设实现智慧城市管理，大幅度降低能耗和城市运行成本，带给市民智能、安全、美观、舒适的生活体验。

基于路灯构建全新的"路边接入网"——SpaceWing，在智慧城市的前端，通过路灯资源共享，组建城市骨干物联体系，实现城市管理对象的万物互联。

SpaceWing 是基于路灯"杆、电、网"共享体系推出的创新、智慧的城市级智能照明系统。该系统帮助路灯部门经济、节能、高效地管理路灯，使得亮灯率高达 99%，节能率超过 70%；还可以通过高主动性的推送操作系统，进行精准的故障定位、全寿命周期的设施跟踪管理，有效提升路灯管理者的管理效率，减少了他们 30%的工作量。该系统还能为居民提供导向性的照明服务，安全性提升 50%。

SpaceWing 基于路灯（杆），兼容各种路灯管理模型进一步拓展，开发出低成本、高效率、高扩展性构建区域"雾智慧系统"，两层模型直连云平台，三层模型依赖于区域雾智慧系统，实现每一盏路灯的按需照明、安全监测和健康管理。

智慧路灯自 2014 年初步提出，至今已有多个年头，一些地方也纷纷开始开展智慧路灯示范项目或示范工程，使智慧路灯项目得到了业界越来越多的认可。

欧司朗专业照明系统解决方案发布了一款全新智慧城市中央管理平台 SymphoCityTM。SymphoCityTM 是一个集软件和硬件于一体的开放式平台系统。除了管理照明之外，它还能实现对城市安防、环境、能源和通信的综合管理，是一个真正意义上的多功能一体化智慧城市中央管理平台。SymphoCityTM 智慧城市中央管理平台两大特点：

- 对城市照明实行集中控制，可有效降低城市照明系统控制和维护的复杂性，并减少监控各个子系统所需的人力。

SymphoCityTM 还具备故障报警功能，并对各区域照明系统分别进行统计，实现更高效、更节能的城市管理。以城市街灯照明为例，传统的管理方式通常需要人工巡检街灯的使用状况，这种方式工作量大、效率低、成本高。有了 SymphoCityTM 平台后，街灯管理者可以按时间、分区域对城市照明实行集中控制，并实时监控照明设备的状态，大大提升工作效率。

- 具有很强的兼容性和扩展性，可以通过安装不同的子系统实现照明之外的更多城市的管理功能，满足不同城市的需求。

智慧城市系统还包括资产管理子系统，帮助实现各种设备资产记录及管理；能源管理子系统，帮助能耗数据采集、存储等；网络通信子系统，包括各种网络通信设备监控和故障报警灯；环境监测子系统，可实时进行温度、湿度、空气质量等监测；安防监控子系统，帮助管理门禁和闭路电视监控系统（CCTV），以及其他的城市管理子系统。

"十三五"以来，为解决城市发展难题，智慧城市在政府和各方机构的支持下如火如荼地进行。未来，将以智慧出行、智慧城市和智能设备三大领域为发展重点，助力社会的数字化转型进程。

9.6 城市生态宜居

2013 年 10 月，世界卫生组织下属国际癌症研究机构发布报告，首次指出大气污染可对人类致癌。世界各国或多或少地曾经经历过空气污染的困扰，但有的国家已基本解决了此问题。

一个国家在追求工业化经济快速发展的同时，往往会以环境为代价，比如 19 世纪的伦敦、20 世纪 50 年代的鲁尔莱茵河、20 世纪 50 年代的洛杉矶、20 世纪中叶的日本四日市等，环境污染问题已成为全球关注的焦点之一。

9.6.1 城市生态环境现状

提到空气污染，人们都会想起一个专业术语 PM 2.5，也知道 PM 2.5 对人体有害。那么 PM 2.5 究竟是什么？它从哪里来？又有什么样的危害呢？根据英国的环境、食品和农村事务部介绍，PM 2.5 是被定义为空气当中直径小于 2.5 微米的固体或液体颗粒。

PM 2.5 颗粒对于人体健康有着直接而多方面的危害。科学家 Analitis 通过分析欧盟各国数据得出，每当空气中每立方米的颗粒物密度上升 10 微克，由 PM 2.5 颗粒所导致的住院率将会上升 8%。Joel Schwartz 指出空气污染不仅仅会导致普通心、肺类疾病，它还有可能导致肺癌。在我国某城市近十年的调查当中，科学家也得到了空气中二氧化硫浓度的上升会直接导致因心血管疾病死亡率上升的结论。主流科学家认为，当 PM 2.5 颗粒进入人体后，金属颗粒（包括铁、铜、锌、锰）和芳香族碳氢化合物会反应产生自由基并且氧化肺部细胞从而造成损伤。同时，已有充足的证据证明氢氧自由基能够破坏人体细胞当中的脱氧核糖核酸。如果人体脱氧核糖核酸没有得到自身修复，则会引起癌变或致畸。综上所述，学界已经具有足够的证据可以说明雾霾对于人体的健康具有重大的影响。

9.6.2 生态治理与国家法规

生态环境保护与经济发展绝非严格对立关系。生态与环境资源是重要的生产要素，在合理的范围内投入生产，可以最小化对生态系统与自然环境产生的影响，而经济增长的最大化则可以通过知识和技术进步来获得。简单来说，通过一系列包括但不限于技术和管理模式上的创新，用最少的资源创造最大的价值才是合理的发展模式。

地方政府在污染治理方面的主体责任将被继续压实。蓝天、碧水、净土等一系列行动将在更严密的监管下进行，并且更加重视实效而非形式。

我国的环境保护法系列有：

- 《中华人民共和国大气污染防治法》
- 《中华人民共和国水污染防治法》
- 《中华人民共和国固体废物污染环境防治法》
- 《中华人民共和国海洋环境保护法》

《中华人民共和国大气污染防治法》提出了大气污染防治的监督管理，防治燃煤产生的大气污染，防治废气、粉尘和恶臭污染，提出了大气污染的责任定位。

《中华人民共和国水污染防治法》防止地表水污染、防止地下水污染，阐述了法律责任、监督管理体制和管理措施，界定了水污染防治法的使用范围。

我国环境保护法的基本原则是：

- 经济建设与环境保护协调发展的原则；
- 预防为主、防治结合的原则；
- 污染者付费的原则；
- 政府对环境质量负责的原则；
- 依靠群众保护环境的原则。

环境保护法的基本制度是：

- 环境影响评价制度；
- 环境保护目标责任制度；
- 三同时制度（环保设施必须与主体工程同时设计、同时施工、同时投产使用）；
- 排污收费制度；
- 限期治理制度；
- 城市环境综合整治定量考核制度；
- 申报登记与排污许可证制度；

- 污染物集中控制措施；
- 环保责任制的形式；
- 省、市、县环境保护目标责任制；
- 厂长（经理）环境保护经济责任制。

工厂适用的法律法规类型有：大气类，水类，噪声类，废弃物类，消防类，化学品类和其他类。

9.6.3　生态环保云上督察

1．云上督察设立依据

根据中央环保督察组工作通报，生态环保领域存在问题较多，利用高新技术手段，改善环保管理干部的专业能力是当下急需解决的问题。生态环境的污染损害必须依法解决。物联网丛书创作团队提出的"生态环境云平台搭建、环境污染动态地图绘制、自组网环境质量检测设备海量部署及其产业化——生态环保云上督察"项目（以下简称"生态环保云上督察"项目），就是利用物联网技术，无线自组网技术和云计算技术，构建一个动态实时的生态环境监测系统，建立生态环境云上督察，快速定位污染源，为污染治理提供技术手段和处罚依据。首先监测城市大气污染，取得经验后，扩展到工业水质污染监测。获得成效后，再推广到农村进行土壤污染检测。

联合国家生态环境部、省生态环境厅、市生态环境局、县区生态环境部门共同制定不同层级的云上督察制度、条例。遵守我国环境保护法，为环境污染惩戒、云上督察立法，把行政处罚转化为立法治理。国家环保法规为"生态环保云上督察"项目提供了政策支持，环境科学学会生态环境损害鉴定专业委员会，是"生态环保云上督察"项目的生态政策指导组织。"生态环保云上督察"项目是中央环保督察的补充手段。

生态环保云上督察和生态云平台在各省市区县还没有建立，"生态环保云上督察"项目的建设，对减轻中央生态环保督察的压力，减少中央行政处罚和问责，扭转生态环保被动局面，具有决定性的意义。

在大气污染在线检测仪器海量部署后，应继续研究水质、土壤检测仪器的便携化、网络化和智能化，研究在线检测、连续给样及长期工作的机制、机理，使"生态环保云上督察"项目的业务范围覆盖所需的生态领域。

2．环保仪器现状

我国的环保仪器现状如下：
- 进口环保设备价格昂贵，测量数据单一，不具备海量部署条件；

- 国内环保设备测量仪不具备联网功能的较为普遍，大多是人工读数，然后逐层数据汇总上报，造成环境参数失实，有虚假上报现象。
- 国内部分环保监测机构研发了一些大气测量仪器，但没有得到有关部门的关注和广大群众的认可。网上的数据基本是一小时更新一次，对于大气污染事件，实时性远远不够，滞后的空气质量播报不能定位污染源，没有起到污染取证、依法治理的作用。

3. 云上督察的必要性

云上督察项目利用无线传感自组网技术，针对不同产业、不同地域，有目标地部署环境质量多参数传感器（目前 18 个，可以更多），研发了一套生态云平台，绘制了一幅"动态污染实时地图"，建立了一支生态环保云上督察"部队"，能快速（秒级）定位污染源，为污染事件快速反应、快速处置提供技术手段，并快速把污染事件推送责任单位、主管单位、负责人手中。

云上督察项目的实施，改变了先污染、后检测，滞后播报、被动防治的局面。快速检测系统，数据原始，无人工加工数据，能快速定位污染源，彻底提升了当前的生态环保治理能力和取证能力。该项目的实施，培养了一批生态环保干部，提升了科学治污的技术能力，改变了目前的不会干、没法干的尴尬局面。

9.6.4　大气污染防治现状

国家、省、市三级都有一套空气质量检测和发布系统，目前没有统一标准，从生态参数发布到污染地图绘制，再到环保 App 应用，涉及测量、发布、分析三个层次，信息质量有待提高，可信、可用程度有待改进。

1. 污染地图动态绘制

2019 年 1 月 13 日，公众环境研究中心（IPE）在北京发布了首个逐小时全国空气动态地图，动态地图基于超过 4000 个地面站点的逐小时监测数据而形成，覆盖了全国 338 个地级以上城市。

2. 环境随身带App

环境随身带 App 是山东省生态环境厅官方生态环境监测数据发布平台，是山东省生态环境厅向社会发布监测数据的唯一手机端发布渠道。数据来源于山东省环境信息与监控中心，24 小时实时动态更新，以保证数据真实准确、实用性强，方便公众随时了解空气、地表水环境质量状况和重点排污单位排污情况，保障公众环境知情权，发挥社会监督作用。

环境随身带 App 还能自动定位，无论身处在山东何地，周边 10 公里范围内的空气、地表水环境质量状况和重点排污单位排污情况都能一目了然。

"环境随身带" App 以公众关心的环境质量、企业排污情况为核心，包括三大模块，分别是空气、污染源和地图。

空气模块主要发布实时数据、历史数据和预报数据三部分。

污染源模块可以查询全省各设区市重点排污单位的实时排放数据和超标达标情况。

地图模块是基于 GIS 地图展示的方式，直观显示各设区市空气质量实时监测数据和周边环境状况。

3. 城市环保检测App

城市环境质量检测 App，向社会公众提供了滞后一小时的环境参数播报，如图 9.22 所示。

图 9.22　城市环保检测 App 界面

9.6.5　城市环境检测指标

- 粉尘测量：可测量污染物颗粒直径 0.3 微米、0.5 微米、1 微米、2.5 微米、5 微米、10 微米 6 个参数，单位为微克/米^3。

- 化学测量：包括甲烷、甲醛、CO_2、CO、TVOC、苯氨气体、NO_2、SO_2 等参数。
- 噪声污染：环境噪声测量，一个参数，单位为分贝。
- 光污染：环境亮度检测，1 个参数，单位为照度。
- 环境参数：包括温度、湿度及对人体健康有影响的其他参数。
- 环境测评：依据相关法规、国家标准、测量参数计算出空气质量指数 AQI。
- 特色检测：根据不同地域，选用不同传感器获取不同的污染参数。适用于重点污染行业，通过特殊参数动态测控进行实时督察。
- 污染事件反应速度小于 30 秒，目前实验 12 秒。

云上督察按国家标准预警，将污染事件时间、地点、污染参数类别第一时间发送给相关责任人，启动紧急处理程序。

9.6.6　生态环境治理方案

1. 实施步骤

1）便携式环境质量检测仪批量生产，取得市场销售权利，为环保执法提供可信依据，为污染治理提供实施方案，为市场推广提供优质精良装备。

2）海量部署，密集安装专项检测、低功耗、自动组网的专用环境质量检测设备，实时检测环境质量动态变化。利用 GPRS 通信技术，或者利用虹云工程卫星 Wi-Fi 提供的星载宽带全球移动互联网络通信服务，将环境测量全覆盖到偏远地区、重化工污染区域的城市或农村。

3）建立生态环境云平台。污染企业、消防部门可以建立企业私有云平台，把环境监测数据实时动态地传到环保云平台，通过生态环境检测大数据分析，通过云计算决策给出环境污染趋势分析、污染的地理信息，以及污染时间规律、污染性质等关键信息，为环境污染治理提供科学、无滞后、实时的真实依据；建立测量控制、污染应急反应机制，对化工泄露、火灾污染、生产事故、天气变化等原因引起的环境污染能迅速反应，并给出应急治理方案，初步建立生态环保云上督察机制。

4）自动绘制实时环境动态污染地图，提供污染源定位功能，为污染防治、环保执法提供法律证据。

5）在空气质量检测仪的基础上，发展水质量检测仪、土壤污染检测仪，形成空气检测、水质检测、土壤检测三个环保设备系列、多个品种的环保设备产业。

项目生态链如图 9.23 所示。

2. 仪器研制

项目团队提供环境质量测试仪研发、小批量试制，生态云平台建设，大数据分析和云计算决策功能，动态、实时地给出全省（全国）环境质量动态地图。

研发团队已经开发出产品样机，环境质量测试仪操作主界面如图 9.24 所示。环境质量测试仪参数测量画面如图 9.25 所示。评价标准和 AQI 计算公式如图 9.26 所示。

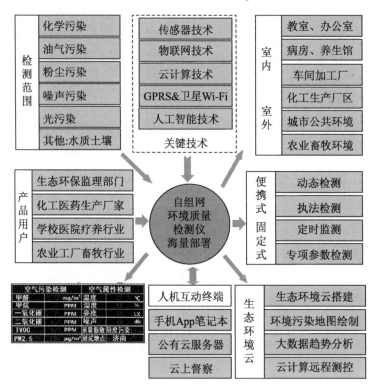

图 9.23　项目生态链

图 9.24　环境质量测试仪操作主界面

便携式空气质量检测仪

空气污染分析			空气属性检测				网络设置
甲　醛	0.00	mg/m³	温　度	22.2	℃		时间设置
甲烷(可燃气)	3	PPM	湿　度	11	%		
一氧化碳	2	PPM	亮　度	25	LX		本地检测
二氧化碳	607	PPM	噪　声	48	db		云上检测
TVOC	177	PPM	空气质量指数	轻度污染	136		
雾霾(PM2.5)	104	μg/m³	测试地点	济南			关注环保
	物联网服务						使用指南
云服务器	http://iot.doit.am		客户名称	SDU.IOT			

2019-11-01　星期五　16：17：48

图 9.25　自组网环境空气质量检测仪屏幕操作界面

环境评价 · 等级划分 · 色标定义

| 项目 | | 雾霾 | | 甲醛 | | 氨苯气体烟雾 | | 照度 | | 噪声 | |
| 单位 | | 微克/立方米 | | 毫克/立方米 | | ppm | | LX勒克斯 | | dB分贝 | |
空气质量指数	色标	参数	评	参数	评	参数	评	参数	评	参数	评
201～300	紫	＞500	重	＞1	重	≥4500	重	＞200	强	＞74	重
151～200	红	251～500	中	0.11～1	中	≥3000	中	200～150	明	74～70	中
101～150	橙	151～250	轻	0.081～0.1	轻	≥2000	轻	150～100	亮	70～60	轻
51～100	黄	51～150	良	0.06～0.08	良	≥1000	良	100～50	柔	60～50	小
0～50	绿	＜50	优	＜0.06	优	＜1000	优	＜50	暗	＜50	静

空气质量指数计算公式　$AQI_P = \dfrac{AQI_{Hi} - AQI_{Lo}}{BP_{Hi} - BP_{Lo}}(C_p - BP_{Lo}) + AQI_{Lo}$

从各项污染物的AQI中选择最大值确定为当前空气AQI，并将其确定为首要污染物。

优 ▬▬▬▬▬▬▬▬▬▬▬▬▬▬ 劣

图 9.26　环境质量评价标准和 AQI 计算

由"物联网工程实战"丛书创作团队研发的环境参数测试仪已小批量试生产，如图 9.27 所示。

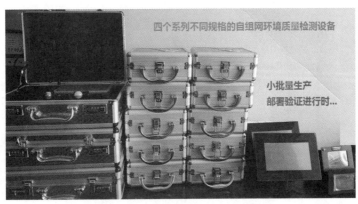

图 9.27　自组网便携式环境质量检测仪

3．生态云平台搭建

云平台搭建应选择可靠、稳定的云计算服务商的数据中心，建立生态环保云上督察机制。

研发团队搭建的生态环保云平台如图 9.28 所示。其中，环保大数据分析-3D 条形图如图 9.29 所示；环保大数据分析-折线图如图 9.30 所示；环保大数据分析-曲线面积图如图 9.31 所示。

图 9.28　物联网环保生态云平台动态数据列表

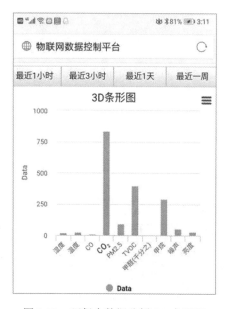

图 9.29　环保大数据分析-3D 条形图

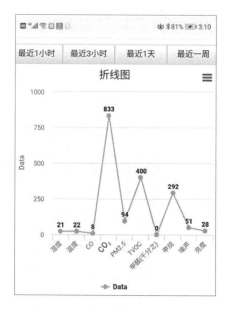

图 9.30　环保大数据分析-折线图

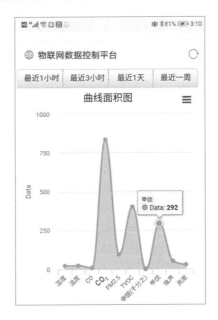

图 9.31　环保大数据分析-曲线面积图

4．动态污染地图绘制

污染地图大屏拼接显示如图 9.32 所示。

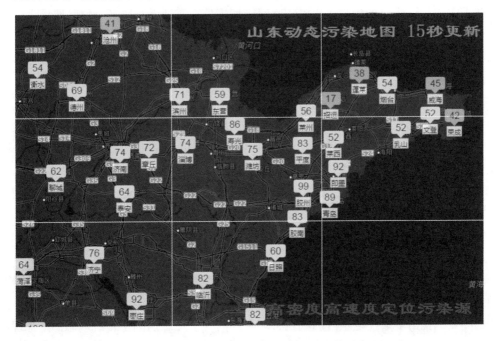

图 9.32　生态环境厅/局值班室：山东动态污染地图大屏幕示意图

高密度海量部署自组网环境多参数检测仪，可数秒内发现污染源，及时发出督察命令。

5．项目运行管理监督

1）建立项目申报单位、项目合作单位联合网上办公机制，委托项目负责人协调项目全局工作，具体负责项目推广、市场开拓，政府公关和经费管理。

2）委托研发团队负责人承担云平台搭建、污染地图动态绘制工作，以及海量环境质量检测仪的研制、开发、生产和无线自组网系统的设计工作。

3）建立与各级生态环境部门联合办公机制，为各级政府（国家、省、市、县）生态环境部门提供生态环保服务；建立生态环境云上督察制度、法规、条例，使云上督察科学、动态、实时、严谨、公正、威严。

4）密集、海量部署基于自组网技术的多参数环境参数测试仪，搭建省、市、县生态云平台，绘制污染地图，快速定位污染源，为生态环境污染治理提供云上督察方法，对城市生态环境保护起到积极的推动作用，有利于改善生态环境质量，建设生态宜居城市。

9.7　城市智慧社区

随着人们生活水平的提高，我国物联网市场正处在高速发展阶段，物联网技术已开始广泛地应用于各行各业中。

在物业管理领域，传统的住宅物业管理企业依靠为业主提供传统的"四保"服务（保修、保洁、保安、保绿）的经营模式已经越来越难以为继。随着物联网技术的发展，物业公司开始以智慧社区建设为核心进行服务升级。

智慧社区是指充分凭借物联网、传感网等网络通信技术，把物业管理、安防、通信等体系集成在一起并通过通信网络连接物业管理处，为小区住户提供一个安全、舒适、便利的现代生活环境，构成基于大规模信息智能处理的一种新的管理形态社区。

智慧社区的提出，是从以技术为中心到以技术为人服务为中心的一种转变。物联网技术下"智慧社区"既是社区建造的一种理念，也是新形势下探索小区公共管理的一种新形式。

1．住宅小区物业管理现状

长期以来，住宅小区的物业管理行业在为城市居民提供舒适的居住环境、促进国民经济的发展及促进就业等方面发挥了重大的作用。但随着社会发展，其在诸多方面还存在着一定的不足。我国多数住宅小区的物业管理企业的经营理念仍囿于传统观念：重管理、轻服务，认为住宅小区物业管理主要工作仍限于秩序维护、清洁卫生、绿化养护、房屋及附属设备设施的维修养护等基础性的物业管理工作。

其次，随着近年来人力资源成本进一步提升，一些物业管理企业为了实现盈亏平衡或略有微利，采取降低服务标准或减少服务内容的方式，导致一些业主的不满。另外，服务不足，导致业主对物业管理企业提供的物业服务不满意而拒缴物业管理费的矛盾也时常发生。一方面，有些业主法律意识淡薄，不清楚物业服务合同的强制性和约束性，只强调自己的权利，不愿承担自己的义务，找物业管理的各种"茬子"；另一方面，从业人员素质不高、管理手段和技术落后，管理和服务效率不高，与业主信息沟通不畅等也是引发矛盾的因素。

以上诸多问题在一些物业服务企业工作过程中频现，使得住宅小区物业管理企业在社会公众心目中的形象进一步受损。

2. 智慧社区建设改善物业服务

智慧社区建设改善物业服务主要表现在以下几方面：

1) 能够显著提高企业服务水平，增加住户的服务体验。毫无疑问，物业企业的核心业务就是社区运营，可以说，不能提供良好的物业管理服务的物业企业就是不称职的企业。

智慧社区的建设能够让住户享受到智能化的生活体验，比如基于人脸识别的智能门禁系统可以有效防止陌生人进入住宅楼；智能电梯系统可以让住户不用按按钮也能将住户送到正确的楼层；基于图像识别的智能车库管理系统可以自动控制道闸的开合。这些智能化的功能将大大增加社区住户的住宿体验，进而提高物业管理企业的声誉。

2) 降低物业管理企业的管理难度。借助物联网，以前很多需要人工来完成的服务项目，逐渐可以由智能设备来完成，可以显著降低运营成本。最典型的例子就是智能安防系统的应用，智能摄像头可以 24 小时监控整个社区，不需要保安巡逻。智能能源管理系统的出现，可以通过传感器监控社区内耗能设备（比如中央空调、换气扇、电梯、大型电机和供配电设备等）的运行。

3) 降低物业企业的运营成本。一个智慧社区的运营经验可以很快复制到多个社区。如果通过人工来完成社区运营，不仅成本高昂，可复制性也将大打折扣，毕竟培训和管理员工比设备的安装与维护要难得多。最重要的是，智慧社区可以为物业管理企业带来全新的服务模式和商业模式，也就带来了全新的收益模式。

目前，物业管理企业提供的还仅仅是与物业相关的服务。实际上，物业企业离住户最近，对住户的了解也最深，如果物业服务企业利用自己的天然优势和相关服务行业深度合作，那么就可以解决服务落地"最后一公里"的问题。比如未来，我国进入老龄化社会，社区保健、社区养生、社区医疗、社区养老将会形成庞大的新兴产业。借助智能家居和智能硬件，物业企业可以得到住户的健康数据信息，与养老机构和医疗保健机构合作，物业企业可以提供便捷的健康、养老服务，如生活照料、健康体检、医疗救助等。尤其对于老年人的突发危险状况，物业公司可以最快做出反应，避免悲剧的发生。而这种与人身密切相关的服务才是最有价值、最有潜力的，也是业主最愿意买单的服务。

3. 智慧物业管理

1）端正以人为本的服务态度，树立学习型企业理念。我国目前的"智慧社区"建设还处在初级阶段，大量社区技术的应用还处于方法论或尝试阶段，对业主的需求发掘得还不够充分。目前多数智慧物业只实现了简单的数据记录和读取等功能，但尚未实现物业管理智能化。未来，随着物联网技术逐渐成熟，传统的物业服务模式将被彻底颠覆。

有专家预计，智慧物业市场规模未来5年将实现每年19%的高速增长，到2023年达到180亿元。物联网技术下智慧物业市场有着巨大的发展空间。目前，"智慧社区"建设主要集中在大城市的部分社区，绝大部分的社区产品与技术方案还处在不成熟阶段，再加上建设标准与规划缺乏，给系统集成与数据共享都带来了很大的困难。

面对着快速发展的科技和巨大的市场，物业管理企业应端正学习态度，以学习成长的态度时刻关注"智慧社区"及业主需求动向，结合自身情况，研究引入"智慧社区"的合理性，保持头脑冷静，思路清晰，切忌盲目跟风。

2）结合自身发展，因地制宜，借助物联网技术打造个性化智慧物业。物业管理企业可以根据自身情况，探索在电子商务、家政服务、出行服务、饮食服务、金融服务、养老服务、法律咨询和医疗保健等各领域与其他行业共建盈利生态圈，全方位满足小区业主的各种需求，实现物业管理企业与其他各行业企业开放、共享、共赢的发展格局。无论企业规模大小，关于物联网技术下智慧物业的建设，只有科学合理地与自身实际相结合，打造个性化服务，才能求得更好的发展。

3）依托物联网技术，实现物业公共管理和服务智能化。住宅小区物业管理服务是为全体业主提供的日常性服务，所有业主皆可以享受。传统物业管理常规的公共服务主要依靠人工来完成，如绿化、保洁、保安、公共设备设施维护、房屋公共部位的维修养护、客户服务等。这种人力密集型的服务模式所需人力众多，服务流程繁杂、滞后，效率低下。

在物联网技术的引导下，智慧物业可以实现智能巡检，查看实时设备工，通过一站式报警平台，可以在一个界面中看到整个社区中的所有报警点，还能通过平台对报警点发布指令。将物联网技术应用于物业管理的设施系统和管理系统中，能极大地提高管理和服务效率，更好地建设智慧物业。

9.8　本 章 小 结

　　本章介绍了智慧城市的知识模型和核心概念，阐述了智慧城市设计的层次结构和设计流程。顶层给出了智慧城市指挥中心的建设模式，基层给出了城市公共事业管理、生态宜居、智慧社区的实现范例，其中采用了"物联网工程实战"丛书创作团队的研发案例——生态环境云上督察项目。

9.9　本 章 习 题

1．简述智慧城市核心概念的基本类有哪些？
2．简述智慧城市的设计流程。
3．简述智慧城市的指挥中心的层次结构。
4．物联网开放体系架构的意义有哪些？
5．四表联抄是哪四表？有什么行业意义？行业壁垒在哪里？

推 荐 阅 读

国内物联网工程学科的奠基性作品，物联网工程研发一线工程师的经验总结

物联网之芯：传感器件与通信芯片设计

作者：曾凡太 等　书号：978-7-111-61324-4　定价：99.00元

对物联网教学和研究有较高价值，系统阐述物联网传感器件与通信芯片的设计理念与方法

本书为"物联网工程实战丛书"第2卷。书中从物联网工程的实际需求出发，阐述了传感器件与通信芯片的设计理念，从设计源头告诉读者要设计什么样的芯片。集成电路设计是一门专业技术，其设计方法和流程有专门的著作介绍，不在本书讲述范围之内。

物联网之云：云平台搭建与大数据处理

作者：王见 等　书号：978-7-111-59163-7　定价：49.00元

百度外卖首席架构师梁福坤、神州数码云计算技术总监戴剑等5位技术专家推荐
全面、系统地介绍了云计算、大数据和雾计算等技术在物联网中的应用

本书为"物联网工程实战丛书"第4卷。本书阐述了云计算的基本概念、工作原理和信息处理流程，详细讲述了云计算的数学基础及大数据处理方法，并给出了云计算和雾计算的项目研发流程，展望了云计算的发展前景。本书提供教学PPT，以方便读者学习和老师教学使用。

物联网之雾：基于雾计算的智能硬件快速反应与安全控制

作者：曾凡太　书号：978-7-111-66055-2　定价：69.00元

系统阐述雾计算、边缘计算及区块链技术在物联网中的应用

本书为"物联网工程实战丛书"的第6卷。本书从物联网工程的实际需求出发，阐述雾计算的相关背景知识和基础理论知识，并对雾计算在物联网中的应用进行介绍和展望，这对填补国内这一领域的空白有积极作用。本书提供教学PPT，方便相关老师教学和学生学习。